普通高等教育“十四五”规划教材

新能源材料与器件概论

胡 觉　姚耀春　张呈旭　编著

北 京
冶 金 工 业 出 版 社
2023

内容提要

本书共分9章，第1章对新能源及新能源材料进行了简述；从第2章开始分别介绍了储能技术与储能材料、锂离子电池及材料和锂离子电池的可持续回收技术、锂硫电池及材料和锂硫电池性能提升策略、燃料电池（包括碱性燃料电池、磷酸盐燃料电池、熔融碳酸盐燃料电池、固体氧化物燃料电池、质子交换膜燃料电池和直接甲醇燃料电池）的工作原理和关键材料、金属空气电池及材料、太阳能电池及材料、超级电容器及材料，以及镍氢电池、核能、生物质能、风能和地热能关键材料的研究进展和发展趋势。

本书可作为“新能源材料与器件”专业及相关专业本科生和研究生教材，还可供从事新能源材料与器件研究及开发的专业技术人员阅读参考。

图书在版编目(CIP)数据

新能源材料与器件概论／胡觉，姚耀春，张呈旭编著．—北京：冶金工业出版社，2022.5（2023.11重印）
普通高等教育“十四五”规划教材
ISBN 978-7-5024-9012-6

Ⅰ.①新…　Ⅱ.①胡…　②姚…　③张…　Ⅲ.①新能源—材料技术—高等学校—教材　Ⅳ.①TK01

中国版本图书馆CIP数据核字(2021)第275367号

新能源材料与器件概论

出版发行　冶金工业出版社　　**电　　话**　(010)64027926
地　　址　北京市东城区嵩祝院北巷39号　　**邮　　编**　100009
网　　址　www.mip1953.com　　**电子信箱**　service@mip1953.com

责任编辑　张熙莹　美术编辑　彭子赫　版式设计　禹　蕊
责任校对　李　娜　责任印制　禹　蕊
三河市双峰印刷装订有限公司印刷
2022年5月第1版，2023年11月第3次印刷
787mm×1092mm　1/16；14印张；339千字；213页
定价56.00元

投稿电话　**(010)64027932**　**投稿信箱**　**tougao@cnmip.com.cn**
营销中心电话　**(010)64044283**
冶金工业出版社天猫旗舰店　**yjgycbs.tmall.com**
（本书如有印装质量问题，本社营销中心负责退换）

前　言

化石能源的逐渐匮乏和地球生态环境的日益恶化是人类社会进入21世纪所面临的两大突出难题。“双碳”目标的提出展示了我国在发展理念、发展模式、实践行动上将积极参与和引领全球绿色低碳发展的决心。“十四五”时期成为推动减碳降碳协同增效、促进经济社会发展全面绿色转型、实现生态环境质量改善由量变到质变的关键时期。加快开发绿色能源不仅是解决能源和环境问题的必由之路，也是人类社会实现可持续发展的必由之路。新能源材料是绿色能源开发的基础，但也是绿色能源利用中的瓶颈，实现新能源材料的突破是走向碳中和的终极解决方案。

2010年教育部增列“新能源材料与器件”专业为战略新兴专业，旨在为我国新能源、新能源材料等产业培养具有创新意识的人才。本书汇聚新能源材料领域的基础知识和理论、最新的方法和技术及器件化应用，是“新能源材料与器件”专业教材，能够适用于相关专业本科生和研究生专业基础课的课堂教学，使相关专业本科生和研究生能深入掌握本领域的基础知识，同时还能迅速了解本领域研究前沿。本书还可作为参考书供从事新能源材料与器件研究及开发的专业技术人员使用。

本书分为9章，第1章对新能源及新能源材料进行了简述；第2章介绍了储能技术与储能材料；第3章介绍了锂离子电池及材料，主要包括锂离子电池工作原理、锂离子电池材料和锂离子电池的可持续回收技术；第4章介绍了锂硫电池及材料，主要包括锂硫电池工作原理、锂硫电池材料和锂硫电池性能提升策略；第5章介绍了碱性燃料电池、磷酸盐燃料电池、熔融碳酸盐燃料电池、固体氧化物燃料电池、质子交换膜燃料电池和直接甲醇燃料电池的工作原理和关键材料；第6章介绍了金属空气电池及材料，主要包括锂空气电池和锌空气电池的工作原理及空气电极催化剂材料的研究现状和发展趋势；第7章介绍了太阳能电池及材料，包括晶体硅太阳能电池、聚合物太阳能电池、染料敏化太阳能电池和钙钛矿太阳能电池的研究现状；第8章介绍了超级电容器及材料的研究进展；第9章介绍了镍氢电池、核能、生物质能、风能和地热能关键材料的研究进展和发展趋势。本书的编写在阐述基本理论的同时，还参考了近年来发表在国内外重要学术刊物上的一些新能源材料及器件相关文献，力图启发思路，为课程学习和实际应用奠定基础。

由于近年来相关理论研究和新材料体系发展迅速，本书编者学识所限，书中不妥之处，希望相关专家与读者批评指正。

编　者

2021年9月于昆明

目　录

1 绪　论

1.1 能源概述

能源，又可称为能量资料或能源资料，是可以直接或经转换后提供人类所需的光、热、动力等任意形式能量的载能体资源。

1.1.1 能源的分类

由于能源形式多样，故有多种不同的分类方法。如以能量根本蕴藏方式的不同，可将能源分为：

（1）来自地球以外的太阳能。人类所使用的能量绝大部分来源于太阳能，故太阳有“能源之母”的称号。现在，除了直接利用太阳的辐射能之外，还大量间接地使用太阳能源。例如目前使用最多的煤、石油、天然气等化石资源，就是千百万年前绿色植物在阳光照射下经光合作用形成有机质，其根茎及食用它们的动物的遗骸在漫长的地质变迁中所形成的。此外如生物质能、流水能、风能、海洋能、雷电等，也都是由太阳能经过某些方式转换而形成的。

（2）地球自身蕴藏的能量。这里主要是指地热能资源及原子能燃料，还包括地震、火山喷发和温泉等自然呈现出的能量。据估算，地球以地下热水和地热蒸汽形式储存的能量，是煤储能的 1.7 亿倍。地热能是地球内放射性元素衰变辐射的粒子或射线所携带的能量。此外，地球上的核裂变燃料（铀、钍）和核聚变燃料（氘、氚）是原子能的储存体。即使将来每年耗能比现在多 1000 倍，这些核燃料也足够人类用 100 亿年。

（3）地球与其他天体引力相互作用而形成的能源。这主要是指地球和太阳、月亮等天体间有引力而形成的潮汐能。地球是太阳系的九大行星之一，月球是地球的卫星。由于太阳系其他八颗行星或距地球较远或质量相对较小，只有太阳和月亮对地球有较大的引力作用，导致地球上出现潮汐现象。海水每日潮起潮落各两次，这是引力对海水做功的结果。潮汐能蕴藏着极大的机械能，潮差常达十几米，非常壮观，是雄厚的发电原动力。

如按地球上的能量来源分类，能源可分为：

（1）地球本身蕴藏的能源，如核能、地热能。

（2）来自地球外天体的能源，如宇宙射线、太阳能，以及由太阳能引起的水能、风能、波浪能、海洋温差能、生物质能、光合作用、化石燃料（煤、石油、天然气）。

（3）地球与其他天体相互作用的能源，如潮汐能。

如按被利用的程度分（被开发利用的程度、生产技术水平和经济效益等方面），能源可分为：

（1）常规能源，又称传统能源。其开发利用时间长，技术成熟，能大量生产并广泛使用，如煤炭、石油、天然气、薪柴燃料、水能等。

(2) 新能源 (new energy)。利用高新科学技术系统地研究开发，但是尚未大规模使用的能源。如太阳能、风能、地热能、潮汐能、生物质能等，核能通常也被看作新能源。新能源是在不同历史时期和科学技术水平条件下，相对于常规能源而言的。

如按获得的方法分，能源可分为：

(1) 一次能源。即自然界现实存在，可供直接利用的能源，如煤、石油、天然气、风能、水能等。一次能源可分为可再生能源和非再生能源。

(2) 二次能源。是指由一次能源经过加工转换以后得到的能源。如电力、蒸汽、煤气、汽油、柴油、重油、液化石油气、酒精、沼气、氢气和焦炭等，它们使用方便，易于利用，是高品质能源。二次能源是联系一次能源和能源终端用户的中间纽带。二次能源又可分为"过程性能源"(如电能) 和"合能体能源"(如柴油、汽油)。过程性能源和合能体能源是不能互相替代的，各有自己的应用范围。合能体能源本身就是可提供能量的物质，如石油、煤、天然气、地热、氢等，可以直接储存，因此便于运输和传输，又称为载体能源。过程性能源是指由可提供能量的物质的运动所产生的能源，如水能、风能、潮汐能、电能等，其特点是无法直接储存。

如按能否再生分，能源可分为：

(1) 可再生能源。可再生能源应是清洁能源或绿色能源，它包括太阳能、风能、海洋能、波浪能、水力、核能、生物质能、地热能、潮汐能、海洋温差能等，是可以循环再生、取之不尽、用之不竭的初级资源。

(2) 非再生能源。包括原煤、原油、天然气、油页岩、核能等，它们是不能再生的，用掉一点，便少一点。

如按对环境的污染情况分，能源可分为：

(1) 清洁能源。对环境无污染或污染很小的能源，如太阳能、水能、海洋能等。

(2) 非清洁能源。对环境污染较大的能源，如煤、石油等。

如按是否能作为燃料分，能源可分为：

(1) 燃料能源 (fuel energy)。用作燃料使用，主要通过燃烧形式释放热能的能源。根据其来源可分为矿物燃料 (如石油、天然气、煤炭等)、核燃料 (如铀、钍等)、生物燃料 (如木材、秸秆、沼气等)。根据其形态可分为固体燃料 (如煤炭、木材等)、液体燃料 (如汽油、酒精等)、气体燃料 (如天然气、沼气等)。燃料能源的利用途径主要是通过燃烧将其中所含的各种形式的能量转换成热能。燃料能源是人类的主要能源。

(2) 非燃料能源 (non-fuel energy)。无须通过燃烧而直接提供人类使用的能源，如太阳能、风能、水力能、海洋能、地热能等。非燃料能源所含有的能量形式主要有机械能、光能、热能等。

如按是否能作为商品分，能源可分为：

(1) 商品能源 (commercial energy)。具有商品的属性，作为商品经流通环节而消费的能源。目前，商品能源主要有煤炭、石油、天然气、水电和核电 5 种。

(2) 非商品能源 (non-commercial energy)。指来源于植物、动物的能源，如农业、林业的副产品秸秆、薪柴等，人畜粪便及其产生的沼气、太阳能、风能或未并网的小型电站所发出的电力等。非商品能源在发展中国家农村地区的能源供应中占有很大的比重。

此外，还有一些有关术语如农村能源、绿色能源、终端能源等，也都是从某一方面来反映能源的特征。

1.1.2 能源的开发利用

1.1.2.1 煤炭

煤炭是埋在地壳中亿万年以上的植物，由于地壳变动等原因，经受一定的压力和温度作用而形成的含碳量很高的可燃物质，又称为原煤。由于各种煤的形成年代不同，碳化程度深浅不同，可将其分为无烟煤、烟煤、褐煤、泥煤等几种类型。以其挥发物含量和焦结性为主要依据，烟煤又可以分贫煤、瘦煤、焦煤、肥煤、气煤、弱黏煤、不黏煤、长焰煤等。

煤炭既是重要的燃料，也是珍贵的化工原料。20 世纪以来，煤炭主要用于电力生产和钢铁工业中炼焦，某些国家的蒸汽机车用煤比例很大。电力工业多用劣质煤（灰分大于30%）；蒸汽机车用煤则要求质量较高，灰分低于 25%，挥发分含量要求大于 25%，易燃并具有较长的火焰。在煤矿的附近建设的“坑口发电站”，使用了大量的劣质煤，直接转化为电能向各地输送。另外，煤转化的液体与气体合成燃料，对补充石油与天然气的使用也具有重要意义。

1.1.2.2 石油

石油是一种用途广泛的宝贵矿藏，是天然的能源物资。但是石油是如何形成的，这一问题科学家还在争论。目前大部分的科学家都认同以下理论：石油是由沉积岩中的有机物质变成的。因为在已经发现的油田中，99%以上都是分布在沉积岩区。另外，人类还发现了现在的海底、湖底的近代沉积物中的有机物正在向石油慢慢地变化。

同煤相比石油有许多的优点：首先，它释放的热量比煤大得多，每千克煤燃烧释放的热量为 5000kcal/kg（21MJ/kg），而石油释放的热量大于 10000kcal/kg（42MJ/kg），是煤的两三倍；石油使用方便，易燃又不留灰烬，是理想的清洁燃料。

从已探明的石油储量看，世界总储量为 1043 亿吨，目前世界有七大储油区，第一是中东地区，第二是拉丁美洲地区，第三是俄罗斯，第四是非洲，第五是北美洲，第六是西欧，第七是东南亚。这七大油区储油就占世界石油总量的 95%。

1.1.2.3 天然气

天然气是地下岩层中以碳氢化合物为主要成分的气体混合物的总称。天然气是一种重要能源，燃烧时有很高的发热值，对环境的污染比较小，而且还是一种重要的化工原料。天然气的生产过程同石油类似，但比石油更容易生成。天然气主要由甲烷、乙烷、丙烷和丁烷等烃类组成，其中甲烷占 80%～90%。天然气有两种不同的类型：一是伴生气，由原油中的挥发性组分所组成，约有 40%的天然气与石油一起伴生，称油田气。它溶解在石油中形成石油构造中的气帽，并对石油储藏提供气压。二是非伴生气，与液体油的积聚无关，可能是一些植物体的衍生物。60%的天然气为非伴生气，即气田气，它埋藏得更深。

以天然气为原料，通过节流、膨胀、制冷等技术和工艺，在零下 160℃ 的环境中实现液化获得液化天然气，液化后的天然气体积为原来体积的 1/625。可以用液化天然气罐车、槽车、火车集装箱和运输船运输，因此成为民用和工业燃料的最佳选择对象。据调查，2021 年上半年，我国液化天然气的年产量达到了 950 万吨，加上 8503t 的进口天然气量，天然气用量达到了1900万吨。

1.1.2.4 水能

水能资源最显著的特点是可再生、无污染。开发水能对江河的综合治理和利用具有积极作用，对促进国民经济发展、改善能源消费结构、缓解由于消耗煤炭和石油资源所带来的环境污染有重要的意义，因此世界各国都把开发水能放在能源发展战略的优先地位。

世界河流水能资源理论蕴藏值为40.3万亿千瓦时，技术可开发水能资源为14.38万亿千瓦时，约为理论蕴藏量的35.6%；经济可开发水能资源为8.08万亿千瓦时，约为技术可开发的56.22%，为理论蕴藏值的20%。发达国家拥有技术可开发水能资源4.82万亿千瓦时，经济可开发水能资源2.51万亿千瓦时，分别占世界总量的33.5%和31.1%。发展中国家拥有技术可开发水能资源共计9.56万亿千瓦时，经济可开发水能资源5.57万亿千瓦时，分别占世界总量的66.5%和68.9%。可见世界可开发水能资源主要蕴藏量在发展中国家。中国水能资源理论蕴藏量、技术开发和经济可开发水能资源均居世界第一位，其次为俄罗斯、巴西和加拿大。

1.1.2.5 新能源

人类社会经济的发展需要大量能源的支持。由于常规能源资源的日益枯竭以及大量利用矿物能源而产生的一系列环境问题，人类必须寻找可持续的能源道路，开发利用新能源和可再生能源无疑是出路之一。随着煤炭、石油、天然气等常规能源储量的不断减少，新能源将成为世界新技术革命的重要内容，成为未来世界持久能源系统的基础，在技术上可行，在经济上合理，环境和社会可以接受，能确保供应和替代常规化石能源的可持续发展能源。

1.2 新能源及其利用技术

1.2.1 新能源的发展

能源是国民经济和社会发展的重要战略物资，但能源同样是现实中的重要污染来源。我国是一个人口大国，同时又是经济迅速崛起的国家。随着国民经济发展以及加入WTO目标 的实现，一个以煤炭为主的能源消费大国，能源工业不仅面临着经济增长及环境保护的双重压力，同时能源安全、国际竞争等问题也日益突出。太阳能、风能、生物质能与水能等新能源和可再生能源由于其清洁、无污染及可持续开发利用等优点，成为未来能源系统的基础。因此在能源、气候、环境问题面临严重挑战的今天，大力发展新能源和可再生能源不仅是适宜、必要的，而且是符合国际发展趋势的。

煤炭、石油、天然气等传统能源都是资源有限的化石能源，化石能源的大量开发和利用，是造成大气和其他类型环境污染与生态破坏的主要原因之一。如何解决长期的用能问题，以及在开发和利用资源的同时保护人类赖以生存的地球生态环境，已经成为全球性问题。从世界共同发展角度以及人们对保护环境、保护资源的认识进程来看，开发利用清洁的新能源和可再生能源，是可持续发展的必然选择，并越来越得到人们的认同。既然人类社会的可持续发展必须以能源的可持续发展为基础，那么，什么是可持续发展的能源系统？根据可持续发展的定义和要求，它必须同时满足以下三个条件：（1）从资源来说是丰富的、可持续利用的，能够长期支持社会经济发展对于能源的需要；（2）在质量上是清洁的、低排放或零排放的，不会对环境构成威胁；（3）在技术经济上它是人类社会可以接受的，能带来实际经济效益。总而言之，一个真正意义上的可持续发展的能源系统应是一个有利于改善和保护人类美好生活，并能促进社会、经济和生态环境协调发展的系统。

到目前为止，石油、天然气和煤炭等化石能源系统仍然是世界经济的三大能源支柱，毫无疑问，这些化石能源在社会进步、物质财富生产方面已为人类作出了不可磨灭的贡献。然而，事实证明，这些能源同时存在着一些难以克服的缺陷，并且日益威胁着人类社会的发展和安全。首先是资源的有限性。专家们的研究和分析，几乎得出一致的结论：这些非再生能源资源的耗尽只是时间问题，是不可避免的。其次是对环境的危害性。化石能源特别是煤炭从开采、运输到最终的使用都会带来严重的污染。大量研究证明，80%以上的大气污染和95%的温室气体都是由于燃烧化石燃料引起的，同时还会对水体和土壤带来一系列污染。这些污染及其对人体健康的影响不可小视，迫使人们不得不重新寻求新的、可持续使用而又不危害环境的能源资源。

1.2.2 新能源利用技术概论

新能源的概念并不是绝对的，它是一个相对的概念，具体而言，它是相对于常规能源来说的。近年来，随着环境污染日益加重，能源消耗日益加大，常规能源面临着严重的危机。因此，新能源的开发势在必行。所谓新能源，主要指的是通过新材料和新技术研究获取的能够满足人类开发需求与使用需求的能源，比如太阳能、海洋能等。通常情况下，常规能源的生产规模比较大，可应用的领域也较广，新能源由于技术、材料、研发时间等方面的限制，生产规模与适用范围都相对较小。新能源在世界上的分布范围较广，储量丰富，且具有环保特性，是人类可持续发展的重要动力。当然，新能源的使用还有赖于新技术的研究开发，因此，开发利用新能源必须同步更新新能源技术，只有这样才能保障新能源顺利投入使用。一些新能源及其利用技术介绍如下：

（1）太阳能及其利用技术。太阳能是地球上非常重要的新能源之一，它是一种可以再生的能源，能够充分满足人类可持续发展的需求。太阳每年辐射到地面上的能量约为 1.74×10^{17}W，这些能量远远高于人类当前的能量消耗总量。为了充分利用太阳能，人类围绕它进行了许多新技术的研发，其中已经普遍投入使用的技术有：1）太阳能-热能转换技术，它是借助先进的转换设备，把太阳能变为热能，应用到人们的生产生活中；2）太阳能-光电转换技术，也就是我们常说的太阳能电池；3）太阳能-化学能转换技术，这一技术将太阳能转化为化学能，具体的操作有光化学作用、光电转换等。

（2）氢能及其利用技术。氢能未来的发展前景非常光明，它被视为地球上最理想的二次能源。氢的常见形式是化合物，它的分布非常广泛，依托于地球上含量最高的水而存在。海水中氢的总能量是人类现有的化石燃料的9000倍，氢能技术包括氢的制备、提纯、运输、存储等。氢的制备有多种途径，例如通过热化学分解水的方法来制备氢，利用电解水的方法也可以制备氢等。氢能技术可以应用在燃料电池、内燃机和火箭发动机等方面。

（3）核能及其利用技术。基于原子核结构变化而释放出的巨大能量即为核能。核能技术可分为核裂变技术与核聚变技术。核裂变的重要原料是铀，1g 铀的能量可以与 30t 煤相当；核聚变的重要原料为氘，560t 氘就能满足全世界一整年的能量消耗。氘在地球上的储量巨大，甚至能够供人类使用几十亿年，是非常值得重视的清洁能源。20 世纪 50 年代，苏联建造了世界上第一座核电站，自此，核能技术不断发展更新，陆续出现压水堆、石墨堆、中子堆等核反应堆。目前发展得较为成熟的核能技术是轻水反应堆，在反应过程中，主要的载热剂就是轻水。由于轻水反应堆的独有特点，使其在工业生产和工程技术中应用十分广泛。与核裂变技术相比，掌控核聚变技术的难度更大，目前有望达成核聚变反应的方法是使用等离子体。

（4）生物质能及其利用技术。人类对生物质能的消耗量占世界能源消耗总量的 14%，这个占比是非常高的。因此，人们对开发生物质能予以高度关注，这项能源开发技术会在未来保障可持续发展系统的建立。生物质能涉及的技术种类很多，最为常见的包括生物质热解技术、沼气技术等。

（5）化学能源及其利用技术。化学能源的使用早已融入人们的日常生活中，化学能源的使用技术就是将化学能转换为低压直流电能，其中的转换装置就是我们常说的电池。化学电能技术就是制作电池的技术。纵观化学电能技术的研究，燃料电池和锂离子二次电池成为焦点。化学能源在社会进步和经济发展中发挥着不可替代的作用，也日益成为人类生产和生活中不可替代的能源。

（6）风能及其利用技术。风能是大气在流动的过程中产生的动能，风能也是一种可以再生的能源，具有环保效用。如果人类能够利用全球风能储存量的千万分之一，就可以满足全人类的电能需求。风能技术以风力发电为主，包括海上风力发电、涡轮风力发电等。

（7）地热能及其利用技术。地热能是从地球深处产生的能源，它是一种可再生能源。全球的地热能源总量约为 1.45×10^{26}J，这个数字是煤热能的 1.7 亿倍。地热能分布范围广泛，密度较大，开发使用相对便捷，是一种新型的环保能源。地热能技术主要应用在供热、采暖等领域。

（8）海洋能及其利用技术。海洋能即蕴藏在海水中的能源，具体有潮汐能、海流、海水温差能等。海洋能的应用存在较多困难，需要人们从多个方面详细考虑。潮汐能的特点是功率大、流动速度低，这就要求潮汐能的相关设备必须具有强大的抗压能力，不管是地基结构还是叶片零件，都要充分强化，否则潮汐能装置会承受不了较快的流速，影响使用寿命。在设计潮汐能装置时还要考虑海水中的泥沙因素，泥沙会对装置造成一定的破坏。此外，潮汐能装置放置在海水中必然会受到海水的侵蚀，也会有一些海洋生物附着在上面，这也会影响设备的运行效率。如果要设置漂浮式的潮汐发电装置，还要考虑台风的破坏力及相关的航运问题。

基于上述这些问题，人们在应用潮汐能技术时就有了明确的设计方向，即重点开发便于上浮的坐底式技术，减少对航运的不良影响，加入抵御台风、防海水侵蚀、减少海洋生物附着的设计。

（9）海洋渗透能及其利用技术。在河流入海口，淡水和海水有着明显的水压差即为海洋渗透能，在入海口设置一个涡轮发电机，可利用这一水压差来进行发电。海洋渗透能是新能源研究的热点，盐分浓度是影响海洋渗透能技术应用最为重要的因素。一般而言，盐分浓度与海洋渗透能技术的应用效果正相关，即盐分浓度越高越有利于渗透能技术的应用。

21 世纪是新能源的世纪，人们对新能源的开发与研究越来越重视，新能源材料的研究必须充分突出“新能源”这一主角，深入挖掘新能源的相关特性。

1.3 新能源材料及其应用现状

材料与能源一样，是支撑当今人类文明和保障社会发展的最重要的物质基础。20世纪80年代以来，随着世界经济的快速发展和全球人口的不断增长，世界能源消耗也大幅提升，石油、煤、天然气等主要化石燃料已经不能满足世界经济发展的长期需求，而且随着全球环境状况的日益恶化，产生大量有害气体和废弃物的传统能源工业已经越来越难以满足人类社会的发展需求。面对严峻的能源状况，我国为适应经济增长和社会可持续发展战略，大力发展各种新型能源及能源材料。解决能源危机的关键是能源材料尤其是新能源材料的突破。在21世纪中期，新技术的发展将继续改变我们的生活，新能源材料科学将在其中发挥重要作用，21世纪是新能源发挥巨大作用的时代，显然新能源材料及相关技术也将发挥巨大的作用。

能源材料是材料的一个重要组成部分，有的学者将能源材料划分为新能源技术材料、能量转换与储能材料、节能材料等。在该分类中，新能源技术材料是核能、太阳能、氢能、风能、电热能与海洋潮汐能等新能源技术所使用的材料；能量转换与储能材料是各种能量转换与储能装置所用的材料，是发展研制各种新型、高效能量转换与储能装置的关键，包括锂离子电池材料、燃料电池材料、超级电容器材料和热电转换材料；节能材料是能够提高能源利用效率的各种新型节能技术所使用的材料，包括超导材料、建筑节能材料等各种新型材料。新能源材料是指实现新能源的转化和利用以及发展新能源技术中所要用到的关键材料，它是发展新能源的核心和基础。

1.3.1 储能材料

储能材料是具有能量储存特性的材料，它不仅能储存能量，并且能使能量转化，以供使用。最常见的储能材料有储氢合金和用于一次电池（即原电池，放电后不能复原使用）、二次电池（即蓄电池，放电后可重新充电复原反复使用）的材料。常见的一次电池有燃料电池、锌-二氧化锰电池、锌-氧化汞电池、锌-氧化银电池和锂电池等。常见的二次电池有铅酸电池、镍氢电池、钠硫电池、锂离子电池等。节能储能材料的技术发展也使得相关的关键材料研究迅速发展，一些新型的传统能源和新能源的储能材料也成为了人们关注的对象。利用相变材料（phase change materials，PCM）的相变潜热来实现能量的储存和利用，提高能效和开发可再生能源，是近年来能源科学和材料科学领域中一个十分活跃的前沿研究方向。

1.3.2 锂离子电池材料

锂离子电池的发展方向为：发展电动汽车用大容量电池，提高小型电池的性能，提高电池安全和实现电池薄型化。这些都与所用材料的发展相关，特别是与正极材料、负极材料和电解质材料的发展密切相关。

（1）负极材料。最早使用金属锂作为负极，由于金属锂在充放电过程中形成树枝状晶枝会使电池在使用中突发短路，造成安全隐患，现在实用化的电池是用碳负极材料，靠锂离子的嵌入和脱嵌实现充放电的。通过对不同碳素材料在电池中的行为进行研究，可优化碳负极材料。随着研究的深入，目前负极材料已经拓展到合金类、氧化物类等负极材料。

（2）正极材料。层状结构的 $LiCoO_2$ 是锂离子电池中一种较好的正极材料，具有工作电压高、放电平稳、比能量高、循环性能好等优点，在锂离子电池中得到率先应用。但此化合物的晶体结构、化学组成、粉末粒度及粒度分布等对电池性能均有影响。为了降低成本，提高电池的性能，科学家们还研究了其他金属取代金属钴，如目前研究较多的层状镍钴锰酸锂（三元材料）、$LiMn_2O_4$、$LiFePO_4$ 和双离子传递型聚合物等。

（3）电解质材料。对电解质材料的研究集中在非水溶剂电解质方面，这样可以得到高的电池电压。重点是针对稳定的正负极材料调整电解质溶液的组成，从而优化电池的综合性能。还发展了在电解液中添加 SO_2 和 CO_2 等方法以改善碳材料的初始充放电效率。三元或多元混合溶剂的电解质可以提高锂离子电池的低温性能。

1.3.3 燃料电池材料

燃料电池（FC）是一种直接将储存在燃料和氧化剂中的化学能高效、无污染地转化为电能的发电装置。它的发电原理与化学电源一样，电极提供电子转移的场所，阳极催化燃料（如氢）的氧化过程，阴极催化氧化剂（如氧）的还原过程；电解质将阴阳极分开的同时，传导离子；电子通过外电路做功并构成电的回路。现针对不同用途开发的燃料电池有质子交换膜燃料电池（PEMFC）、碱性燃料电池（AFC）、磷酸型燃料电池（PAFC）、熔融碳酸盐燃料电池（MCFC）和固体氧化物燃料电池（SOFC）。此外，直接甲醇燃料电池（DMFC）、半导体-离子导体燃料电池也是现在研究得比较多的燃料电池。

（1）质子交换膜燃料电池材料。质子交换膜燃料电池（PEMFC）也称为聚合物电解质膜燃料电池，主要由质子交换膜、电极和双极板组成。电解质膜是 PEMFC 的核心部件之一，不仅能隔绝反应气体以防氧化剂与还原剂直接反应造成电池局部过热，同时还将在阳极生成的质子传递到阴极。目前，应用最多的质子交换膜是全氟磺酸型质子交换膜，目前市场上在售的全氟磺酸型质子交换膜主要有美国杜邦公司（DuPont）的 Nafion 系列膜、比利时苏威（Solvay）的 Aquivion 膜、美国陶氏化学（Dow）的 Dow 膜、日本旭硝子（Asahi Glass）的 Flemion 膜、日本旭化成（Asahi Chemical）的 Aciplex 膜等。我国山东东岳集团也已可以自主生产全氟磺酸树脂。电极包括碳基底、气体扩散层和催化剂层三个部分。双极板起着分配反应气体、收集电流和支撑电极的作用。PEMFC 多采用铂基催化剂，使得燃料电池的成本居高不下，成本是抑制其大规模应用的关键因素之一。

（2）直接甲醇燃料电池材料。直接甲醇燃料电池（DMFC）是质子交换膜燃料电池的一种。由于氢难以现场供应、储存和运输成本高等问题，使氢来源问题十分突出。DMFC 以甲醇等为直接燃料，显示出其燃料来源广泛、成本低、操作过程简单、动力储存方便和热值高等优点。但甲醇氧化是一个涉及 6 电子转移的复杂化学反应过程，反应动力学缓慢，且生成很多反应中间体，这些中间体会导致电催化剂中毒，降低其催化活性，所以电催化剂的设计和优化是该领域的研究重点。

（3）固体氧化物燃料电池材料。固体氧化物燃料电池（SOFC）是一种可以直接将氢气、碳氢化合物等燃料的化学能转换为电能的能源转换装置。与其他燃料电池相比，固体氧化物燃料电池具有燃料选择面广、能量转换效率高、全固态结构操作方便等特点，非常适用于分布式发电。其缺点是工作温度高、启动时间长，对材料的性能要求非常高。SOFC 使用氧化钇、氧化锆等固态陶瓷电解质，价格昂贵。

1.3.4 太阳能电池材料

太阳能是可再生能源的一种，通过转换装置把太阳辐射能转换成热能利用的属于太阳能的直接转化和利用技术，通过转换装置将太阳辐射能转换成电能利用的属于太阳能发电技术。光电转换装置通常是利用半导体器件的光生伏打效应原理进行光电转换的，因此又称太阳能光伏技术。阳光照射到太阳能电池上会产生电位差，形成电流，进而输出电能。这个过程需要合适的材料，光被材料吸收以后，电子获得能源跃迁到高能级，高能级电子甚至脱离原子轨道而成为自由电子，并在原来的位置上留下一个空穴，由于太阳光辐射而产生的自由电子和空穴统称为光生载流子。很多材料都可以满足光伏能量转换的要求，但是在实际应用中几乎所有的光伏能量转换都使用了具有 p-n 结结构的半导体材料。如在纯净的硅晶体中，自由电子和空穴的数目是相等的。如果在硅晶体中掺入硼、镓等能俘获电子的元素，它就成了空穴型半导体，通常用符号 p 表示；如果掺入能够释放电子的磷、砷等元素，它就成了电子型半导体，以符号 n 代表。若把这两种半导体结合，交界面便形成一个 p-n 结。p-n 结就像一堵墙，阻碍着电子和空穴的复合。当太阳能电池受到阳光照射时，电子接收光能，向 n 型区移动，使 n 区带负电，同时空穴向 p 型区移动，使 p 型区带正电。这样在 p-n 结两端便产生了电动势，这种现象就是光生伏打效应。目前市场上的太阳能电池按照材料不同，可分为三个系列：晶体硅太阳能电池（包括单晶硅和多晶硅太阳能电池）、薄膜太阳能电池和光电化学太阳能电池（如染料敏化太阳能电池）。

（1）晶体硅太阳能电池材料。硅是地球上储量第二多的元素，晶体硅性能稳定、无毒，是太阳能电池材料研究开发、生产和应用中的主体材料。依据硅原子的排列方式，可以把其分成单晶硅、多晶硅及非晶硅三类。单晶硅原子排列是具有周期性且朝向同一方向的，这种单晶结构具有比较少的晶格缺陷，用在太阳能电池上，转换效率高。多晶硅的结构是由许多不同排列方向的单晶粒组成的，在晶粒与晶粒之间存在着原子排列不规则的界面，称为晶界。由于这些晶界缺陷的影响，多晶硅的转换效率比单晶硅低。然而商业化的多晶硅的制造成本比单晶硅低，所以被更广泛使用在太阳能电池上。非晶硅原子排列非常松散且没有规则，是一种类似玻璃的非平衡态结构。多晶硅电池材料里比较合适的衬底材料为一些硅或铝的化合物，如 SiC、Si_3N_4、SiO_2、Si、Al_2O_3、SiAlOH、Al 等。

（2）薄膜太阳能电池材料。薄膜太阳能电池因具有轻薄、可挠曲等优点，被认为是当前最具发展潜力的光伏技术之一。薄膜太阳能电池的薄膜厚度仅几微米，在同一受光面积之下比单晶硅太阳能电池的原料使用量大幅减少，从而节约了成本。薄膜太阳能电池按照电池材料不同可以分为无机化合物薄膜太阳能电池和硅基薄膜太阳能电池。无机化合物薄膜太阳能电池按照组成元素的不同可分为ⅡB-ⅥA 族化合物太阳能电池，如 CdTe 和 CdS 等；ⅢA-ⅤA 族化合物太阳能电池，如 GaAs 和 InP 等；以及多元化合物太阳能电池，如 CuInGaSe（CIGS）和 CuZnTeSe（CZTS）等。化合物半导体材料多具有耐放射性的优点，更适合航空航天系统的应用。CdTe 与 CIGS 属于直接带隙半导体材料。通过调节镓元素含量能够使 CIGS 的禁带宽度像 CdTe 一样都处于理想太阳能电池的能隙范围之间，并具有很高的光吸收系数。GaAs 和 InP 也为直接带隙的材料，能隙较宽（GaAs 为 1.43eV，InP 为 1.35eV），接近最佳的太阳能电池测量的能隙范围（1.4~1.5eV），更适合用在高效太阳能电池上，且对光的吸收较大。另外，此类电池的效率随着温度升高而下降的程度远比硅电池要低，因此常用于聚光太阳能电池系统。CuZnTeSe 薄膜太阳能电池的结构与制备工艺和 CIGS 薄膜太阳能电池类似，技术简单，且成本较低。但 CZTS 薄膜太阳能电池的光电转换效率仅为 12.6%，较上述几种化合物太阳能电池要低。硅基薄膜太阳能电池主要分为多晶硅薄膜太阳能电池和非晶硅薄膜太阳能电池。多晶硅薄膜的生产成本较低，工艺简单。非晶硅薄膜太阳能电池常采用 p-i-n 结构，具有成本低、高温性好、弱光性好、可大面积自动化生产等优点，但同时也存在光电转换效率低和稳定性差等问题。

（3）染料敏化太阳能电池材料。染料敏化太阳能电池（DSSC）作为第三代太阳能电池，与第一代硅基太阳能电池和第二代薄膜太阳能电池相比，其低廉的生产成本、简单的制备工艺和较高的理论光电转换效率是其最大的技术优势。典型的染料敏化太阳能电池由半导体光阳极、敏化剂或染料、氧化-还原电解液和对电极四部分组成。一般而言，用导电玻璃作为衬底，沉积在其上的介孔 TiO_2 半导体薄膜作为光阳极，贵金属铂为对电极，光阳极和对电极材料通过封装膜封装，然后向其中注入电解液。由于贵金属铂成本昂贵、资源稀缺，多采用合金、碳材料、导电聚合物、过渡金属化合物及其相应复合材料等代替。染料敏化太阳能电池所用染料光敏剂须同时满足三个条件：吸收光谱响应范围宽，耐光腐蚀性强、无毒无害，能级电位与半导体和电解质相匹配，且能很好地锚定到半导体表面。常用的染料主要包括金属配合物染料和有机染料。

（4）钙钛矿太阳能电池。钙钛矿太阳能电池（PSC）是以钙钛矿结构材料进行光电转换的一种新型光伏电池。钙钛矿是指具有 ABX_3 结构的一类化合物。A 位通常为大半径阳离子，可以是某种单一元素，还可以是某种有机基团，如 $CH_3NH_3^+$、$CH_3NH_2NH_3^+$ 等。B 位通常为小半径阳离子，如 Pb^{2+}、Sn^{2+}等。X 位为卤族阴离子，如 Cl^-、Br^-和 I^-。钙钛矿薄膜作为光吸收层，其光学特性对电池的光伏输出起着关键作用。A 位主要起到晶格电荷补偿的作用，B 位对光学特性的影响主要体现在拓宽电池对整个太阳能光谱的响应范围，X 位的元素掺杂和替换对材料的吸收边有重要影响。

1.3.5 其他新能源材料

由于大量使用的镍镉电池（Ni-Cd）中的镉有毒，使废电池处理复杂，环境受到污染，因此它将逐渐被用储氢合金做成的镍氢充电电池（Ni-MH）所替代。从电池电量来讲，相同大小的镍氢充电电池电量比镍镉电池高 1.5~2 倍，且无镉的污染，现已经广泛地用于移动通信、笔记本计算机等各种小型便携式的电子设备。更大容量的 Ni-MH 电池已经开始用于汽油/电动混合动力汽车上，利用 Ni-MH 电池可实现快速充放电过程，当汽车高速行驶时，发电机所发的电可储存在车载的镍氢电池中；当车低速行驶时，通常会比高速行驶状态消耗更多的汽油，因此为了节省汽油，此时可以利用车载的镍氢电池驱动电动机来代替内燃机工作。这样既保证了汽车正常行驶，又节省了大量的汽油，具有更大的市场潜力。

核电工业的发展离不开核材料，任何核电技术的突破都有赖于核材料的首先突破。但目前我们的核材料整体还不能满足核电站的研制要求，性能数据不完整，材料品种比较单一（某些材料国内尚属空白），材料的基础研究不够重视，经济性有待进一步提高，核材料已成为制约新兴核电装置研制的瓶颈之一。生物质能可转化为常规的固态、液态和气态燃料，取之不尽、用之不竭，是一种可再生能源，同时也是唯一一种可再生的碳源。我国风能资源较为丰富，但与世界先进国家相比，我国风能利用技术和发展差距较大，其中最主要的问题是尚不能制造大功率风电机组的叶片材料。电容器材料一直是传统能源材料的研究范围，现在随着新材料技术的发展和新能源含义的拓展，一些新型超级电容器材料引起了人们极大的关注。

复习思考题

1-1　什么是新能源？

1-2　简述新能源利用技术。

1-3　什么是新能源材料？

1-4　新能源材料有哪几类？

参 考 文 献

[1] 王革华，艾德生．新能源概论［M］．北京：化学工业出版社，2006.

[2] 李传统．新能源与再生能源技术［M］．南京：东南大学出版社，2005.

[3] 翟秀静，刘奎仁，韩庆．新能源技术［M］．北京：化学工业出版社，2005.

[4] 艾德生，高喆．新能源材料—基础与应用［M］．北京：化学工业出版社，2010.

[5] 雷永泉．新能源材料［M］．天津：天津大学出版社，2002.

2 新型储能材料

研究和开发新能源和可再生能源，寻求如何提高能源利用率的先进方法，已成为全球共同关注的首要问题。对中国这样一个能源生产和消费大国来说，既有节能减排的需求，也有能源增长以支撑经济发展的需求，这就需要大力发展储能产业。

2.1 储能与储能系统

由于人们所需的能源都具有很强的时间性和空间性，为了合理利用能源并提高能量的利用率，需要使用一种装置，把一段时期内暂时不用的多余能量通过某种方式收集并储存起来，在使用高峰时再提取使用，或者运往能量紧缺的地方再使用。储能就是通过特定的装置或物理介质将不同形式的能量通过不同方式储存起来，以便以后在需要时利用的技术。按照储存状态下能量的形态，可分为机械储能、化学储能、电磁储能（或蓄电）、风能储存、水能储存等。为了更有效地利用能源，采取的储存和释放能量的人为过程或技术手段，称为储能技术。储能技术有如下广泛的用途：（1）防止能量品质的自动恶化；（2）改善能源转换过程的性能；（3）方便经济地使用能量；（4）降低污染、保护环境。储能技术是合理、高效、清洁利用能源的重要手段，已广泛用于工农业生产、交通运输、航空航天乃至日常生活，其中，应用最广的是电能储存、太阳能储存和余热的储存。

储能系统（energy storage system，ESS）是一个可完成储能和供能的系统，它包括能源和物质的输入和输出、能量的转换和储存设备。储能系统本身并不节约能源，它的引入主要在于能够提高能源利用体系的效率。储能系统的基本任务是克服能量供应和需求之间的时间性或者局部性的差异。产生这种差异有两种情况，一种是由于能量需求量的突然变化引起的，即存在高峰负荷问题，采用储能系统可以在负荷变化率增高时起到调节或者缓冲的作用。例如，存储电能和供电的系统，具有平滑过渡、削峰填谷、调频调压等功能，可以使太阳能、风能发电平滑输出，减少其随机性、间歇性、波动性给电网和用户带来的冲击。通过谷价时段充电，峰价时段放电可以减少用户的电费支出。在大电网断电时，能够孤岛运行，确保对用户不间断供电，微电网运行。由于一个储能系统的投资费用相对要比建设一座高峰负荷厂低，尽管储能装置会有储存损失，但储存的能量是来自工厂的多余能量或新能源，所以它还是能够降低燃料费用的。另一种是由于一次能源和能源转换装置引起的，储能系统（装置）的任务是使能源产量均衡，即不但要削减能源输出量的高峰，还要填补输出量的低谷（即填谷）。所以，能源储存系统可以储存多余的热能、动能、电能、位能、化学能等，改变能量的输出容量、输出地点、输出时间等。储能系统往往涉及多种能量、多种设备、多种物质、多个过程，是随时间变化的复杂能量系统，需要多项指标来描述它的性能。常用的评价指标有储能密度、储能功率、蓄能效率、储能价格、对环境的影响等。

2.2 储能技术基础

储能主要包括热能、动能、电能、电磁能、化学能等能量的存储。储能技术按照储存介质进行分类，可分为机械类储能、电气类储能、电化学类储能、化学类储能和热储能。

2.2.1 机械类储能

机械类储能的应用形式包括抽水蓄能、压缩空气储能和飞轮储能。

2.2.1.1 抽水蓄能

抽水蓄能技术又称抽蓄发电，是一种特殊的水力发电技术，是迄今为止世界上应用最为广泛的大规模、大容量的储能技术，技术很成熟，可用于电网的能量管理和调整。它抽水时把电能转换为水的位能，将“过剩的”电能以水的位能（即重力势能）的形式储存起来，发电时把水的位能转化为电能，在用电的尖峰时间再用来发电。抽水蓄能过程中的能量损失包括管道渗漏损失、管道水头损失、变压器损失、摩擦损失、流动黏性损失、湍流损失等。除去储能过程中所有这些损失，抽水蓄能系统的综合效率一般可以达到65%~80%。抽水蓄能技术负荷响应速度快，10%负荷变化仅需 10s，从全停到满载发电约 5min，从全停到满载抽水约 1min。

由于能源在地区分布上的差异及电网构成上的不同，其对抽水蓄能的需求也不同。一般地，抽水蓄能电站适用于以下情况：

（1）以火电甚至是核电为主，没有水电或水电很少的电网。这样的电网中由于其电源本身的负荷调节能力很差，因而迫切需要一定容量的抽水蓄能电站承担调峰填谷、调频、调相和紧急事故备用。电网中有了抽水蓄能电站，可以保证核电站按照基本负荷稳定运行（负荷因子达到70%~80%），借以提高电网和核电站本身的经济性和安全性；也可以使火电尽可能承担负荷曲线图上基荷和部分腰荷，从而使火电机组安全、稳定地运行，延长了利用时间，并减少频繁启动，节约能源，降低煤耗。因而这种情况下抽水蓄能电站的效益主要体现在提高电网中核电和火电的负荷率，使核电和火电的能量得到更充分的利用。

（2）虽然有水电，但水电的调蓄性能较差的电网。很多电网虽然都有一定比例的水电，但具有年调节及以上能力的水电站比例较小。这些电网虽然在枯水期可利用水电进行调峰，但汛期水电失去调节能力。在这样的电网配备了抽水蓄能电站后，可吸收汛期基荷电，将其转化为峰荷电，从而减少或避免汛期弃水，提高经济效益并改善水电汛期运行状况，较大地改善电网的运行条件。

（3）远距离送电的受电区。一般而言，当输电距离远到一定限度后，送基荷将比送峰荷更经济，特别是上网峰谷电价较大的情况下，受电区自然要求买便宜的低谷电，但不能解决缺调峰容量的矛盾。

（4）风电比例较高或风能资源比较丰富的电网。风电比重较大的电网，如果配备了抽水蓄能电站，则可把随机的、质量不高的电量转换为稳定的、高质量的峰荷，这样即可增加系统吸收的风电电量，使随机的、不稳定的风电电能变成可随时调用的可靠电能。

2.2.1.2 压缩空气储能

压缩空气储能系统是基于燃气轮机技术发展起来的一种能够实现大容量和长时间电能

存储的能量存储系统。空气经压气机压缩后，在燃烧室中利用燃料燃烧加热升温，然后高温高压燃气进入透平膨胀做功。压缩空气储能系统的压缩机和透平不同时工作，在储能时，压缩空气储能系统耗用电能将空气压缩并存于储气室中；在释能时，高压空气从储气室释放，进入燃烧室利用燃料燃烧加热升温后，驱动透平发电。由于储能、释能分时工作，在释能过程中，并没有压缩机消耗透平的输出功，因此，相比于消耗同样燃料的燃气轮机系统，压缩空气储能系统可以多产生 1 倍以上的电力。

同其他储能技术相比，压缩空气储能系统具有容量大、工作时间长、经济性能好、充放电可循环次数多等优点。具体包括：

（1）压缩空气储能系统适合建造大型储能电站，仅次于抽水蓄能电站；压缩空气储能系统可以持续工作数小时乃至数天，工作时间长。

（2）压缩空气储能系统的建造成本和运行成本均比较低，低于抽水蓄能电站，具有很好的经济性。

（3）压缩空气储能系统的寿命很长，可达 40~50 年，并且其效率最高可以达到 70%左右，接近抽水蓄能电站。

但传统的压缩空气储能系统仍然依赖燃烧化石燃料提供热源，其燃烧产生氮化物、硫化物和二氧化碳等污染物，不符合绿色可再生的能源发展要求。同时，压缩空气储能系统需要特定的地理条件建造大型储气室，如岩石洞穴、盐洞、废弃矿井等，大大限制了压缩空气储能系统的应用范围。

2.2.1.3 飞轮储能

飞轮储能系统是一种机电能量转换的储能装置。该系统通过电动/发电互逆式双向电机实现电能与高速运转飞轮的机械动能之间的相互转换和储存。在储能时，外界电能通过电力转换器变换后驱动电机运行，电机带动飞轮转子加速旋转，直至达到设定的某一转速。在飞轮加速旋转的过程中，飞轮以动能的形式把能量储存起来，完成电能到机械动能转换的储存能量过程，能量储存在高速旋转的飞轮体中。之后，飞轮以设定的转速旋转，直到接收到一个能量释放的控制信号。释能时，电机作为发电机使用，高速旋转的飞轮拖动电机发电，经电力转换器输出适用于负载的电流和电压，完成机械动能到电能转换的释放能量过程。轴承是决定飞轮储能系统效率和寿命的最主要因素。传统的滚动轴承、流体动压轴承难以满足高速重载而摩擦损耗低的要求，由于飞轮的质量、转动惯量相对较大，转速很高，其陀螺效应十分明显，因此对支承轴承提出了较高的要求。飞轮的先进支承方式主要有超导磁悬浮、永磁悬浮、电磁悬浮。飞轮储能系统是一种具有广阔应用前景的机械储能系统，已被应用于航空航天、UPS 电源、交通运输、太阳能发电、风力发电、核工业等领域，具有空间小、适应性强、应用范围广、效率高、长寿命、无污染和维修花费低等优点；其缺点是储能有限，后备时间短。

2.2.2 电气类储能

2.2.2.1 超级电容器储能

超级电容器的功率密度和能量密度介于常规电解电容器和二次电池之间，可提供远高于二次电池的功率密度和循环寿命，以及比电解电容器更高的能量密度。超级电容器具有极高安全性和可靠性，无爆炸风险；能够耐受 100 万次的充放电循环，是电池的近千倍；

可以提供数十倍于电池的功率；温度适应能力极强，温度特性好，零下 40℃ 仍可正常使用；环境友好，是一种无重金属的绿色环保型储能器件。

2.2.2.2 超导储能

超导储能技术利用超导线圈将电磁能直接储存起来，需要时再将电磁能返回电网或其他负载，它具有反应速度快、转换效率高的优点，不仅可用于降低甚至消除电网的低频功率振荡，还可以调节无功功率和有功功率，对于改善供电品质和提高电网的动态稳定性有巨大的作用。超导储能系统可长期无损耗地储存能量，其转换效率超过 90%；可通过采用电子电器元件的变流技术实现与电网的连接，响应速度快（毫秒级）。超导储能系统可建成所需的大功率和大能量系统，具有使用寿命长、维护简单、环境友好、污染小等优点。超导储能系统由超导线圈、低温系统、功率调度系统和监控系统 4 个部分构成，成本通常很高，限制其应用，商业化应用还比较远。

2.2.3 电化学类储能

电化学类储能主要包括各种二次电池，有铅酸电池、锂离子电池、钠硫电池和液流电池等，这些电池多数技术上比较成熟，近年来成为关注的热点。

2.2.3.1 铅酸电池

铅酸电池主要组成包括正极板、负极板、板栅、电解液、电池壳和盖板。其中，正极的活性物质是过氧化铅 PbO_2，负极的活性物质是海绵状铅，电解液是稀硫酸溶液。铅酸电池充放电过程中发生的反应如下：

$$PbO_2 + Pb + 2H_2SO_4 \underset{\text{充电}}{\overset{\text{放电}}{\rightleftharpoons}} 2PbSO_4 + 2H_2O \tag{2-1}$$

铅酸电池放电时，负极板上每个铅原子放出两个电子，生成的铅离子与电解液中的硫酸根离子反应，在极板上生成难溶的硫酸铅。在电池的电位差作用下，负极板上的电子经负载进入正极板形成电流，正极板的铅离子得到来自负极的两个电子转变为二价铅离子，并与电解液中的硫酸根离子反应，在极板上生成难溶的硫酸铅。正极板产生的氧离子与电解液中的氢离子反应，生成水。电解液中存在的硫酸根离子和质子在电场的作用下分别移向电池的正负极，形成回路，电池向外持续放电。放电过程中硫酸浓度不断下降，正负极上的硫酸铅增加，由于硫酸铅不导电，电池内阻增大，电池电动势降低。

铅酸电池充电过程中，在外界电流的作用下，正极板上的硫酸铅被解离为二价铅离子和硫酸根负离子，正极板附近游离的二价铅离子被氧化成四价铅离子，并与水继续反应，最终在正极板上生成二氧化铅；在负极板上的硫酸铅被解离为二价铅离子和硫酸根负离子，由于负极不断从外电路获得电子，则负极板附近游离的二价铅离子被中和为铅，并以绒状铅附在负极板上。电解液中，正极不断产生游离的氢离子和硫酸根离子，负极不断产生硫酸根离子，在电场的作用下，氢离子向负极移动，硫酸根离子向正极移动，形成电流。由于铅酸电池放电时在阳极板、阴极板上生成的硫酸铅会在充电时被分解还原成硫酸、铅及二氧化铅，因此电池内电解液的浓度逐渐增加，并逐渐恢复到放电前的浓度，当两极的硫酸铅被转变成原来的活性物质时，充电结束。

一个单格铅酸电池的标称电压是 2.0V，能放电到 1.5V，能充电到 2.4V；在应用中，经常用 6 个单格铅酸电池串联起来组成标称是 12V 的铅酸电池，还有 24V、36V、48V 等。

铅酸电池因其价格低廉、原料易得、性能稳定、工作温度范围宽等优势，已成为世界上用途最广泛的蓄电池品种，占据着固定储能市场的主导地位。同时，在发展过程中不断更新技术，现已被广泛应用于汽车、通信、电力等各个领域。

2.2.3.2 镍氢电池

镍氢电池（Ni/MH）是一种以质子为电子转移载体在正负极之间转移来实现充放电的电池。镍氢电池正极活性物质为 $Ni(OH)_2$（称 NiO 电极），负极活性物质为金属氢化物（称储氢电极），电解液为 6mol/L 氢氧化钾溶液，通过质子与氢氧根结合生成水，以及水重新解离为质子和氢氧根，实现质子在正负极之间来回移动发挥载体作用。

如果充电不当，镍氧电池发生过充电，诱发电极副反应产生，其中正极发生析氧副反应：

$$4OH^- \longrightarrow 2H_2O + O_2 + 4e \quad (2-2)$$

由于析出的氧气在电极内发生聚集，因此造成局部内压过高容易破坏正极结构，影响镍氢电池的寿命。同时，负极发生析氢副反应，其反应式如下所示：

$$4H_2O + 4e \longrightarrow 4OH^- + 2H_2 \quad (2-3)$$

析出的氢气不断吸附到负极储氢合金中，在电池内聚集从而造成内压增高，储氢合金饱和吸附氢后发生粉化，极大损害了电极的寿命。正极析出的氧气与负极析出的氢气还会通过电解质扩散，在电解质中发生复合同时放出大量的热，使电池温度急剧升高，从而有发生起火和爆炸的危险，为电池带来极大的安全隐患。虽然镍氢电池确实是一种性能良好的蓄电池，但镍氢电池还需要贵金属作催化剂，使它的成本变得很贵，这就很难为民用所接受，高压镍氢电池多应用于卫星上。

2.2.3.3 液流电池

液流电池是一种液态活性物质呈循环流动的电化学储能装置，由点堆单元、电解液、电解液存储供给单元及管理控制单元等部分构成。

液流电池的核心功能是实现电能与化学能相互转化与储存，与此同时，为了阻隔正极氧化剂和负极还原剂混合后发生自氧化还原反应，避免能量损耗，通常在正极电解液和负极电解液之间设置离子传导膜，起分隔两种电化学活性物质的作用。根据液流电池中固相电极的数量，可将液流电池分为双液流电池、沉积型液流电池，以及金属/空气液流电池。在双液流电池中，无论是正极还是负极的电化学活性物质均溶解于溶液中，电池运行过程中，正极和负极电解液流过电极表面，进行得失电子的电化学反应，如图 2-1 所示，全钒液流电池是典型的双液流电池体系。与双液流电池不同，沉积型液流电池中只有正极，或者负极活性物质溶于电解质溶液，另外一种电化学活性电对往往以固态形式存在。在电池充电/放电过程中，溶液中的电化学活性物质得失电子发生反应，从溶液中沉积到固相表面，溶液中的物质发生变化，或者从固体电极表面溶解进入溶液，如锌镍单液流电池中的锌电极；此外，还存在双沉积型液流电池，在电池充电/放电过程中伴随电子得失，正负两个电极上均发生沉淀/溶解的相变过程，如全铅液流电池。

液流电池有许多独有的特点：

（1）液流电池的反应活性物质全部位于电解液内，只会以液态形式出现，当发生反应时没有固相的变化，因此活性物质将会拥有相对长的理论寿命，同时极化程度较小。

（2）液流电池功率仅受电堆大小影响，另外电池的容量仅与反应活性物质的总量有关，所以想要增大液流电池的容量可以用增大储液罐或提高电解质浓度来实现。

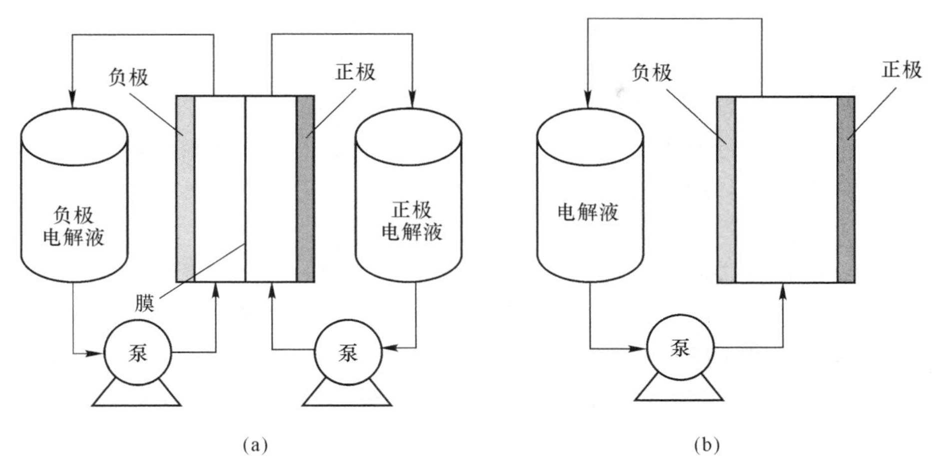

图 2-1 液流电池工作原理示意图
(a) 双液流电池；(b) 单液流电池

(3) 液流电池不存在反应不可逆的情况，即使是 100%放电都不可能出现损伤，同时系统响应速度很快。

(4) 液流电池具有绿色环保的优点，其组成材料大多是碳素和塑料类，此类原料都具有成本低廉、工作时限久和处理方便等优点，不会造成环境的污染。

(5) 液流电池储能系统的运行是在封闭条件下进行的，不会产生泄漏污染，是规模储能技术的首选之一。

2.2.3.4 锂离子电池

锂离子电池一般使用嵌锂化合物 $LiMO_2$（如 $LiCoO_2$）作为正极活性材料，石墨等材料作为负极活性材料，充放电工作原理如图 2-2 所示。锂都是以离子态形式存在于电池正极和负极中。电池充电时，正极中 Li^+脱离正极材料晶格进入电解液，通过隔膜嵌入负极材料的晶格中，同时得到电子生成 Li_xC_6 化合物，使锂离子电池的端电压上升，嵌入的锂离

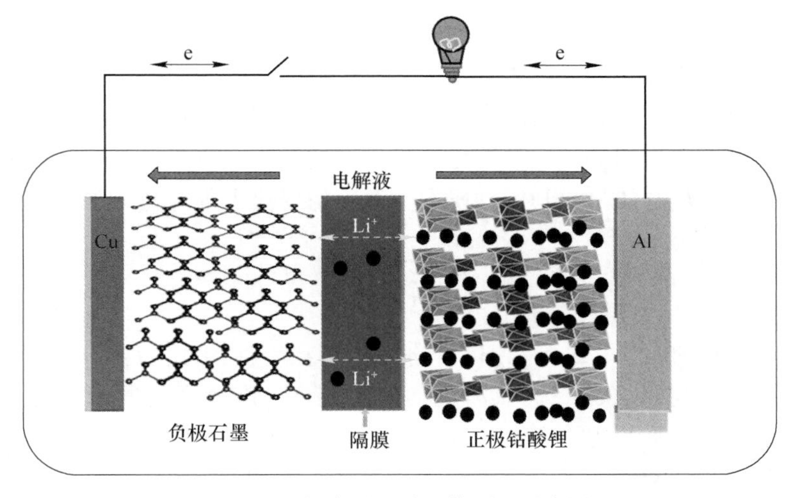

图 2-2 锂离子电池工作原理示意图

子越多，充电容量越高；电池放电时，Li_xC_6 化合物中的 Li^+ 从石墨层间脱出，通过隔膜进入电解液，电子由外电路到达正极，电压逐渐下降，回正极的 Li^+ 越多，放电容量越高。通常所说的电池容量指的就是放电容量。锂离子电池主要由正极材料、负极材料、电解液、隔膜和外壳等五部分组成，电极材料和电解液的成本占整个电池成本的近 80%。锂离子电池将在第 3 章中作详细介绍。

2.2.3.5 钠电池

与锂电池中金属锂资源储量紧缺和其价格不断攀升相比，金属钠原料地球丰度大且价格低廉稳定，钠电池在中、大规模静态储能中具有很高的成本优势。钠电池主要有钠硫电池、钠-氯化镍（ZEBRA）电池、钠-空气电池和离子电池。本章主要介绍钠硫电池。

钠硫电池（sodium sulfur battery，SSB）分别以金属钠和单质硫作为阳极和阴极活性物质，基本的电池反应是：

正极反应：
$$2Na^+ + xS + 2e \longrightarrow Na_2S_x \tag{2-4}$$

负极反应：
$$2Na \longrightarrow 2Na^+ + 2e \tag{2-5}$$

总反应：
$$xS + 2Na \longrightarrow Na_2S_x \tag{2-6}$$

钠硫电池比能量高，理论比能量为 760W·h/kg，实际比能量可达 150~200W·h/kg，是铅酸电池的 3~4 倍；容量可达到 600A·h 甚至更高，能量达到 1200W·h 以上；功率密度高，放电的电流密度可达到 200~300mA/cm^2；库仑效率高，电池中几乎没有自放电现象，充放电效率几乎为 100%；寿命长。钠硫电池中没有副反应发生，各个材料部件具有很高的耐腐蚀性，产品的使用寿命达到 10~15 年；电池结构简单，制造便利，原料成本低，维护方便。

2.2.4 热储能

热能是能量最重要的形式之一，热储能是利用物质内部能量变化包括热化学、潜热、显热或它们的组合来实现能量存储和释放的储能技术。该技术具有能量密度高、装置简单、设计灵活和管理方便等特点。储热技术按照储热方式不同，可分为显热储能、潜热储能、热化学储能和吸附储能。

2.2.4.1 显热储能

显热储能主要是通过蓄热材料温度的上升或下降来储存或释放热能，在蓄热和放热过程中蓄热材料本身不发生相变或化学变化，是一种技术比较成熟、效率比较高、成本又比较低的储能方法。显热储能材料利用物质本身温度的变化来进行热量的储存和释放，储热量 Q 可用式（2-7）表示。

$$Q = m\int_{T_1}^{T_2} c_{ps}\,\mathrm{d}T \tag{2-7}$$

式中，m 为蓄热材料的质量，g；c_{ps} 为材料的比热容，J/(g·K)；T_1，T_2 为操作温度，K。

常用的显热储能材料有固态显热材料，如混凝土、陶瓷材料等；液态显热材料，如水、导热油、熔盐等。水的比热容大、成本低，但主要应用在低温储热领域。熔盐体系价格适中、温域范围广，能够满足中高温储热领域的高温高压操作条件，且无毒、不易燃，尤其是多元混合熔盐，蒸气压较低，是中高温液态显热储热材料的研究热点。

2.2.4.2 潜热储能

潜热储能又称相变储能，是利用材料在相变时吸热或释热来储能或释能的。物质相变过程是一个等温或近似等温过程，在这个过程中伴随有能量的吸收或释放。相变储热是利用相变材料在其相变过程中，从环境吸收或释放热量，达到储能或放能的目的。中高温相变材料具有相变温度高、储热容量大、储热密度高等特点，它的使用能提高能源利用效率，有效保护环境，目前已在太阳能热利用、电力的“移峰填谷”、余热或废热的回收利用以及工业与民用建筑和空调的节能等领域得到了广泛的应用。

相变一般有以下四种情况：（1）固–固相变，如固体物质的晶体结构发生变化；（2）固–液相变，如固体溶解、液体凝固；（3）固–气相变，如固体升华；（4）气–液相变，如液体气化、气体冷凝。但相变时的潜热并非都可以用来储热，较为常见的潜热储能材料有固–液相变材料和固–固相变材料。近年来，高温复合相变储能材料应运而生，其既能有效克服单一的无机物或有机物相变储能材料存在的缺点，又可以改善相变材料的应用效果以及拓展其应用范围。因此，研制高温复合相变储能材料已成为储能材料领域的热点研究课题之一。

2.2.4.3 热化学储能技术

热化学储能利用物质的可逆吸/放热化学反应进行热量的存储与释放，是目前储热密度最大的储热方式，可以实现季节性长期存储和长距离运输，并且可实现热能品位的提升。热化学储能材料适用的温度范围比较宽，储热密度大，可以应用在中高温储热领域。热化学储能体系主要包括氧化还原体系、金属氢化物体系、碳酸盐分解体系、氨分解体系、甲烷重整体系和无机氢氧化物体系。其中，典型的气–固反应体系 $Ca(OH)_2/CaO$，原材料廉价易得、环境友好且储热容量较高，被认为是最具潜力的中高温热化学储能体系之一。热化学蓄热温度范围高，蓄热密度较大，但是工艺复杂并且技术成熟度低，还需要进行反应速率和传热性能的良好匹配，值得进一步研究，随着难题的逐渐解决，其应用前景将十分广泛。但热化学储热技术储热/放热过程较难控制，化学反应与传热的匹配存在问题，稳定性有待进一步的测试，与已实现商业化应用的显热储热和相变储热相比，热化学储热技术多处于实验室验证阶段。

2.2.4.4 吸附储能技术

吸附储能技术通过物质的物理吸附或化学吸附来进行热量的存储与释放。物理吸附蓄热是将热能以分子势能的形式储存起来，化学吸附蓄热是将热能以化学能的形式储存起来。两种吸附过程有着相似之处，同时也存在着本质的区别。化学吸附的吸附/解吸过程伴随着化学反应的进行，也就是分子中化学键的破坏和再生的过程，这种化学反应所产生的作用力要远远高于物理吸附当中的范德华力。因此，在化学吸附的过程中，吸附热也要远远高于物理吸附。化学吸附蓄热材料的蓄热密度较高，而且在储存/释放热量的过程中没有热量损失，同时又由于吸附蓄热材料具有无毒、无污染及可以直接输出热量和冷量等优点，因此，化学吸附蓄热材料也成为目前除了相变蓄热材料之外的又一研究热点。

2.3 相变储能材料及其应用

相变储能材料（phase change materials，PCM）是指在物质相变过程中，与外界环境进行热交换并且可以对热量进行储存或释放的材料，因其蓄热密度大、蓄热容量大、成本低、较稳定及较易获取等优点，广泛应用于建筑、航空航天、工业废热回收、太阳能采暖等领域。

相变储能材料储能的本质体现在不同相时其具有的焓是不同的。热力学中相变热是相变过程中末态与初态的焓差，称为相变焓，可以表示为：

$$\Delta H'_m \approx \Delta H_m + \int_{T'}^{T} c_{p,m}(\alpha)\,\mathrm{d}T - \int_{T'}^{T} c_{p,m}(\beta)\,\mathrm{d}T \tag{2-8}$$

为了描述相变材料的相变特性，必须借助于相图，即材料的相与温度、压力及组分的关系图。热力学第二定律是研究系统平衡条件的基本依据，吉布斯相律是储能材料应满足的最基本规律，在相图分析中可根据相图得出一些储能材料的储热原理。相变材料的相变过程就是一个结晶和熔化过程。结晶分以下几步完成：（1）诱发阶段；（2）晶体生长阶段；（3）晶体再生阶段。

2.3.1 相变储能材料分类

根据相变类型相变储能材料可分为固-固相变储能材料、固-液相变储能材料、气-液相变储能材料和固-气相变储能材料。在固-固相变中材料仅发生晶体结构的变化，体积变化较小，但储能密度较低，固-固相变储能材料不会存在液体泄漏问题，对容器要求较低。固-气和液-气相变潜热值高，但体积变化较大，需要严格密封。固-液相变材料相变潜热值较高，且体积和压力变化较小，被认为是较为理想的储热材料。

根据相变温度相变储能材料可分为四类：低温相变储能材料（熔点<5℃），适用于冰箱和商用冷藏产品等；中低温相变储能材料（5℃<熔点<40℃），适用于建筑物被动加热或冷却、空调系统等；中温相变储能材料（40℃<熔点<80℃），适用于太阳能蒸馏器、太阳能生活热水系统和电气设备等；高温相变储能材料（80℃<熔点），适用于废热回收和太阳能热发电等。

根据化学性质相变储能材料可分为有机类、无机类和共晶类。有机相变储能材料又分为石蜡类和脂肪酸类，其中石蜡是直链烷烃，熔点随着相对分子质量和碳原子数的增加而升高，该类材料具有良好的化学和热稳定性，但热导率和相变焓值较低；脂肪酸类材料易燃，不宜暴露在较高温度、火焰或氧化剂中。无机相变储能材料主要包括水合盐、熔融盐和金属，其中，水合盐在蓄/放热过程中易出现过冷和相分离现象，需要添加防相分离剂和过冷剂；熔融盐使用温度范围广，具有良好的热稳定性，但该类材料在高温下有较强的腐蚀性；金属主要优点是高导热性，但其比热容较小，过载情况下会导致过高的温度，影响容器寿命。共晶类相变储能材料是由两种或更多种组分组成的混合物，具有单一的熔融温度，通常低于组成化合物的熔融温度，不会发生相分离。根据组成，共晶类相变储能材料又可分为无机共晶体、有机共晶体和无机-有机共晶体，其中，有机共晶体相对于无机共晶体具有更低的熔点和更高的潜热值。相变储能材料的分类如图 2-3 所示。

2.3.2 固-液相变储能材料

固-液相变储能材料的研究起步较早，是现行研究中相对成熟的一类相变材料。其原理是固-液相变储能材料在温度高于材料的相变温度时吸收热量，物相由固态变为液态；

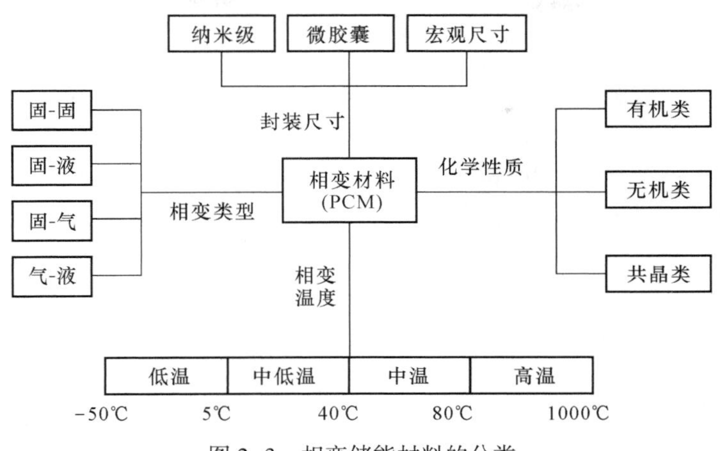

图 2-3 相变储能材料的分类

当温度下降到低于相变温度时，物相由液态变成固态，放出热量。该过程是可逆过程，因此材料可重复多次使用，且它具有成本低、相变潜热大、相变温度范围较宽等优点。目前国内外研制的固-液相变储能材料主要包括无机类和有机类两种。

2.3.2.1 无机类固-液相变储能材料

无机相变材料包括结晶水合盐、熔融盐、金属合金和其他无机物。其中应用最广泛的是结晶水合盐，结晶水合盐是通过融化与凝固过程中放出和吸收结晶水来储热和放热的。结晶水合盐中的结晶水的排列和取向比在水溶液中更紧密，更有规律，与离子之间以化学键结合。结晶水合盐具有固定比例的结晶水和较高的热效应，其可供选择的熔点范围较宽，从几摄氏度到一百多摄氏度，是中温相变材料中最重要的一类。应用较多的主要是碱及碱土金属的卤化物、硫酸盐、硝酸盐、磷酸盐、碳酸盐及醋酸盐等。

结晶水合盐储能材料的优点是使用范围广、价格便宜、导热系数较大、溶解热大、体积储热密度大、一般呈中性。但其存在两方面的不足：一是过冷现象，即物质冷凝到“冷凝点”时并不结晶，而需到“冷凝点”以下的一定温度时才开始结晶，同时使温度迅速上升到冷凝点，导致物质不能及时发生相变，从而影响热量的及时释放和利用；二是出现相分离现象，即当温度上升时，它释放出来的结晶水的数量不足以溶解所有的非晶态固体脱水盐，由于密度的差异，这些未溶脱水盐沉降到容器的底部，在逆相变过程中，即温度下降时，沉降到底部的脱水盐无法和结晶水结合而不能重新结晶，使得相变过程不可逆，形成相分层，导致溶解的不均匀性，从而造成该储能材料的储能能力逐渐下降。

2.3.2.2 有机类固-液相变储能材料

有机类相变储能材料常用的有石蜡、烷烃、脂肪酸或盐类、醇类等。一般来说，同系有机物的相变温度和相变焓会随着其碳链的增长而增大，这样可以得到具有一系列相变温度的储能材料，但随着碳链的增长，相变温度的增加值会逐渐减少，其熔点最终将趋于一定值。为了得到相变温度适当、性能优越的相变材料，常常需要将几种有机相变材料复合以形成二元或多元相变材料。有时也将有机相变材料与无机相变材料复合，以弥补两者的不足，得到性能更好的相变材料，以使其得到更好的应用。石蜡是精制石油的副产品，通常从原油的蜡馏分中分离而得，需要经过常压蒸馏、减压蒸馏、溶剂精制、溶剂脱蜡脱油、加氢精制等工艺过程从石油中提炼出来。石蜡主要由直链烷烃混合而成。短链烷烃熔点较低，链增长时，熔点开始增长较快，而后逐渐减慢，链再增长熔点将趋于一定值。随着链的增长，烷烃的溶解热也增大。由于空间的影响，奇数和偶数碳原子的烷烃有所不同，偶数碳原子烷烃的同系物有较高的溶解热，链更长时溶解热趋于相等。

有机类相变材料具有的优点是：固体状态时成型性较好，一般不容易出现过冷和相分离现象，材料的腐蚀性较小，性能比较稳定，毒性小，成本低等。同时该材料也存在缺点：导热系数小，密度较小，单位体积的储能能力较小，相变过程中体积变化大，并且有机物一般熔点较低，不适于高温场合中应用，且易挥发、易燃烧甚至爆炸或被空气中的氧气缓慢氧化而老化等。

2.3.3 固-固相变储能材料

固-固相变储能材料是基于相变发生前后固体的晶体结构改变而吸收或者释放热量的，因此，在相变过程中无液相产生，相变前后体积变化小、无毒、无腐蚀，对容器的材料和制作技术要求不高，过冷度小，使用寿命长，是一类很有应用前景的储能材料。目前研究的固-固相变储能材料主要是无机盐类、多元醇类和交联高密度聚乙烯。

2.3.3.1 无机盐类固-固相变储能材料

无机盐类固-固相变储能材料主要利用固体状态下不同种晶型的转变进行吸热和放热，通常它们的相变温度较高，适合于高温范围内的储能和控温，目前实际应用的主要是层状钙钛矿、Li_2SO_4、KHF_2 等物质。

2.3.3.2 多元醇类固-固相变储能材料

多元醇类固-固相变储能材料是目前国内研究较多的一类固-固相变储能材料，其作为一种新型理想的太阳能材料而日益受到重视。多元醇类相变储能材料主要有季戊四醇（PE）、新戊二醇（NPG）、2-氨基-2-甲基-1，3-丙二醇（AMP）、三羟甲基乙烷、三羟甲基氨基甲烷等，通过两两结合可以配制出二元体系或多元体系来满足不同相变体系的需要。多元醇的相变储能原理与无机盐类似，也是通过晶型之间的转变来吸收或放出能量，即是通过晶体有序-无序转变而可逆放热、吸热的。它们的一元体系固-固相变温度较高（40~200℃），适用于中高温储能领域，其相变熔较大，且相变热与该多元醇每一分子所含的羟基数目有关，即多元醇每一分子所含的羟基数目越多，相变焓越大。这种相变焓来自氢键全部断裂而放出的氢键能。为使多元醇能够应用于低温储能领域，可把不同多元醇以不同比例组成二元或三元体系，降低它们的相转变温度，从而得到相变温度范围较宽的储能材料，以适应对相变温度有不同要求的领域。

多元醇类相变材料的优点是：可操作性强、性能稳定、使用寿命长，反复使用也不会出现分解和分层现象，过冷现象不严重。但也存在不足：多元醇价格高；升华因素，即将其加热到固-固相变温度以上，由晶态固体变成塑性晶体时，塑性晶体有很大的蒸气压，易挥发损失，使用时仍需要容器封装，体现不出固-固相变储能材料的优越性；多元醇传热能力差，在储热时需要较高的传热温差作为驱动力，同时也增加了储热、取热所需要的时间；长期运行后性能会发生变化，稳定性不能保证；应用时有潜在的可燃性。

2.3.3.3 交联高密度聚乙烯

高密度聚乙烯的熔点虽然一般都在125℃以上，但通常在100℃以上使用时会软化。

经过辐射交联或化学交联之后，其软化温度可提高到150℃以上，而晶体的转变却发生在120~135℃。而且，这种材料的使用寿命长、性能稳定、无过冷和层析现象，材料的力学性能较好，便于加工成各种形状，是真正意义上的固-固相变材料，具有较大的实际应用价值。但是交联会使高密度聚乙烯的相变潜热有较大降低，普通高密度聚乙烯的相变潜热为210~220J/g，而交联聚乙烯只有180J/g。在氨气气氛下，采用等离子体轰击使高密度聚乙烯表面产生交联的方法，可以基本上避免因交联而导致相变潜热的降低，但因技术原因，这种方法目前还没有大规模使用。

2.3.4　相变储能材料的工程应用

相变储能材料在实际中的应用有下列一些要求：（1）合适的相变温度；（2）较大的相变潜热；（3）合适的导热性能；（4）在相变过程中不应发生熔析现象；（5）必须在恒定的温度下熔化及固化，即必须是可逆相变，性能稳定；（6）无毒性；（7）与容器材料相容；（8）不易燃；（9）较快的结晶速度和晶体生长速度；（10）低蒸气压；（11）体积膨胀率较小；（12）密度较大；（13）原材料易购、价格便宜。其中（1）~（3）是热性能要求，（4）~（9）是化学性能要求，（10）~（12）是物理性能要求，（13）是经济性能要求。基于上述选择储能材料的原则，可结合具体储能过程和方式选择合适的材料，也可自行配制合适的储能材料。

相变材料在工业及一些新能源技术中得到了积极的应用，如：（1）在工业加热过程的余热利用，其中储热换热器在工业集热中是比较关键的材料；（2）在特种仪器、仪表中的应用，如航空、卫星、航海等特殊设备；（3）作为家庭、公共场所等取暖和建筑材料用，如利用太阳能让相变材料吸收屋顶太阳热收集器所得的能量，使得相变材料液化并通过盘管送到地板上储存起来，无太阳时放热，达到取暖目的。美国管道系统公司应用$CaCl_2 \cdot 6H_2O$作为相变材料制成储热管，用来储存太阳能和回收工业中的余热。

2.4　复合相变储能材料的研究进展

相变材料（PCM）被广泛认为是一种很有前途的热能储存和热管理能源材料，以解决各种能源系统中能源供需不匹配的问题。为了克服PCM长期存在的缺点，如导热系数低、液体泄漏、相分离和过冷问题，通过化学改性或加入功能添加剂制备的稳定相变复合材料（PCC），对于克服这些缺点，促进PCM的广泛应用具有重要意义。

根据PCM的发展优势和面临的挑战，可将其划分为三代。熔融盐是第一代PCM，具有较大的相变焓和低成本，但在实际应用中具有较高的腐蚀性。第二代PCM主要由石蜡（PW）、脂肪酸、聚乙二醇（PEG）和糖醇组成，具有中等的储存容量、生物相容性和环境稳定性，但易燃，导热系数低。第三代主要包括金属、金属氧化物、塑性晶体和合金。

有相当多的研究致力于克服固-液相变材料的瓶颈。一方面，将相变材料包埋在多孔支撑基体或聚合物中，制备了多种形态稳定的相变复合材料（PCC），以克服固-液PCM在反复熔化和凝固过程中的渗漏问题。此外，PCM被封装到壳体中或加入高导电填料，包括金属、碳和陶瓷基材料，以提高原始PCM的导热性，从而提高热能存储系统的效率。尽管高性能形态稳定型PCC的制备和应用取得了很大进展，但PCC的先进多功能应用仍处于起步阶段，需要进一步的探索和研究。

2.4.1 形态稳定型 PCC 的制备及其热性能

形态稳定型 PCC 通常通过将原始 PCM 限制在支撑材料内或通过分子键重建聚合 PCM 来制备。支撑材料充当嵌入相变材料的包围矩阵或小壳层，从而防止熔化的相变材料在较高温度下的泄漏。PCM 的聚合通过化学反应引入“硬段”来阻止熔化的 PCM 自由流动。与原始 PCM 相比，PCC 具有形状稳定、热导率和热稳定性提高等优点，也保留了 PCM 固有的优点。

2.4.1.1 杂化约束

熔融浸渍是制备形态稳定的 PCC 最简单的方法。北京大学的邹如强、曹安源等人利用熔融浸渍法制备了碳纳米管（CNT）阵列封装的 PCC。导热 PCC 是通过将正二十烷（C20）渗透到多孔碳纳米管阵列中制备的。所开发的 PCC 的 C20 负荷高达 90%。北京科技大学的王戈教授团队在毛细力作用下采用熔融浸渍法合成了碳纳米管多孔碳（CNT-PC）/癸二酸（SA）PPC，并将其固定在 PC 壁的孔隙中。制备的 SA/CNT@ PC 型稳定 PCC 具有较大的相变焓（155.7J/g）和较高的储热容量（99.9%）。北京科技大学的王戈教授团队将聚乙二醇渗透到三维高度石墨化的碳网络中来制备 PCC。这种策略不仅集成了纯 PCM 的足够的功率容量和改善的导热性（提高了 236%），而且还保证了热稳定性和耐久性。除了简单地混合基体和熔化的 PCM 外，熔融浸渍法还与超声、超声和磁/机械搅拌相结合，以提高约束效率。

熔融浸渍法虽然可以在很大程度上将熔化的相变材料吸附到多孔基体中，但相变材料没有完全占据基体孔隙，限制了储能密度。为解决这一问题，提出了真空浸渍法。在典型的真空浸渍过程中，支撑基体首先暴露在真空中，以从孔隙中去除空气和从缝隙中去除填料。一旦实现了充分的脱气，熔化或溶解的 PCM 被引入真空系统，渗入支撑基体。

真空浸渍法已被广泛应用于将相变材料过滤成各种多孔支撑材料。马来亚大学的 Mehrali 教授团队通过真空辅助熔体浸渍法合成了棕榈酸（PA）/石墨烯纳米板（GNP）PCC。GNP 孔中的空气首先通过真空计排出。然后在受控的真空压力下，在 90℃ 下加热 2h。在排出 GNP 中的空气后，将含有 PCM 的甲苯溶液注入烧瓶中。在蒸发多余的溶液后，得到了最终的 PCC。PCM 的最大含量为 91.94%（质量分数），没有熔化 PA 的渗漏。Yang 等人利用冰模板自组装策略和真空浸渍方法制备 PEG/分级多孔支架 PCC。合成的聚氯化碳具有优异的导热性能和形状稳定性。Wang 等人开发了 PEG/单壁碳纳米管（SWNT）PCC。SWNT 和 PEG 在 60℃ 超声 15min 获得悬浮液，并在真空下蒸发合成的化合物。SWNT/PEG 复合材料在 80℃ 真空干燥后得到。Yang 等人通过结合微晶纤维素-纤维素和无缺陷 GNP 制备了轻质纤维素/GNP 气凝胶。GNP 的低负载和纤维素网络的高孔隙率提高了 PEG 的负载能力。

一般来说，熔体浸渍法和真空辅助浸渍法是非常通用的方法，有机和无机 PCM 都被用于制备形状稳定的 PCC。然而，由于 PCM 在溶剂中的溶解度、非挥发性预混物和适当的黏度等要求，这些方法的广泛应用仍具有挑战性。为了解决这些问题，人们提出了几种新的方法。Nomura 等人比较了传统的熔体弥散法和一种新的热压法制备方法。对于热压法，先将 PCM 和碳纤维（CF）混合在丙酮中，然后将干燥的混合物压入碳模中，用电加热固定成型。CF 在复合材料中分布在 PCM 颗粒附近，热压后形成渗透网络，有助于提高导热系数。在热压法的基础上，Li 等人还采用一种新型的“压力诱导压缩熔体吸附”方法制备了高导电膨胀石墨（EG/SA）PCC。PCM 粒子附着在 EG 的孔隙上，然后将熔化后的 PCM 包覆在 GNP 表面。最后，将 EG/SA 复合材料浇注在模具中并压制成高导电的 PCC。这些复合材料是物理共混的，具有良好的热稳定性。此外，以 20%（质量分数）EG 合成的样品能有效地防止液体泄漏，并表现出优异的热导率（23W/(m·K)）。此外，提出了一种新的多约束方法来制备形态稳定的 PCC，该方法利用聚合物基的大孔支撑材料和附加材料的薄涂层。在制备过程中，采用轻量大孔三聚氰胺海绵（MS）吸附共晶水合盐（$Na_2S_2O_3 \cdot 5H_2O-CH_3COONa \cdot 3H_2O$），保持相变焓不变。随后，使用一层薄薄的固体聚氨酯（PU）薄层来进一步封装生成的 PCM@MS。该复合材料具有高相变焓（186.6J/g）、低过冷度（0.462℃）和良好的热稳定性。此外，合成的 PCC 具有优异的隔热性能，可用于建筑热管理。

与机械混合相比，溶解混合和熔体混合技术可以产生更多均匀混合物。真空浸渍法提高了 PCM 与多孔基体内部孔间的压差，因此，可以吸收大量的 PCM，使 PCC 的相变焓最大。压力诱导法提供了重新修改 PCC 热物理性质的机会，这有助于构建各向异性高导电结构。然而，这一操作相对具有挑战性。目前还不可能对所有类型的相变材料或支撑材料提出统一的制备方法，相变材料的制备成本和热性能之间的权衡是不可避免的。因此，制备方法的选择应考虑几个因素，包括资金成本、相容性和热性能。

2.4.1.2 PCM 封装

除了杂化限制外，微纳米或纳米微胶囊封装的 PCM 提供了另一种制备形态稳定的 PCC 的方法。封装技术可以简单地描述为 PCM 芯材被微尺度直径的涂层或外壳覆盖。与混合约束相比，PCM 封装具有可控制的热能释放、与环境绝缘、降解保护、提高表面积、提高导热系数和稳定性等特点。为了在 PCM 型芯中制造封装成型稳定的 PCM，必须首先通过乳液制备所需的液滴尺寸，然后形成乳液液滴的外壳。根据微胶囊的形成机制，一般可将包封过程分为三种类型：物理方法、物理化学方法和化学方法。

喷雾干燥是制备微胶囊化 PCC 最常用的物理方法。典型的喷雾干燥方法包括两部分：制备含壁和芯材料的乳液或悬浮液，以及使用喷嘴雾化系统喷雾干燥微胶囊化。Fei 等人通过预水热和快速气溶胶过程将正十八烷（C18）与二氧化钛（TiO_2）壳包覆，制备了微胶囊。胶囊直径为 0.1~5.0μm，芯部载荷高达 80%。Rajam 等人采用喷雾冷冻干燥的方法，用四种壁材制备了含有植物乳杆菌的微胶囊。微胶囊具有良好的流动性和低吸湿性，微胶囊化率为 87.9%~94.9%。近年来，以聚乳酸（PLA）/单氟磷酸钠（缓蚀剂）为原料，采用喷雾干燥法制备了微胶囊。由于聚乳酸溶液黏度低，制备的微胶囊包封效率低，当聚乳酸溶液含量超过 5%时，形成丝状物质而不是微胶囊。

聚合氯化钙的物理化学包封方法主要有凝聚法和溶胶-凝胶包封法。凝聚通常涉及使用两种或两种以上胶体。在凝聚过程中，壳材料与初始溶液发生相分离，随后在反应介质中悬浮或乳化的核心材料附近形成新的凝聚相。Hawlader 等人采用复合凝聚和喷雾干燥相结合的方法制备辛酸微胶囊，研究了其包封效率和储能释放能力，表明凝聚法可用于合成石蜡微胶囊。此外，采用两种不同的凝聚剂（灭菌明胶/阿拉伯胶和琼脂/阿拉伯胶）作为外壳组合物，通过复合凝聚法制备石蜡基微胶囊。

溶胶-凝胶包封是制备微纳米胶囊的另一种物理化学包封方法，由于成本低、工艺条件温和，近年来受到广泛关注。一般来说，溶胶-凝胶包埋过程包括三个步骤：水解，缩合，干燥。采用溶胶-凝胶法制备了水包油（O/W）乳状液，成功地将 SiO_2 等无机材料作为包封材料。例如，Wang 等人采用油水乳状液和溶胶-凝胶法将正十五烷包裹在 SiO_2 壳上。球形微胶囊的尺寸为 4~8μm。Zhang 等人在不同 pH 值下通过溶胶-凝胶法制备了一系列 SiO_2 壳微胶囊 C18，球形微胶囊具有清晰的核壳结构。

乳液法、原位法和界面聚合法是制备微胶囊磺酸盐最常用的三种化学方法。在乳液聚合过程中，在乳化剂和表面活性剂的存在下，不溶性单体在连续的机械搅拌下均匀分散在连续的相中，然后在 PCM 核表面形成壳层。Wang 等人采用低能皮克林乳液法制备了聚苯乙烯壳纳米胶囊。他们还使用了微乳液在环境反应条件下制备形成稳定的相变胶囊，这是可能的，因为制备过程所需的能量较低。Cortazar 等人用甲基丙烯酸甲酯微乳液聚合法封装 PW。最大包封比为 60%（质量分数），潜热为 140.3J/g。

与乳液聚合方法不同的是，界面聚合方法首先在 O/W 或 W/O 乳液中，在乳化剂和稳定剂的存在下进行乳化；然后，向混合物中加入单体，在界面处形成聚合物壳层。Zhang 等人通过界面缩聚制备了 C18/SiO_2 微胶囊。在 pH 值为 2.89 时，形成了表面光滑、粒径为 17.0μm 的壳。通过控制反应溶液的酸度和壳材料的负载，微胶囊化 C18 可以获得较高的包封效率和相当的相变焓。一般情况下，界面聚合会产生较大尺寸的 PCM 胶囊，这有利于导电填料的掺入。

原位聚合法是将所有材料溶解（类似于界面聚合），微胶囊壁是由原 PCM 囊芯周围的乳液的连续相形成的。在制备过程中，先将 PCM 在水中乳化，然后将预聚物加入连续相中，通过聚合反应将 PCM 包覆在壳上。Guo 等人利用聚乙烯作为壁材制备了十二醇微胶囊。结果表明，所制备的微胶囊在蓄热方面具有潜在的应用潜力。Yuan 等人分两步制备了 PW 和 SiO_2/GO 微胶囊 PCC：（1）原位水解 PW 被 SiO_2 吞没；（2）四乙氧基硅烷缩合和氧化石墨烯修饰 SiO_2 壳。微胶囊化可有效提高 PW 的导热性能，且微胶囊的热容显著。

2.4.1.3 PCM 聚合

除了杂化限制和 PCM 包封外，通过分子键重建 PCM 的聚合是制备形态稳定的 PCC（或固体-固体 PCM）的一种有效方法。在这种方法中，固-液 PCM 的可结晶部分通过化学键被引入聚合物大分子的一级结构中，从而阻止它们以非结晶状态自由流动。这种方法的一个例子是聚氨酯（PU），聚乙二醇（PEG）像“软段”一样通过嵌段共聚合、侧链接枝或交联共聚合的方法嵌入 PU 大分子骨架（“硬段”）中。当 PCC 的温度达到软段的相变温度时，PCM 在经历一级相变的同时吸收热量。然而，这些软段的流动性受到限制，因为它们仍然附着在聚合物主链上，这使得整个系统保持固体状态。

软聚合物为潜热储能系统的设计和应用开辟了新的机遇。嵌段共聚物的自组装是其合成的一个特别有效的过程。在嵌段共聚过程中，柔性聚合物和结晶片层板交替聚合，形成线性嵌段结构。Du 等人通过二乙醇胺改性的单甲氧基聚乙二醇（MPEG）与异佛尔酮二异氰酸酯和 1，4-丁二醇的反应合成了一种新型的具有聚环氧乙烷链段作为侧链的梳状聚氨酯（DMPEG-PU）相变材料。与纯聚乙二醇相比，DMPEG-PU 的球形尺寸较小，表明软段（聚氧乙烯）的排列和取向受到硬段的限制。嵌段共聚物以化学方式连接不同的重复单元序列具有两个或更多的聚合物亚基，这些亚基可以被配置成线性、杂化、环状和分枝的分子结构。此外，线性多嵌段聚合物在任意嵌段序列、星形和接枝嵌段聚合物及瓶刷嵌段聚合物等方面引起了广泛关注。

重建接枝结构已成为一项广泛应用的技术，为聚合物提供稳定和固定的形状，并调节其物理性质。线性链，如聚乙二醇或聚环氧乙烷作为“软段”，然后接枝到作为“硬段”的聚合物主链上。当温度上升到软段的相变温度时，通过相变元件的潜热吸收机制触发蓄热。同时，由于软段与硬骨干保持连接，保持 PCC 的固体状态，因此软段的运动受到限制。接枝或梳状聚合物的非线性结构可以解决线性多嵌段共聚物的问题，同时保持预期的韧性。与线性聚合物相比，支链结构还可用于调整分子空间填充，并在高剪切速率下实现较低的熔体黏度，这通过使用高剪切熔体技术简化了制备过程。一般情况下，相变焓受接枝速率的影响很大，接枝速率与高分子单体的反应性及聚合速率有关。一种有效的方法是采用桥接材料在主链和侧链之间建立连接网络。Guan 等人采用电子束辐照（EBI）将离子液体接枝到固相聚合物嵌段中，不影响结晶区化学结构。EBI 的加入量越大，接枝率越高（质量分数 45.4%），从而促进了离子液体接枝分子链的相互连接。

交联共聚是形成具有非线性结构的固体-固体聚合物的另一种有吸引力的途径，它是一种可结晶的线性聚合物与一个主链作为分子键之间的连接，以制造防泄漏的 3D 共聚物网络。由于所得聚合物的均匀性，交联共聚比接枝和嵌段更可取。Wang 等人通过不产生任何小分子副产物的缩合聚合反应，与 PEG 和三苯基甲烷-三异氰酸酯（TTI）开发了一种固体-固体 PCM。此外，功能化石墨烯均匀分散在 PCM 中，使 PCM 能够进行光热捕获。Zhou 等人以 PEG 为 PCM，六亚甲基二异氰酸酯缩二脲（HDIB）为交联剂合成了交联还原氧化石墨烯（rGO）/PU PCC。在反应过程中，氧化石墨烯薄片被原位还原，然后与 HDIB 反应，通过化学和物理交联加强网络，rGO 和 HDIB 的协同作用显著提高了 PCC 的整体性能。他们还制备了含有埃洛石纳米管（HNT）的 PU 基固体-固体 PCM。HNT 不仅作为 HDIB 的交联剂，增强了固-固相变性能，而且还大大提高了系统的潜热，从 86.8J/g 至 118.7J/g。

考虑聚合物固-固相变材料的潜热还原特性，开发了一种新型半互穿网络结构的形态稳定的相变材料。Zhang 等人通过原位掺杂方法将石蜡（PW）浸渍到交联的 PU 结构中，开发了具有高潜热且形状稳定的 PCC，制备了交联聚氨酯结构作为支撑基体，以适应 PW，从而提高了 PCC 的整体相变焓。该复合材料的相变焓为 210.6J/g，PW 为 74%。在另一项研究中，通过将交联 PU 结构与 PEG 混合制备出具有半互穿网络结构的温控高潜热 PCM。

2.4.2 PCC 导热性的增强

原始 PCM 固有的低导热系数是一个长期存在的瓶颈，这极大地限制了它们的应用范围，特别是在高功率密度的储能系统。因此，提高相变材料的热导率对于高性能、形态稳定的相变材料的发展至关重要。加入高导热填料是提高相变材料导热性的最常用方法。高导热填充物主要包括金属材料（铜、镍、银、Al_2O_3 和 TiO_2）、碳基材料（碳纳米管、石墨烯、石墨、GO/rGO、CF、EG、石墨烯气凝胶）和陶瓷基材料（氮化硼和氮化铝）。

2.4.2.1 金属基 PCC

金属和金属氧化物纳米颗粒由于其强大的力学性能、高的导热性能和优异的化学稳定性，在制备导热 PCC 方面得到了广泛的研究。Oya 等人采用赤藓糖醇作为 PCM，纳米镍作为导热添加剂。热导率增加到4W/(m·K)，是纯PCM的540倍。Wu等人研究了铝、铜和碳/铜纳米颗粒在PW中的渗透对传热效率的提高。铜基PCC与其他PCC相比，具有更好的传热性能。此外，纳米铜粒子的存在显著提高了PCC的充放电速率，其中，1%（质量分数）的铜基PCC的充放电次数分别减少了30.3%和28.2%。

金属氧化物（Fe_3O_4、Al_2O_3、TiO_2等）表现出中等的传热性能，典型的热导率为10~40W/(m·K)。虽然与金属颗粒相比，金属氧化物的导热系数相对较低，但其低廉的成本、高的化学稳定性和可靠的性能使其在提高导热系数领域具有广阔的应用前景。例如，Li等人通过将$CaCl_2 \cdot 6H_2O$和Al_2O_3纳米颗粒相结合，制备了一种用于热能存储的纳米复合PCM。当Al_2O_3质量分数为2%时，PCC的最大导热系数为1.373W/(m·K)，提高了303%。Zhang等人利用ZnO晶须作为导热添加剂来提高三元盐混合物的导热性。所得PCC的导热系数提高到4.483W/(m·K)。此外，Sahan等人利用分散技术制备了一种由PW和Fe_3O_4组成的新型PCC。添加10%（质量分数）Fe_3O_4和20%（质量分数）Fe_3O_4时，PCC的导热系数分别提高了48%和60%。然而，由于纳米颗粒和PCM之间的密度差异，金属基纳米颗粒添加剂存在潜在的团聚风险，并且在用于无机PCM时也存在腐蚀问题的风险。

与金属和金属氧化物纳米颗粒相比，多孔结构丰富的金属泡沫具有更好的包封和吸附能力。目前，泡沫铜、泡沫镍、泡沫铝和泡沫二氧化钛是研究最广泛的金属泡沫。将PCM渗透到金属泡沫中合成高导电PCM引起了广泛的关注。Zeng等人通过真空浸渍法制备了PW/泡沫镍和PW/泡沫铜PCC。PW/泡沫镍和PW/泡沫铜PCC的导热系数分别提高到1.2W/(m·K)和4.9W/(m·K)，分别是原始PW的3倍和15倍。同时，有效热导率随孔隙率的减小而增大，在孔隙率不变的情况下，金属泡沫的孔径变化不明显。Wang等人制备了泡沫铜/PW复合材料，以提高有效导热系数。由于泡沫铜导热性能的提高，PW的储能时间减少了约40%。Li等人还利用浸渍处理开发了泡沫铜/改性三水合物乙酸钠（SAT）PCC。SAT首先用十二水磷酸氢二钠（DHPD，质量分数为2%）和羧甲基纤维素（CMC，质量分数为0.5%）进行改性。实验结果表明，改进后的SAT具有较高的热稳定性，PCC的有效导热系数（6.8W/(m·K)）是原始SAT的11倍。与纯SAT相比，充电时间减少了约60%。

虽然泡沫铜（385W/(m·K)）的加入可以大大提高PCC的导热系数，但泡沫镍（90W/(m·K)）的密度更低，熔化温度（1455℃）也比较高。Hussain等人比较了空气、纯PW、泡沫镍复合材料和石墨烯涂层镍（GcNi）泡沫/PW复合材料对锂电池冷却性能的影响。与空气冷却相比，使用GcNi泡沫/PW复合材料时的传热率提高了59%。泡沫镍/PW和GcNi泡沫/PW复合材料的有效导热系数分别提高了5倍和23倍。Liang等人进一步研究了GcNi泡沫对PW导热系数和潜热的影响。测试结果表明，GcNi/PW复合材料的导热系数提高了14倍，潜热降低了32.7%。除了泡沫铜和泡沫镍，泡沫铝和泡沫二氧化钛也被用来制造导热的PCC。Chen等人使用包含平板集热器布置的模型比较了原始PW和泡沫铝/PW PCC的热性能，发现与原始PW相比，包埋泡沫铝显著提高了PCC的传热效率。在另一项研究中，他们采用热晶格玻耳兹曼模型来研究泡沫铝对相变材料熔化速率的影响。发现金属基PCC的熔化速率比原始PCM提高了78%。Zhang等人通过实验和数值方法研究了泡沫铝/PW复合材料的传热性能。模拟结果与实验结果吻合较好。与原始

PW 相比，PCC 的熔化时间缩短了 26%~28%。对于 TiO_2 泡沫封闭 PCC，Deng 等人开发了一种花状纳米结构（FLN）TiO_2 的 PCC。FLN-TiO_2 不仅提高了 PCM 的导热性能，而且防止了 PCM 的泄漏。

这些研究表明，金属和金属氧化物基材料作为导热性能优异的添加剂，提高了 PCC 的导热性能。在各种金属和金属氧化物基材料中，金属泡沫材料因其密度小、纵横比大、多孔结构等优点，对 PCC 的导热性能有很好的提高作用。因此，金属泡沫作为导热添加剂具有较好的应用前景。然而，也应该注意到金属基材料的缺点，如高密度和较差的热和化学稳定性，可能会对 PCC 的长期稳定性产生负面影响。

2.4.2.2 碳基 PCC

碳基材料由于其高导热性、化学稳定性、低热膨胀和广泛可用性，成为制造先进 PCC 的有吸引力的添加剂。碳基材料具有多种形态结构，可分为一维（1D，如 CNT 和 CNF）、二维（2D，如石墨烯、石墨纳米板、EG 和 GO）或三维（3D，如泡沫碳、石墨/石墨烯泡沫和气凝胶）。

CNT 是典型的一维碳材料，对 PCC 来说具有超高的导热系数（2000~6000W/(m·K)）、低密度和内部化学稳定性等优点，引起了人们的广泛关注。Wang 等人首次引入 SWCNT 来制备聚乙二醇基的形状稳定的导热性增强的 PCC。所得 PEG/SWCNT（质量分数为 2%）PCC 的导热系数为 0.312W/(m·K)，约为原始 PEG 的 116.9%。Qian 等人通过浸渍法制备了纳米 PEG/SWCNT PCC，将 SWCNT 均匀分散在 PEG 基体中。PEG 的最大吸附效率提高到 98%，合成的 PCC 的固、液相导热系数分别比 PEG（0.24W/(m·K)）提高了 1329%和 533%。此外，在制备 PCC 之前，可以对 CNT 进行官能团修饰，以提高 CNT 的分散性。例如，Li 等人利用接枝 CNT 和 PW 制备 PCC。与原始 CNT 相比，接枝 CNT 的团聚行为有所缓解，当 CNT 质量分数为 4%时，CNT/PW PCC 的导热系数为 0.7903W/(m·K)。此外，采用超声分散和液体插层相结合的方法制备了 PW/有机蒙脱石/SWCNT PCC。PCC 的导热系数比 PW 高约 65%。

CNF 是另一种常用的一维碳基导热添加剂，其导热系数沿面内方向超过 900W/(m·K)。Nomura 等人通过常规熔体分散和一种新的热压方法合成赤藓糖醇/CNF PCC。热压法制备的赤藓糖醇/CNF PCC 比传统熔体分散法制备的 PCC 具有更高的导热系数。CNF 填充比为 0.71%和 20.4%（体积分数）的 PCC 的导热系数为 30W/(m·K)、显著高于纯赤藓糖醇（0.73W/(m·K)）。Zhang 等人通过在赤藓糖醇中分散具有不同长径比的短碳纤维（SCF），分别用 C_{25}和 C_5 表示，制备了 PCC。PCC 的热导率随 SCF 质量分数的增加呈非线性增加。10%（体积分数）C_{25}和 C_5 的 PCC 的导热系数分别为 3.92W/(m·K) 和 2.46W/(m·K)，分别为原始赤藓糖醇（0.77W/(m·K)）的 507.8%和 342.9%。

石墨烯是一种二维碳材料，由 sp^2 键合单层薄板构成，具有六角形蜂窝状晶格结构。由于其独特的化学和物理特性，如超高的热导率（3000~5000W/(m·K)）和优越的理论比表面积（2630m^2/g），受到了广泛的关注。石墨烯、石墨烯衍生物（GNP、GO 和 rGO）和热剥离石墨烯 EG 已被用作高导热添加剂，以提高 PCC 的导热性。

Mehrali 等人利用棕榈酸（PA）的高本征导热性，将不同的工业 GNP（300m^2/g、500m^2/g 和 750m^2/g）浸渍在 PA 中，制备了一系列 PCC。PA 最大负载量为 91.94%（质量分数）时，PCC 的导热系数提高到 2.11W/(m·K)，是原始 PA 的 8 倍。Liu 和 Rao 等人研究了石墨烯和剥离石墨片对 PW 基 PCC 导热性能的影响。他们发现，2.0%（质量分数）石墨烯和剥离石墨片的 PCC 的导热系数分别提高了 58.6%和 41.4%，表明石墨烯在促进导热方面比剥离石墨片更有效。

尽管氧化石墨烯的固有热导率较低，但氧化石墨烯中丰富的含氧基团促进了氧化石墨烯的改性，使其成为一种有前景的功能性 PCC 二维纳米填充剂。Mehrali 等人通过真空浸渍法制备了高导电 PA/GO PCC。采用氧化石墨烯作为支撑材料提高了 PCC 的导热系数和形状稳定性，其导热系数由 0.21W/(m·K) 提高了 3 倍以上，达到 1.02W/(m·K)。Xie 等人开发了一种以银功能化石墨烯纳米片（Ag-GNS）支撑的聚乙二醇为基础的光驱动 PCC。在制备过程中，首先通过原位还原法制备 Ag-GNS，然后将 Ag-GNS 引入 PEG 中合成 PCC。由于 Ag-GNS 的表面积大，稳定性好，导热系数提高了 49.5%~95.3%。

与 CNF 和 CNT 类似，EG 是一种具有多孔网络和大表面积的二维蠕虫状碳材料。由于加入 EG，人们对 PCC 的导热性能进行了大量的研究。Zhang 等人最初采用 EG 制备高导电性 PCC，发现 PCC 的热传递性能明显高于原始 PW。Sari 和 Karaipekli 也采用 EG 作为导热填料制备 PW/EG 形态稳定的 PCC，实验结果与理论值基本一致。由于加入了高导热性 EG 填料，PCC 的热导率提高到 1.32W/(m·K)。王等人研制了一种新型的 SA/EG 中温太阳能储能 PCC。SA/EG PCC 的热导率高达 5.353W/(m·K)，最佳 SA 质量分数为 85%，填充密度为 768.4kg/m^3。与以往直接混合 EG 和 PCM 制备 PCC 相比，Wu 等人开发了一种新型的形态稳定的 EG/SA PCC，通过将熔化的 PCM 浸渍 EG 颗粒，然后将其压缩成形态稳定的 PCC 块。SA 颗粒被很好地浸渍到石墨片中，并逐渐形成规则的层状结构增加填充密度。值得注意的是，制备的形态稳定的 PCC 具有各向异性的导热系数，径向导热系数达到 23.27W/(m·K)。基于上述研究，他们研制了一种柔性的高导热 PCC，该 PCC 采用 EG-derived 石墨纳米板和 OBC 双网络。结果表明，当 EG 质量分数为 5%~40%时，PCC 的径向导热系数可达 4.2~32.8W/(m·K)。

与低维材料相比，3D 碳材料，如 CNT 海绵/气凝胶（CNTS/CNTA）、石墨烯气凝胶/泡沫（GA/GF）、碳泡沫和石墨泡沫，不仅倾向于形成互连网络，提供连续的热传导路径以提高 PCC 的传热率，而且还可以防止熔化的 PCM 泄漏，缓解高过冷度，这有利于制备高导电形态稳定的 PCC。陈等人首次报道一个多功能 PCC，碳纳米管被采用作为支持支架封装 PW 的热导率，促进 PCC。PCC 的导热系数达到大约 1.2W/(m·K) 80%（质量分数）PW，与纯 PW 相比，增强近 6 倍。在另一项研究中，他们使用 CNTA 作为支撑骨架来封装 C20，并制备了具有调节热性能的新型稳定型 PCC。当碳纳米管质量分数为 20%时，PCC 的导热系数达到 1.89W/(m·K)，是 C20 的近 7.3 倍。此外，Aftab 等人通过将 PU 渗透到 CNT 中开发了一种柔性和导电性 PCC。他们发现，PCC 结构中 CNT 的显著排列导致了微观结构和热传输的高各向异性。所研制的 PCC 具有较高的轴向导热系数（2.4W/(m·K)）。

碳和石墨泡沫/气凝胶也是具有高导热和包封能力的三维多孔支架，但成本低，因此，他们可以被认为是合适的替代方案，折中某些性能，以降低与 PCC 相关的成本。Fang 等人开发了一种壳聚糖衍生的碳气凝胶，用于制造形状稳定的 PCC。由于碳气凝胶的各向异性，2%（质量分数）碳气凝胶的 PCC 在平行和垂直方向上的导热系数分别提高了 107.9%和 29.5%。Chen 等人通过将 PEG 引入到一种简单、低成本、高度石墨化的三维碳材料中，开发了一种新型二乙烯基苯衍生的碳量子点 PCC。与纯聚乙二醇相比，添加 65%

碳的聚乙二醇的导热系数提高了 236%。此外，Ji 等人开发了一种 3D 超薄石墨泡沫（UGF），用于制备导热 PCC。由于连续的 UGF 支柱有效地克服了热界面电阻，而不降低能量密度和热循环稳定性，在 UGF 负载 3.6%（质量分数）时，PCC 的热导率高达 3.61W/(m·K)。除了人工三维碳材料，生物衍生的三维多孔碳材料也显示出制造导热型稳定 PCC 的潜力。

2.4.2.3 陶瓷基 PCC

与金属基和碳基添加剂相比，陶瓷基材料，如 BN、AlN、SiO_2 和黏土矿物基材料不仅具有相当好的导热性，而且具有电绝缘性能，这使得高性能形状稳定的 PCC 能够用于电子器件的热管理。

与石墨烯类似，BN 是一种具有各向异性导热系数（轴向和径向分别为 30W/(m·K) 和 600W/(m·K)）的层状二维材料，并被用于提高 PCC 的导热系数。Su 等人以 BN 为添加剂制备了 C18 和 SA 共晶 PCC，发现添加 10%（质量分数）BN 可使 PCC 的导热系数提高到 0.3220W/(m·K)，比原始 PCM 提高了 16.7%。Yang 等人开发了一种基于氮化硼生物素修饰的新型光驱动 PCC。制备的 PCC 的导热系数高达 2.25W/(m·K)，比原始 PEG 的导热系数高约 580%。受三维多孔石墨烯支架的启发，二维原始 BN 颗粒在黏合剂和支撑材料的帮助下形成宏观的三维网络结构。Yang 等人开发了一种由 BN 纳米片和 PW 组成的 PCC 用于电子系统的高效热管理。在 BN 纳米片的帮助下，PW/BN 复合材料的导热系数达到 3.47W/(m·K)，约为 PW 的 12 倍。此外，PCC 的电绝缘性能提供在电子系统中应用热管理的可能性。Qian 等人通过将 PW 渗透到具有连续导热路径的六方 BN 多孔支架中制备了导热 PCC。结果表明，含 18%（质量分数）BN 的 PCC 的导热系数为 0.85W/(m·K)，约为纯 PW 的 600%。是常规 PW 与 BN 共混制备 PCC 的两倍以上。此外，Yang 等人设计了一系列不同半交叉结构的 GO/BN 混合支架。GO/BN 支架和所得 PCC 的热导率随着温度的降低而增加，并在零下 50℃ 时达到峰值，BN 含量相对较低（质量分数为 28.7%）的 PCC 的热导率为 3.18W/(m·K)。尽管单向冰模板法大大提高了 PCC 的热导率，但 BN 的取向度有限，需要进一步改进。

高岭土、硅藻土、海泡石、膨润土、珍珠岩、凹凸棒土、蛭石和蛋白石等黏土矿物材料因其高孔隙率、热稳定性和低成本而被用作支撑基质，以制备稳定的 PCC。Li 等人将 PW 与不同类型的高岭土混合，使其导热系数分别提高了 168%、212%和 160%。为了进一步提高热导率，还引入了额外的导热添加剂来制造高性能黏土矿物基 PCC。Tang 等人也报道了 PA-CA/硅藻土复合材料的导热率随添加 5%（质量分数）EG 而提高了 53.7%。Jia 等人在海泡石基 PCC 中引入石墨，进一步提高其导热性。PW/海泡石、CA/海泡石和 PA-CA/海泡石复合材料的导热系数分别为 0.174W/(m·K)、0.191W/(m·K) 和 0.185W/(m·K)，石墨质量分数为 20%时，复合材料的导热系数分别提高了 267.4%、245.1%和 241.9%。

2.4.3 形态稳定的 PPC 的应用

近年来，各种各样的多功能添加剂被引入用于制备非常规应用的形态稳定的 PCC，如能量转换和存储、热疗、热二极管、纺织品和电力设备的热管理。本节重点介绍 PCC 在能量转换、储能和热管理等领域的应用。

2.4.3.1 能源转换与储存

在各种形式的能源中，太阳能被认为是最有希望解决能源危机的候选者之一。然而，太阳能的不稳定性阻碍了太阳能的广泛利用。因此，太阳能的转换和储存对可再生太阳能的高效利用起着至关重要的作用。PCC 直接太阳能热收集，因其高的储能密度和储能过程中恒定的相变温度而受到广泛关注。对于典型的太阳热直接采集过程，阳光在 PCC 表面转化为热能，然后通过 PCM 的相变存储为潜热。然而，大多数原始 PCM 对阳光的吸收较差，因此，光吸收填料必须与 PCM 结合。通过掺杂各种太阳能吸收剂填料，如有机染料、金属纳米颗粒和碳基材料，已经做了很多探索来制造用于太阳能热转换的 PCC。

Wang 等人通过将染料引入 PCM，开发了太阳能热收集 PCC。通过聚乙烯多胺将染料与 MPEG 连接，制备了几种有机太阳能集热 PCC。染料分子作为光捕获分子，在吸收光子后达到激发态。然后，它们通过释放热量迅速转移到基态，随后由 PCC 储存。在可见光照射下，合成的太阳能热转换和储存效率 η 接近 94%。此外，他们通过在聚合物中引入十六醇制备了稳定的太阳能集热 PCC 骨架（dye-PU）。十六醇/染料-聚氨酯复合材料不仅具有太阳热能转换能力，而且在相变温度以上还能防止泄漏。尽管有机染料掺杂的 PCC 在给定的波长区域有高达 94%的太阳热转换和存储效率，染料集成太阳能储能系统在全太阳光谱下的实际应用受到有机染料在较高温度下热降解和性能差的限制。

为了实现高效的全波段太阳能热转换和存储，许多研究人员将重点放在掺杂碳基太阳能吸收器的 PCC 上。Chen 等人首先将 PW 引入碳纳米管中，以制造高效的太阳能热收集 PCC。碳纳米管吸收阳光的全光谱并将其转化为热量，然后通过碳纳米管网络将热量输送到大块 PCC 中。总太阳能热转换和存储效率达到 60%。Aftab 等人制备了热传导各向异性的基于 PU 的固体-固体 PCM。在 CNT/PU PCM 中，CNT 单体吸收太阳光并将其转化为热能。转换后的热能随后通过对齐的 CNT 网络在 PCC 中快速传递。除了太阳能捕获碳纳米管外，碳纳米管的多孔腔增强了对入射光子的捕获。在 $150mW/cm^2$ 强度的模拟阳光下，PCC 的太阳热转换和存储效率超过 94%。Li 等人通过将各向异性石墨烯气凝胶（AN-GA）与 PW 混合制备了光驱动 PCC。由此产生的 PCC 可以由太阳能、光和电触发，光热效率高达 77%。

尽管各种太阳能吸收填料已经使 PCC 高效收集太阳能热，固定的相变温度不可避免地导致短期的潜热存储。为了解决这个问题，研究人员开发了一种新的策略，通过加入光开关掺杂剂来控制 PCC 的潜热存储和释放。Grossman 等人基于偶氮苯反式顺式异构体在紫外光照前后的不同光学吸收能力，开发了一种光控蓄热 PCC，包括偶氮苯分子（触发器）和十三酸（PCM）。光控能量储存和释放过程为：首先，固体 PCC 吸收余热并在相变温度以上熔化。该复合材料含有脱模的 PCM 和具有较高熔点的偶氮苯掺杂的结晶聚集体。然后，偶氮苯掺杂剂开关被紫外线照射激活，即使在低于原始 PCM 的结晶温度下，也会保留熔化的 PCM。然后，可见光触发反向开关，在所需温度下 PCM 结晶释放出热。相变材料的温度和焓值随着废热的加入而增加。随后，能量水平增加了 UV 照明。冷却到 T_1 和 T_2 之间时，PCC 的温度和焓值降低。最后，光触发使液相在初始 T_1 和新 T_2 之间的任意温度下结晶。偶氮苯掺杂 PCC 甚至可以在凝固温度以下保持潜热。此外，DSC 结果表明偶氮苯掺杂 PCC 的相变温度可以通过改变掺杂水平和冷却速率来调节。Grossman 等人进一步研究了不同脂肪族 PCM 中热能储存的光学调节，并解耦了在蓄热循环的不同阶段影响 ΔT_c 的几个因素。他们证明了具有十二酸基团官能化的芳基吡唑衍生物能够在其亚稳态 Z

异构体液相中储存热能，并通过在-30℃下光学触发结晶释放热能。储存在Z异构体中的潜热在被光学触发之前被保存了两周以上，能量储存密度高达92kJ/mol。尽管PCM的可控热能储存和释放在长期和跨区域的热相关应用中显示出巨大潜力，但值得一提的是，此类功能PCC的形状稳定仍然具有挑战性。

2.4.3.2 电热转换和储存

考虑到太阳能的间歇性，利用PCC进行热电转换和存储是一种很有前景的基于PCC的持久性太阳能热电存储系统的补充。太阳能热电转换与存储是太阳能热电联产技术的二次应用，首先利用太阳能热电联产技术对太阳能进行转换和存储，然后利用热能通过热电模块产生电能。电能作为温差驱动的二次转换过程，以潜热的形式存储在相变材料中。因此，PCM可作为热电发电机的长期热源，提供可调度发电能力。电-热转换和存储的基本机理如下：当分子或其他基团与运动电子碰撞时，产生焦耳热；释放的焦耳热随后被PCC吸收，最终以潜热的形式储存起来。与太阳能热收集类似，PCC的热电转换和存储性能取决于电导率和热导率。然而，大多数原始PCM本质上是不良的导电体（$10^7 \sim 10^{12}\Omega\cdot m$）。近年来，碳基材料的引入（如石墨泡沫、EG、石墨烯、碳纳米管）是利用PCC实现高效电-热转换和存储的有效方法。Chen等人首先引入了碳纳米管作为支撑基质封装PW。在1.75V的外加电压下，合成的CNT/PW PCC的电热捕获效率为52.5%。随后，他们制备了具有各向异性热物性的电收集PCC。各向异性结构的碳纳米管气凝胶（CNTA）渗透到C20和PU中。对于CNT/C20复合材料，压缩CNT阵列以提高其面积密度。因此，相变材料的传热增大，体阻减小。阿夫塔等人开发的碳纳米管/聚氨酯复合材料在2V外加电压下效率高达94%。除了基于碳纳米管的PCC，他们还开发了用于电热采集的石墨泡沫PCC，将电热收获PCC（15cm×10cm×2cm）嵌入。与正常磨损相比，PCC功能磨损的散热时间延长了2倍，在较长时间内提供了令人满意的御寒保护。Li等人通过将PW渗透到碳气凝胶中制备了一种新型导电PCC。样品的电导率为3.4S/m，在15V时电-热转换效率为71%。除了上述研究外，Shchukin等人还将基于烷烃的胶囊引入到基于碳的加热系统中，以消除对流散热。在低电压下，加热温度提高了30%。Zang等人开发了一种基于3D石墨烯的泡沫材料用于太阳能-热能-电转换的PCC。PCC由热电转换模块和铝块固定，分别在热端和冷端配备冷却风扇。实验结果表明，在太阳通量为1500W/m^{2}的情况下，小型风扇可以由产生的电能驱动，风扇在灯关闭后运行10min。Yang等人开发了一系列基于BN、GO和石墨烯的PCC，用于进行太阳能-热电转换，并实现了稳定的电流和电压以及PCC的潜热储存和释放。近年来，发光PCC领域受到越来越多的关注。Chen等人将CQDs引入金属有机框架（MOF）中，制备荧光功能化（PL）稳定的PCC，以获得更好的热量和荧光收获，其中MOF为支持宿主，CQD为荧光客体，SA为PCM。Yang等人开发了一种新型的基于PCC的自发光木材，具有优越的热能储存、长余辉发光（LAL）和优良的光能储存。Jiang等人开发了一种基于PEG的不含异氰酸酯和溶剂的自发光型稳定PCC。制备的具有不同浓度LAL粒子的自发光形态稳定的PCC，在可见光吸收和储存后，在黑暗中可长时间释放蓝光。

2.4.3.3 磁-热转换和存储

除了由PCC实现的直接太阳能-热能和电-热能转换和存储，磁能-热能转换和存储是PCC的另一个有前景的能源收集应用。对于典型的磁-热转换过程，超参数磁性材料在交变磁场（AMF）中通过 Néel 弛豫或布朗弛豫释放焦耳热，然后作为潜热存储。在各种磁性材料中，超顺磁性 Fe_3O_4 纳米粒子在制备磁-热转换 PCC 方面受到了广泛的关注。Tang 等人将 Fe_3O_4 纳米颗粒修饰的石墨烯纳米片（Fe_3O_4-GNS）加入 PU 基体中，开发出了磁性和太阳能驱动的双功能 PCC。由于 Fe_3O_4 纳米粒子的超顺磁性，所合成的 PCC 能够进行磁-热转换和存储。Fe_3O_4-GNS 基 PCC 的磁热捕获效率为 41.7%，且随 Fe_3O_4-GNS 含量的增加而增加。在另一项研究中，Fan 等人利用简单的溶胶-凝胶法原位掺杂 Fe_3O_4 纳米颗粒，合成了 Fe_3O_4/PEG/SiO_2 PCC。该系统不仅实现了磁-热转换，而且具有较大的潜热（130.5J/g）和良好的热稳定性。值得注意的是，合成的 Fe_3O_4/PEG/SiO_2 PCC 由于具有合适的相变温度范围（41~47℃），因此可作为热疗材料来释放药物或杀死病理细胞。Wang 等人利用 Fe_3O_4 功能化 GNS 进行电-热转换，制备双功能 PCC，其中 Fe_3O_4 纳米颗粒被锚定在 GNS 的表面。由于添加了 Fe_3O_4 纳米颗粒和石墨烯功能添加剂，磁热和太阳热捕获和存储效率分别为 46.0%和 92.0%。此外，PCC 样品具有良好的热稳定性和较高的潜热（100J/g）。

2.4.3.4 热管理

电池的工作温度对电池的能量容量和寿命有显著的影响。一般来说，电池有两个主要的温度问题：（1）降低容量/功率和在高温下的自放电；（2）低温均匀性导致局部退化，从而缩短电池寿命。因此，热管理对于实现电池的预期性能和稳定性至关重要。Goli 等人在 PW 中引入石墨烯填料，制备用于电池热管理的 PCC。仿真和实验结果表明，高导电性 PCC 能够抑制真实锂离子电池组的温升。Babapoor 等人将 CNF 与 PW 结合用于电池热管理。CNF 的最佳配比为 0.46%，PCC 可使电池温升降低 45%。Lv 等人利用 EG、PW 和 LDPE 制备了用于电池模块冷却的三元 PCC。该装置具有良好的散热性能，通过铝翅片可将大量积聚的热量有效地分散到周围空气中。Wu 等人开发了一种高导电性、防泄漏的 EG/PW PCC 来降低电池单体的工作温度。由于 PCC 的超高导热系数（23.3W/(m·K)），当放电速率为 2.3C 时，包覆单体的最高表面温度仅为 47.8℃，而未包覆单体的最高表面温度为 61.0℃。Li 等人开发了一种由聚合物和 GNP 双网络支持的高导电性和柔性 PCC，用于电池热管理。在高放电速率下，所合成的柔性 PCC 薄膜可将电池温度降低 12℃以上。Hussain 等人用 PW 填充泡沫镍用于电池的被动冷却。与自然冷却和纯 PW 冷却相比，电池在 2C 放电速率下的最高温度分别降低了 31%和 24%。

随着人们生活水平的不断提高，人们对室内热舒适的需求不断增加，导致建筑能耗不断增加。供暖和制冷应用占建筑物总能源消耗的 32%~33%。因此，即使在建筑采暖和制冷节能方面的微小改进，也能对全球能源需求和减少环境污染产生显著影响。为此，将熔点为 18~30℃的 PCM 加入建筑的墙板、地板、天花板和其他结构中，以减少室内温度波动并调节后期能耗。墙板是建筑的主要组成部分，PCM 与墙板的集成显示出了增加建筑围护构件热质量的巨大潜力。Kuznik 等人利用全尺寸试验室研究了共聚物 PCC 墙板的热性能。研究了夏季中的 3 个事例，比较了 PCC 在不同环境中的作用。PCM 墙板房间的空气温度降低了 4.2℃。在另一项研究中，他们评估了在翻修的轻质建筑中 PCC 墙板的热调节性能。PCM 集成办公室的最高温度明显低于无 PCM 墙板的参考办公室，提高了室内热舒适程度。Lee 等人在两个完全相同的原型房间中进行了现场测试，其中在墙板中加入了基于 PW 的 PCC。平均而言，峰值热通量延迟约 1.5h，总的来说，四壁实现了每小时减少 26.6%的峰值热通量。

除了墙板和屋顶，其他重要的建筑结构，包括地板、天花板和窗户，也被纳入 PCM 用于建筑热管理。近年来，人们致力于开发一种基于 PCM 的建筑热管理地板辐射供暖系统。Xia 等人开发了一种基于 PCM 的新型电削峰双层结构地板辐射采暖系统。Fang 等人开发了一种新型的用于地板电辐射采暖系统的 SAT-甲酰胺（FA）EG PCC，建立了模拟试验室（1.15m×1.15m×1.3m）对制备的 SAT-FA/EG 复合材料的潜在应用性能进行了测试。由于其优异的导热系数（3.11W/(m·K)）和高潜热（187.6J/g），垂直方向的温度波动较小，总热舒适时间（12.65h）较长，表明 PCC 在地板电辐射采暖系统中有巨大潜力。Shi 等人用 PW、EG 和聚合物制作了 PCM 地板，并首次在商业建筑中进行了测试。结果显示，PCM 地板降低了能源需求，同时在夏季和冬季保持室内舒适，在此期间，电能消耗分别降低了 18.7%和 19.7%。此外，Silva 等人构建了一个全尺寸的室外测试单元。玻璃区域被纳入一个带有百叶窗和朝南立面的窗户保护系统。通过对安装和不安装 PCM 的百叶窗进行比较，发现 PCM 有助于调节室内温度，提高建筑的能效。

虽然加入导热系数高的相变材料可以提高热充放电速率，但导热系数低的相变材料由于可以减少热扩散而开始引起人们对长时间热调节的关注。Zhang 等人通过浸渍法将二元共晶水合盐（$CaCl_2 \cdot 6H_2O-MgCl_2 \cdot 6H_2O$）与膨胀珠光体（EP）相结合，制备了形状稳定的 PCC。低导热系数的多孔 EP 不仅缓解了相变材料的泄漏和相分离，而且使相变材料的导热系数从 0.732W/(m·K) 降低到 0.144W/(m·K)，表明其作为建筑节能围护材料的巨大潜力。Luo 等人报道了用 CA-PA-SA 三元共晶混合物浸渍纳米 SiO_2 的新型低导电性 PCC。该 PCC 潜热值高（99.43J/g）、导热系数极低（0.08239W/(m·K)）、热稳定性好，有利于长期调节室内温度，提高人体舒适度。此外，他们进一步制备了一种用于室内温度调节的新型 $Na_2SO_4 \cdot 10H_2O-Na_2CO_3 \cdot 10H_2O$/EV PCC，该 PCC 导热系数低（0.192W/(m·K)）、潜热高（110.3J/g）。因此，基于电动汽车的低导电性复合材料可以使室内温度在较长时间内保持在舒适范围内。除上述应用外，稳定型 PCC 在红外隐身、热整流器、热疗、热保护和可穿戴设备的热管理等领域也有巨大的应用潜力。

形态稳定的 PCC 的主要目标是实现安全、高效、经济的热能储存或热管理。然而，尽管近年来在形态稳定型 PCC 的制备、提升热导率和应用方面取得了很大的进展，但仍有几个关键问题需要进一步研究：

（1）需要新的成本效益高、热稳定性好、储能密度高的 PCC 合成方法。由于加入了非活性物质，PCC 的能量储存密度通常低于原始 PCM。固-固相变材料的优化设计可以提高相变材料的储能密度，已有研究结果表明，相变材料与添加剂的组合严重影响相变材料的热性能和循环稳定性。因此，研究 PCM 黏度与基体多孔结构的相互作用是很有必要的。一致性是 PCC 的一个关键标准。添加剂的表面改性和新的合成方法的结合是提供优良的均匀性和高储能密度的关键。与混合限制相比，无机 PCM（如水合盐和熔融盐）封装方便，封装效率高，外壳机械强度高，有潜力解决腐蚀性、过冷和相分离等固有缺陷。对于 PCM 聚合而言，无溶剂且具有生物相容性的合成方法值得探索。此外，固-固聚合物相变材料的混合约束或封装是一种很有前景的设计，以缓解添加非活性支撑材料导致的储能密度降低。

（2）需要开发用于高功率密度 PCM 能源器件的高导热 PCC。在实际的蓄热和热管理系统中，PCC 的导热系数是加速热充放电的关键问题。虽然采用 PCC 的翅片管换热器在热充放电过程中可以表现出较高的功率密度，但换热器结构的复杂性和高成本制约了其进一步应用。研究光子、电子和声子的转移机理，是开发新型导热性增强的 PCC 的重要方向。与一维或二维添加剂相比，三维多孔材料在改善 PCC 的形状稳定性和热导率方面具有更大的潜力。值得注意的是，在相变储能系统内部构建大的定向传热网络是提高相变储能系统导热性的有效途径。

（3）需要设计多用途能量收集和存储的多功能 PCC。近年来，由 PCC 实现的直接能量转换和存储应用已经出现。尽管已经实现了高效的能量转换和存储，但功能性 PCC 在高温下进行高效能量转换和存储的大规模应用仍然具有挑战性。为了进一步提高能量收集效率，抑制热损失和提高能量收集的新设计值得探索。与太阳能热电转换效率和电热转换效率相比，磁热转换效率相对较低。因此，磁-热转换相变储能系统的优化、能量转换效率的提高和长期稳定性有待进一步研究。

（4）应探索 PCC 的热管理应用。基于 PCC 热管理的研究主要集中在通过被动相变防止电池、建筑物或人体过热。尽管可以通过开发更高导热系数和储能密度的高性能 PCC 来进一步提高 PCC 的热管理性能，结合主动式热管理和基于 PCC 的被动式热管理来满足供热和制冷需求仍是未来应受到重视的问题。值得注意的是，开发的基于 MOF 的形态稳定的 PCC 在建筑和人体的温度和湿度控制方面表现出巨大的潜力。此外，功能性 PCM，如 VO_2 和塑性晶体，也值得关注。

复习思考题

2-1 什么是储能系统？

2-2 有哪些储能技术？

2-3 相变储能材料是如何分类的？

2-4 简述相变储能材料的应用。

参考文献

[1] 张仁元. 相变材料与相变储能技术 [M]. 北京：科学出版社，2009.

[2] 樊栓狮，梁德青，杨向阳. 储能材料与技术 [M]. 北京：化学工业出版社，2004.

[3] 高喆，艾德生，赵昆，等. ZrO_2-硬脂酸系纳米复合相变储能材料的可行性研究 [J]. 中国粉体技术，2007，13（3）：32~35.

[4] Cabeza L F，Castell A，Barreneche C，et al. Materials used as PCM in thermal energy storage in buildings：A review [J]. Renewable and Sustainable Energy Reviews，2011，15（2）：1675~1695.

[5] Dark W K，Callaghan P W. Simulation of phase change dry walls in a passive solar building [J]. Applied Thermal Engineering，2006，26（8/9）：853~858.

[6] Kuznik F，David D，Johannes K，et al. A review on phase change materials integrated in building walls [J]. Renewable and Sustainable Energy Reviews，2011，15（10）：379~391.

[7] Wu M Q，Wu Y F，Cai R Z. Form-stable phase change composites：Preparation，performance，and applications for thermal energy conversion，storage and management [J]. Energy Storage Materials，2021，42：380~417.

[8] David D, Kuznik F, Roux J J. Numerical study of the influence of the convective heat transfer on the dynamical behaviour of a phase change material wall [J]. Applied Thermal Engineering, 2011: 1~8.

[9] Nagano K, Mochida T, Takeda S, et al. Thermal characteristics of manganese (Ⅱ) nitrate hexahydrate as a phase change material for cooling systems [J]. Applied Thermal Engineering, 2003, 23 (2): 229~241.

[10] Hadijeva M, Stojkov R, Filipova Tz. Composite salt- hydrate concrete system for building energy storage [J]. Renewable Energy, 2000, 19 (1~2): 111~115.

[11] Sharma A, Sharma S D, Buddhi D. Accelerated thermal cycle test of acetamide, stearic acid and paraffin wax for solar thermal latent heat storage applications [J]. Energy Conversion and Management, 2002, 43 (14): 1923~1930.

[12] Li H, Liu X, Fang G. Preparation and characteristics of nonadecane/cement composites as thermal energy storage materials in buildings [J]. Energy and Buildings, 2010, 42 (10): 1661~1665.

[13] Zhang H, Song G, Su H, et al. An exploration of enhancing thermal protective clothing performance by incorporating aerogel and phase change materials [J]. Fire and Materials, 2017, 41: 953~963.

[14] Pallecchi E, Chen Z, Fernandes G, et al. A thermal diode and novel implementation in a phase-change material [J]. Materials Horizon, 2015, 2: 125~129.

[15] Chen X, Gao H, Hai G, et al. Carbon nanotube bundles assembled flexible hierarchical framework based phase change material composites for thermal energy harvesting and thermotherapy [J]. Energy Storage Materials, 2020, 26: 129~137.

[16] Liu P, Gao H, Chen X, et al. In situ one-step construction of monolithic silica aerogel-based composite phase change materials for thermal protection [J]. Composites Part B: Engineering, 2020, 195: 108072.

[17] Kou Y, Sun K, Luo J, et al. An intrinsically flexible phase change film for wearable thermal managements [J]. Energy Storage Materials, 2020, 34: 508~514.

[18] Fares R L, Webber M E. The impacts of storing solar energy in the home to reduce reliance on the utility [J]. Nature Energy, 2017, 2: 1~10.

[19] Tilley S D. Recent advances and emerging trends in photo-electrochemical solar energy conversion [J]. Advanced Energy Materials, 2019, 9: 1802877.

3 锂离子电池

电源是将其他形式的能转换成电能的装置，电池是一种常见的电源。锂离子电池属于二次电池，是能反复进行充电、放电而多次使用的电池，也叫蓄电池或充电电池。锂离子电池因其高能效、高功率密度和环境友好性，在电力运输和电网储存方面显示出巨大的应用前景。在电化学储能技术中，2018 年锂离子电池累计装机容量占比最大，超过 86%。截至 2020 年，全球纯电动汽车和混合动力汽车保有量约为 1130 万辆，其中中国的保有量为 540 万辆。预计到 2030 年，全球电动汽车保有量将达到 2.53 亿辆。作为从消费电子到电动汽车和电网等应用中最受欢迎的储能技术，预计 2025 年全球锂电池市场需求将达到 999.8 亿美元，出货量将达到 439.32GW·h。

3.1 锂离子电池基础

20 世纪 70 年代出现了以锂为负极的高比能量锂原电池并得到了广泛应用。锂原电池是只能进行一次放电、不能进行充电的一次电池。锂原电池的种类比较多，其中最常见的为 Li-MnO_2、Li-CF_x（$x<1$）、Li-$SOCl_2$。与一般的原电池相比，它具有明显的优点：电压高，传统的干电池一般为 1.5V，而锂原电池则可高达 3.9V；比能量高，为传统锌负极电池的 2~5 倍；工作温度范围宽，锂原电池一般能在-40~70℃下工作；比功率大，可以大电流放电；放电平稳；储存时间长，预计可达 10 年。因此，在锂原电池的推动下，人们几乎在研究锂原电池的同时就开始了对可充放电锂二次电池的研究。

在 20 世纪 80 年代末以前，人们的注意力主要集中在以金属锂及其合金为负极的锂二次电池体系。但是锂在充电的时候，由于金属锂电极表面的不均匀导致表面电位分布不均匀，从而造成锂不均匀沉积。该不均匀沉积过程导致锂在一些部位沉积过快，产生锂枝晶。当枝晶生长到一定程度时，一方面会折断、产生“死锂”，造成锂的不可逆；另一方面是锂枝晶穿过隔膜，使电池短路从而生成大量的热，导致电池起火甚至爆炸。为解决以上这些问题，研究人员开发了锂离子二次电池，通过使用能吸附锂的物质作为负极，解决了产生锂枝晶的问题。对于锂离子二次电池的正极材料，钴酸锂（$LiCoO_2$）、镍酸锂（$LiNiO_2$）、尖晶石型锰/锂复合氧化物（$LiMn_2O_4$）等都比较适合。负极材料使用石墨等碳材料。碳材料是具有层间结构的物质，不同的碳材料层间结构有不同程度的差别。由于电池电压高达 4.1~4.2V，水溶液不能作为电解液使用，因而使用有机溶剂作为电解质的溶解物。充电时锂离子插入层间结构中，放电时锂离子从层间结构中脱出。为了区别使用金属锂的电池，称这种电池为锂离子电池。

3.1.1 锂离子电池工作原理

锂离子电池的工作原理如图 3-1 所示。当对电池进行充电时，电池的正极上有锂离子生成，生成的锂离子经过电解液运动到负极。而作为负极的碳呈层状结构，它有很多微孔，到达负极的锂离子就嵌入碳层的微孔中，嵌入碳层的锂离子越多，充电容量越高。同理，当对电池进行放电时（即使用电池的过程中），嵌在负极碳层中的锂离子脱出，又运动回到正极，回到正极的锂离子越多，放电容量越高。

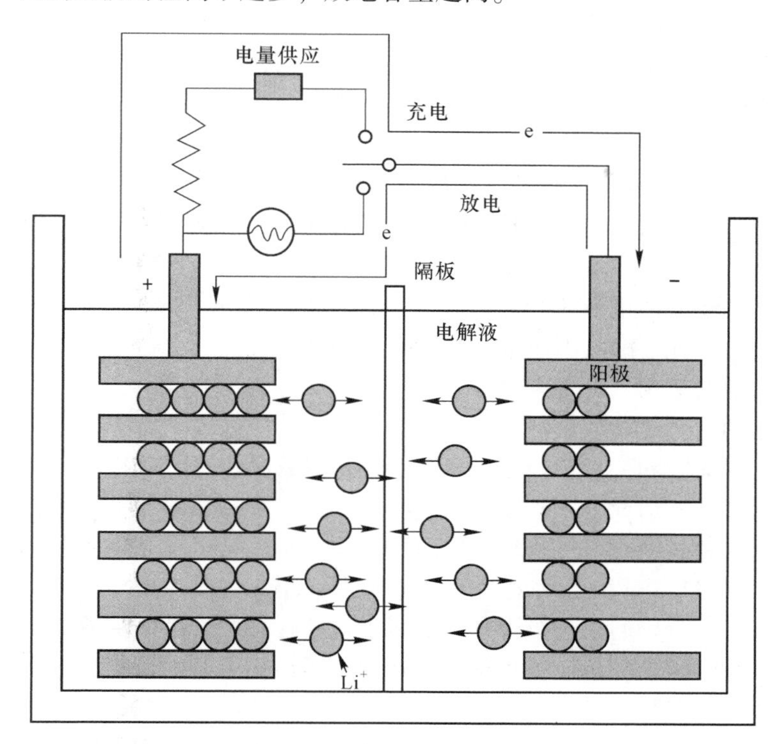

图 3-1　锂离子电池工作原理

锂离子电池的充电反应为：

正极反应：　$$LiCoO_2 \longrightarrow Li_{1-x}CoO_2 + xLi^+ + xe \qquad (3-1)$$

负极反应：　$$C_6 + xLi^+ + xe \longrightarrow Li_xC_6 \qquad (3-2)$$

总反应：　$$LiCoO_2 + C_6 \longrightarrow Li_{1-x}CoO_2 + Li_xC_6 \qquad (3-3)$$

在正极和负极中，锂都是以离子态形式存在。$LiCoO_2$ 是层状化合物，在 CoO_2 组成的层间含有 Li^+，层间的 Li^+可以嵌入石墨层，也可以从石墨层间脱出。对于整个电池来讲，充电时，受外电场的驱动，电池内部形成 Li^+的浓度梯度，正极中 Li^+脱离 $LiCoO_2$ 晶格进入电解液，通过隔膜嵌入负极石墨的晶格中，同时得到电子生成 Li_xC_6 化合物，使锂离子电池的端电压上升，嵌入的锂离子越多，充电容量越高；放电时，在高自由能的驱动下，Li_xC_6 化合物中的 Li^+从石墨层间脱出，通过隔膜进入电解液，电子由外电路到达正极，与嵌入正极的 Li^+生成 $LiCoO_2$，这一过程中电压逐渐下降，回正极的 Li^+越多，放电容量越高。在充放电过程中，锂离子往返于正负极间的嵌入与脱出一般只引起层面间距变化，不破坏晶体结构，锂离子电池反应是一种理想的可逆反应，犹如锂离子在正负极间摇来摇去，因此，锂离子电池又被称为“摇椅电池”（rocking chair battery）。

3.1.2　锂离子电池的构造

锂离子电池由正极、负极、电解质、隔膜、集流体、外壳等部分组成。正极一般由活性物质、导电剂、黏结剂和缓蚀剂等构成。通常情况下，正极材料一般选择相对锂而言电位大于3V且在空气中稳定的嵌锂过渡金属氧化物，如$LiCoO_2$、$LiNiO_2$、$LiMn_2O_4$等。而负极材料一般选择电位尽可能接近锂电位的可嵌入锂化合物，如天然石墨、合成石墨、碳纤维、中间相碳微球等各种碳材料，或金属氧化物，如SnO、SnO_2等。电解质一般需要电导率高、化学稳定性好、不易挥发且易于长期储存的体系，如$LiPF_6$的乙烯碳酸酯（EC）、丙烯碳酸酯（PC）和低黏度二乙基碳酸酯（DEC）等烷基碳酸酯搭配的混合溶剂体系。电池隔膜多采用棉纸、微孔橡胶、微孔塑料、玻璃纤维、水化纤维素、尼龙、聚烯微多孔膜如PE、PP或它们的复合膜，尤其是PP/PE/PP三层隔膜，不仅熔点较高，而且具有较高的抗穿刺强度。集流体正极一般采用铝箔，负极采用铜箔。外壳是电池的容器，应能经受电解液的浸蚀并保证电解液不泄漏，还能经受外部环境、季节、热及腐蚀介质的化学作用，起到保护电池的作用。

锂离子电池的内部结构从设计上可以分为卷绕式和层叠式两大类。卷绕式结构需要一片正极极片、一片隔膜和一片负极极片，利用卷针将依次放好的正极极片、隔膜和负极极片进行卷绕，形成圆柱形或者扁柱形，极片的大小和卷绕的圈数等参数可根据电池的容量设计进行确认。层叠式结构首先将切割成适宜尺寸大小的正极极片、隔膜和负极极片，叠合成小电芯单体，然后将若干个小电芯单体叠放并联组成一个大电芯，各个小电芯单体的正极极片和负极极片分别通过正极极耳和负极极耳进行并联，因此层叠式结构的电芯由一定数量的正极极片、隔膜和负极极片组成。两种不同结构电芯的性能存在很大差异：卷绕式结构采用了较长的单片正极极片和负极极片，造成该类电芯的内阻较大，不适合大电流放电，比功率较小；而叠片式结构采用了多片极片的并联方式，内阻较小，更容易实现短时间内大电流放电，有利于提高电池的倍率性能。卷绕式结构电芯的体积利用率较低，如以两层隔膜收尾、极耳较厚等，导致体积比能量低于层叠式结构电芯；卷绕式结构电芯由于极片与隔膜之间只有单方向的热传递，导致电芯内部存在温度梯度，严重影响电池的循环寿命，而层叠式结构电芯的内部温度分布较均一。但是，实际生产中层叠式结构电芯的性能更依赖于制成的设备精准度、自动化。而且，卷绕式结构只包含了单片正极极片和负极极片，这就给极片分切、卷绕带来了极大的便利；而层叠式结构包含了多片电极极片，导致极片分切、极片断面的毛刺控制、极片间的并联和对齐等制成程序较为复杂和困难，最终导致叠片式结构电芯的质量往往不及预期。

锂离子电池按照不同的标准可以分为不同的类型。按锂离子电池的外壳材质可分为铝塑膜软包锂离子电池和金属壳锂离子电池。按电解质的状态可分为液态锂离子电池、聚合物锂离子电池和全固态锂离子电池。按照正极材料的不同可分为钴酸锂电池、锰酸锂电池、磷酸铁锂电池和三元（镍锰钴酸锂）电池。按外形可分为纽扣式锂离子电池、圆柱形锂离子电池、方形锂离子电池和薄膜锂离子电池。纽扣式锂离子电池的型号用四位数表示，前两位数表示直径，后两位数表示厚度，以2032型电池为例，电池的直径为20mm，厚度为3.2mm。圆柱形锂离子电池的型号用五位数表示，前两位数表示直径，后两位数表示高度，以应用广泛的18650型电池为例，电池的直径为18mm，高度为65mm，0表示为圆柱形电池。目前，18650 型锂离子电池单节标称电压一般为 3.6V 或 3.7V，最小放电终止电压一般为 2.5~2.75V，常见容量为 1200~3300mA·h。方形锂离子电池的型号用六位数表示，前两位数为电池的厚度，中间两位数为电池的宽度，最后两位数为电池的高度，以 206513 型电池为例，电池的厚度为 20mm、宽度为 65mm、高度为 13mm。

3.1.3 锂离子电池的性能

锂离子电池性能的评价指标主要包括电池电动势、电池内阻、开路电压和工作电压、容量和标称容量、能量和比能量、功率和比功率、库仑效率和能量效率、循环寿命、倍率性能、自放电性能、安全性能、毒性及成本等。

(1) 电池的能量是指电池在一定的充放电条件下对外做功所能输出的电能（W·h）。

(2) 比能量是指单位质量或者单位体积电池所能输出的电能，即质量能量密度（W·h/kg）或者体积能量密度（W·h/L）。要想获得高比能量的电池，需要选用比容量高的电极材料，或者选用工作电压高的正极材料和工作电压低的负极材料。

(3) 电池电动势是化学能转化为电能的最高限度，为改善电池性能提供了理论依据。

(4) 开路电压（open circuit voltage，OCV）是外电路没有电流流过时电极之间的电位差，其值小于电池电动势。

(5) 工作电压是指有电流流过时电池两极间的电位差，工作电压总是低于开路电压。

(6) 标称电压（nominal voltage）是电池 0.2C 放电时全过程的平均电压。

(7) 电池内阻是电池的欧姆内阻和电极在电化学反应过程中所产生的极化电阻的总和。其中欧姆内阻由电极材料、电解液、隔膜电阻及各部分零件的接触电阻组成。极化电阻是指电化学反应时由于极化引起的电阻，包括电化学极化和浓差极化引起的电阻。

(8) 电池的容量是指电池在一定的充放电条件下可以从电池获得的电量。

(9) 标称容量（nominal capacity）是电池 0.2C 放电时的放电容量。

(10) 比容量是指单位质量或者单位体积电池所能提供的容量。

(11) 电池的功率是在一定的充放电条件下，单位时间内电池输出的能量。

(12) 比功率是单位质量或者单位体积电池输出的功率，即质量功率密度（W/kg）或者体积功率密度（W/L）。

(13) 库仑效率是指同一次循环过程中电池放电容量对充电容量的比值。

(14) 能量效率则是指电池对外输出的电能与充电时所耗费能量的比值。一般来说，由于过渡金属氧化物负极材料的充放电电位相差较大，因此其能量效率是比较低的。

(15) 循环寿命是指在一定的充放电机制下，将充电电池进行反复充放电，当电池容量降低到规定值（80%）时，电池所经受的循环次数。影响电池的循环寿命的主要因素有：1）电极活性材料、电解质、隔膜的性能；2）电池的设计和制作工艺；3）电池的使用状态。在不同放电深度（depth of discharge，DOD）和充电态（state of charge，SOC）下循环，循环次数是不同的。放电深度是放电容量与总放电容量的百分比。

(16) 电池的倍率性能是指电池在大电流充电或者大电流放电时的容量保持率。电池的倍率性能决定着其充电速度及在大功率对外做功时能够输出的电能。

(17) 放电速率（discharge rate）表示放电快慢的一种量度。所用的容量 1h 放电完毕，称为 1C 放电；5h 放电完毕，则称为 0.2C 放电。

（18）自放电速率是指电池在开路时，在一定条件下储存时，单位时间内电池容量降低的百分数。

为了保证电池的安全性能，需要在出厂前对电池进行严格的安全测试，一般包括短路、强制过充、强制过放、穿刺、挤压、加热等。一般来说，一个电池不太可能在所有的性能方面都很优越，应针对不同的应用需求来设计具有不同特点的电池，比如混合动力汽车在电池的功率密度上要求较高，而在能量密度上要求比较低，纯电动汽车则对电池的功率密度、能量密度以及安全性都有很高的要求，应用于电网储能及调峰的电池则对体积能量密度要求较低，但对能量效率、功率密度要求较高。

和目前常见的二次电池相比，锂离子电池具有以下优点：

（1）工作电压高，可达 3.6V 或 3.7V，相当于 3 节镍镉电池（Ni-Cd）或镍氢电池（Ni-MH）；

（2）能量密度高，目前锂离子电池质量比能量达到 180W·h/kg，是镍镉电池的 4 倍，镍氢电池的 2 倍；

（3）能量转换效率高，锂离子电池能量转换率达到 96%，而镍氢电池为 55%～65%，镍镉电池为 55%～75%；

（4）自放电率小，锂离子电池自放电率小于 2%/月；

（5）循环寿命长，如 18650 型锂离子电池能循环 1000 次，容量保持率达到 85%以上；

（6）具有高倍率充放电性，功率密度可达到 4000W/kg；

（7）无任何记忆效应，可以随时充放电；

（8）不含重金属，无环境污染，是绿色电源。

3.2 正极材料

作为锂离子的提供者，锂离子电池的正极材料一般为嵌锂化合物。作为理想的正极材料应具有以下性能：

（1）过渡金属离子或官能团具有较高或接近的氧化还原电位，以保证电池有较高的工作电压和能量转换效率；

（2）嵌锂化合物 $Li_xM_yX_z$ 中大量的锂离子能够可逆嵌入和脱出，以保证电池获得高容量；

（3）嵌锂化合物应具有较好的电子电导率和锂离子电导率，这样可减少电池的极化，降低电池的内阻，能进行大电流充放电；

（4）在锂离子脱嵌过程中，材料结构变化小，电池的电压不发生显著变化，以保证电池良好的循环性能；

（5）嵌锂化合物在工作的电化学窗口化学稳定性好，不自发分解、不与电解质等与其接触的材料发生反应；

（6）嵌锂化合物的氧化还原电位随 x 变化应尽可能小，可使电池保持较平衡的充电和放电；

（7）嵌锂化合物应低价易得，环境友好。

目前常用的正极材料主要分为层状结构正极材料、尖晶石结构正极材料、聚阴离子正极材料（包含橄榄石结构）。主要的技术指标参见表 3-1。

表 3-1 常见锂离子电池正极材料及其性能

项　目	磷酸铁锂	锰酸锂	钴酸锂	三元镍钴锰
化学式	$LiFePO_4$	$LiMn_2O_4$	$LiCoO_2$	$Li(Ni_xCo_yMn_z)O_2$
晶体结构	橄榄石结构	尖晶石	层状	层状
空间群	*Pmnb*	*Fd*3*m*	*R*3*m*	*R*3*m*
晶胞参数/nm	$a=0.4692$，$b=0.2332$，$c=0.6011$	$a=b=c=8.231\times10^{-10}$	$a=2.82\times10^{-10}$，$c=14.06\times10^{-10}$	—
表观扩散系数/$cm^2\cdot s^{-1}$	$1.8\times10^{-16}\sim2.2\times10^{-14}$	$10^{-14}\sim10^{-12}$	$10^{-11}\sim10^{-12}$	$10^{-10}\sim10^{-11}$
理论密度/$g\cdot cm^{-3}$	3.6	4.2	5.1	—
振实密度/$g\cdot cm^{-3}$	0.80~1.10	2.2~2.4	2.8~3.0	2.6~2.8
压实密度/$g\cdot cm^{-3}$	2.20~2.30	>3.0	3.6~4.2	>3.40
理论容量/$mA\cdot h\cdot g^{-1}$	170	146	274	273~285
实际容量/$mA\cdot h\cdot g^{-1}$	130~160	100~120	135~220	155~220
相应电池电芯的质量比能量/$W\cdot h\cdot kg^{-1}$	130~160	130~180	180~260	180~240
平均电压/V	3.4	3.8	3.7	3.6
电压范围/V	3.2~3.7	3.0~4.3	3.0~4.5	2.5~4.6
循环性/次	2000~6000	500~2000	500~1000	800~2000
环保性	无毒	无毒	钴有毒	镍、钴有毒
安全性能	好	良好	良好	良好
适用温度/℃	-20~75	>55 快速衰退	-20~55	-20~55
价格/万元·$吨^{-1}$	6~20	3~12	20~40	10~20
主要应用领域	电动汽车及大规模储能	电动工具、电动自行车、电动汽车及大规模储能	传统3C电子产品	电动工具、电动自行车、电动汽车及大规模储能

3.2.1 钴酸锂

钴酸锂（$LiCoO_2$）是锂离子电池正极材料的典型代表，结构如图 3-2 所示。$LiCoO_2$ 具有 $\alpha-NaFeO_2$ 层状岩盐结构，属六方晶系，在氧原子的层间锂离子和钴离子交替占据其层间的八面体位置，在（111）晶面方向上呈层状排列，其中 O—Co—O 的层面结合借助于 Li^+ 的静电引力，层状 CoO_2 的框架结构为锂离子迁移提供了二维通道。但是实际上由于 Li^+ 和 Co^{3+} 与氧原子层的作用力不一样，氧原子的分布并不是理想的密堆结构，而是有所偏离，呈现三方对称性。在充电和放电过程中，锂离子可以从所在的平面发生可逆脱嵌/嵌入反应，在键合强的 CoO_2 层间进行二维运动。锂离子电导率高，$LiCoO_2$ 为半导体，室温

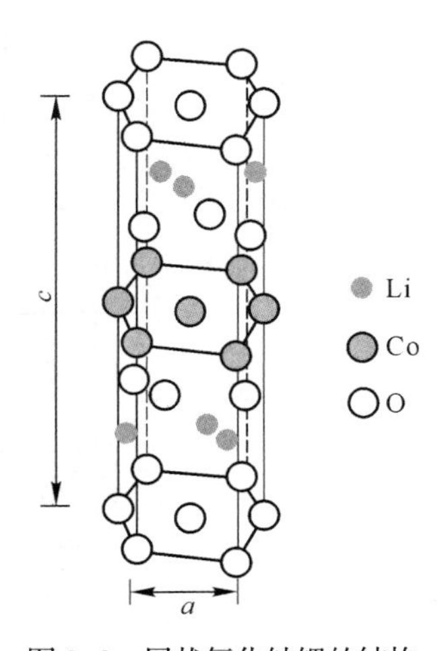

图 3-2 层状氧化钴锂的结构

下的电导率为 10^{-3}S/cm，电子导电占主导作用。锂在 $LiCoO_2$ 中的室温扩散系数为 10^{-12} ~ $10^{-11}cm^2/s$，完全脱出对应的理论比容量为 274mA·h/g。$LiCoO_2$ 电极材料在工作电压3.6~4.2V 范围内时，电池容量稳定，但是如果工作电压在 3.6~4.5V 时，由于锂离子的深度脱嵌导致氧损失，容量会随着循环次数急剧减少。锂含量过低会导致氧损失加剧，这种现象使 $LiCoO_2$ 电池体系的实际比容量很难超过 140mA·h/g。当 $x>0.5$ 时，Li_xCoO_2 的结构发生变化，钴离子从原来平面迁移出去，导致电池的不可逆容量明显减少。当 $0 \leqslant x \leqslant 0.5$ 时，Li_xCoO_2 具有平稳的电压平台（3.9V），此时设置的电池电压上限为 4.2V 时，电池容量损失小，结构稳定性好，故在实际应用的锂离子电池中，将 Li_xCoO_2 的组分控制在 $Li_{0.5}CoO_2$ 的范围内，可逆容量在 130~150mA·h/g。

$LiCoO_2$ 材料虽然研究和应用时间很长，但为了能将更多的锂离子从晶体结构可逆地脱出，掺杂、包覆等方法被广泛用来对其进行改性。在包覆方面较成功的有 $AlPO_4$、Al_2O_3 和 MgO 等；在掺杂方面，较成功的有锰掺杂、铝掺杂以及钛、镁共掺杂。采用 $LiCoO_2$ 材料的锂离子电池的主要应用领域为传统 3C 电子产品。

3.2.2 锰酸锂

锰酸锂（$LiMn_2O_4$）的合成与晶体结构的研究始于 20 世纪 50 年代，但以二次电池为目的而进行的研究却始于 20 世纪 80 年代。$LiMn_2O_4$ 为尖晶石结构，如图 3-3 所示，属于 $Fd3m$ 空间群，氧原子呈立方密堆积排列。空的四面体和八面体通过共面与共边相互连接，形成锂离子扩散的三维通道。锂离子在尖晶石中的化学扩散系数为 10^{-14} ~ 10^{-2} m^2/s。$LiMn_2O_4$ 的理论比容量为 148mA·h/g，实际比容量约为 120mA·h/g。充电过程中主要有两个电压平台：4V 和 3V。前者对应锂从四面体 $8a$ 位置发生脱嵌，后者对应锂嵌入空的八面体 $16c$ 位置。锂在 4V 附近的嵌入和脱嵌保持尖晶石结构的立方对称性。而在 3V 区的嵌入和脱嵌则存在立方体 $LiMn_2O_4$ 和四面体 Li_2MnO_4 之间的相转变，锰从+3.5 价还原为+3.0价。该改变由于锰氧化态的变化导致姜-泰勒（Jahn-Teller）效应，在 $LiMn_2O_4$ 的 MnO_6 八面体中，沿 c 轴方向 Mn—O 键变长，而沿 a 轴和 b 轴方向则变短。由于姜-泰勒效应比较严重，c/a 比例变化达到 16%，晶胞单元体积增加 6.5%，足以导致表面的尖晶石粒子发生破裂。由于粒子与粒子之间的接触发生松弛，在 $1<x<2$ 的范围内不能作为理想的 3V 锂离子电池正极材料。锂离子从尖晶石 $LiMn_2O_4$ 中的脱出分两步进行，锂离子脱出一半发生相变，锂离子在四面体 $8a$ 位置有序排列形成 $Li_{0.5}Mn_2O_4$ 相，对应低电压平台。锂离子进一步脱出，在 $0<x<0.1$ 时，逐渐形成 γ-MnO_2 和 $Li_{0.5}Mn_2O_4$ 两相共存，对应充放电曲线的高电压平台。对于 $LiMn_2O_4$ 而言，锂离子完全脱出时，晶胞体积变化仅有 6%。因此，该材料具有较好的结构稳定性。

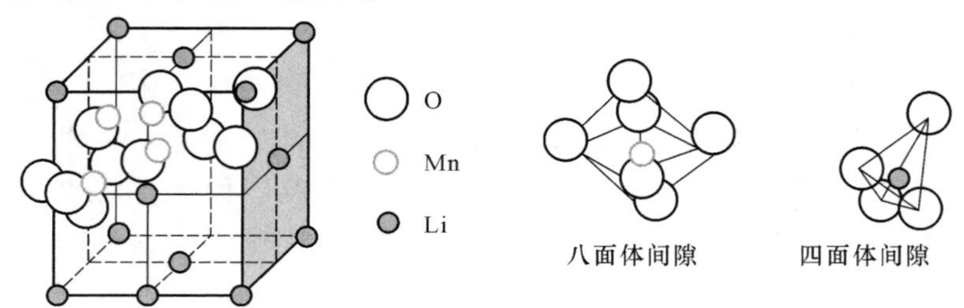

图 3-3 尖晶石结构示意图

尖晶石 $LiMn_2O_4$ 正极材料相对于钴系、镍系正极材料有以下优点：热稳定性好、环保、过渡金属资源丰富、原料廉价等。$LiMn_2O_4$ 的最大缺点是高温容量衰减较为严重。主要由以下原因引起：

（1）姜-泰勒效应及钝化层的形成，经过循环或者存储后的 $LiMn_2O_4$ 表面锰的价态比内部低，即表面有较多的 Mn^{3+}。在放电过程中，材料表面生成 $Li_2Mn_2O_4$，由于表面畸变的四方晶系与颗粒内部的立方晶系不相容，会严重破坏结构的完整性和颗粒间的有效接触，影响锂离子扩散和颗粒间的电导性，造成容量损失。

（2）锰的溶解，电解液中存在的痕量水分会与电解液中的 $LiPF_6$ 反应生成 HF，导致 $LiMn_2O_4$ 发生歧化反应，Mn^{2+}溶解到电解液中，尖晶石结构被破坏。

（3）电解液在高电位下分解，在循环过程中电解液会发生分解反应，在材料表面形成 Li_2CO_3 膜，使电池极化增大，从而造成尖晶石 $LiMn_2O_4$ 在循环过程中容量衰减。

为解决这些问题，诸多学者提出了掺杂和表面修饰等方法。其中体相掺杂主要通过提高锰离子的价态，抑制 Mn^{3+}的姜-泰勒效应，或掺杂元素具有较高的八面体场择位能，有较强的金属—氧键能，抑制尖晶石相变，稳定尖晶石结构。掺杂的阳离子种类比较多，如锂、硼、镁、铝、钛、铬、铁、钴、镍、铜、锌、镓、钇等；掺杂的阴离子有氧、氟、碘、硫等。锂过量可以提高锰的化合价，减少材料的姜-泰勒效应，形成锂过量的非化学计量比的材料，可以有效提高材料的循环稳定性。Cr^{3+}半径与 Mn^{3+}相近，能以稳定的结构存在于晶体的八面体配位中，可提高材料的结构稳定性。表面修饰主要是表面包覆，目前应用最多的就是包覆 Al_2O_3，可提高材料的高温循环性能和安全性。锰酸锂成本低，无污染，制备容易，适用于大功率低成本动力电池，可用于电动汽车、储能电站及电动工具等方面。

3.2.3 磷酸铁锂

聚阴离子正极材料主要是指含有较大聚阴离子基团$(XO_m)^{n-1}$（X=P、S、As、Mo、W、Si 等）的含锂过渡金属氧化物。该系列正极材料有两个突出的优点：

（1）良好的结构稳定性。MO_6（M 为过渡金属）八面体和 XO_4 四面体通过共顶点或共边的方式连接成开放的三维网络结构，当锂离子脱嵌时，材料结构重排很小（见图 3-4）。这使得材料在脱嵌锂的过程中保持很好的稳定性，从而使电池具有良好的循环性和较长的使用寿命。

（2）可调节的放电电位。正极材料中存在着大量的 M—O—X 结构单元，改变 M 或 X 就可以通过诱导效应使 M—O 键的共价性发生变化，从而调节材料的充放电电位。但是，聚阴离子正极材料的固有缺点是电子电导率比较低，导致材料的倍率性能差，尤其是大倍率充放电受到限制。

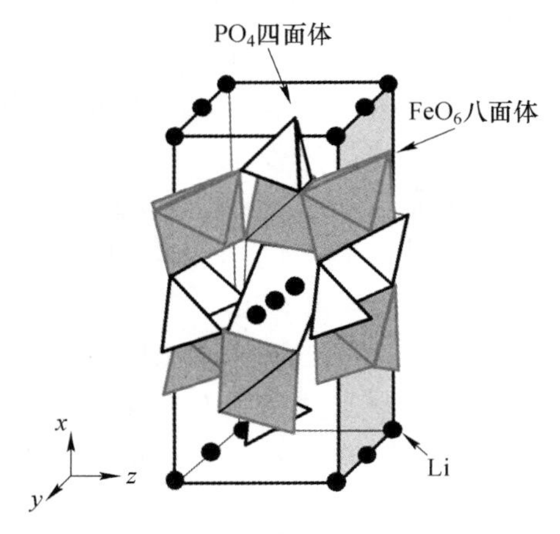

图 3-4 橄榄石结构的 $LiFePO_4$

聚阴离子正极材料主要包括橄榄石结构的 $LiMPO_4$（M=Fe、Mn、Co、Ni 等），NASICON 结构

的 $Li_3V_2(PO_4)_3$、$Li_3Ti_2(PO_4)_3$ 等正极材料，以及正交晶系的 $LiFeSiO_4$ 等硅酸盐正极材料和其他聚阴离子正极材料。$LiFePO_4$ 现已被商业化生产，与过渡金属氧化物相比，$LiFePO_4$ 的优点有：

（1）高比能量。$LiFePO_4$（LFP）具有稳定的充放电平台（3.4V，相较 Li/Li^+），较高的理论比容量（170mA·h/g），使得它的比能量达到 580mA·h/g。

（2）良好的结构稳定性。橄榄石结构材料中，磷和氧通过强的共价键形成 PO_4^{3-} 四面体，这种四面体搭建起了 $LiFePO_4$ 的主要骨架。充放电过程中，$LiFePO_4$ 和 $FePO_4$ 具有相似的结构，不会引起结构的坍塌，提高了材料的结构稳定性和安全性能。$LiFePO_4$ 循环寿命可达 6000 次，快速充放电寿命也可达到 1000 次。

（3）优异的安全性能。Fe^{3+}/Fe^{2+} 的氧化还原电位在 3.4V（相较 Li/Li^+），大多数电池的分解电压都低于这个值，同时这个特殊的氧化还原电对，在完全脱锂的状态下能降低有机电解液的活性。

（4）稳定的循环性能。$LiFePO_4$ 在充放电过程中体积效应约为 6.8%，足以使材料的结构长时间保持稳定，增强循环稳定性。

（5）$LiFePO_4$ 原料丰富、环境友好、寿命长。磷酸铁锂电池已被大规模应用于电动汽车、规模储能、备用电源等领域。

$LiFePO_4$ 的缺点在于其电子电导率比较低，在 10^{-9} S/cm 量级，锂离子的活化能在 0.3~0.5eV，表观扩散系数低导致材料的倍率性能差。为提高其倍率性能，Armand 等提出碳包覆的方法，显著提高了 $LiFePO_4$ 的电化学活性。Yamada 等人把材料纳米化，缩短扩散路径。随后，研究者提出，掺杂提高电子电导率可能是优化其电化学性能的重要方法。关于掺杂一直存在争议，主要是存在以下几个问题：是否能够掺入 $LiFePO_4$ 中、掺杂的位置、掺杂能否提高离子电导率。

3.2.4 三元材料

$LiNi_xCo_yMn_zO_2$ 即镍钴锰三元材料，三元材料具有与 $LiCoO_2$ 类似的 α-$NaFeO_2$ 层状结构，属于六方晶系，其结构如图 3-5 所示。三种过渡金属中，钴对于层状结构的形成起促进作用，可以提高材料结构的完整性和规整度，进而改善材料的循环性能和倍率性能，所以对于三元材料而言，钴虽然价格昂贵，但不可或缺。随 x、y、z 取值不同，材料具有不同的原料配比。该材料的性能，如比容量、理论密度、结构稳定性和安全性等随着镍钴锰三种过渡金属比例不同而变化。当充电截止电压为 4.2V 时，$LiNi_{1/3}Co_{1/3}Mn_{1/3}O_2$ 的放电比容量为 150mA·h/g；提高充电电压至 4.5V 以上，$LiNi_{1/3}Co_{1/3}Mn_{1/3}O_2$ 的放电比容量高达 200mA·h/g。在三元材料中，各过渡金属离子的作用各不相同。在材料设计中，钴不仅可以稳定材料的层状结构，而且可以提高材料的循环性能和倍率性能，钴的摩尔分数一般控制在 20%以上。镍钴锰三元材料理论比容量为 278mA·h/g，其实际可利用容量要取决于镍

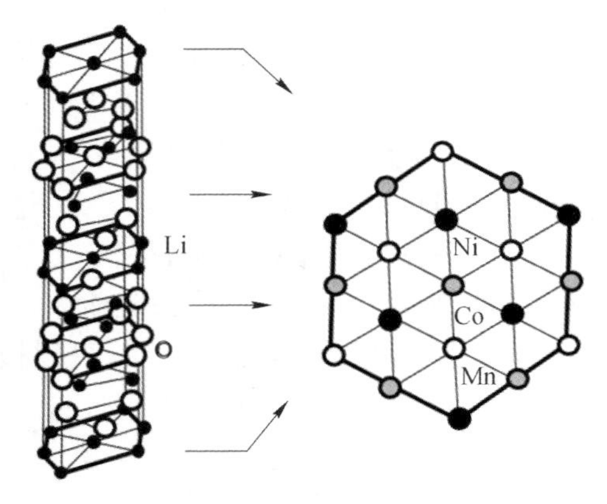

图 3-5 镍钴锰三元材料层次结构示意图

元素含量。镍可以提高镍钴锰三元材料的可逆容量，但会降低材料的安全性和结构稳定性，导致材料对水分更加敏感，电极加工性变差。目前国内制备的镍钴锰三元材料中，镍元素的摩尔分数均低于50%。一般认为，锰不参与电化学反应，其作用在于降低材料的成本、提高材料的安全性和结构稳定性，但过高的锰含量会破坏材料的层状结构，导致材料极化增大，倍率性能降低。

在 $LiNi_{1/3}Co_{1/3}Mn_{1/3}O_2$ 三元材料层状结构中，镍、钴、锰分别以+2、+3、+4 价态存在，三种金属的协同效应使其同时具备 $LiCoO_2$、$LiMn_2O_4$ 和 $LiNiO_2$ 三种材料的优势，如良好的循环性能来自 $LiCoO_2$，高比容量来自 $LiNiO_2$，良好的安全性能和价格低廉的优势则来自 $LiMn_2O_4$。在目前主流的正极材料中，$LiNi_{1/3}Co_{1/3}Mn_{1/3}O_2$ 和 $LiCoO_2$ 比容量都较高，同时循环寿命相当；但 $LiNi_{1/3}Co_{1/3}Mn_{1/3}O_2$ 的安全性能在 $LiCoO_2$ 之上，能量密度和倍率性能超过 $LiFePO_4$，比容量超过 $LiMn_2O_4$。此外，$LiNi_{1/3}Co_{1/3}Mn_{1/3}O_2$ 三元材料在较低温度下的电化学性能较好，功率特性也很优良，即使在高温下，也具备良好的循环稳定性。$LiNi_{1/3}Co_{1/3}Mn_{1/3}O_2$三元材料有许多优点，但由于镍离子与锂离子半径相近，制备过程中容易产生阳离子混排，影响材料的层状特性，从而导致锂离子脱嵌阻力增大，使锂离子扩散速率受到限制。在循环过程中，三元材料的结构会由层状结构向尖晶石结构和盐岩结构发生转变，并伴随有氧气的释放，严重影响了锂离子电池的循环稳定性和安全性。表面包覆改性是一种提高三元正极材料循环性能、倍率性能、热稳定性能的有效手段。常用的表面包覆物质如金属氧化物（Al_2O_3、MgO、TiO_2）、金属磷酸盐（$AlPO_4$）、金属氟化物（AlF_3）等，这些包覆物通过在活性颗粒表面形成物理保护层来避免活性物质与电解液的直接接触，减少界面副反应的发生。但是这些包覆物都具有绝缘性，不利于三元材料倍率性能的发挥。

三元材料是未来五年研发和产业化的主流，也是最有潜力成为下一代动力型锂离子电池和电子产品用高能量密度小型锂离子电池的正极材料。根据其应用领域的不同，三元材料将分别向高镍化、高密度化和高电压化发展。目前，三元正极材料大多应用于移动电源、功能型手机及电动自行车等对能量密度要求不高的领域，而在智能手机和平板电脑等领域目前主要使用钴酸锂，其主要原因在于镍钴锰酸锂三元材料存在压实密度较低、易于气胀等缺点。在电子产品用小型高能量密度锂离子电池中，提高充电电压和压实密度是三元正极材料未来发展的方向。

3.3 负极材料

采用金属锂作锂离子电池负极材料时，在充放电过程中会产生枝晶锂，容易刺破隔膜而导致短路、漏电，甚至发生爆炸，存在很大的安全隐患。采用铝锂合金作锂离子电池负极材料可解决锂枝晶的问题，但循环几次后会出现严重的体积膨胀导致材料粉化、循环寿命降低。碳基材料如石墨利用其层状结构储锂可以避免枝晶锂的产生，并且有利于锂的嵌入和脱出，从而大大提高了电池使用的安全性和循环稳定性。锂在碳材料中的嵌入电位接近 Li/Li^+电位，且不易与有机电解质反应，循环性能更佳。目前锂离子电池负极材料的研究主要集中在碳材料，硅、锡及其氧化物，过渡金属氧化物、钛酸锂等。表 3-2 比较了几种常见的锂离子电池负极材料的性能。根据负极材料与锂离子的反应机理和其电化学性能，它们可以分为以下三类：

（1）嵌脱型负极材料。例如，碳材料（石墨、多孔碳、碳纳米管、石墨烯等）、二氧化钛（TiO_2）、钛酸锂（$Li_4Ti_5O_{12}$）等。

（2）合金化反应类负极材料。例如，硅（Si）、锗（Ge）、锡（Sn）、铝（Al）、铋（Bi）、二氧化锡（SnO_2）等。锡基合金主要是利用锡能与锂形成 $Li_{22}Sn_4$ 合金，因此理论容量高。然而锂与单一金属形成合金时，体积膨胀很大，再加之金属间相 Li_xM 像盐一样很脆，因此循环性能不好，所以一般是以两种金属 SnM′作为锂插入的电极基体，其中金属 M′（如镉、镍、钼、铁、铜）为非活性物质，而且比较软，锂插入活性物质锡中时由于 M′的可延性，使体积变化大大减小。

（3）转换反应类材料。例如，过渡族金属氧化物（Mn_xO_y、NiO、Fe_xO_y、CuO、MoO_2 等），各种金属硫化物、磷化物和金属氮化物（M_xX_y，其中 M 为金属元素，X 为氮、硫、磷等元素）等，以层状金属硫化物为例，其具备较大的层间距，有助于 Li^+ 的可逆脱嵌，缓解充放电过程带来的结构破坏。与硅基、锡基或金属氧化物相比，金属硫化物在锂嵌入的过程中拥有更少的体积膨胀，展现出更好的倍率和循环性能。

表 3-2　锂离子电池负极材料性能比较

材料	Li	C	$Li_4Ti_5O_{12}$	Fe_3O_4	Al	Mg	Bi	Si	Sn
密度/$g \cdot cm^{-3}$	0.53	2.25	3.5	5.18	2.7	1.3	9.78	2.33	7.29
嵌锂相	Li	LiC_6	$Li_7Ti_5O_{12}$	Li_2O	LiAl	Li_3Mg	Li_3Bi	$Li_{4.4}Si$	$Li_{4.4}Sn$
理论比容量 /$mA \cdot h \cdot g^{-1}$	3862	372	175	926	993	3350	385	4200	994
体积变化/%	100	12	1	200	96	100	215	320	260
脱锂电位/V	0	0.05	1.6	1.2	0.3	0.1	0.8	0.4	0.6

3.3.1　碳材料

碳材料因其电极电位低、循环效率高、循环寿命长和安全性能好等优点，是锂离子电池首选的负极材料。目前，研究较多的碳负极材料有石墨、软碳、硬碳、新型碳纳米管和石墨烯。

（1）石墨。石墨导电性好，结晶度好，具有良好的层状结构，更适合 Li^+ 的嵌入和脱出。石墨材料的理论比容量为 372mA·h/g，电导率高、离子扩散系数大、结晶度高，易形成锂-石墨层间化合物。石墨层状结构具有在嵌锂前后体积变化小、嵌锂容量高和嵌锂电位低等优点，成为目前主流的商业化锂离子电池负极材料。然而，石墨层间距（0.34nm）小于石墨嵌锂化合物 Li_xC_6（$0<x<1$）的晶面层间距（0.37nm），致使充放电过程中石墨层间距改变，易造成石墨层剥落、粉化，还会发生锂离子与有机溶剂分子共同嵌入石墨层及有机溶剂分解，进而影响电池循环性能。由于石墨本身结构特性的制约，石墨负极材料的发展也遇到了瓶颈，如比容量已经达到极限，无法满足大型动力电池所要求的持续大电流放电的能力等。

（2）软碳。软碳材料经过 3000℃的高温热处理容易转换为石墨结构，软碳也被称为易石墨化碳材料。常见的软碳材料包括焦炭、碳纤维、中间相碳微球（MCMB）等。MCMB 直径为 5~40μm，具有直径小、形状规则（呈球形片层结构且表面光滑）等特点，使得其具有更高的压实密度、更低的第一次充电过程中的电量损失、石墨片层更不容易塌陷等优点。通常在 2800℃左右石墨化得到的 MCMB 可逆比容量达到 300mA·h/g，不可逆容量小于 10%。用软碳作负极，大部分锂能被插入层间，但软碳层间距为 0.34~0.36nm，同样存在类似石墨负极的材料膨胀和基于 LiC_6 的容量限制问题。

（3）硬碳。硬碳材料具有微量的结晶子无序排列，即使进行高温热处理也无法变为石墨结构，故被称作难石墨化碳材料。硬碳材料没有长程有序的晶格结构，原子的排列只有短程有序，介于石墨和金刚石结构之间。硬碳材料中基本不存在 3~4 层以上的平行石墨片结构，主要为单层石墨片结构无序排列而成，因此材料中存在大量直径小于 1nm 的微孔。用硬碳作负极，锂离子的嵌入不会导致负极膨胀。因此，与石墨和软碳材料相比，硬碳材料具有优良的循环特性。锂离子的嵌入在硬碳材料的结晶子间的微小孔中也能进行，可突破 LiC_6 的容量限制。目前，硬碳材料的容量可达 600mA·h/g。然而，硬碳材料与电解液的相容性差，不可逆容量较大，首次库仑效率低，高倍率放电性能差，高温下容易出现安全隐患。

3.3.2 硅材料

迄今为止，在所有元素中，硅的理论比容量最高，高温时可达 4200mA·h/g。锂和硅形成合金 Li_xSi（$0<x<4.4$），主要有 $Li_{12}Si_7$、$Li_{13}Si_4$、Li_7Si_3、$Li_{15}Si_4$、$Li_{22}Si_5$ 等形式。一般认为，在常温下，硅负极与锂合金化产生的富锂产物主要是 $Li_{15}Si_4$ 相，比容量高达 3572mA·h/g，远大于石墨的理论比容量（372mA·h/g）。由此可见，硅作为负极材料，可以在相同质量下携带 10 倍于碳的容量，如此大的理论比容量使硅作为锂离子电池负极材料极具吸引力。同时，硅具有低的嵌脱锂电压（小于 0.5V，相较 Li^+/Li），促使电池正负极的电位差较大，电池从而可获得高功率，而且硅在地球上储量丰富，地壳中约含 27.6%，成本较低。

然而，硅作为半导体材料，其电子导电性和离子导电性都比较差，在大电流循环下材料利用率低。且硅在合金化反应过程中，大量锂进入晶格会带来巨大的体积膨胀。在充放电过程中，硅的嵌入锂反应伴随着可高达 320%的巨大的体积膨胀，而在锂离子脱出过程中，体积迅速缩小。在脱嵌锂过程中，材料的体积变化会产生很大的内应力，造成材料破裂和粉化。随着充放电次数的增加，电极材料的粒子间及电极材料与集流体的结合力会变弱，导致活性材料剥落。在锂离子电池首次充放电过程中，硅负极材料与电解液在固-液相界面上发生反应，形成一层覆盖于电极材料表面的钝化膜。这层钝化膜被称为固体电解质界面（solid electrolyte interface，SEI）膜。SEI 膜的形成消耗了部分锂离子，使得首次充放电不可逆比容量增加，降低了电极材料的充放电效率。另外，SEI 膜具有有机溶剂不溶性，在有机电解质溶液中能稳定存在，并且溶剂分子不能通过 SEI 膜，从而能有效防止溶剂分子的共嵌入，避免了因溶剂分子共嵌入对电极材料造成的破坏，所以大大提高了电极的循环性能和使用寿命。由于硅负极材料在循环过程中体积效应严重，导致材料破碎脱落，就会不断形成新的 SEI 膜，不断消耗 Li^+，造成库仑效率不高，循环性能差。目前商业上开发的硅基负极材料通常是将很少量的硅加入大量石墨中或者采用氧化亚硅和石墨的混合材料。虽然这样能够解决硅材料的循环问题，但是硅材料的高容量优势无法完全发挥出来。为了更大程度地提高硅基材料的硅含量，获得更高的比容量，可采用三种方法：(1) 添加非活性的导电金属（如铁、钴等），抑制硅的团聚和体积膨胀，提高锂离子脱嵌时负极材料颗粒间的导电能力；(2) 缩小循环电压范围，抑制锂离子的深度嵌入，降低不可逆容量；(3) 制备纳米级硅材料。

3.3.3 钛酸锂

尖晶石型钛酸锂（$Li_4Ti_5O_{12}$）作为锂离子电池负极材料具有很多优点，在锂离子嵌入/脱嵌过程中晶体结构的稳定性好，具有良好的循环性能和放电电压平台，$Li_4Ti_5O_{12}$负极材料具有的理论比容量为175mA·h/g。在充放电循环过程中，由于没有体积变化，因而用作锂离子电池负极材料展现出优异的可逆性。$Li_4Ti_5O_{12}$具有相对金属锂较高的电位(1.56V)，因此可选的有机液体电解质比较多，避免了电解液的分解现象和界面保护钝化膜的生成。$Li_4Ti_5O_{12}$的原料来源也比较丰富，同时也具有优良的热稳定性。因此，$Li_4Ti_5O_{12}$可作为一种理想的替代碳负极材料。但是其缺点也比较突出，如导电性较差和较低的锂离子扩散系数会直接导致$Li_4Ti_5O_{12}$负极材料表现不尽如人意的倍率性能。特别需要注意的是，在充放电及存储过程中，$Li_4Ti_5O_{12}$负极材料会与电解质中的有机溶剂发生界面反应产生H_2、CO和CO_2，产生的气体会导致电池内部膨胀，影响电池使用的安全性能。针对$Li_4Ti_5O_{12}$负极材料的上述缺点，近10年采用了许多改性方法来提高$Li_4Ti_5O_{12}$负极材料的电化学性能，这些改性方法包括碳包覆、金属和非金属的掺杂、碳与金属粉末的杂化、活性粒子纳米化及形成核壳结构等。目前，这些改性方法都不能完全解决$Li_4Ti_5O_{12}$负极材料析出气体的问题，也很少有关于解决这个棘手问题的文献报道。因此$Li_4Ti_5O_{12}$负极材料析气问题成为阻碍其作为锂离子动力电池负极材料的主要障碍。

3.4 电解质材料

电解质在电池正负极间起着离子传导、电子绝缘的作用。理想的锂离子电池电解质材料应具备以下性能：

(1) 锂离子电导率高，一般应达10^{-3}~10^{-2}S/cm；

(2) 很好的稳定性，在电池长期循环和储备过程中，自身不发生化学反应，也不与正极、负极、集流体、黏结剂、导电剂、隔膜、包装材料、密封剂等材料发生化学反应，在较宽的电位范围内保持稳定，在较宽的温度范围内不发生热分解；

(3) 与电极的兼容性好，在负极上能有效地形成稳定的SEI膜，在正极高电位条件下有足够的抗氧化分解能力，能与电极良好接触；

(4) 在使用温度范围内不发生挥发现象，低温性能良好；

(5) 无毒，无污染，使用安全，最好能生物降解。

由于锂离子电池负极的电位与锂接近，比较活泼，在水溶液体系中不稳定，必须使用非水性有机溶剂作为锂离子的载体。目前，商品化锂离子电池用的电解质为非水有机电解质，由有机溶剂和锂盐组成，未来的发展方向包括全固态无机陶瓷电解质和聚合物电解质等。

3.4.1 液体电解质

液体电解质材料应当具备如下特性：

（1）电导率高，要求电解液黏度低，锂盐溶解度和电离度高；

（2）锂离子的离子导电迁移数高；

（3）稳定性高，要求电解液具备高的闪点、高的分解温度、低的电极反应活性，长时间搁置无副反应等；

（4）界面稳定，具备较好的正、负极材料表面成膜特性，能在前几周充放电过程中形成稳定的低阻抗的 SEI 膜；

（5）宽的电化学窗口，能够使电极表面钝化，从而在较宽的电压范围内工作；

（6）工作温度范围宽，不易燃烧；

（7）与正负极材料的浸润性好；

（8）环境友好，无毒或毒性小，成本低。

液体电解质由非水有机溶剂和电解质锂盐组成，有时会加入一些功能添加剂。

3.4.1.1 非水有机溶剂

有机溶剂的性能参数与电解液的性能优劣密切相关，如溶剂的黏度、介电常数、熔点、沸点、闪点对电池的使用温度范围、电解质锂盐的溶解度、电极电化学性能和电池安全性能等都有重要的影响。所以，有机溶剂首先应具有较高的介电常数，从而使其有足够高的溶解锂盐的能力，有机溶剂对电池中的各个组分还必须是惰性的，尤其是在电池工作电压范围内必须与正极和负极有良好的兼容性。醇类、胺类和羧酸类质子性溶剂虽然具有较高的锂盐溶解能力，但是它们在 2.0~4.0V（相较 Li^+/Li）会发生质子的还原和阴离子的氧化，一般不用来作为锂离子电池电解质的溶剂。另外，有机溶剂应该具有较低的黏度，从而使电解液中锂离子更容易迁移，而且，有机溶剂必须有较低的熔点和较高的沸点，换言之有比较宽的液程，使电池有比较宽的工作温度范围。根据这些要求，可以应用于锂离子电池的有机溶剂应含有羰基（C═O）、氰基（C≡N）、磺酰基（S═O）和醚链（—O—）等极性基团，如有机醚和有机酯溶剂，一些有机溶剂的基本物理性质参见表3-3。

表 3-3 一些锂离子电池常用有机溶剂的基本物理性质

类型		溶剂	熔点/℃	沸点/℃	介电常数 /$C^2\cdot(N\cdot m^2)^{-1}$	黏度（25℃）/Pa·s
碳酸酯	环状	碳酸乙烯酯（EC）	36.4	248	89.78	1.90（40℃）
		碳酸丙烯酯（PC）	-48.8	242	64.92	2.53
		碳酸丁烯酯（BC）	-53	240	53	3.2
	链状	碳酸二甲酯（DMC）	4.6	91	3.107	0.59（20℃）
		碳酸二乙酯（DEC）	-74.3	126	2.805	0.75
		碳酸甲乙酯（EMC）	-53	110	2.958	0.65
羧酸酯	环状	*y*-丁内酯（yBL）	-43.5	204	39	1.73
	链状	乙酸乙酯（EA）	-84	77	6.02	0.45
		甲酸甲酯（MF）	-99	32	8.5	0.33

续表 3-3

类　型		溶剂	熔点/℃	沸点/℃	介电常数 $/C^2\cdot(N\cdot m^2)^{-1}$	黏度（25℃）/Pa·s
醚类	环状	四氢呋喃（THF）	-109	66	7.4	0.46
		2-甲基四氢呋喃	-137	80	6.2	0.47
	链状	二甲氧基甲烷（DMM）	-105	41	2.7	0.33
		1，2-二甲氧基乙烷（DME）	-58	84	7.2	0.46
腈类	链状	乙腈（AN）	-48.8	81.6	35.95	0.341

对有机酯来说，大部分环状有机酯具有较宽的液程、较高的介电常数和较高的黏度，而链状的溶剂一般具有较窄的液程、较低的介电常数和较低的黏度。所以在电解液中一般使用链状和环状的有机酯混合物来作为锂离子电池电解液的溶剂。对有机醚来说，不管是链状的还是环状的化合物，都具有比较适中的介电常数和比较低的黏度。此外，在锂离子电池中，负极表面的 SEI 膜成分主要来自溶剂的还原分解。性能稳定的 SEI 膜对电池的充放电效率、循环性、内阻及自放电等都有显著的影响。当前的锂离子电池主要使用层状石墨作为负极，此时碳酸乙烯酯（EC）的应用可以有效形成 SEI 膜，因此 EC 作为溶液具有难以替代的作用。然而，EC 具有高的熔点，在室温下是固体，且黏度较高，以其为溶液的电解液电导率较低，因此，常与链状碳酸酯共融，结合两者优点得到预期性能。

3.4.1.2　电解质锂盐

理想的电解质锂盐应能在非水溶剂中完全溶解，不缔合。溶剂化的阳离子应具有较高的迁移率，阴离子应不会在正极充电时发生氧化还原分解反应，阴阳离子不应和电极、隔膜、包装材料反应，无毒且热稳定性较高。高氯酸锂（$LiClO_4$）、六氟砷酸锂（$LiAsF_6$）、四氟硼酸锂（$LiBF_4$）、三氟甲基磺酸锂（$LiCF_3SO_3$）、六氟磷酸锂（$LiPF_6$）、二（三氟甲基磺酰）亚胺锂（$LiN(CF_3SO_2)_2$，即 LiTFSi）、双草酸硼酸锂（LiBOB）等锂盐得到广泛研究，一些锂离子电池常用锂盐的物理化学性质参见表 3-4。目前得到商品化应用的是 $LiPF_6$。

表 3-4　一些锂离子电池常用锂盐的物理化学性质

锂　盐	相对分子质量	是否腐蚀铝箔	是否对水敏感	电导率（1mol/L，在 EC/DMC 中，20℃）$/mS\cdot cm^{-1}$
六氟磷酸锂（$LiPF_6$）	151.91	否	是	10
四氟硼酸锂（$LiBF_4$）	93.74	否	是	4.5
高氯酸锂（$LiClO_4$）	106.40	否	否	9
六氟砷酸锂（$LiAsF_6$）	195.85	否	是	11.1（25℃）
三氟甲基磺酸锂（$LiCF_3SO_3$）	156.01	是	是	1.7（在 PC 中，259）
双（三氟甲基磺酰）亚胺锂（LiTFSI）	287.08	是	是	6.18
双（全氟乙基磺酰）亚胺锂（LiBETI）	387.11	是	是	5.45
双氟磺酰亚胺锂（LiFSI）	187.07	是	是	2~4（25℃）

续表 3-4

锂　盐	相对分子质量	是否腐蚀铝箔	是否对水敏感	电导率（1mol/L，在 EC/DMC 中，20℃）/mS·cm^{-1}
（三氟甲基磺酰）（正全氟丁基磺酰）亚胺锂	437.11	否	是	1.55
（氟磺酰）（正全氟丁基磺酰）（LiFNFSI）	387.11	否	是	4.7
双草酸硼酸锂（LiBOB）	193.79	否	是	7.5（25℃）

大容量车用锂离子电池采用 $LiPF_6$ 基电解质体系突显出了一些问题：

（1）PF_6^- 易发生水解，当体系有微量水时，产生 HF，腐蚀电极材料。

（2）$LiPF_6$ 的热稳定性不好，在高温下分解为 PF_5 和 LiF。PF_5 是一种很强的路易斯酸，与质子型杂质（如 H_2O）反应敏感易生成 HF，HF 的存在加速了 SEI 膜和过渡金属离子在电解液中的溶解，大大降低了电池的使用寿命。值得注意的是 PF_5 还可以通过相互反应使 SEI 的稳定性下降。同时产生气体，电池膨胀使电池内部的压力逐渐增加，从而让电池的安全性受到威胁。因此，锂离子电池安全使用温度只能局限在小于 40℃ 的条件下。

（3）$LiPF_6$ 通常与 EC 合用配成电解液才能在负极形成有效 SEI 膜，但是 EC 的熔点较高（37℃），限制了电池的低温使用性能，无法达到锂离子动力电池-30~52℃的工作温度要求。因此，寻找新型锂盐、优化电解质体系成为改善电池循环效率、工作电压、操作温度及储存期限等的重要途径，是开发锂离子动力电池的关键技术之一。氟烷基磷酸锂的化合物是用含有吸电子全氟化烷基基团来替代 $LiPF_6$ 中一个或更多的氟原子来稳定 P—F 键，使其能抵抗水解作用和热分解作用。全氟化烷基基团可以防止磷的水解作用，而且这种新的化合物和 $LiPF_6$ 相比具有更优异的导电性。Gnanaral 等人对 $LiPF_6$ 和 $LiPF_3(C_2F_5)_3$(LiFAP) 混合物的 EC-DEC-DMC 溶液进行了研究，发现尽管 LiFAP 溶液的自生热率非常高，但是他们的热反应起始温度仍高于 200℃。

3.4.1.3 添加剂

添加剂是电解液的重要组成部分，添加剂可调节和改善电解液及电池的性能，一直是电解液研究的焦点和开发高性能电池的技术核心。电解液添加剂包括成膜添加剂、导电添加剂、阻燃添加剂、过充保护添加剂、改善低温性能添加剂、控制电解液水分和 HF 含量的添加剂以及多功能添加剂等。目前常用的高电压添加剂主要有苯的衍生物（如联苯、三联苯）、杂环化合物（如呋喃、噻吩及其衍生物）、1，4-二氧环乙烯醚和三磷酸六氟异丙基酯等。它们均能有效改善电解液在高电压下的氧化稳定性，在高电压锂离子电池中起着非常重要的作用。研究发现氟代环状碳酸酯类化合物如一氟代甲基碳酸乙烯酯（CH_2F-EC）、二氟代甲基碳酸乙烯酯（CHF_2-EC）、三氟代甲基碳酸乙烯酯（CF_3-EC）具有较好的化学稳定性、较高的闪点和介电常数，能够很好地溶解电解质锂盐并和其他有机溶剂混溶，电池中采用这类添加剂可表现出较好的充放电性能和循环性能。在有机电解液中添加一定量的阻燃剂，如有机磷系列、硅硼系列及硼酸酯系列、$[NP(OCH_3)_2]_3$、3-苯基磷酸酯（TPP）、3-丁基磷酸酯（TBP）、氟代磷酸酯、磷酸烷基酯等，可有效地提高电池的安全性。碳化二乙胺类化合物可以通过分子中的氢原子与水形成较弱的氢键，从而能阻止水与 $LiPF_6$ 反应产生 HF。

目前，液体电解质应用过程中存在的主要问题是安全性问题。锂电池的比能量高，电池在过充电或过放电、短路、高温等条件下容易导致温度升高，过量的热积聚在电池内部，会使电极活性物质发生热分解或使电解液氧化，产生大量气体，引起电池内压急剧升高，带来燃烧或爆炸等安全隐患。

3.4.2 聚合物电解质

液体电解质存在漏液、易燃、易挥发、不稳定等缺点，因此人们纷纷开展固体电解质的研究。聚合物电解质是固体电解质的一种，可定义为含有聚合物材料且能发生离子迁移的电解质。聚合物电解质可以解决采用液体电解质易发生的电解液泄漏和漏电电流大等问题；可塑性强，可以制成大面积薄膜，保证与电极之间充分接触；同时还可改善电极在充放电过程中承受的压力，降低与电极反应的活性。聚合物电解质可分为全固态聚合物电解质和凝胶聚合物电解质。

3.4.2.1 全固态聚合物电解质

全固态聚合物电解质主要是通过聚合物基体中的杂原子或者强极性基团上的孤对电子与锂离子进行配位，实现对锂盐的溶解以及溶剂化作用，并依靠聚合物链段的蠕动和离子在基体中配位点之间迁移实现离子导电。因此，选择合适的聚合物基体十分重要，总体来说，必须满足以下要求：

（1）聚合物基体链上必须具有较强给电子和对 Li^+ 有溶剂化能力的杂原子或者是强极性基团，能促进聚合物链与锂盐的配位作用；

（2）聚合物基体链段的柔性好，玻璃化温度低，有利于提高离子电导率；

（3）较高的热分解温度和较宽的电化学工作窗口。

形成聚合物-锂盐络合的电解质体系的首要条件是锂盐易于在高分子固体中解离，因此体系选用的锂盐具有较低的晶格点阵能或离子解离能、聚合物高分子具有较高的溶剂化作用能（离子-偶极相互作用）和较高的介电常数。一般而言，离子半径小的阳离子（硬酸）与电荷基本上离域且离子半径大的阴离子（软碱）所组成的离子对具有较低的点阵能，因此固态聚合物电解质采用的聚合物基体主要是聚合物链上具有配位能力强而空间位置适当的给电子极性基团，如醚、酯、硅氧等基团。因此，要形成高电导的聚合物电解质，对于主体聚合物的基本要求是必须具有给电子能力很强的原子或基团，其极性基团应含有氧、硫、氮、磷等能提供孤对电子与阳离子形成配位键以抵消盐的晶格能。常见的聚合物基体有聚氧乙烯（PEO）、聚环氧丙烷（PPO）、聚甲基丙烯酸甲酯（PMMA）、聚丙烯腈（PAN）、聚偏氟乙烯（PVDF）等。

PEO-碱金属盐电解质具有高的离子导电性，常温下存在纯 PEO 相、非晶相和富盐相三个相区，其中离子传导主要发生在非晶相区。一般认为，碱金属离子先同高分子链上的极性醚氧官能团配合，在电场的作用下，随着非晶相区中分子链段的热运动，碱金属离子与极性基团发生解离，再与链段上别的基团发生配合，通过这种不断地配合—解配合过程，从而实现离子的定向迁移。与其他高分子聚合物相比，PEO 的介电常数较高（晶相和无定型相共存时 PEO 的介电常数为 4，而无定型相材料约为 8），但与有机溶剂如碳酸丙烯酯（64.4）相比，却要低得多。这类低介电常数聚合物中存在的严重问题就是形成了大量的离子簇，离子簇存在的状态包括单离子、离子对和三离子缔合体及进一步的聚集状态。而具有—C—O—C—重复单元的聚醚结构能使同一个高分子中的几个醚氧原子与一个阳离子发生配位作用，从而有效地使盐解离，故溶剂化作用是多个醚氧原子的配位能之和，使得材料的介电常数虽然低，但盐的解离度仍相对较高。因此，PEO 的分子结构和空间结构决定了它既能提供足够高的给电子基团密度，又具有柔性聚醚链段，从而能有效地溶解阳离子，被认为是一种最好的聚合物类型盐溶剂。

然而，对于聚合物电解质而言，锂离子的迁移主要是在非晶区中进行的。锂盐在 PEO 非晶区的溶解度低，载流子数目少，锂离子的迁移数比较低，且 PEO 易结晶，因此与液体电解质相比，基于 PEO 的聚合物电解质在室温或低于室温时的电导率比较低，基本上是在 10^{-6}S/cm 数量级或以下，这限制了聚合物电解质的应用。当温度升高到结晶相融化时，PEO 电导率才会大幅度提高，仍远远无法满足实际的需要。因此导电聚合物的发展集中在开发具有低玻璃化转变温度（T_g）的、室温为无定型态的基质的聚合物电解质上。玻璃化转变温度是聚合物链段运动开始的温度，T_g 越低，链段运动能力越强，但较低的 T_g 会影响聚合物基体的热稳定性及力学性能。

由于合成简单、稳定性好、耐热性高等优点，PAN 系聚合物电解质的研究较早，其中，腈基（—C≡N）与锂离子间产生相互作用，能传导 Li^+。PAN 作为锂离子电池聚合物电解质基体，化学窗口比较宽，可达 4.5V。但其本身的离子电导率不高，作为全固态聚合物电解质研究较少，一般采用有机电解液进行增塑，形成凝胶聚合物电解质。PMMA 作为电解质的研究比 PEO、PAN 体系要晚，直到 1985 年才作为聚合物主体应用于锂离子电池中，且 PMMA 的研究主要集中于凝胶聚合物电解质。

3.4.2.2　*凝胶聚合物电解质*

凝胶聚合物电解质在前述全固态聚合物电解质的基础上，添加了有机溶剂，使其兼顾聚合物良好的加工性能和液体电解质的高离子电导率。凝胶型聚合物电解质中锂离子的传递过程既有聚合物链段运动对锂离子的传递，又有凝胶中锂离子在富增塑剂微相中的迁移。因此，金属离子与溶剂之间的溶剂化作用成为凝胶电解质电导率提高的重要原因。在微观上，液相分布在聚合物基体的网络中，聚合物主要表现出其力学性能，对整个电解质膜起支撑作用，而离子输运主要发生在其中包含的液体电解质部分。因此，其电化学性质与液体电解质相当。聚合物基体是凝胶态聚合物电解质的核心组成部分，主要起到支撑骨架的作用。目前凝胶聚合物电解质主要研究体系有：聚氧化乙烯（PEO）、聚丙烯腈（PAN）、聚甲基丙烯酸甲酯（PMMA）、聚偏氟乙烯（PVDF）、聚偏氟乙烯-六氟丙烯（PVDF-HFP）、聚乙烯醇缩醛（PVB/PVFM）等。PVDF 基聚合物电解质是目前研究最多的一类，其部分产品已经实现产业化。PVDF 具有优异的成膜性能、高热稳定性，分子中强吸电子基团氟使得所制备的聚合物电解质具有宽的电化学稳定窗口（一般都超过 4.5V）。其高达 8.4 的介电常数有利于锂盐的解离，增加体系内的载流子浓度，提高离子电导率。由于 PVDF 是均聚物，分子内的结晶度较高，更主要的是分子中含有氟，容易与金属锂作用而影响电极与电解质间的界面稳定性。美国 Bellcore 公司率先提出采用 PVDF 和 HFP 的共聚物作为基体，不仅解决了上述问题，还率先实现了凝胶态聚合物电解质的产业化。HFP 的加入降低了原来 PVDF 聚合物基体的结晶度，同时也减弱了原来分子中氟的反应活性，改善了电极与电解质间的界面稳定性。

3.4.3 无机固体电解质

无机固体电解质又称锂快离子导体，包括晶态电解质（又称陶瓷电解质）和非晶态电解质（又称玻璃电解质）。晶态电解质分为钙钛矿型、钠超离子导体（Na superionic conductor，NASICON）型、醋酸锌锂（LISICON）型、氮化锂（Li_3N）型等。玻璃非晶态固体电解质可分为氧化物玻璃和硫化物玻璃两大类。无机固体电解质具有较高的电导率（$>10^{-3}$S/cm）和 Li^+迁移数（约等于 1）、电导活化能低（<0.5eV）、耐高温性能和可加工性好、装配方便等优点，在高能量密度的大型动力锂离子电池中有很好的应用前景。但其机械强度差、与电极活性物质接触时的界面阻抗大和电化学窗口不够宽，是制约其用于锂离子电池的主要障碍。因此，如何进一步优化无机固体电解质材料，正成为锂离子电池电解质材料的一个重要研究方向。

3.5 全固态锂离子电池

固体电解质（SSE）不仅是一种离子导体，而且还是一种隔膜，它在促进高安全性高能锂电池的发展方面有着巨大的潜力。高离子电导率的锂离子电池，特别是基于锂金属阳极的全固态锂离子电池（ASSLMB）的研制有望促进锂离子电池的实际应用。2014 年，Dudney 的团队演示了高电压 ASSLMB 的可行性。后来，Kanno 的研究组揭示了在室温下运行散装高压 Li|LGPS|LNM ASSLMB 的可行性，初始放电容量为 80mA·h/g，平均电压为 4.3V。Wang 的研究组报道了 Li|LLZO|LCO ASSLMB（LLZO: $Li_7La_3Zr_2O_{12}$），通过加入 $Li_{2.3}C_{0.7}B_{0.3}O_3$对阴极-电解质界面进行修饰，表现出了良好的循环稳定性和高倍率性能，是目前最好性能。他们的工作促进了固体电解质（SSE）的实际使用。尽管 SSE 有望提高电池整体性能，但在实际应用中仍有许多关键问题需要解决：

（1）低离子电导率，特别是在低温下离子电导率更低；

（2）电极-电解质、固-固界面的大界面电阻；

（3）与电极材料的电化学兼容性较差；

（4）电极的物理稳定性下降导致界面应力变化较大。

3.5.1 锂离子的输运机理

在 SSE 中，人们普遍认为离子导电是通过在电场作用下，在非晶态聚合物链高于玻璃化转变温度（T_g）的分段运动的帮助下，离子从一个配位点跳到另一个配位点来实现的。因此，SSE 的离子电导率与结晶度密切相关。对于晶体无机材料，锂离子的输运是通过缺陷位点实现的，缺陷位点的浓度和分布会影响离子的扩散。基于肖特基和弗伦克尔点缺陷的离子扩散机制可分为两类：空位介导机制（包括空位和双空位机制）和非空位介导机制（包括间隙机制、间隙-取代交换机制和聚集机制）。其中空位介导机制比非空位介导机制需要更大的活化能。对于玻璃状无机材料的离子传输，它与晶体结构的离子传输非常相似。宏观尺度的离子输运是通过激发离子从局域位向相邻位移动来实现的。

与使用固-液界面的锂离子电池不同，ASSLMB 电池的电化学反应是通过固-固电解质-电极界面进行的。锂离子通过电解质相互连接的区域从电解质扩散到电极，在接触的电解质-电极界面发生与活性物质和电子的氧化还原反应。因此，在电池中始终保持有效的固-固电解质-电极界面是保证电荷转移反应稳定进行的关键。空间电荷层是块体性质与相邻相之间的天然桥梁，常用于解释非均相体系的电导率。氧化物阴极材料通常是高离子电导率的混合导体，而硫化物电解质是单一的锂离子导体。当氧化物阴极材料与硫化物固体电解质接触时，由于其巨大的电化学电位差，锂离子很容易从硫化物电解质转移到氧化物电极。当锂离子继续向阴极一侧移动时，阴极一侧的空间电荷层会被电子传导所缓解，导致空间层进一步扩大。因此，在电解质-阴极界面处形成了较大的界面电阻。对于锂金属阳极与电解质的界面，产生固体电解质界面层（SEI）的副反应也会增加界面电阻，而只有少数的 SSE 对高活性锂金属负极表现出良好的稳定性。

此外，与液体电解质不同，SSE（尤其是无机固体电解质）与电极的接触较差。而且，反复充放电过程中正极材料和负极材料的体积变化会导致电极与 SSE 失去有效接触，限制了锂离子在界面区域的传导和电池后续的循环性能。此外，需要注意的是，在电解质-电极界面形成的元件互扩散层在循环后产生的电阻也会恶化界面稳定性。因为基于氧化物的固体电解质在物理上是不可弯曲的，电池制造过程通常需要额外的加热步骤来改善电极和电解质之间的附着力。因此，在固-固界面处出现单元相互扩散区域，必然形成显著的界面电阻。

3.5.2 固体电解质-电极界面改进

界面电阻主要是由于空间电荷效应引起的固态电解质与电极的不相容、化学和电化学的不稳定性及相互扩散等原因造成的。在电极微粒上加入离子导体和电子绝缘缓冲层是减少不相容的有效途径，如采用 $Li_4Ti_5O_{12}$(LTO)、$LiNbO_3$ 和 Al_2O_3 等缓冲薄膜作为 LCO 的涂层，通过减弱空间电荷效应来降低与硫化物电解质的界面阻抗。此外，在外加电位作用下，复合材料对电极材料的电化学稳定性是影响复合材料性能的关键因素。Kitaura 等人发现在热压过程中 LCO 与 $80Li_2S·20P_2S_5$ 玻璃固体电解质发生反应，会降低电池性能，而在 LCO 粒子上覆盖 $LiNbO_3$ 缓冲层可以提高电解质与电极的电化学稳定性。为了提高界面的稳定性，引入 SEI 的电子绝缘层和离子导电层也是一种有效的方法。Goodenough 等人表明，在 $LiZr_2(PO_4)_3$ 与锂金属接触的固体电解质中可以形成由 Li_3P 和 Li_8ZrO_6 组成的离子导电钝化层。基于这种 NiS-$80Li_2S·20P_2S_5$ 纳米复合材料获得的 ASSLB 在 1.3mA/cm^2 时显示出 770mA·h/g 的较大初始放电容量和较好的循环性能，50 次循环时，容量为 360mA·h/g，相比传统手工混合方法制备的电极具有更好的循环性能。Tatsumisago 小组报道，在 LTO 活性材料颗粒上涂覆软化的 $80Li_2S·20P_2S_5$ 玻璃电解质，以增加活性材料和固体电解质的接触面积。控制加热温度在电解质的玻璃化转变温度附近，然后冷却至室温，将电解质黏附到活性电极材料上，实现了有利的电解质-电极接触。

通过电极和电解质的纳米复合材料来增加电极与电解质的接触面积是一种常用的有效方法，使用的技术包括球磨、脉冲激光沉积（PLD）和软化玻璃电解质。Hayashi 等人报道了利用化学球团法制备电极-电解质纳米复合材料后，电极与电解质之间的固-固界面接触面积显著提高。

界面改性也是增加电解液与电极有效接触面积的常用方法。Tatsumisago 的研究组报告说，在锂金属和真空蒸发制备的 $Li_2S-P_2S_5$ SEI 之间插入金薄膜可以改善电解质-电极界面，促进稳定的锂溶解和沉积反应，实现了高达40%的锂金属电极利用率。值得注意的是，石榴石型LLZO SSE具有较高的离子导电性（在室温下10^{-4}～10^{-3}S/m），是很有希望的电解质候选者。然而，电解液-电极界面接触不良会导致界面电阻过高和电流分布不均匀。马里兰大学的Hu研究组进行了大量的研究来降低石榴石电解质和锂金属阳极之间的界面电阻。2016年，他们报道了通过原子层沉积在石榴石状$Li_7La_{2.75}Ca_{0.25}Zr_{1.75}Nb_{0.25}O_{12}$上引入超薄$Al_2O_3$涂层可以显著提高石榴石型SSE对锂金属阳极的润湿性和稳定性，显示出界面阻抗从1710Ω·cm^2显著降低到1Ω·cm^2的令人兴奋的结果。他们的工作解决了石榴石SSE与锂金属阳极之间高界面电阻的主要挑战，因此是开发高能量密度和安全ASSLB的重大突破。随后，氧化锌、非晶硅、聚合物层、锗和铝等各种界面层也被证明具有增加小分子电解质的润湿性和降低石榴石电解质与锂金属阳极之间界面电阻的能力。

在锂化—脱锂循环过程中，由于较大电极体积变化而导致的较大界面应力变化也是一个严重的问题。引入能够与电极接触的界面层是一种有用的方法。Yamamoto等人报道了脱锂过程中界面处的应力可以通过在LCO电极-固体电解质界面处引入NbO_2层来有效地减弱。最近，Cui的研究小组构建了一种可流动的界面层，该界面层能够适应界面波动，并确保电解液和电极的有效和紧密接触，从而实现电极和电解液之间的适形和连续离子接触。Hu等人提出了一种自立式锂金属阳极，使用3D多孔$Li_7La_3Zr_2O_{12}$（LLZO）SSE作为锂金属阳极的主体基体，能够在锂离子剥离过程中保持良好的电池循环稳定性。化学元素在SSE和电极界面的迁移也是决定合成ASSLMB电化学性能的关键因素。Brazier等人首次采用X射线原位透射电子显微镜（TEM）观察重元素在SSE-LCO界面上的扩散。为了解决发生在电解质-电极界面上的元素相互扩散问题，研究人员建议进行界面修饰。Sakuda等人证明，LCO颗粒上的Li_2SiO_3涂层抑制了LCO和硫化物电解质之间的元素相互扩散。使用Li_2SiO_3涂层LCO的ASSLB可以在40mA/cm^2的高电流密度下可逆充电和放电。Kato等人在LLZO和LCO之间引入了一层薄的铌层（约10nm），显示出明显抑制相互扩散的作用。铌中间层显著提高了电池的放电容量和倍率容量。

3.5.3 基于锂金属负极的全固态电池

近年来，锂金属作为负极的研究又重新活跃起来。锂金属具有较高的理论比容量（3860mA·h/g）、较低的负电化学电位（-3.040V相较SHE）和较低的密度（0.59g/cm^3），是下一代高能量密度电池理想的负极候选材料。然而，锂金属基电池有几个阻碍其应用的挑战。例如，锂金属倾向于以锂枝晶形式不均匀地沉积，这可能穿透隔膜，导致电池热失控和爆炸。同时，在反复沉积和溶解循环过程中，锂金属阳极的体积变化较大，会导致SEI层出现裂纹，裂纹处的锂离子输运能垒较低，导致锂离子通量增强，加剧了锂的非均匀沉积。在连续循环之后，重复的镀锂和剥离工艺会产生多孔的锂电极和大量的死锂。SSE可以提供直接的物理障碍来抑制锂枝晶的传播，是解决这些问题的有效方法。Monroe和Newman指出，固体电解质的剪切模量应该至少是金属锂（约4.2GPa）的两倍，可抑制枝晶生长。

固体聚合物电解质（SPE）在电池应用中的主要挑战是它们在室温下相对有限的离子电导率、低电压窗口和工作温度狭窄。交联是改善PEO基电解质的离子导电性和机械强度的一种有效方法。硼基单离子导电的PEO基聚合物电解质膜（S-BSM）也被报道用于

构建 ASSLMB。锂离子和硼原子之间的弱结合有助于提高的锂离子迁移率，并且 S-BSM 的锂离子传递数（LTN）接近于 1。所制备的 Li|S-BSM|LFP ASSLMB 电池表现出优异的循环性能，放电容量超过 100mA·h/g，即使在低于 PEO 熔点 50℃的温度下也具有良好的电化学循环稳定性。他们的发展是未来构建在环境温度下工作的 ASSLMB 的重要一步。

为了提高 SPE 的机械强度和电化学性能，加入无机填料构建 SPE 是最常用的方法。Xu 的团队报道了一种简易且通用的构造策略，通过在阴极层和电解质与阳极的界面处使用有黏合性和高导电性的聚氧乙烯（PEO）基氯化聚乙烯（CPE），在阴极中制造离子导电网络并改善电解质与电极的界面接触，从而在阴极层中实现 3D 离子导电网络，电解质与电极的界面接触更佳。所得 Li|LFP ASSLMB具有超长的循环寿命和高容量，在 1C 和 60℃下循环 1000 次后，可逆放电容量为 127.8mA·h/g。然而，基于 PEO 的 SPE 由于电化学稳定性较低，不能与高电压的锂离子插层阴极材料（如 LCO）一起使用。在 SPE 中添加陶瓷纳米填料可以有效地提高稳定性。Shen 的团队报道了用于 Li|LCO ASSLMB的高性能柔性 PVDF/Ta-LLZO CPE。这些电池表现出 150mA·h/g 的高室温放电容量，即使在 0.4C 下循环 120 次后，也能检测到高达 98%的容量保持率。该 CPE 具有良好的电化学性能，在 ASSLMB 中具有广阔的应用前景。

无机化合物也应用在 ASSLMB 中。Lee 的团队报告称，可弯曲无机锂镍电池表现出出色的电池性能。4 年后，Goodenough 的团队报道了一种新型的掺氟反钙钛矿型锂离子导体 $Li_2(OH)X$（X=Cl，Br），具有高达 9V 的优异电化学稳定窗口和优异的 Li^+导电性。基于这种材料，所获得的 Li|LFP ASSLMB 在 0.2C 和 65℃下显示出 125mA·h/g 的初始放电容量，并具有超过 40 次的循环寿命。他们还报道了一种稳定的菱形结构的 NASICON 型 $LiZr_2(PO_4)_3$ SSE，其整体离子电导率为 2×10^{-4}S/cm，电化学稳定性窗口相对于 Li^+/Li 高达 5.5V。锂与 $LiZr_2(PO_4)_3$ 反应形成的 Li_8ZrO_6 和 Li_3P 钝化层不仅被锂金属润湿，而且阻止了枝晶生长。因此，该 SSE 对锂金属阳极和 LFP 阴极都表现出较低的界面电阻。

使用硫化物固体电解质时，ASSLMB 也运行良好。2015 年，Xu 和同事报道了新的 $75Li_2S\cdot(25-x)P_2S_5\cdot xP_2O_5$ 电解质，他们发现，当 P_2O_5 取代量为 1%（摩尔分数）时，电解液的离子电导率可提高 56%，室温下电导率高达 8×10^{-4}S/cm。此外，所制备的 $75Li_2S\cdot24P_2S_5\cdot P_2O_5$ 电解质显示出良好的稳定性和与金属锂阳极的相容性，而所获得的 Li|$75Li_2S\cdot24P_2S_5\cdot P_2O_5$|LCO ASSLMB在 0.1C 下显示出 109mA·h/g 的放电容量和在室温下 30 次循环后 85.2%的容量保持率。其优异的电池性能可归因于其新的界面设计，使电解液与活性材料之间的接触界面更加紧密。Kanno 的研究小组报道了 $Li_{9.54}Si_{1.74}P_{1.44}S_{11.7}Cl_{0.3}$和 $Li_{9.6}P_3S_{12}$的超离子导体，证明 $Li_{9.54}Si_{1.74}P_{1.44}S_{11.7}Cl_{0.3}$具有 2.5×10^{-2} S/cm 的离子电导率，$Li_{9.6}P_3S_{12}$具有出色的高稳定性（约 0V 相对锂金属）。得到的LTO|$Li_{9.54}Si_{1.74}P_{1.44}S_{11.7}Cl_{0.3}$|LCO 在室温下，甚至在 100℃均表现出优良的倍率性能。特别是在 18C 的高电流密度下，ASSLB 可以在 100℃下表现出优异的循环性能，并且在 500 次循环后具有约 75%的容量保持率，而传统的液体电解质 LIB 由于液体电解质的热不稳定性不能在如此高的温度下操作。在室温下，电流密度为 0.045mA/cm^2 的条件下，Li|$Li_{9.6}P_3S_{12}$|LCO制备的 ASSLMB 的初始放电容量超过 100mA·h/g，库仑效率（*CE*）超过 95%。其中，$Li_{9.6}P_3S_{12}$的 *CE* 高达 90%，说明 $Li_{9.6}P_3S_{12}$与金属锂的结合相当稳定，在充电过程中几乎所有的锂离子都以锂原子的形式沉积。相比之下，原始 LGPS 的 *CE* 仅为 61%，这意味着由于界面反应产生了界

面层，消耗了大量的锂。

SSE 具有较宽的电化学窗口为开发高压阴极材料提供了可能。然而，高压阴极材料的实际运行电压通常高于常规碳酸盐基液体电解质（约 4.3V）的电化学稳定窗口，不可避免地导致电解质氧化分解。因此，使用液体电解质的电池经常观察到低 *CE* 和有限的循环寿命。另外，使用 SSE 可以从根本上避免安全隐患。2015 年，Dudney 等人报道了基于高压 $LiNi_{0.5}Mn_{1.504}$(LNM) 阴极 LiPON SSE 的薄膜型 ASSLMB，在 10000 次循环后仍能保持 90%的容量，在 5C 和室温下的 *CE* 高达 99.98%。然而，负极材料的负载量很低（约 0.5mg/cm²）。为满足实际应用的需要，迫切需要一种大容量固态高压电池。

虽然 SSE 的离子电导率最高已达 10^{-3}~10^{-2}S/cm，可与液体电解质相媲美，但电解质和电极之间的界面电阻高影响其作用。为了改善锂离子在电解质-电极界面上的转移，Van Den Broek 等人提出了构建多孔石榴石 LLZO 界面结构的新策略，制备了具有稳定电池循环性能的全陶瓷 Li|LLZO|LTO ASSLMB。他们的工作首次证明了基于 LLZO 的 ASSLMB 即使在低电位和陶瓷负极材料下也可以实现可逆循环。Zhou 等人构建了一种聚合物/陶瓷膜/聚合物夹层电解质，以提高锂金属负极的 LLZO 陶瓷球团的润湿性。所获得的具有聚合物中间层的 Li|LFP ASSLMB 即使在 65℃和 0.2C 下 100 次循环后仍显示出 130mA·h/g 的稳定放电比容量。共烧结电解质和电极可获得低界面电阻，正如 Ohta 等人所指出的他们通过共烧结技术成功地制备了 Li|LLZO|LCO ASSLMB，显示出 98mA·h/g 和 78mA·h/g 的充电和放电容量。他们的工作证明了用一种简单的共烧结方法构建 ASSLB 的可行性。Wang 的小组报道了全陶瓷 Li|LLZO|LCO ASSLMB，通过 $Li_{2.3}C_{0.7}B_{0.3}O_3$ 和 Li_2CO_3 的反应，通过正极和电解质的热焊接实现了低界面电阻。获得的电池具有良好的循环稳定性和倍率性能，是迄今为止全陶瓷 ASSLMB 电池的最佳性能。因此，他们的工作在开发 ASSLMB 方面取得了重大突破，展示了其在实际应用中的广阔前景。Guo 的小组还报道了在阴极中引入电解盐以降低电极-电解液界面电阻。在 0.05C 和 60℃下，基于石榴石 $Li_{6.20}Ga_{0.30}La_{2.95}Rb_{0.05}Zr_2O_{12}$(Ga-Rb-LLZO)获得的 Li|LFP ASSLMB 在第 20 个循环中表现出 152mA·h/g 的优异初始比容量和 72.3%的容量保持率。最近，Li 等人报道了 LLZO 固体电解质的碳后处理，它可以去除石榴石框架中的 Li_2CO_3 和质子，提高 LLZO 与锂金属的润湿性。在 100μA/cm² 和 65℃下循环 40 次后，所获得的基于这种石榴石的 Li|LFP ASSLMB 显示出 143mA·h/g 的初始比容量和 76.9%的容量保持率。

3.6 锂离子电池可持续回收技术

当前的商用锂离子电池（LIB）可以分为五种类型：$LiCoO_2$(LCO) 系列，$LiNi_xCo_yMn_zO_2$（NCM，$x+y+z=1$）系列，$LiNi_xCo_yAl_zO_2$（NCA，$x+y+z=1$）系列，$LiMn_2O_4$（LMO）系列和 $LiFePO_4$（LFP）系列。从循环寿命、成本、安全性、能量密度和电压平台等方面对它们的电化学性能进行对比分析，所有类型的 LIB 都有优点和局限性。在成本和安全性方面，LFP 和 LMO 电池优于 LCO。与其他类型的电池相比，NCM 和 NCA 电池在能量密度方面具有优势。然而，苛刻的生产工艺限制了 NCA 电池的发展。LMO 电池的低能量密度和高温性能导致其市场份额较低。因此，LFP 和 NCM 电池目前主导市场。由于其低成本、高安全性和长循环寿命，LFP 电池主要用于电动汽车和蓄电系统。NCM 电池因其高能量密度也被广泛用于电动汽车。由于正极的质量分数高和生产成本高，因此正极具有较高的回收价值。石墨负极的成本低于正极，但也占 LIB 的高质量分数。此外，负极在充放电后可能含有大量残留的锂。因此，研究人员也关注负极回收。然而，LIB 的其他成分，包括钢、塑料、隔膜和电解质，也需要处理和回收，因为它们有高回收价值和潜在的环境污染。用过的 LIB 因残留电荷、有毒有机电解质和有害重金属元素而构成潜在危险。据预测，到 2030 年，全球锂离子电池回收市场将达到 237.2 亿美元。用过的锂离子电池包含重金属元素，例如镍（Ni）和钴（Co），它们被归类为致癌和诱变材料，以及有毒有机电解质，会对人体健康和环境产生不利影响。作为合成锂离子电池正极材料的重要原材料，锂和钴的相对含量较低且价格较高，因此与其他金属相比，其需求量更大。大量电池即将退役，锂离子电池回收技术在未来电池的整体可持续性中发挥着重要作用。

大量已淘汰的 LIB 和生产 LIB 的原材料的可及性较低，这威胁到生产的可持续性并引起环境问题。已经提出了两种方法来处理已淘汰的电动汽车电池：能量存储系统（ESS）的利用和拆卸以回收活性成分。所选择的方法主要取决于报废电池的性能和状况及所选择方法的成本和收益。由于淘汰的电动汽车（EV）电池包含大量的充电容量，因此二次利用被认为是重用剩余容量并从淘汰的 EV 电池中获取更多价值的最有前途的解决方案。此外，二次使用减轻了大规模报废动力电池的需求，并减轻了电动汽车前期成本的压力。

回收过程的目标是最大程度地将废物转化为有用的材料，可将电池回收技术分为两类：材料修复和再生技术以及材料提取回收技术。

3.6.1 预处理

基于 LIB 的多种成分，必须进行预处理以剥去外壳并分离出各种有价值的内容物，以便方便地进行回收。但是，由于废旧 LIB 回收中存在潜在危害，包括电击、火灾、爆炸和化学危害，因此安全有效地分离组分是预处理过程的主要目标。因此，预处理包括灭活处理、拆卸和分离。

（1）灭活处理。为了最大程度地降低组件的高电压和高反应性带来的风险，首先引入了灭活处理，包括放电、液氮冷冻或在惰性气氛中处理电池。由于排放的不便和资源的消耗，后两种灭活处理方法被广泛用于工业规模的处理中。但是，这些方法忽略了存储和运输过程中的潜在危险。回收之前，应将已存储的用完的 LIB 完全放电，以释放所有存储的化学能，并使电池无反应。放电方法包括使用外部电阻器或将电池浸入盐电解质溶液中。

（2）拆卸和分离。拆卸和分离通常分为两种类型：手动预处理和机械预处理。在实验室研究中，小单电池的拆卸主要是通过简单的手动刀具进行的。为了安全起见，必须戴上安全眼镜、面罩和手套。拆卸后，可以分离不同的部件进行回收。通常，正极材料在人工拆卸后附着在铝箔上。正极材料与铝箔的分离以及有机黏合剂的去除在预处理过程中也很重要，这增加了回收过程的复杂性。常用的方法有溶剂溶解法、纳米溶解法、超声波辅助分离法和热处理法。手动拆卸过程可将杂质对所得材料的影响降至最低。然而，低加工产率使得这些方法不适合工业应用。

在工业上，机械预处理比手动拆卸更可取，尤其是当用于电动车辆的大型 LIB 组件需要拆卸成更小的模块或单个单元时。由于 LIB 种类繁多，初步分类可以减少不同成分的负面影响，并促进后续回收。分离方法包括化学法和物理法。由于铝箔、铜箔、钢、隔板、正极和负极的物理性质不同，它们很容易通过破碎和筛分进行分离，这是通过重力分离和浮选实现的。重力分离的原理是不同尺寸和密度的混合物在某些分离介质中有不同的运动。可以通过基于密度差异的重力分离方法，有效地通过筛分，对分离出的相同粒径和不同成分物料进行分类。低密度零件主要由隔板、塑料和铝箔组成。正极和负极可以通过基于润湿性差异的浮选工艺来分离，如石墨是疏水的，而阴极材料是亲水的。

3.6.2 晶体结构修复技术

晶体结构修复技术是一种无损修复技术，也称为直接再生，是指在不经过浸出处理的情况下，修复晶体结构，恢复材料的电化学活性。与材料提取回收技术相比，结构修复技术的主要优点是可以降低回收成本，最大限度地提高回收材料的价值，实现 LIB 电极材料的闭环。在正极材料的无损修复中，常用的方法包括热处理或锂化和热处理的结合。锂基正极材料失效的主要原因之一是多次循环过程中锂元素不足导致的不可逆相变。对于这种失效的 LIB，一些研究人员已经考虑通过不同的方法补充锂源来修复阴极材料。由于工业生产中产生的 LCO、LFP 和 NCM 废料的简单元素组成尚未用于装料，因此可以使用直接固态煅烧来修复这些废料粉末。研究表明，该方法可以修复晶体结构并促进良好的电化学性能。此外，还可利用水热反应补充锂源，并通过热处理再生成分复杂的 LCO 正极粒子。通过这种直接再生方法，在再生的正极材料中实现了更高的相纯度和更低的阳离子混合。这些改进提供了比原始材料更高的比容量、更好的循环稳定性和更高的倍率性能。

对于负极材料，循环后残留的受损石墨和 SEI 组件的分层结构使废旧石墨作为 LIB 的新负极材料的再生变得复杂。电池级石墨的纯度要求高于 99.9%，然而，Minor 等人成功地提出了一种方法，可以将用过的 LIB 中的阳极材料重新用作新的阳极。这些结果表明，与原始石墨阳极相比，回收的阳极材料具有同等的循环容量，并且其第一循环容量损失更低。该性能归因于在回收的碳中保留了锂嵌入。通过在空气中进行热处理并涂有热解碳来从报废的锂离子动力电池中再生阳极材料。热处理的目的是去除乙炔黑（AB）、丁苯橡胶（SBR）和羧甲基纤维素钠（CMC-Na）。将再生的阳极材料在 600℃ 热处理 1h，然后涂以质量分数为 6.885% 的热解碳，并且在 50 个循环后，其初始充电容量为 343.2 mA·h/g，容量保持率为 98.76%，满足重复使用的要求。

3.6.3 材料提取技术

3.6.3.1 火法冶金提取法

火法冶金工艺旨在通过高温下的物理或化学转化从废 LIB 中回收或提炼有价值的金属。早期的火法冶金工艺需要大约 1000℃ 的高温，常见的产品是钴基、铁基和镍基合金；然而，锂金属落入渣相中，必须进一步浸出和提取。目前的火法冶金技术包括两种类型：还原焙烧和盐焙烧。还原焙烧是指在真空或惰性气氛下将高价金属化合物转化为低价物质来分离和回收金属。废 LIB 的电极材料可转化为金属氧化物、纯金属和可溶性锂盐。将混合后的材料在氮气气氛下于 1000℃ 直接煅烧 30min，然后转化为 Li_2CO_3、钴和石墨。根据 Li_2CO_3 的微溶性和钴的铁磁性，可以通过湿式磁选法分离混合产物，并证实石墨粉在焙烧过程中起还原剂的作用。

为了进一步降低煅烧温度并提高回收率，研究人员使用了盐助熔剂来焙烧和回收用过的 LIB。盐焙烧，包括硫酸盐焙烧、氯化焙烧和苏打焙烧，已广泛用于矿石化石火法冶金中。其主要原理是通过在助熔剂的作用下焙烧金属氧化物，将金属氧化物转化为水溶性盐。硫酸盐焙烧法从废旧的 LIB 中回收锂和钴，将 LCO 和 $NaHSO_4·H_2O$ 的混合物在 600℃焙烧 0.5h，焙烧产品中的所有锂均以 $LiNa(SO_4)$ 的形式存在，而钴与 $NaHSO_4·H_2O$ 在 $NaHSO_4·H_2O$中的比例密切相关。随着 $NaHSO_4·H_2O$ 含量的增加，钴形成以下化合物：$LiCoO_2 \rightarrow Co_3O_4 \rightarrow Na_6Co(SO_4)_4 \rightarrow Na_2Co(SO_4)_2$。煅烧产物进一步分离并通过水浸和化学沉淀回收。在简单的盐焙烧作用下，可以在相对较低的温度下破坏阴极材料的结构。该过程显示出工业应用的巨大潜力。

3.6.3.2 浸出—再生

浸出—再生湿法冶金方法需要低温浸出和分离或再合成来回收用过的 LIB。该技术优势在于高回收效率、低能耗、有限的有害气体排放和高附加值产品。然而，这种方法操作程序复杂，后续需要处理废水。

浸出是用于将金属溶解到溶液中以进行进一步分离和再循环的常用程序。浸出过程可分为三类：酸浸、碱浸和生物浸出。酸浸法由于其高浸出效率和低成本，引起了人们的最大关注。无机强酸浸出剂，例如 HCl、H_2SO_4 和 HNO_3，几乎可以溶解所有金属，但会产生有毒气体和酸性废水。为了解决与无机酸浸出有关的环境问题，可采用相对较环保的有机酸浸出剂。与无机酸相比，有机酸由于具有生物相容性和可生物降解性，因此可减少废气排放，减轻对环境的不利影响。有机酸具有与无机酸相似的浸出效率，有机酸的浸出效率主要由它们的酸度决定，酸度由它们的酸离解常数（pK_a）和有机酸的官能团决定。此外，独特的螯合配位特性便于后续的循环过程。例如，有机酸如柠檬酸、苹果酸、乳酸和马来酸可用作浸出剂或螯合剂，从废 LIB 中再合成阴极材料。抗坏血酸可以作为浸出剂溶解金属，也可以作为还原剂还原高价金属。鉴于其相对较强的酸性和还原性，草酸也被用于浸出和回收废 LIB。由于草酸盐的溶解度不同，草酸锂可以溶解，而其他金属离子，如镍、钴和锰，可以作为沉淀物回收，实现选择性浸出。然而，在典型的浸出过程中，使用过量且高浓度的酸以确保高效率，这导致要处理大量的酸性废水。为了减少酸的用量，缩短回收过程，提高浸出效率，人们提出了新的方法，包括选择性浸出、机械化学方法、超声波处理和电化学方法，以回收废旧的 LIB。常用的选择性浸出试剂包括草酸、磷酸、硫酸和乙酸，它们已被用于回收废 LCO 和 LFP 中的锂。

碱浸机理是基于铵离子和金属离子之间的螯合，而不是所有的氨络合物都可溶于水，所以碱浸不能将所有金属溶解到溶液中。目前提出的碱浸工艺包括氨（NH_3）、碳酸铵（$(NH_4)_2CO_3$），硫酸铵（$(NH_4)_2SO_4$）和氯化铵（NH_4Cl）。除了直接酸浸法，生物浸法还可以通过微生物代谢产生酸，从而将不溶性金属氧化物转化为可溶性金属离子。一些细菌具有产生无机酸的能力，而某些真菌代谢产物可以产生有机酸以促进淋溶过程。例如，嗜酸性氧化硫硫杆菌可利用元素硫和 Fe^{2+} 作为能源来生产。真菌黑曲霉可以通过生产有机酸（包括草酸、柠檬酸、酒石酸和苹果酸）来溶解废旧 LIB 中的金属。尽管生物浸出在节能环保方面具有相当大的优势，与直接酸浸相比，较低的浸出效率和缓慢的微生物培养限制了其工业应用。

3.6.3.3 纯化和分离

在锂离子电池的制造过程中，以及在回收锂离子电池的预处理和浸出过程中，阴极材料中可能存在铝、铜和铁等杂质。因此，有必要对浸出液进行净化，以提高回收产品的纯度。这种杂质通常通过化学沉淀来去除，化学沉淀是基于金属化合物在特定溶液酸碱度下的不同溶解度。金属离子杂质通常在相对较低的酸碱度下沉淀，而过渡金属在高酸碱度下沉淀。一种合理的方法是首先去除杂质，以避免污染后续的目标金属回收过程。此外，因为再合成的阴极材料对杂质金属敏感，所以通常使用溶剂萃取来除去杂质并获得令人满意的纯度。溶剂萃取的机理是金属或金属化合物在两相体系（通常是有机相和水相）中的不同溶解度。

净化后，NCM 垃圾渗滤液中的金属离子为锂、氮、氧和锰，LFP 垃圾渗滤液中含有锂、氟和磷。为了获得纯金属或金属化合物，通过化学沉淀和溶剂萃取分离金属离子。至于化学沉淀，基于 Li^+和过渡金属离子的不同物理性质，首先沉淀过渡金属离子，然后是 Li^+。为了沉淀过渡金属离子，最常用的沉淀剂是氢氧化钠（NaOH）、草酸（$H_2C_2O_4$）、草酸铵（$(NH_4)_2C_2O_4$）、硫化钠（Na_2S）和碳酸钠（Na_2CO_3），以形成不溶性沉淀物，如过渡金属氢氧化物、草酸盐、硫化物或碳酸盐。然后，将碳酸钠、磷酸和磷酸钠用作 Li^+ 的沉淀剂，形成碳酸锂、磷酸盐或氟化物。然而，由于过渡金属离子的化学性质相似，很难通过普通沉淀从浸出液中依次分离它们，并避免形成共沉淀物。为了解决这个问题，一种方法是选择性沉淀。例如，Co^{2+}可被氧化成 Co^{3+}并通过与次氯酸钠（NaClO）的氧化沉淀反应选择性地沉淀为 $Co_2O_3 \cdot H_2O$。此外，Mn^{2+}可被氧化成 Mn^{4+}并通过与高锰酸钾（$KMnO_4$）的氧化还原反应选择性地沉淀为 MnO_2。这些方法可由 E-pH 图中 Ni^{2+}和 Co_2O_3 的稳定区域之间的重叠来解释，该区域可能随着温度的变化而变化。此外，Ni^{2+}可以选择性地沉淀为丁二酮肟镍螯合物，并与丁二酮肟试剂（DMG，$C_4H_8N_2O_2$）一并从镍、钴和锰的混合浸出液中分离出来。

另一种方法是通过逐步溶剂萃取分离金属离子。基于过渡金属离子在水相和有机相中溶解度的差异，大多数研究都集中在过渡金属离子的提取上。钴/锰/镍常用的溶剂萃取剂是 2-乙基己基磷酸单-2-乙基己基酯（PC-88A）、双（2,4,4-三甲基戊基）次膦酸（Cyanex 272）和二（2-乙基己基）磷酸（D2EHPA）。最常用的剥离试剂是 H_2SO_4。然而，锂离子的独特化学性质使其难以实现溶剂萃取。更重要的是，萃取剂可以在不同添加剂存在下或在不同萃取条件下萃取不同物质。此外，萃取条件，包括平衡 pH 值、萃取剂浓度、有机/水比（O/A）、温度、时间和萃取系统等可能会影响萃取效率。多种萃取剂的组合可通过协同作用提高复杂渗滤液系统的选择性和萃取效率。对于复杂系统，需要多个萃取阶段和汽提阶段来分离具有相似化学性质的过渡金属离子。除了常规的化学沉淀和溶剂萃取方法外，其他方法（包括吸附、离子交换和电沉积）也已用于金属萃取分离。锂的理想吸附剂是源自尖晶石锂锰氧化物的锰氧化物，可通过酸处理和表面涂层对其进行改性以提高吸附能力。近来，有人提出了中海绵 γ-Al_2O_3 整体材料作为一种吸收剂，即使在大约 3.05×10^{-8}mol/L 的低浓度水平下，也可以检测并选择性地提取和回收 Co^{2+}。对于用过的 LIB，吸附容量可以达到 196mg/g Co^{2+}离子。吸附剂也可以用 HCl 进行再生，以完全释放和回收吸收的 Co^{2+}。电沉积是指金属在渗滤液中的电化学沉积，它依赖于两个电极提供的额外能量来引发氧化还原反应。然而，由于电能的高消耗，电沉积没有广泛用于回收用过的 LIB。

3.6.3.4 再合成

与基于分离的方法回收废锂离子电池中的金属相比，材料的再合成被认为是一种更有效的回收方法，可以避免复杂的分离过程，最大限度地回收阴极材料，实现锂离子电池的回收。更重要的是，这种闭环回收方法可以通过生产高附加值产品来降低 LIB 的能耗和生产成本。

有损浸出—再生是指通过溶胶-凝胶或共沉淀法从浸出液中再合成阴极材料。主要问题是选择这两种再合成方法中最合适的一种。由于浸出效率高，最常用的浸出剂是有机酸和无机酸。对于有机酸浸出溶液，再生阴极材料的最佳方法是溶胶-凝胶法，因为有机酸也可以作为螯合剂，而不仅仅是浸出剂，特别是柠檬酸、乳酸和苹果酸。然而，有机酸的络合作用可能改变金属离子的沉淀性质，使它们难以在该体系中沉淀。因此，很少有研究集中于通过共沉淀法从有机酸浸出体系中再生阴极材料。此外，溶胶-凝胶法可以均匀混合所有金属离子，包括 LIB 中的锂离子。对于非有机酸浸出溶液，溶胶-凝胶法和共沉淀法均可用于再生阴极材料。但是，通过溶胶-凝胶法进行再合成需要额外的螯合剂，这使其不适用于大规模应用。共沉淀法已在工业中被广泛使用，因为它允许在分子水平上均匀混合和共沉淀多种过渡金属离子。共沉淀后，需要通过连续浓缩和沉淀分别回收溶液中残留的 Li^+，这基于锂和过渡金属的不同化学性质。因此，共沉淀方法不适用于回收包含两种主要金属（如 LCO、LMO 和 LFP 电池）的 LIB。NCM 浸出溶液的共沉淀通常在氢氧化物或碳酸盐体系中进行，pH 值稳定在 8～11，过渡金属离子浓度高（2mol/L）。因此，可以通过蒸发浓缩低浓度的过渡金属浸出溶液。此外，由于铜对锰位点的占据和镁对钴位点的掺杂，痕量的铜（2.5%）和镁杂质可改善电化学性能，导致锂插入过程中晶格参数略有变化。

除正极材料外，许多研究人员还研究了其他高附加值产品的合成，例如金属有机骨架（MOF）、Co_3O_4 催化剂和铁氧体前驱体（$CoFe_2O_4$）。金属有机骨架（MOF）是一类独特的多孔晶体材料，由金属离子和有机配体合成而成。MOF 引起了广泛的兴趣，并在催化、气体存储、气体分离、传感、污染物控制和电子设备中显示出巨大的潜力。通过在有机溶剂（DMF）中使用 1，3，5-苯三膦酸（BTP）作为有机配体，80%的锰在 150℃下 2 天选择性沉淀为 Mn-MOF，仅留下钴和镍的溶液。这项工作为回收废旧 LIB 中的金属提供了新的策略。

3.6.4 负极材料和电解质的回收

3.6.4.1 负极材料的回收

考虑到废 LIB 数量的快速增长，负极材料的回收具有可观的经济效益，并可能减少潜在的环境污染。废负极的主要有价值成分是铜箔、石墨碳材料和锂残留物，它们来自充电和放电过程及由 Li_2O、$ROCO_2Li$、LiF、Li_2CO_3 和 CH_3OLi 组成的阳极上稳定的 SEI 层。由于石墨碳颗粒与铜箔之间的结合力低，铜箔很容易通过破碎、筛分和其他机械分离工艺等物理方法从负极分离和回收。用 HCl 进行酸浸，可从废 LIB 的阳极回收锂。在去离子水中可实现 84%的高浸出效率，而在 80℃下使用 3mol/L HCl 酸浸 90min 时，可实现质量分数为 99.4%的锂的最高浸出回收率。这些结果归因于 Li_2O、$ROCO_2Li$ 和 CH_3OLi 是水溶性的，而其他材料几乎不溶于水。

废石墨在酸浸后保留了其原有的特性和结构，具有更好的晶体结构。由于碳材料的导电性、吸附性和其他物理化学特性，废负极材料可进行改性以用于许多领域，包括吸附剂、催化剂、超级电容器和高价值石墨烯。如 MnO_2 改性的石墨吸附剂可通过羟基离子交换获得金属。

3.6.4.2　电解质的回收

大多数研究都集中在正极和负极材料的回收利用上，而忽略了电解液的回收利用。电解质是锂的另一重要来源，由有机溶剂和有毒的锂盐组成，这些有机盐和锂盐构成环境风险，需要适当处理。老化的电解质不仅以液体形式存在于电池中，而且在循环过程中会渗透并固定在电极上，从而使其难以提取和收集。电解质成分的物理和化学特性（包括挥发性、易燃性和毒性）使回收过程复杂化。尽管有这些困难，电解质的再循环在工业和实验室方面也都取得了一些进展。

萃取是从用过的 LIB 中回收电解质的最有前途的方法之一。电解质再循环的第一种方法是用有机溶剂萃取，几种有机溶剂已被用于提取废电解质。但是，与有机溶剂萃取相比，超临界 CO_2 萃取避免了将杂质引入电解质和有害排放物，并简化了萃取产物的分离，以供再次使用。重要的是，CO_2 的超临界操作相对温和，因此适合于在萃取液或萃余相中萃取热敏性物质，例如 $LiPF_6$。溶剂的添加改善了电解质的提取，特别是锂导电盐 $LiPF_6$ 的提取。

为了实现闭环 LIB 电解质的再循环，科学人员开发了一种基于超临界 CO_2 萃取，树脂、分子筛纯化和成分补充的 LIB 电解质再循环方法。在电解质提取物中检测到的四种主要有机成分中，线性碳酸盐、碳酸甲乙酯（EMC）和 DEC 的提取率高于环状碳酸盐 VC 和 EC 的提取率，这可能是由极性理论解释的。由于电解质特性对氢氟酸（HF）和水的敏感性，必须连续通过阴离子交换树脂和分子筛对提取的电解质进行纯化，以使 HF 和水的含量达到中国化学工业标准。添加补充成分后，回收的电解质在 20℃ 时具有 0.19mS/cm 的高离子电导率，并且通过在 $Li/LiCoO_2$ 半电池中使用证实了其应用潜力，该电池的初始放电容量为 115mA·h/g，在 0.2C 下循环 100 次后容量保持率达 66%。

在设计阶段，必须考虑适合未来电池开发项目的回收方法和过程。类似于 LIB，下一代电池应进行放电、自动拆卸、粉碎和筛分，以分离正极材料、负极材料和集电器。在预处理过程中，快速、有效和安全的拆卸是回收过程需要解决的主要任务。因此，未来的电池组装设计应考虑拆卸问题。

下一代电池和当前 LIB 电池的主要区别在于所用电池的成分，包括阴极、阳极和电解质成分。然而，用于可充电电池的材料是由金属或非金属组成的简单物质或化合物。湿法冶金可以用来回收电池材料中有价值的金属元素。对于功能性材料（即导电性和吸附性），应根据其功能考虑材料的回收。一些修复方法，包括热、水热和超声波处理，可以用来修复晶体材料的表面损伤。有机电解质可通过超临界流体提取，或根据熔点通过蒸发和冷凝回收。用作黏合剂和电解质的有机溶剂应该是环境友好的，并且容易降解或回收。与液体有机电解质相比，固体电解质更容易处理和回收。

建立全面的电池回收可追溯性管理平台至关重要。通过收集有关生产、销售、使用、报废和回收的电池全生命周期信息，可以实时监视每个链接以履行其回收责任并组织电池回收。这些数据可以用作二次使用的废弃电池评估和回收技术评估的基础。但是，很难实现对废电池数据的全面收集。政府、企业和个人应致力于建立完整、清晰的综合利用产业和网络链，以进行充电电池回收。同时，政府应制定电池回收领域的相关标准和规范，例如电池管理标准的信息可追溯性；电池拆卸、分类、标签、存储和信息输入的技术标准；废电池剩余能量检测和剩余价值评估标准。

复习思考题

3-1　锂离子电池的优势是什么？限制其发展的主要因素有哪些？

3-2　简述锂离子电池的工作原理。

3-3　锂离子电池的性能评价指标有哪些？

3-4　橄榄石结构的 $LiMPO_4$ 与层状结构的 $LiMO_2$（M 指金属）相比，具有哪些优势？

3-5　简述锂离子电池的回收技术及其应用。

参考文献

[1] Macglashan G S, Andreev Y G, Bruce P G. Structure of the polymer electrolyte poly (ethylene oxide) 6: $LiAsF_6$ [J]. Nature, 1999, 398 (6730): 792~794.

[2] Nan C W, Fan L Z, Lin Y H, et al. Enhanced ionic conductivity of polymer electrolytes containing nanocomposite SiO_2 particles [J]. Physical Review Letters, 2003, 91 (26): 266104.

[3] Whittingham M S. Lithium batteries and cathode materials [J]. Chemical Reviews, 2004, 104 (10): 4271~4301.

[4] Maier J. Nanoionics: ion transport and electrochemical storage in confined systems [J]. Nature Materials, 2005, 4 (11): 805~815.

[5] Ogasawara T, Debart A, Holzapfel M, et al. Rechargeable Li_2O_2 electrode for lithium batteries [J]. Journal of the American Chemical Society, 2006, 128 (4): 1390~1393.

[6] Ohta N, Takada K, Zhang L, et al. Enhancement of the high-rate capability of solid-state lithium batteries by nanoscale interfacial modification [J]. Advanced Materials, 2006, 18 (17): 2226.

[7] Murugan R, Thangadurai V, Weppner W. Fast lithium ion conduction in garnet-type $Li_7La_3Zr_2O_{12}$ [J]. Angewandte Chemie-International Edition, 2007, 46 (41): 7778~7781.

[8] Brazier A, Dupont L, Dantras-Laffont L, et al. First cross-section observation of an all solid-state lithium-ion "Nanobattery" by transmission electron microscopy [J]. Chemistry of Materials, 2008, 20 (6): 2352~2359.

[9] Ji X, Lee K T, Nazar L F. A highly ordered nanostructured carbon-sulphur cathode for lithium-sulphur batteries [J]. Nature Materials, 2009, 8 (6): 500~506.

[10] Hassoun J, Scrosati B. Moving to a solid-state configuration: A valid approach to making lithium-sulfur batteries viable for practical applications [J]. Advanced Materials, 2010, 22 (45): 5198.

[11] Sakuda A, Hayashi A, Tatsumisago M. Intefacial observation between $LiCoO_2$ electrode and $Li_2S-P_2S_5$ solid electrolytes of all-solid-state lithium secondary batteries using transmission electron microscopy [J]. Chemistry of Materials, 2010, 22 (3): 949~956.

[12] Yamamoto K, Iriyama Y, Asaka T, et al. Dynamic visualization of the electric potential in an all-solid-state rechargeable lithium battery [J]. Angewandte Chemie-International Edition, 2010, 49 (26):

4414~4417.

[13] Kamaya N, Homma K, Yamakawa Y, et al. A lithium superionic conductor [J]. Nature Materials, 2011, 10 (9): 682~686.

[14] Kitaura H, Zhou H. Electrochemical performance and reaction mechanism of all-solid-state lithium-air batteries composed of lithium, $Li_{1+x}Al_yGe_{2-y}(PO_4)(3)$ solid electrolyte and carbon nanotube air electrode [J]. Energy & Environmental Science, 2012, 5 (10): 9077~9084.

[15] Kitaura H, Zhou H. Electrochemical performance of solid-state lithium-air batteries using carbon nanotube catalyst in the air electrode [J]. Advanced Energy Materials, 2012, 2 (7): 889~894.

[16] Koo M, Park K-I, Lee S H, et al. Bendable inorganic thin-film battery for fully flexible electronic systems [J]. Nano Letters, 2012, 12 (9): 4810~4816.

[17] Bouchet R, Maria S, Meziane R, et al. Single-ion BAB triblock copolymers as highly efficient electrolytes for lithium-metal batteries [J]. Nature Materials, 2013, 12 (5): 452~457.

[18] Haruyama J, Sodeyama K, Han L, et al. Space-charge layer effect at interface between oxide cathode and sulfide electrolyte in all-solid-state lithium-ion battery [J]. Chemistry of Materials, 2014, 26 (14): 4248~4255.

[19] Khurana R, Schaefer J L, Archer L A, et al. Suppression of lithium dendrite growth using cross-linked polyethylene/poly (ethylene oxide) electrolytes: A new approach for practical lithium - metal polymer batteries [J]. Journal of the American Chemical Society, 2014, 136 (20): 7395~7402.

[20] Seino Y, Ota T, Takada K, et al. A sulphide lithium super ion conductor is superior to liquid ion conductors for use in rechargeable batteries [J]. Energy & Environmental Science, 2014, 7 (2): 627~631.

[21] Zhu Z, Hong M, Guo D, et al. All-solid-state lithium organic battery with composite polymer electrolyte and pillar 5 quinone cathode [J]. Journal of the American Chemical Society, 2014, 136 (47): 16461~16464.

[22] Han F, Gao T, Zhu Y, et al. A battery made from a single material [J]. Advanced Materials, 2015, 27 (23): 3473~3483.

[23] Ren Y, Shen Y, Lin Y, et al. Direct observation of lithium dendrites inside garnet-type lithium-ion solid electrolyte [J]. Electrochemistry Communications, 2015, 57: 27~30.

[24] Wang Y, Richards W D, Ong S P, et al. Design principles for solid-state lithium superionic conductors [J]. Nature Materials, 2015, 14 (10): 1026.

[25] Yamada T, Ito S, Omoda R, et al. All solid-state lithium-sulfur battery using a glass-type $P_2S_5-Li_2S$ electrolyte: Benefits on anode kinetics [J]. Journal of the Electrochemical Society, 2015, 162 (4): A646~A651.

[26] Zhang J, Zhao J, Yue L, et al. Safety-reinforced poly (propylene carbonate)-based all-solid-state polymer electrolyte for ambient-temperature solid polymer lithium batteries [J]. Advanced Energy Materials, 2015, 5 (24): 1501082.

[27] Chen Z, Hsu P C, Lopez J, et al. Fast and reversible thermoresponsive polymer switching materials for safer batteries [J]. Nature Energy, 2016: 115009.

[28] Kato Y, Hori S, Saito T, et al. High-power all-solid-state batteries using sulfide superionic conductors [J]. Nature Energy, 2016: 116030.

[29] Lim J, Li Y, Alsem D H, et al. Origin and hysteresis of lithium compositional spatiodynamics within battery primary particles [J]. Science, 2016, 353 (6299): 566~571.

[30] Liu W, Lin D, Sun J, et al. Improved lithium ionic conductivity in composite polymer electrolytes with oxide-ion conducting nanowires [J]. Acs Nano, 2016, 10 (12): 11407~11413.

[31] Luo W, Gong Y, Zhu Y, et al. Transition from superlithiophobicity to superlithiophilicity of garnet solid-state electrolyte [J]. Journal of the American Chemical Society, 2016, 138 (37): 12258~12262.

[32] Ma Q, Zhang H, Zhou C, et al. Single lithium-ion conducting polymer electrolytes based on a super-delocalized polyanion [J]. Angewandte Chemie-International Edition, 2016, 55 (7): 2521~2525.

[33] Richards W D, Miara L J, Wang Y, et al. Interface stability in solid-state batteries [J]. Chemistry of Materials, 2016, 28 (1): 266~273.

[34] Van Den Broek J, Afyon S, Rupp J L M. Interface-engineered all-solid-state Li-ion batteries based on garnet-type fast Li^+ conductors [J]. Advanced Energy Materials, 2016, 6 (19): 1600736.

[35] Han X, Gong Y, Fu K, et al. Negating interfacial impedance in garnet-based solid-state Li metal batteries [J]. Nature Materials, 2017, 16 (5): 572.

[36] Li Y, Li Y, Pei A, et al. Atomic structure of sensitive battery materials and interfaces revealed by cryo-electron microscopy [J]. Science, 2017, 358 (6362): 506~510.

[37] Lin D, Liu Y, Cui Y. Reviving the lithium metal anode for high-energy batteries [J]. Nature Nanotechnology, 2017, 12 (3): 194~206.

[38] Liu W, Lee S W, Lin D, et al. Enhancing ionic conductivity in composite polymer electrolytes with well-aligned ceramic nanowires [J]. Nature Energy, 2017, 2 (5): 17035.

[39] Luo W, Gong Y, Zhu Y, et al. Reducing interfacial resistance between garnet-structured solid-state electrolyte and Li-metal anode by a germanium layer [J]. Advanced Materials, 2017, 29 (22): 1606042.

[40] Manthiram A, Yu X, Wang S. Lithium battery chemistries enabled by solid-state electrolytes [J]. Nature Reviews Materials, 2017, 2 (4): 16103.

[41] Tu H, Liu Y, Marjanovic M, et al. Concurrence of extracellular vesicle enrichment and metabolic switch visualized label-free in the tumor microenvironment [J]. Science Advances, 2017, 3 (1): 1600675.

[42] Xu R C, Xia X H, Wang X L, et al. Tailored $Li_2S-P_2S_5$ glass-ceramic electrolyte by MoS_2 doping, possessing high ionic conductivity for all-solid-state lithium-sulfur batteries [J]. Journal of Materials Chemistry A, 2017, 5 (6): 2829~2834.

[43] Yao X, Huang N, Han F, et al. High-performance all-solid-state lithium-sulfur batteries enabled by amorphous sulfur-coated reduced graphene oxide cathodes [J]. Advanced Energy Materials, 2017, 7 (17): 1602923.

[44] Zhai H, Xu P, Ning M, et al. A flexible solid composite electrolyte with vertically aligned and connected ion-conducting nanoparticles for lithium batteries [J]. Nano Letters, 2017, 17 (5): 3182~3187.

[45] Zhang X, Liu T, Zhang S, et al. Synergistic coupling between $Li_{6.75}La_3Zr_{1.75}Ta_{0.25}O_{12}$ and poly (vinylidene fluoride) induces high ionic conductivity, mechanical strength, and thermal stability of solid composite electrolytes [J]. Journal of the American Chemical Society, 2017, 139 (39): 13779~13785.

[46] Chen L, Li Y, Li S P, et al. PEO/garnet composite electrolytes for solid-state lithium batteries: From "ceramic-in-polymer" to "polymer-in-ceramic" [J]. Nano Energy, 2018, 46: 176~184.

[47] Han F, Andrejevic N, Li M. A hidden dimension to explore new thermoelectrics [J]. Joule, 2018, 2 (1): 16~18.

[48] Li Y, Chen X, Dolocan A, et al. Garnet electrolyte with an ultralow interfacial resistance for Li-metal batteries [J]. Journal of the American Chemical Society, 2018, 140 (20): 6448~6455.

[49] Lin D, Yuen P Y, Liu Y, et al. A silica-aerogel-reinforced composite polymer electrolyte with high ionic conductivity and high modulus [J]. Advanced Materials, 2018, 30 (32): 1802661.

[50] Sheng O, Jin C, Luo J, et al. $Mg_2B_2O_5$ nanowire enabled multifunctional solid-state electrolytes with high ionic conductivity, excellent mechanical properties, and flame-retardant performance [J]. Nano Letters,

2018, 18 (5): 3104~3112.

[51] Zhang X, Xie J, Shi F, et al. Vertically aligned and continuous nanoscale ceramic-polymer interfaces in composite solid polymer electrolytes for enhanced ionic conductivity [J]. Nano Letters, 2018, 18 (6): 3829~3838.

[52] Meng X Q, Cao H B, Hao J, et al. Sustainable preparation of $LiNi_{1/3}Co_{1/3}Mn_{1/3}O_2$-$V_2O_5$ cathode materials by recycling waste materials of spent lithium-ion battery and vanadium-bearing slag [J]. Acs Sustainable Chemistry & Engineering, 2018, 6 (5): 5797~5805.

[53] Shi Y, Chen G, Chen Z. Effective regeneration of $LiCoO_2$ from spent lithium-ion batteries: A direct approach towards high-performance active particles [J]. Green Chemistry, 2018, 20 (4): 851~862.

[54] Winter M, Barnett B, Xu K. Before Li ion batteries [J]. Chemical Reviews, 2018, 118 (23): 11433~11456.

[55] Yang Y, Sun W, Bu Y J, et al. Recovering valuable metals from spent lithium ion battery via a combination of reduction thermal treatment and facile acid leaching [J]. Acs Sustainable Chemistry & Engineering, 2018, 6 (8): 10445~10453.

[56] Zhang X X, Bian Y F, Xu S W Y, et al. Innovative application of acid leaching to regenerate $Li(Ni_{1/3}Co_{1/3}Mn_{1/3})O_2$ cathodes from spent lithium-ion batteries [J]. Acs Sustainable Chemistry & Engineering, 2018, 6 (5): 5959~5968.

[57] Zhang X X, Li L, Fan E S, et al. Toward sustainable and systematic recycling of spent rechargeable batteries [J]. Chemical Society Reviews, 2018, 47 (19): 7239~7302.

[58] Liu J, Bao Z N, Cui Y, et al. Pathways for practical high-energy long-cycling lithium metal batteries [J]. Nature Energy, 2019, 4 (3): 180~186.

[59] Shi Y, Zhang M H, Meng Y S, et al. Ambient-pressure relithiation of degraded $Li_xNi_{0.5}Co_{0.2}Mn_{0.3}O_2$ ($0<x<1$) via eutectic solutions for direct regeneration of lithium-ion battery cathodes [J]. Advanced Energy Materials, 2019, 9 (20): 1900454.

[60] Zhang Y Y, Song N N, He J J, et al. Lithiation-aided conversion of end-of-life lithium-ion battery anodes to high-quality graphene and graphene oxide [J]. Nano Letters, 2019, 19 (1): 512~519.

[61] Tarascon J M, Armand M. Issues and challenges facing rechargeable lithium batteries [J]. Nature, 2001, 414 (6861): 359~367.

[62] Armand M, Tarascon J M. Building better batteries [J]. Nature, 2008, 451 (7179): 652~657.

[63] 朱继平. 新能源材料技术 [M]. 北京: 化学工业出版社, 2014.

[64] Whittingham M S. Electrical energy storage and intercalation chemistry [J]. Science, 1976, 192 (4244): 1126~1127.

[65] Goodenough J B, Kim Y. Challenges for rechargeable Li batteries [J]. Chemistry of Materials, 2010, 22 (3): 587~603.

4　锂硫电池

锂离子电池是目前最成功的储能系统之一，但受自身储存容量的限制，仍难以满足未来动力电池对能量密度的要求。作为一种新型储能系统，锂硫二次电池（简称锂硫电池）理论比容量和理论能量密度较高，被认为是目前最具研究价值和应用前景的高能量锂二次电池体系之一。锂硫电池是采用单质硫（或硫基复合材料、含硫化合物）作为正极，金属锂（或储锂材料）为负极，以S—S键的断裂/生成来实现电能与化学能相互转换。由于单质硫发生氧化还原反应时是双电子得失，其理论比容量可达1675mA·h/g，与金属锂组成锂硫电池，具有高达2600W·h/kg的理论比能量，远高于嵌脱反应类型的锂离子电池正极材料。此外，正极材料硫作为石油精炼的副产品和硫矿中的直接提取物，具有储量丰富、制造成本低廉和环境友好的特点，有利于可持续发展；使用不含氧元素的硫正极不存在析氧等危险的副反应，安全性较好。经过几十年的发展，虽然锂硫电池仍存在循环过程中容量快速衰减等问题，但其高能量密度和高比容量的优势依然激励着科研工作者们不断探索。

4.1　锂硫电池基础

锂硫电池的内部结构主要由金属锂负极、隔膜、电解液、硫正极、集流体、外壳构成，如图4-1所示。由于硫单质的电子导电性较低，通常将硫单质与高导电性的材料复合，以提高正极中硫组分的利用率，电解液通常使用有机醚类电解液。不同于传统的可充电锂离子电池的脱/嵌原理，锂硫电池的充放电过程是一种氧化还原反应过程，其工作原理是基于硫的可逆氧化还原反应。在放电时，硫得到电子并与Li^+结合逐步生成多硫化物中间体Li_2S_n（$4\leqslant n\leqslant 8$），Li_2S_n易溶于电解液，于是逐渐从正极结构中脱出，进而向电解液中扩散；随着放电程度的加深，多硫化物进一步被还原，最终生成Li_2S_2或Li_2S，这些硫化物在电解液中溶解度极低。在充电过程中，放电产物Li_2S_2或Li_2S失去电子，逐步被氧化成多硫化物中间体Li_2S_n，并最终重新生成单质硫。如果单质硫按照上述过程100%转

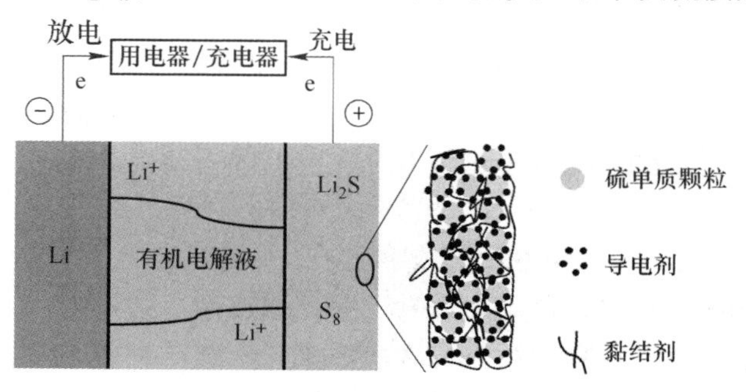

图4-1　锂硫电池的基本结构

化为 Li_2S，则其理论放电比容量可达 1675mA·h/g。锂硫电池是依靠 S—S 键的断裂和生成来转化电能与化学能的，其放电过程化学反应式如下：

$$S_8 + 16e + 16Li^+ \longrightarrow 8Li_2S \tag{4-1}$$

实际上，锂硫电池的放电过程是一个多步骤的氧化还原反应，具体可分为四个阶段，如图 4-2 所示。

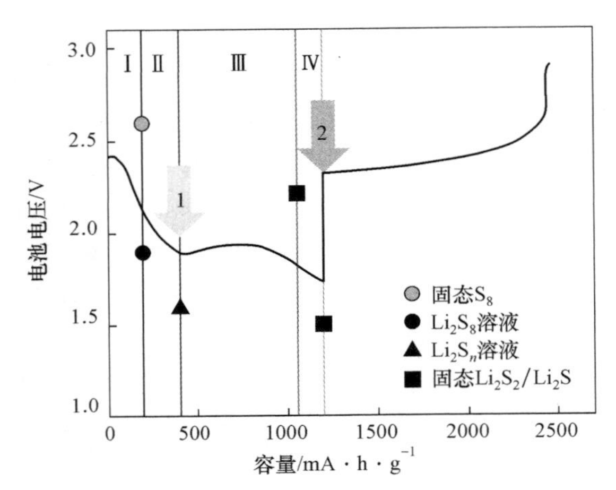

图 4-2 锂硫电池首次充放电曲线

第一阶段：单质硫 S_8 向 Li_2S_8 转变的固/液两相还原过程，对应放电曲线中在 2.3~2.4V 区间的高电压放电平台。此时，固相 S_8 转化为液相 S_8，液相 S_8 与锂离子发生反应，生成的 Li_2S_8 溶解于电解液中，变成一种液态电极，从而在正极中留下大量空余的孔洞。反应式如下：

$$S_8 + 2Li^+ + 2e \longrightarrow Li_2S_8 \tag{4-2}$$

第二阶段：Li_2S_8 向短链 Li_2S_n 转变的液/液单相间还原过程。此时，放电电压持续下降，生成的多硫化物中 S—S 链长度逐渐减小，但数量不断增加，导致电解液黏度增大，在第二阶段末期达到最大值。反应式如下：

$$Li_2S_8 + 2Li^+ + 2e \longrightarrow Li_2S_{8-n} + Li_2S_n \tag{4-3}$$

第三阶段：溶解的短链 Li_2S_n 向不溶的 Li_2S_2 和 Li_2S 转变的液/固两相还原过程，对应放电曲线在 1.9~2.1V 区间的低电压放电平台，这是锂硫电池容量的主要贡献区。反应式见式（4-4）和式（4-5），此时存在两者的相互竞争。

$$2Li_2S_n + (2n-4)Li^+ + (2n-4)e \longrightarrow nLi_2S_2 \tag{4-4}$$

$$Li_2S_n - (2n-2)Li^+ + (2n-2)e \longrightarrow nLi_2S \tag{4-5}$$

第四阶段：不溶的 Li_2S_2 向 Li_2S 转变的固/固单相还原过程。此时的反应动力学非常缓慢，同时由于 Li_2S_2 和 Li_2S 的绝缘性和不溶性，该过程动力学缓慢，产生高的极化。反应式如下：

$$Li_2S_2 + 2Li^+ + 2e \longrightarrow 2Li_2S \tag{4-6}$$

实际上，在锂硫电池中硫的转化过程并不是严格按照上述反应式逐步进行的，具体反应过程非常复杂。例如，在电解液中还存在着多硫化物离子的复杂化学反应，这些反应可归纳为如下反应式：

$$Li_2S_n + Li_2S \longrightarrow Li_2S_{n-m} + Li_2S_{1+m} \tag{4-7}$$

$$Li_2S_n \longrightarrow Li_2S_{n-1} + 1/8S_8 \tag{4-8}$$

在上述四个反应阶段中，第一阶段和第二阶段氧化还原穿梭最为显著，电池自放电率高，电池容量损失大。第三阶段对电池的容量发挥起主要贡献作用，如果 Li_2S 的生成占主导地位，电池容量将释放更多，放电深度更大，第四阶段相应地变得非常短暂甚至基本消失。

充电时，在外加电压下，锂硫电池是电解池装置，外电路为阴极（电池正极）提供电子，充电电压平台约为2.4V，此过程为短链硫化物脱掉锂离子转变为 S_8 分子的过程，锂离子由正极脱出，回到金属锂负极。由此构成充放电过程中锂离子摇椅式的往复嵌入—脱出转化。

然而，锂硫电池虽然理论上有非常高的能量密度，但目前可实现的容量并没有那么高，同时还存在电池在循环过程中容量衰减较快、循环寿命短的问题。锂硫电池在实际应用中，易溶于电解液的多硫化物（中间产物）形成穿梭效应会直接导致电池循环寿命降低。穿梭效应，指的是在充放电过程中，正极产生的多硫化物（Li_2S_x，$x \geqslant 3$）中间体溶解到电解液中，并穿过隔膜，向负极扩散，与负极的金属锂直接发生反应。在充电时，长链多硫离子由于浓差扩散进入负极区，与金属锂反应生成 Li_2S_2、Li_2S 和短链多硫化物，短链多硫离子由于电场力的作用又重新迁移回正极区，再次被氧化为长链多硫离子，由此导致多硫化物在电池正负极间的反复迁移，最终造成了电池中有效物质的不可逆损失、电池寿命的衰减、低的库仑效率等问题，还会对电负极造成腐蚀，影响电池循环稳定性。为了抑制穿梭效应，主要是在正极用高比表面积的具有孔结构的载体（如石墨烯、碳管等）对硫和多硫化物进行物理吸附和禁锢，再进一步的是对载体进行化学修饰，修饰上活性位点，以实现化学吸附。

除了穿梭效应，锂硫电池还存在以下几个方面的问题：

（1）单质硫的导电性很差，室温下是电子和离子绝缘体（电导率为 5×10^{-30}S/cm），引起活性材料活化困难、活性物质之间转化率低，从而导致电池倍率性能差、活性物质利用率低。

（2）锂金属在沉积和剥离过程中产生大量的体积膨胀，导致SEI膜破裂，引起锂离子的不均匀沉积和溶解，最终诱导产生锂枝晶等安全性问题，同时部分锂在充放电过程中逐步失活，成为不可逆的死锂。

（3）充放电过程中多硫化物从正极脱出溶入电解液，放电产物又在正极表面沉积，由此发生一系列的沉淀/溶解反应，正极活性物质在固液两相反复进行相转移，正极结构不断地发生收缩和膨胀，逐步被破坏甚至失效。

（4）活性物质的不可逆氧化，导致锂硫电池容量衰减。

4.2 正极材料

锂硫电池虽然在比容量方面远胜于当前大部分电池体系，但在实际应用上，锂硫二次电池仍然无法同已经可实现大规模产业化使用的磷酸铁锂、三元材料等正极材料的电池相媲美。究其原因，硫正极容量的快速衰减是导致其无法大规模应用的主要因素，其最直接的原因是硫自身较低的导电性、脱嵌锂过程中较大的体积膨胀和多硫化物的穿梭效应。一方面，活性物质、电子和离子是氧化还原反应的必要条件，缺一不可。活性物质硫的不导电性，导致体系中电子传递不充分，活性材料无法充分利用，从而表现为电极的实际容量较低；另一方面，由于产物和初始反应物（硫或硫的复合物）之间密度差较大，反应过程中物质间的转换存在较大的体积变化，在多次循环后，电极在不断收缩/膨胀过程中产生的内应力导致电极结构的破坏。如导电剂一般在胶黏剂作用下黏附在活性物质表面，电子可以通过集流体传递到导电剂，再向活性物质传递，从而缩短传递距离，有利于活性材料性能的发挥。而当发生体积变化时，导电剂会从活性物质表面脱落，因而不利于活性物质表面的电子传递，严重时可导致活性物质无法被利用，形成“死区”。通过胶黏剂黏附的电极材料从集流体表面脱落，会直接导致活性材料失去与电子的接触，从而表现为容量的衰减。首周放电过程中，电极表面与电解液接触可形成一层 SEI 膜，循环过程较大的体积变化会导致活性材料表面的 SEI 膜稳定性不佳，发生破裂。由此导致新的活性物质界面的暴露也会进一步消耗电解液。更为重要的是，在放电过程中产生的多硫化物易溶于电解液，很容易导致硫以多硫化物的形式在浓度差的推动下从正极扩散流失。同时扩散至负极的多硫化物不仅在负极表面会发生副反应，导致多硫化物不可逆损失，还由于存在浓度差，溢出的多硫化物很难回到硫化物浓度较高的正极，因而穿梭效应对锂硫电池的容量损失影响极为严重。

解决电极导电性差这一问题的直接方法就是使用一种合适的电子导体（导电碳材料/聚合物添加剂等），使活性物质能良好地分散，起到提供电子传输通道的作用。为了减少多硫化物的穿梭效应，可以采用多孔载体对多硫化物进行束缚，如采用多孔碳材料、有机金属框架材料、导电聚合物材料等，或者采用金属氧化物等材料作为多硫化物的吸附剂，限制多硫化物向电解液扩散。

4.2.1 硫/碳复合材料

硫/碳复合材料的复合方式主要分为两类。一种是主要采用具有丰富孔结构的碳材料作为载体，如多孔碳材料，由于其具有可调节的孔结构、比表面积和孔体积等特点，单质硫填充在碳材料内部的孔道中，尺寸被限制在纳米级，形成“碳包硫”型复合材料，该材料表现出极好的反应活性和高的利用率。碳材料提供的刚性骨架，不仅是电子传输的通道，还能减少反应中活性物质体积变化对电极结构的破坏，同时抑制中间产物多硫化物的溶解与迁移、降低不可逆容量损失。另一种是利用碳材料的高导电、高比表面积以及与硫之间的强物理吸附等特性，作为复合材料传输电子的导电骨架，同时提供电化学反应界面，增大了活性反应区域，形成“硫包碳”型复合材料，该材料中硫与碳的良好分散性还能够有效减少反应中“死区”的形成。

4.2.1.1 一维碳材料

碳纳米管（carbon nanotubes，CNT）或碳纳米纤维（carbon nanofiber，CNF）具有较大的比表面积、优异的导电性、良好的化学稳定性和力学性能，用其作为单质硫的载体，可以为硫正极提供良好的电子传导网络，有效提高电极的导电性和反应活性，同时增强材料结构的稳定性，因此在锂硫电池正极材料中得到广泛应用。传统的电极制备除了使用活性材料外，还需要加入黏结剂和集流体等非活性材料，不可避免地降低了电池整体质量能量密度。由于碳纳米管和碳纳米纤维具有良好的自组装行为，能够为硫提供无黏结剂、自支撑的集流体，从而提高电池的整体能量密度。采用溶剂交换法将单质硫均匀包覆在经表面修饰后的多壁碳纳米管（MWCNT）上，表面修饰后的 MWCNT 存在的羟基、羧基、羰基等官能团，可以作为沉淀硫的生长点，有效阻止硫的团聚；同时增加硫与碳之间的紧密接触，改善了复合材料的电化学性能。多孔 CNT 薄膜能有效改善硫电极的导电性，为锂提供快速的三维传输通道，硫与 CNT 之间形成的强共价键作用也确保了电极在充放电过程中的结构稳定性，同时还具备良好的倍率性能。

4.2.1.2 二维碳材料

石墨烯（graphene）是一种由碳原子以 sp^2 杂化方式形成的蜂窝状平面薄膜，是一种只有一个原子层厚度的准二维材料或二维碳单层，所以又叫作单原子层石墨。石墨烯及其类似物由于具有优异的理化性能，能够为活性物质硫提供良好的电子传导和结构支撑作用，而被广泛作为硫正极复合材料，例如多层石墨烯、多孔石墨烯、氧化石墨烯（GO）、还原氧化石墨烯（rGO）等。复合材料中石墨烯包裹住活性物质硫，在循环过程中，石墨烯可以抑制多硫化锂中间体的溶解，从而减少活性硫物质的损失。同时，石墨烯的高电导率可以提高活性物质硫的利用率。此外，石墨烯的柔韧性可以缓冲硫正极的体积效应，从而保持硫正极的电极结构完整。科学家还发现通过石墨烯功能涂层的设计，能够减缓多硫化物在正负极之间的穿梭，抑制穿梭效应。因此，石墨烯用于硫正极可以使硫正极的电化学性能得到改善。

石墨烯泡沫结构可实现石墨烯与硫在纳米尺度的均匀复合，能够为硫提供快速与高效的电子传输通道，同时纳米孔还能够有效束缚多硫化物。常规条件下获得的三维石墨烯尽管结构丰富，但极为蓬松，表观密度很低，导致硫负载后复合电极材料体积能量密度严重不足。为此，中科院沈阳金属所成会明院士利用 CVD 方法在泡沫镍上获得三维多孔石墨烯泡沫。该方法不仅能够负载高比例的硫，而且硫的含量能够在 $3.3\sim10.1\text{mg/cm}^2$ 范围内进行调控，特别是负载量为 10.1mg/cm^2 的电极，能够获得极高的比表面积容量（13.4mA·h/cm^2）。

考虑到石墨烯独特的二维片状纳米结构，采用石墨烯纳米片作为包裹材料，构筑具有“核壳”结构的复合电极材料也是固定多硫化物、缓解其溶解的重要方式。先在碳纳米纤维表面均匀负载上硫，再使用石墨烯包覆在硫表面是一种很有效的方法。为提高锂硫电池的循环稳定性，除了对硫正极材料的组成与结构进行调控以抑制多硫化物的溶解，通过极片结构的设计来减弱穿梭效应也是一条重要途径。例如，在硫正极和隔膜间添加一层缓冲层能够极大地提高锂硫电池的寿命。石墨烯/硫/石墨烯-隔膜的创新极片结构设计，一方面将集流体由传统的铝箔改为石墨烯；另一方面在隔膜表面涂布一层石墨烯材料对隔膜进行改性，改变了原有隔膜与硫正极直接接触的方式。采用传统的极片结构，在循环过程中多硫化物溶解在电解液后，会穿过隔膜进入金属锂一侧。而在这一新颖结构中，存在于隔膜与正极材料之间的石墨烯层能够有效阻止多硫化物的迁移。另外，由于石墨烯材料优异的力学性能，石墨烯改性隔膜能够有效缓解硫正极在充放电过程中的体积变化，保持极片结构的完整性。

然而，通过非极性多孔碳、CNT 和石墨烯等作固硫基底的方法作用有限，简单的空间限域不足以防止多硫化锂在长期循环中的扩散和穿梭，导致活性材料的损失、负极上绝缘层的积聚和容量衰减。为此，人们设计了各种多功能碳基底，大大改善锂硫电池的容量和循环寿命，如设计多级孔结构、对碳基底表面功能化和对碳基底进行杂原子掺杂等。

4.2.1.3 多孔碳材料

多孔碳是指具有不同孔结构的碳材料。根据孔径可分为：

(1) 微孔 (1.3nm)，由多孔聚苯乙烯通过 Friedel-Crafts 反应提供；

(2) 介孔 (3.8nm)，由碳纳米片堆叠而成的板状孔提供；

(3) 由随机堆积的碳纳米片形成的孔隙 (>5nm)。控制炭化时间和炭化温度可使比表面积从 405.8m^2/g 增加到 1420m^2/g。

根据孔道结构特点，又可以将其分为无序多孔碳和有序多孔碳两种。无序多孔碳的孔道长程无序，孔道形状不规则，孔径分布范围较宽，活性炭（主要由微孔组成）可作为典型代表。活性炭材料具有超高比表面积、大孔容和窄孔径分布等优点，作为碳基体可以明显改善硫正极的电化学性能，其大的比表面积和孔容可以提高硫的负载量和电化学反应中硫的利用率。微孔可以抑制可溶性多硫化物向电解液中的扩散，当其用于储硫时，因空间的限域作用使微孔内多硫化锂还原成硫化锂的电位下降，体现出与单质硫不同的电化学行为。

超小微孔碳是一类孔径小于 1nm 的多孔碳固体材料。得益于其更小的孔径尺寸，超小微孔碳对硫和多硫化物具有强的限制和吸附作用，并表现出有别于常规多孔碳/硫复合电极的充放电现象。Gao 等人使用蔗糖作为碳源，制备了孔径主要分布于 0.7nm 左右的超小微孔碳球。进一步对该碳/硫复合材料进行电化学表征，组装的锂硫电池在 200mA/g 下，具有 890mA·h/g 的可逆放电容量。他们认为，限制在超小微孔中的电化学反应是电池具有优异循环性能的关键因素。此外，超小微孔碳/硫复合正极在充放电测试中只有一个低电位放电平台。Guo 等人利用孔径主要为 0.5nm 左右的微孔碳作为硫载体，研究了超小微孔特殊的限制效应。由于超小微孔（约 0.5nm）的空间限制效应，常规环状 S_8 分子（约 0.7nm）的结构难以保持，只能以亚稳态的链状小分子 $S_{2\sim4}$ 的形式存在。这消除了常规锂硫电池放电过程中 $S_8 \rightarrow S_4^{2-}$ 的转化，从根本上避免了可溶性多硫离子的产生，进而也解释了超小微孔碳/硫复合正极只有一个低电位放电平台的现象。可见，微孔碳材料中的微孔只能够储存小分子，而从热力学上避免了高阶多硫化物的产生，消除了多硫化物的穿梭效应。由于微孔碳/硫复合正极不存在多硫化物的溶解，从而在充放电过程中能够保持极高的库仑效率和长周期的循环稳定性。

有序多孔碳具有孔道有序性，孔道形状和孔径尺寸可以得到很好的控制，且孔径分布范围窄，目前研究比较多的是有序介孔碳（如 CMK-3 等）。CMK-3 与硫在 155℃ 进行高温处理，使硫渗入 CMK-3 的孔道内制备硫碳复合材料（含硫量 70%）。CMK-3 导电骨架提供了便利的离子嵌入/脱出通道，有利于电化学反应的进行，不仅极大地改善单质硫的电化学活性，提高活性物质利用率，而且介孔的吸附性可有效抑制多硫化物在电解液中的溶解与扩散，从而减少活性物质的损失，延长电池的循环寿命。单质硫渗入介孔孔道内，保证了导电相与绝缘硫的良好接触，而且能够缓解电极体积变化带来的影响。在 168mA/g 的电流密度下，该复合材料的首次放电比容量为 1005mA·h/g。微孔对硫和多硫离子具有限制和吸附作用，介孔促进了电解液的流通和锂离子的传输，而大孔可以进一步提高离子电导率和硫的负载量。因此，集成以上两类甚至三类孔径分布的多级结构多孔碳被广泛地合成并应用为锂硫电池正极材料碳基体。

空心结构的多孔碳材料，比如空心碳球，具有大的内部空腔，适合作为高负硫量的碳基体。在空心球壳内部填充硫材料，所得到的复合材料具有如下优点：碳壳层良好的导电性使硫更易参与电化学反应，提高利用率；形成的密闭空间可有效限制多硫化物的快速扩散；硫-硫化锂的电化学演化过程被限制在空心碳壳中，提高含硫材料的稳定性；空心碳球外部的多孔壳结构可以有效地抑制多硫化物的扩散。

4.2.2 硫/导电聚合物复合材料

用于改性硫正极的聚合物一般可以分为两类：导电聚合物和非导电聚合物。导电聚合物包括聚吡咯、聚苯胺、聚噻吩和聚乙撑二氧噻吩等。非导电聚合物包括聚丙烯腈、聚乙烯吡咯烷酮、聚乙二醇、聚氧化丙烯和聚环氧乙烷嵌段共聚物。其中导电聚合物是硫正极的一类有前途的封装材料，这是因为：它们本身具有导电性，可以促进电子传导；它们的弹性和柔性性质，可以部分地适应循环过程中硫的体积变化；丰富多样的功能基团，与多硫化锂物种有很强的亲和力，可以抑制多硫化锂中间体的扩散，从而提高活性物质的利用率。非导电聚合物常被用来抑制由于化学梯度而引起的多硫化锂中间体向电解液的扩散。比如 Li 等人设计了一步法，自下而上合成得到一种空心硫纳米球作为硫正极复合材料。双亲性嵌段共聚物包含疏水嵌段和亲水嵌段，其疏水一端与硫相连，亲水一端形成化学梯度。一般情况下，在锂硫电池中，聚合物的作用是抑制多硫离子中间体的扩散穿梭，使其保留在正极区域，减少活性材料的损失，减少容量衰减。然而，为了得到更高的硫利用率和更好的循环性能，加入一定量的碳导电添加剂或碳基底仍然是比较关键或必须的。

导电聚合物具有非定域的 π-电子共轭体系，常见的导电聚合物有聚吡咯（PPy）、聚苯胺（PANi）、聚噻吩（PTh）、聚丙烯腈（PAN）等。将导电聚合物与单质硫复合可使正极材料获得以下优点：

（1）导电聚合物具有导电性，可以促进电子传导，克服单质硫绝缘的缺点，提高电极材料的导电性；

（2）导电聚合物具有丰富多样的功能基团，与多硫化锂物种有很强的亲和力，可以吸附硫及其还原产物、抑制多硫化物的溶解和扩散，从而提高活性物质的利用率、稳定电极结构、改善循环性能；

（3）导电聚合物具有弹性和柔性，可以部分地适应循环过程中硫的体积变化，提高活性材料利用率；

（4）导电聚合物还能作为活性物质提供一部分的容量。

PPy 是当前被广泛研究的导电聚合物材料之一，发挥了导电剂、活性剂和多硫化锂吸附剂的三重作用。通过化学聚合法制备的 S/PPy 复合材料中 PPy 纳米颗粒均匀包覆在硫表面，提高了电池的放电比容量，同时改善了循环性能；或采用高温处理法将单质硫填充到 PPy 纳米线的孔洞中，PPy 起到良好的导电和分散作用，同时高比表面积特性对多硫化锂形成吸附，减少了其在电解液中的溶解。通过一步球磨法可制备出“树枝状”纳米结构 S/PPy 复合材料，其中硫包覆在 PPy 材料表面。这种复合材料降低了电极的电荷传递阻抗，而且树枝状结构产生的丰富孔隙能够控制硫在充放电过程中的体积变化，阻止多硫化物溶解。核-壳结构 S/PANi 复合材料中，单质硫不再被聚合物材料紧紧包裹，而是在内部留有空间，给活性硫在充放电过程中的体积膨胀提供了缓冲作用。而且，外部的聚合物包裹层也不易被破坏，壳体结构更加稳定，活性硫和多硫化物被固定在壳体内，不再发生在电解液中的溶解，因此容量、循环和库仑效率等电化学性能比传统的核-壳结构材料更优异。聚合物壳对多硫化物的物理限制，聚合物杂环原子与 Li—S 的化学键作用这两方面在提高电极循环稳定性上发挥重要作用，而聚合物的导电性很大程度决定了硫电极的倍率性能。

4.2.3 硫化锂/碳复合材料

作为硫单质放电终产物，硫化锂本身理论比容量为 1166mA·h/g，与硫单质相比，它可以和不含锂的负极材料，如硅、锡、金属氧化物等相匹配组装成全电池，从而可避免使用锂负极引起的一系列安全问题。此外，由于硫化锂具有比单质硫更高的热稳定性，能够在其表面原位包覆碳材料或其他高温材料，因而更适合作为锂硫电池的正极材料。然而，其本身也存在一些应用上的问题：离子和电子传导率低，导致其电化学活性差，利用率低；对湿度和氧敏感，导致硫化锂正极材料合成路线有限，制备和储存条件苛刻；同样存在多硫化锂中间产物的溶解和扩散问题。

与单质硫正极相比，硫化锂正极的研究相对有限。为了提高硫化锂电极的电导率，常见的方法是将其和碳混合制备出硫化锂/碳复合电极材料。Cai 等人采用高能球磨法制备上述电极，所得电池在 0.1C 倍率下初次放电比容量为 1144mA·h/g，充放电循环 50 次之后比容量衰减到 411mA·h/g。Takeuchi 等人将硫化锂粉末和炭粉混合之后在石墨模具中单向压缩，采用火花-等离子烧结法在直流电脉冲作用下产生内部热，促进硫化锂和碳颗粒之间的相互作用。Zheng 等人报道了用原位锂化法大批量制备硫化锂/微孔碳复合材料，首先，制备出硫单质/微孔碳复合电极；然后将锂金属粉末喷涂在电极上，实现电极的锂化过程；最后经压缩后得到硫化锂/微孔碳电极。Archer 课题组报道了两种制备硫化锂/碳复合电极的方法：先制备 PAN 聚合物作为碳前驱体，其中硫化锂能作为 PAN 的交联剂分散在 PAN 中，在一定温度下碳化之后，即可得到硫化锂/碳复合电极，循环 20 次之后，其具有 500mA·h/g 的比容量；或者制备酚醛树脂，并和硫酸锂中的锂离子相互交联，然后在 900℃下碳化酚醛树脂，即可得到硫化锂/碳复合电极。

得益于硫化锂高的热稳定性，可以在其表面直接进行高温包覆，从而抑制硫化锂溶解。例如，Guo 等人利用 PAN 与 Li_2S 的反应，直接在 Li_2S 表面进行高温碳包覆，生成 Li_2S-C 复合材料。结果表明活性物质 Li_2S 均匀分布在碳基底中，能够有效抑制多硫化锂的溶解，并取得高的比容量和循环稳定性。

4.3 负极材料

4.3.1 锂负极

锂金属负极材料具有极高的质量比容量（3860mA·h/g）、低密度（0.59g/cm^3）和低的还原电位（-3.04V 相较于 SHE），被认为是一种理想的可充电电池负极材料。锂负极通过锂在负极上的溶解和沉积来完成电池的充放电过程，该过程不存在反应相变所导致的体积变化。但是作为锂硫电池的负极材料，金属锂负极存在的问题主要是锂枝晶生长和无限体积变化造成的 SEI 膜破裂。

金属锂负极的电极反应基于溶解–沉积机制，其中电池充电过程中，电解液中的锂离子在金属锂表面得到电子发生沉积，放电过程中金属锂被氧化成锂离子溶出到电解液中。对于金属电沉积来说，其电极反应至少包含两个连续的步骤：一是液相传质步骤，即溶液中的金属离子通过液相传质从本体电解液传输到电极表面液层的过程；二是电子交换步骤，即传输到电极表面的金属离子在电极表面得到电子发生沉积的过程。整个电极反应的进行速度由速控步骤所决定。对于金属锂来说，由于其电子交换步骤很快，液相传质为其速度控制步骤。然而，在实际电化学体系中，电极表面的液相传质方式事实上是一种对流扩散，而对流在静止电极表面的不同地方，其传质速度和流量并不相同，这就导致单位时间内传输到达电极表面不同部位的锂离子量不相同，锂电极表面不同区域的电流密度和反应速度也不相同。电流密度大的地方，锂的沉积速度快，出现突出生长；一旦出现这种情况，到达突出点的离子传质流量就会进一步被加大，出现更为严重的不均匀沉积，这是造成锂负极表面枝晶生长的本质原因。在实际电池体系中，因正负极之间间距的不一致性，离极耳不同距离的地方极化电势不同，也会导致负极表面电流密度分布的不均匀，这些也是引起锂的不均匀沉积和枝晶生长的重要因素。锂枝晶在溶出过程中断裂还会形成“死锂”，造成负极容量的下降，当锂枝晶生长到一定程度的时候就可能穿透隔膜，引发电池短路和安全问题。金属锂负极在充放电过程中巨大的厚度和体积变化，会造成 SEI 膜破裂和重复生长。这种情况一方面会导致锂负极的不可逆消耗，其行为表现为低库仑效率；另一方面，破裂失效的非电子导电性 SEI 膜包埋到金属锂体相中后，因其物理隔离作用还会造成锂的粉化，并加速死锂的形成。死锂一旦形成，会导致锂源损失、库仑效率降低、容量衰减、稳定性下降、安全问题提升。

金属锂表面能否形成稳定的钝化层对锂硫电池的性能影响非常重要。目前主要的解决策略是设计人造 SEI 膜、锂合金化。金属与电解质在接触中会形成一层钝化层即 SEI 膜，其主要成分为 LiF、Li_2CO_3、LiOH、Li_2O 等，SEI 膜呈现疏松多孔状，此种结构能增强锂离子电导率，阻止金属锂与电解液进一步反应，但是其溶解修复机制也会产生死锂和锂枝晶。因此选择在金属锂和有机液态电解质之间设计一层人造 SEI 膜，这种人造界面可以成功地避免由本征 SEI 膜引起的电解质和锂金属的消耗，抑制锂枝晶的形成。人造 SEI 膜需要具备以下两个条件：（1）较好的化学稳定性和力学性能，能适应锂电极在充放电循环中的体积变化和阻止锂电极进一步腐蚀；（2）较高的离子电导率，以便 Li^+快速嵌入与脱出。Li 等人通过多聚磷酸（PPA）与锂金属原位生成了一层厚度为 50μm 人造 Li_3PO_4 的 SEI 膜，实验结果显示该 SEI 膜具有较高的离子电导率和杨氏模量（10~11GPa），处理后的锂电极在循环 200 次后仍无枝晶出现，表面平整。人造 Li_3PO_4 的 SEI 膜在电解液中非常稳定，均一的 Li_3PO_4 的 SEI 膜可以抑制锂金属与电解质之间的副反应。此外，Li_3PO_4 层能增强锂金属界面与电解质之间的 Li^+扩散。Lin 等人以四氟乙烷为原料在金属锂表面原位生成一层厚度可调控的薄膜。主要是将锂金属暴露于四氟乙烷气体中，调节反应温度和压力，可以得到厚度可控的致密均匀 LiF 层。在金属锂上生成 LiF 涂层之后，可大幅减小锂体积变化，同时改善了界面稳定性。此外，Ma 等人把锂片暴露在氮气中原位形成 LiN 保护层，增加了锂硫电池的电化学性能。

一些锂合金同样用来作为锂硫电池负极材料，其能够在一定程度上抑制枝晶生长。例如锂/铝、锂/硼合金层能够有效保护金属锂，减轻锂负极和溶解在电解液中的多硫化物的反应。但是，锂合金材料通常具有较大的体积效应，进而导致较差的循环性能。Li 等人把锂箔和铜集流体一体性设计，制备出 3D 结构的锂/铜集流体负极，从而解决锂金属负极电流分布不均匀的问题。通过简单的机械加工把铜网嵌入锂金属中，形成锂/铜集流体负极。与未进行过处理的锂负极相比，锂/铜集流体负极的三维空间结构可以加快电荷转移速度和减小界面阻力；较大的比表面积，降低了局部的电流密度，使得电荷分布均匀，锂沉积时变得均匀从而降低了锂枝晶的生长速率。

4.3.2 硅负极

$Li_{15}Si_4$ 是一种很有潜力的锂电池负极材料，其在室温下的理论比容量高达 3579mA·h/g，平均放电电压相对于 Li/Li^+ 为 0.3V。相比于以金属锂作为负极的锂硫电池，$Li_{15}Si_4$-S 的理论能量密度降低约 50%（$Li_{15}Si_4$ 全电池的平均电压以 1.8V 计算），但仍然远远高于传统的锂离子电池体系。然而，硅作为负极应用在锂硫全电池中，有以下几个问题需要解决：

（1）硅负极的固有电导率低，大约为 10^{-3}S/cm，在电芯充放电过程中形成 Li_xSi 合金时体积膨胀量大（约 400%）；

（2）硅负极存在颗粒破碎和粉化、SEI 膜不稳定、失去电接触、锂离子被困在失效位点等失效现象；

（3）全电池在充放电过程中的锂离子来自正极，且锂含量是有限的，当电池在初始充电形成 SEI 时，消耗掉一部分锂离子后，全电池的锂源在不断减少，且正负极的电位均在不断增加，这会导致正负极可用的 SOC 区间偏移，进而导致可发挥的容量减少，出现容量衰减加速。

纳米结构的硅负极解决了硅嵌锂时体积膨胀而引发的材料粉碎和不稳定的 SEI 的问题，提高了电化学循环性能。但是纳米结构的高比表面积导致首圈库仑效率低、振实密度和面积比容量低，同时纳米结构的制备工艺复杂、成本高，这些因素严重影响了硅负极的商业化。

人们设计并制备了一系列锂硫全电池材料。采用纳米硅作为电池负极能够在很大程度上缓解材料的体积效应，减小锂离子扩散路径，进而增加材料的循环性能和库仑效率。Cui 等人以 Li_2S 和 CMK-3 的复合材料作为正极、硅纳米线作为负极组装成锂硫全电池。电池的初始放电比容量为 482mA·h/g，以活性物质质量计算，电池的比能量为 630W·h/kg。但是在循环 20 次后，电池的比容量衰减达到 30%。这主要是由电池中有限的锂离子消耗引起的。除了采用 Li_2S 作为全电池中锂离子的来源，还可以采用经过锂化处理的硅作为锂离子的来源。Aurbach 等人采用锂化的无定型硅膜作为负极、硫/炭黑作为正极组装成全电池。前十次比容量保持在 600mA·h/g。循环 60 次之后，材料的比容量减少到约 380mA·h/g。这种全电池的长程稳定性和较高的库仑效率（90%）说明这种锂化的硅膜作为电池负极的可行性。

4.3.3 碳负极

碳负极相比锂金属负极具有更高的稳定性和安全性。碳材料尤其是石墨，一直作为负极材料应用于传统的锂离子电池中，但是在锂硫电池中鲜有报道，主要原因在于石墨材料与锂硫电池电解液的不相容性。在充放电过程中，电解质溶剂分子与锂离子的共嵌入，导致石墨层被破坏。在锂离子电池的碳酸酯基电解液体系充放电过程中，石墨会与电解液发生反应，形成一层稳定的SEI膜，阻止电解液的进一步嵌入，进而在很大程度上保持石墨负极的结构稳定性。然而，在锂硫电池体系中，电解液以醚基有机物为主，其很难与石墨反应形成稳定的SEI膜，进而导致了较差的循环性能。然而，Kaskel等人报道了一种用于锂硫电池的硬碳负极材料，其中硬碳材料是制成浆料后涂覆在碳纤维表面。硬碳是难以石墨化的碳，作为锂离子电池的负极材料有着较高的比容量，主要因为碳的结晶性不好，存在大量的缺陷，而这些缺陷可以帮助容纳锂离子；且这些硬碳材料有着较大的比表面积，富含介孔和微孔，或是相对粗糙的表面，可以在充放电过程中发生锂离子的脱吸附，也可能在这些孔隙内形成锂分子和锂离子簇；而且由于碳材料炭化不完全，材料还可能有氢、氮、氧原子的残余，掺杂的原子可以与锂发生键合，产生额外的容量。经过锂化之后，硬碳材料与硫正极组装成全电池，其在循环550次之后比容量仍然保持在753mA·h/g。与石墨相比，非石墨化的硬碳材料因具有更大的锂离子吸附空间，并且石墨片层之间具有交联结构，而使得硬碳材料能够在醚基电解液中展现出稳定的循环性能。

4.4 电解质材料

锂硫电池电解质主要由锂盐、溶剂和功能添加剂组成，按照其组成可以分为有机液体电解质、离子液体电解质、聚合物电解质、陶瓷电解质和复合电解质。

4.4.1 有机液体电解质

有机液体电解质是目前锂硫电池研究过程中应用得最为普遍的电解质。理想的锂硫电池的有机电解液应满足以下特征：

（1）具有良好的Li^+传导性和电子绝缘特性；

（2）具有良好的化学稳定性，且在工作电压范围内化学性质稳定，不发生化学反应，不腐蚀集流体等电池其他部件；

（3）与电极相容性好，避免大的界面电阻导致高的电池内阻；

（4）具有低熔点和高沸点，使用温度范围大，具有良好的高温/低温性能。

（5）具有抑制多硫化物扩散的能力；

（6）低价，安全，环境友好。

有机液体电解质主要由有机溶剂、锂盐和添加剂三部分组成。

（1）有机溶剂。液体电解质的使用也存在着局限性：易泄漏，电池产品必须使用坚固的金属外壳，型号尺寸固定，缺乏灵活性；易燃，电池的安全性差；缺乏空间限域，在空间上便于枝晶的产生和生长，易导致电池短路失效。溶剂是影响电解质性能的关键因素。目前，酯类和醚类是锂硫电池有机液体电解质最常用的两大类有机溶剂。酯类溶剂主要是碳酸酯，如碳酸乙烯酯（EC）、碳酸二甲酯（DMC）、碳酸甲乙酯（EMC）和碳酸丙烯酯（PC）等；醚溶剂也可分为链状醚和环状醚，其中常见的乙二醇二甲醚（DME）为链状醚，1,3-二氧戊环（DOL）是环状醚。除此之外，一些砜类溶剂和含氟溶剂等其他溶剂也应用于锂硫电池作为有机液体电解质的溶剂。溶剂的种类和配比会影响电解质的黏度，进而影响锂离子的迁移。另外，溶剂的种类和配比会影响 SEI 膜的形成。酯类有机溶剂作电解质时，其充放电行为与醚类电解液不同，没有锂硫电池典型的两个放电平台，而只表现出一个放电平台，即在放电过程中硫直接反应生成 Li_2S/Li_2S_2，没有形成长链多硫化锂。现阶段使用得最为广泛的溶剂为醚类溶剂，使用醚类溶剂的电解质，电池阴极的硫利用率高，但循环性能不是特别理想。为配制电导率高、黏度低且使用温度范围宽的电解质，理论上应倾向于选择介电常数高、黏度小的溶剂。但实际上介电常数与黏度之间往往存在着正比的关系。因此，在实际应用中，单一的电解液溶剂很难满足以上要求，一般采用多元电解液溶剂体系，将介电常数高的溶剂与黏度小的溶剂混合使用制得介电常数相对较高、黏度相对较小的电解液。目前，锂硫电池中使用的有机液体电解质基本上采用含有多种有机液体的混合溶剂。现阶段最常用的锂硫电池有机液体电解质体系大多采用 DME 与 DOL 的混合溶剂。其中，DME 具有相对高的介电常数和低的黏度，能够提供更高的锂盐溶解度，有利于提高离子电导率。DOL 能在锂金属表面形成稳定的 SEI，有利于锂负极稳定性。采用多溶剂的协同作用，能够有效提高锂硫电池的电化学性能。

（2）锂盐。锂盐的浓度对锂硫电池的电化学性能也有一定的影响，一方面，基于溶解平衡原理，增加锂盐的浓度，会影响多硫化锂在电解液的溶解度；另一方面，采用高浓度的锂盐会增加电解液黏度。这两个方面共同作用，能够有效抑制多硫化锂的溶解和穿梭效应。目前使用的锂硫电池有机溶剂电解液中，电解质锂盐的物质的量浓度一般为 1mol/L 左右。锂硫电池有机液体电解质中应用的锂盐与传统锂离子电池中采用的锂盐基本一致，常用的锂盐有无机锂盐和有机锂盐。无机锂盐有六氟磷酸锂（$LiPF_6$）、六氟硼酸锂（$LiBF_6$）、高氯酸锂（$LiClO_4$）、六氟砷酸锂（$LiAsF_6$）等，有机锂盐有双三氟甲基磺酰亚胺锂（$LiN(CF_3SO_2)_2$，LiTFSI）、三氟甲基磺酸锂（$LiCF_3SO_3$）等。按离子间的缔合作用进行排序有：$LiCF_3SO_3>LiBF_6>LiClO_4>LiPF_6>LiN(CF_3SO_2)_2>LiAsF_6$。锂盐离子间缔合作用越强，在相同溶剂和相同电解质浓度的电解液中的载流子数越少，电导率就越低。锂盐电解质阴离子体积的大小也会影响电解液的电导率，阴离子体积越大，电荷分布越分散，阴阳离子间缔合程度越小，电导率越高。从离子间缔合作用看，$LiAsF_6$ 是最佳的电解质盐的选择，但是由于砷具有较大的毒性和昂贵的价格，因此无法被广泛应用于电解液中。$LiClO_4$发挥锂盐功能的同时，在循环过程中迅速反应形成钝化膜，降低电荷传递电阻，有效地提高库仑效率及循环性能。但 $LiClO_4$ 中由于强氧化性的高氯酸根离子存在，会导致电池的安全性能下降。$LiN(CF_3SO_2)_2$(LiTFSI）是目前锂硫电池有机液体电解质中最常用的锂盐。由于其黏度大、产生阴离子半径大、离子电导率高，能有效地抑制多硫化锂的溶解及锂枝晶的形成。另外，其能在锂金属表面形成较稳定的电极-电解质界面膜，这些对电池的循环性能都是有利的。

（3）添加剂。为了改善锂硫电池的电化学性能，通常会在有机液体电解质中加入一定量的添加剂。添加剂是基于不同的作用机理在有机液态电解液中添加额外的溶剂或锂盐，可在一定程度上改善电池的循环、低温适应或倍率等性能。根据功能不同，应用于锂硫电池电解液中的添加剂可以分为三种：一是保护锂金属负极，如 $LiNO_3$、AlI_3、InI_3、$SiCl_4$ 等，能够在锂金属负极表面形成稳定的 SEI；二是抑制正极多硫化锂的溶解，如多硫化锂、吡咯、噻吩；三是促进 Li_2S 正极的电化学动力学，如 P_2S_5。P_2S_5 作为锂硫电池电解液添加剂主要起到两方面作用：1）P_2S_5 能够和 Li_2S_x（$1<x<8$）形成可溶复合物。这个反应使在电解液中难溶的 Li_2S 和 Li_2S_2 转变为高度可溶的复合物而溶解到电解液中，阻止 Li_2S 和 Li_2S_2 在电极表面沉积；2）P_2S_5 能够在金属锂表面形成 Li_3PS_4 钝化层，起到 SEI 膜的作用，阻止多硫化物与金属锂直接反应，减少穿梭效应，增加电池的库仑效率。$LiNO_3$ 是锂硫电池电解质中的一种重要添加剂，电解液中 $LiNO_3$、溶剂、聚硫化锂与金属锂负极通过化学反应形成的是以 RCOOLi 和 Li_xNO_y 为主要成分的无机钝化膜，阻隔电解液和金属锂的接触，在循环过程中可有效抑制聚硫离子与金属锂的副反应，防止金属锂转化为锂枝晶，提高了锂负极的稳定性，从而有效提高了锂硫电池的活性物质利用率和循环性能。但是，硝酸根的强氧化性会增加电池的不安全因素，而且含有锂、氧、碳、氮等元素的无机膜韧度不高，当锂负极表面的粗糙度达到一定程度时，该层无机膜会由于受力不均而产生碎裂。Li 等人将多硫化锂和 $LiNO_3$ 共同作为电解液添加剂，通过控制适当的浓度，发现二者具有协同作用，能够有效帮助锂金属负极形成均匀稳定的 SEI，从而抑制锂枝晶生长。

4.4.2 离子液体电解质

为了改进常规醚类电解质存在的挥发性强、燃点低等问题，研究者开发了离子液体电解质，以提高锂硫电池电化学性能。离子液体（ion liquid，IL）是指全部由离子组成的液体。室温离子液体具有低挥发性、低燃点、高热稳定性、电化学窗口宽等优点，被广泛应用于锂离子电池。

离子液体与低黏度的醚类有机溶剂混合，有利于提高电导率和 Li^+ 传输能力，并能利用离子液体抑制溶解。添加离子液体的电解液在锂负极表面形成稳定的 SEI 膜，减弱了穿梭效应。离子液体中的有机阳离子在混合溶剂中可以稳定 Li_2S_x。除此之外，添加合适的离子液体有利于提高电池的库仑效率，并降低电池的自放电。

Yang 等人为了限制多硫化物在电解液中的溶解扩散，合成了一种新型的 N-甲基-N-丁基-哌啶双（三氟甲基磺酰）亚胺盐用作锂硫电池电解液。Watanabe 等人采用 N-甲基-N-(2-甲氧乙基）铵双（三氟甲磺酰基）胺（[DEME][TFSA]）作为锂硫电池电解质，与传统的醚基电解液相比，室温离子液体电解液因较弱的 Lewis 碱性，给电子能力较弱。正是这种较弱的给电子能力，使得 Li_2S_x 被束缚在电极表面，硫物种的电化学反应只发生在固相中。

4.4.3 固态电解质

虽然人们对有机电解液体系的锂硫电池进行了很多研究，但是由多硫化物引起的穿梭效应和金属锂负极的锂枝晶问题依旧不能得到很好的解决。采用聚合物或者固态电解质取代液体电解质不但能够消除多硫化物的穿梭效应，还能够很好地保护锂金属负极，减少锂枝晶的形成，在很大程度上提高了电池的安全性。此外，与液态电解质相比，固态电解质具有更好的温度稳定性和机械稳定性。

（1）聚合物电解质。聚合物电解质是由聚合物膜和盐组成的，能传输离子的离子导体。聚合物电解质可以分为全固态聚合物电解质（SPE）和凝胶聚合物电解质（GPE）。

SPE 通常是将锂盐溶解在高分子聚合物基体材料中获得的，是由锂盐与高分子聚合物经配位作用形成的一类复合物。在 SPE 中，随着聚合物基体非晶区中有机聚合物链段的运动，Li^+与聚合物基体单元上的给电子基团（配位原子）不断地发生“配位—解配位”，从而实现 Li^+的迁移。SPE 的离子电导率与聚合物基体链段的局部运动能力及其能起配位作用的给电子基团的数目密切相关。单一的聚合物基体在室温条件下具有高结晶性，而晶体区域会严格限制链段的运动，造成 Li^+迁移困难，从而导致体系的离子电导率很低。制备 SPE 常用的高分子聚合物有聚氧化乙烯（PEO）、聚甲基丙烯酸甲酯（PMMA）、聚丙烯腈（PAN）、聚偏氟乙烯-六氟丙烯共聚物（PVDF-HFP）及聚氧化丙烯（PPO）等。SPE 低的室温离子电导率（10^{-8}~10^{-7}S/cm）严重限制了其在锂硫电池中的应用。相比于阴阳离子共同迁移的电解质体系，聚合物锂单离子导体是一种新型全固态聚合物电解质，其只发生阳离子迁移，意味着电解质中锂离子的迁移贡献了电荷传导全部，有利于抑制多硫离子向负极的迁移。

GPE 主要由聚合物基体、增塑剂与锂盐通过互溶的方式形成具有合适微结构的聚合物网络。常用的 GPE 的聚合物基体与 SPE 基本上是相同的。增塑剂对离子的溶剂化作用在 GPE 中离子的迁移行为中占主导地位，离子主要利用固定在微结构中的增塑剂实现离子的传导，这与液体中离子的传导机理是相类似的，因此 GPE 室温离子电导率比 SPE 要高得多（10^{-4}~10^{-3}S/cm）。

（2）无机固体电解质。无机固体电解质按结晶状态可分为晶态电解质（又称陶瓷电解质）和非晶态电解质（又称玻璃电解质）。陶瓷电解质由于室温电导率较低、对金属锂的稳定性差且价格高，在锂硫电池中的应用很少。常见的陶瓷电解质按晶体结构可分为层状 Li_3N、钠超离子导体（NASICON）、锂超离子导体（LISICON）、钙钛矿型及石榴石型等。

玻璃电解质具有室温离子电导率良好（通常可以达到 10^{-3}S/cm 以上）、电导活化能低、制备工艺相对简单等优点，目前在锂硫电池电解质体系中的应用相对比较多，具有很好的应用前景。玻璃电解质按组成物质类型大体可分为三大体系，即硫化物型如 Li_2S-P_2S_5、氧化物型如 Li_2O-B_2O_3-P_2O_5 及硫化物与氧化物混合型如 Li_3PO_4-Li_2S-SiS_2。

无机固态电解质具有制备工艺复杂、力学性能不佳及界面接触差（导致阻抗大）等缺点，这些问题限制着它的实用性。单一种类电解质很多时候不能很好地满足使用要求，因此有时会在电池中同时使用两种或两种以上不同类型的电解质形成杂化电解质，形成优势互补，如玻璃-陶瓷固态电解质、有机液体电解质-陶瓷电解质杂化电解质等。

4.5 锂硫电池性能提升策略

锂硫电池的发展还存在许多关键问题。首先，可溶性多硫化锂中间体（Li_2S_n，$4\leqslant n\leqslant 8$）被认为是锂硫电池的致命问题；其次，如何为锂硫电池的实际应用设计出更加稳定、高性能的硫正极和锂负极；最后，由于多硫化物的穿梭效应及由此引发的锂负极腐蚀，是否有可能设计出其他先进的锂硫电池系统。对这些问题的新认识，将有助于设计先进的锂电池，满足未来市场的高期望。

4.5.1 Li_2S_n 的热力学和动力学行为

不同于 Na_2S_n 和 K_2S_n 在室温下的众多热力学稳定的二元相，Li_2S 被认为是多硫化锂中唯一稳定的二元相。前线分子轨道分析显示，Li_2S_8 具有最低的 LUMO 能量，这表明高阶 Li_2S_n 是亚稳态化合物。例如，Li_2S_8 通过反应 $Li_2S_8 \rightarrow Li_2S_6 + 1/4S_8$ 歧化放热 2.1kcal/mol (8.8kJ/mol)，这意味着 Li_2S_8 的化学计量制备的是 Li_2S_6 和 S_8 的混合物。虽然高阶 Li_2S_n 是热力学不稳定的，但是由于它们在大多数锂硫电池电解质中有相当高的溶解度，动力学反应迅速。由于高阶 Li_2S_n 与金属锂发生不可逆的连续反应，从而降低了活性物质的含量，这会导致锂硫电池在循环和休眠过程中出现严重的自放电。如果无适当的锂负极保护，在高阶 Li_2S_n 形成过程中通常会发生严重的穿梭效应。Li_2S_n 可以扩散到锂电极，在那里它们直接与金属锂发生寄生反应，重建低阶多硫化物。然后低阶多硫化物扩散回硫电极，再次产生更高阶的多硫化物，造成严重的锂负极腐蚀和低库仑效率。

了解溶解在电解质中的活性硫物种对控制有害的穿梭过程和随后的寄生反应，实现硫的最大利用显然是至关重要的。溶剂的供体数（*DN*）比介电常数（ε）更有说服力地成为控制多硫化物稳定性和形态的主要物理量，因为它控制了溶剂化的 Li^+ 的有效电荷密度。具有高负电荷密度的 S_4^{2-} 多硫化物通过 Li^+ 的弱溶剂化作用，在低 DN 溶剂中稳定，而 $S_3^{\cdot-}$ 自由基可通过 Li^+ 的强溶剂化作用在高 DN 溶剂中普遍存在，如二甲亚砜（DMSO）和二甲基乙酰胺（DMA）。Nazar 等人认为，$S_3^{\cdot-}$ 自由基可以与其他多硫化物中间体以及固体 S_8、Li_2S 和 Li_2S_2 表现出动态平衡，同时也在多硫化物的歧化、解离和重组中起到促进或传递作用。因此，$S_3^{\cdot-}$ 的稳定性对锂硫电池的氧化还原反应有很大的影响。然而，在传统的低 *DN* 1,3-二氧环烷和 1,2-二甲氧基乙烷（DOL+DME 混合物）混合溶剂中，低浓度的 $S_3^{\cdot-}$ 自由基将限制锂硫电池中可能的反应路径，即使多硫化物自由基阴离子存在于一些醚基溶剂中，如四乙二醇二甲醚（TEGDME）和聚环氧乙烷（PEO）。

此外，最近的理论计算研究表明多硫化锂在 DOL+DME 混合溶剂体系中倾向于团聚和聚集，尤其是在低温下。考虑到多硫化锂溶液的离子电导率，不同的物种，如 S_n^{2-}、S_n^-、$[LiS_n]^-$、$[LiS_n]^\cdot$ 和 Li_2S_n 集群，可能出现在锂硫电池的电解质中。此外，Murugesan 等人证明 Li^+ 交换扩散的主要机制可能是 Li^+ 在多硫链或多硫簇中传输，而 Li^+ 从多硫链或多硫簇解离是次要的贡献。因此，多硫簇合过程对电化学转化动力学有着深远的影响。特别是锂盐和多硫化物在电解质中的配位状态在动态竞争平衡中相互影响和依赖。双三氟甲烷磺酰亚胺锂（LiTFSI）或三氟乙酸锂（LiTFA）等键合较强的锂盐的加入，可以削弱这强 $Li^+—S_n^{2-}$ 键合网络，部分缓解多硫化物簇合，从而提高 Li^+-溶剂间互作用，加快反应动力学。

与高阶 Li_2S_n 相比，低阶 Li_2S_n（通常指 Li_2S_2 和 Li_2S）的反应动力学较慢，这是由于在 Li_2S_2 和 Li_2S 之间转换的过程中，固相成核所需的额外能量。Li_2S_2 和 Li_2S 都只少量溶解在电解质中。大型 Li_2S_4 团簇中 Li_2S_2 团簇的结晶和团聚归因于 Li_2S_4 单体之间的强静电相互作用，这导致了 $Li^+—S^-$ 局部偶极矩的反平行排列。在放电过程中，聚集的 Li_2S_2 颗粒不能进一步还原为 Li_2S；在充电过程中，Li_2S_2 颗粒也不能进一步还原为 Li_2S，Li_2S_2 沉淀速度越快，从而导致电池在循环过程中放电容量不断下降。低阶 Li_2S_n 的缓慢反应动力学及其在正极上的沉淀是导致锂硫电池低倍率性能的主要因素。

4.5.2 锂硫电池硫正极设计策略

电化学反应的氧化还原动力学和硫正极，特别是中间产物（Li_2S_n）的热力学不稳定性对锂硫电池的正极性能产生很大的影响。然而，除了 S_8 和 Li_2S，其他所有 Li_2S_n 都被认为是热力学不稳定的。近十年来，锂硫电池正极设计的研究取得了巨大的进展，旨在提高 Li_2S_n 在硫正极中的氧化还原可逆性和利用，主要包括控制硫粒子的物理尺寸和调节 Li_2S_n 的化学吸附-催化行为两大主流。

4.5.2.1 物理隔离

为了提高锂电池的倍率性能，硫和多硫化锂的绝缘性能是需要长期解决的问题。主要有两种方法来改善硫正极的动力学：降低硫粒子的尺寸和引入导电基体。较小的尺寸会显著缩短电子传递路径，而导电基体则会明显形成电子导电网络。在这方面，碳基材料非常成功地满足了上述需求。

碳基材料由于具有分层结构和高导电性可同时容纳活性材料和提高硫正极导电性，不仅促进了硫的保留，而且增强了复合材料中电荷和电解质的传输。同时，碳基体的优异力学性能也有利于稳定硫正极，以应对放电和充电过程中高达 80%的体积变化。到目前为止，致力于优化复合材料配置的各种碳材料和合成路线已经为锂硫电池的循环性能提供了显著的改善。值得一提的是，考虑到多硫化物不可避免的溶解性，Manthiram 等人和斯坦福大学崔屹等人提出，液态多硫化锂可以作为起始活性材料，实现动力学良好的电化学反应。设计合理的三维电极骨架可使多硫化锂在硫电解质界面上的溶解和沉淀达到动态平衡，提高硫的利用率，特别是在含硫面积较高的情况下。然而，严重的锂金属腐蚀和电解质分解耗竭仍然是高能锂硫电池失效的主要诱因，通过抑制多硫化物向锂-金属-负极侧扩散或在锂-金属-负极表面形成 SEI 保护层，可实现锂硫电池的长循环寿命和稳定的容量传递。

4.5.2.2 化学吸附催化

多硫化锂与碳材料之间通过范德华力的低吸附能不足以防止多硫化锂溶解到电解质中。Li_2S_n 在某些乙醚溶剂中的高溶解度也会导致长时间循环后容量持续下降。当开发高含硫电极时，这个问题会变得更加严重，因为溶解的多硫化锂也会持续对锂负极造成严重的腐蚀。此外，碳材料的多孔结构也需要大量电解质的渗透，这将导致电解质/硫体积比高，大大降低了锂电池实际应用的质量能量密度。因此，开发具有良好化学吸附能力的新型功能性硫主体材料，以增强多硫化锂的热稳定性和动力学行为将成为研究的重点。从 Li_2S_n 物种的化学结构来看，锂原子可视为 Lewis 酸性位点，而多硫化物部分可视为 Lewis 碱性位点。因此，锂键的概念起源于多硫化锂与宿主中富电子给体（如吡啶氮）之间的强偶极-偶极相互作用。锂键可以通过带有 π 电子支架材料（如石墨烯）的诱导和共轭效应增强。因此，宿主表面的表面化学性质在多硫化物氧化还原反应中应发挥重要作用。

导电聚合物基质和掺杂碳材料可作为单吸附位点主体材料结合多硫化锂。这种类型的相互作用通常发生在多硫化锂中的 Lewis 酸性锂位和功能材料中氮、氧、硫原子的 Lewis 碱性位之间。导电性硫正极主体材料不仅增强了电化学氧化还原反应中的电子转移，而且稳定了电极上的多硫化锂，从而提高了锂硫电池的硫利用率和寿命。此外，基于其固有的 Lewis 酸位点与多硫化物之间的相互作用，还探索了另一种单吸附位点宿主材料。例如，镍基金属有机框架（Ni-MOF），可以通过 Lewis 酸性 Ni（Ⅱ）中心和多硫化物碱之间的物理和化学相互作用，显著固定正极结构中的多硫化物。在 0.1C 下循环 100 次后，容量保持率高达 89%。

金属氧化物、硫化物和氮化物中具有自由 d 轨道的金属中心可与亲核多硫化物阴离子配位，而复合材料中的氧、硫和氮中心可与多硫化锂物中的锂原子配位。这些类型的硫宿主对多硫化锂表现出更高的吸附能力。例如，TiN 中的钛原子可以作为 Lewis 酸位点与 Li_2S_n 中的硫结合，而氮原子也可以作为 Lewis 碱位点与 Li_2S_n 中的锂结合。这种 TiN 纳米球与 Li_2S_n 物种具有亲硫（Ti—S 键）性和亲锂（Li—N 键）性，因此，在 3C 下的超长循环性能（高达 300 次）可以实现每次循环仅 0.0033%的电容衰减。包层结构也被认为可进一步抑制多硫化锂扩散出正极、抑制放电和充电期间的体积膨胀。例如，硫-二氧化钛（TiO_2）蛋黄-壳复合材料在 0.5C 下的初始容量为 1030mA·h/g，在 1000 次循环结束时保留率为 67%。

4.5.2.3 电催化氧化/还原

由于多硫化锂的稳定性差，氧化还原可逆性不足，电催化还原和氧化反应是实现高效硫转化反应的重要途径。影响硫正极电催化的关键因素包括电极表面的有效化学吸附、主体框架内的快速电子传递及固液界面的快速电子传递。例如，硫正极中 CoS_2 的存在，不仅为极性多硫化物提供了强吸附和活化位点，而且动态地增强了多硫化物的氧化还原反应。高多硫化物反应性提高了 10%的能源效率，同时在 2C 条件下实现了每次循环 0.034%的缓慢容量衰减率。而且，在反复放电—充电循环过程中，不溶性 Li_2S 的沉积和积累会使其在电极与电解质的局部界面处以较大的能量势垒氧化。崔屹等人系统研究了一系列金属硫化物（VS_2、CoS_2、TiS_2、FeS、SnS_2 和 Ni_2S_3），确定了 Li_2S 催化分解的相关机理。金属硫化物的催化性能取决于其固有的金属导电性。其与多硫化锂的强相互作用，促进了 Li^+ 迁移，控制 Li_2S 沉淀，加速表面介导的氧化还原反应，降低了 Li_2S 氧化的能量势垒，从而显著提高电池性能。2015 年，Nazar 等人提出了一种限制多硫化物扩散的新机制，即多硫化物与 MnO_2 发生氧化还原反应，形成硫代硫酸盐。所形成的硫代硫酸盐可继续与多硫化物反应，形成聚硫代酸络合物。该络合物作为锚定和转移介质，抑制活性多硫化物溶解到电解质中，控制 Li_2S_2 或 Li_2S 的沉积。除了一些非均相氧化还原介质外，均相催化剂也被用来催化硫的转化。例如，一些醌类衍生物的氧化还原电位与锂金属，在 1.7~3.2V 相对标准电极电位范围内，表现出促进 Li_2S 氧化的潜在中介作用。

4.5.3 锂硫电池负极设计策略

由于多硫化物的存在，锂硫电池中硫正极和锂负极之间存在独特的穿梭效应。这显然不同于其他锂金属电池。这种穿梭效应会导致锂负极严重腐蚀。锂负极保护也是锂电池实际应用中不可回避的挑战。而且，与实验室的锂硫硬币电池的优越性能相比，目前的锂硫荷包电池的性能仍低于预期。这种差异是由于硬币电池中锂金属的质量，远远超过了匹配硫正极所需的理论质量值。对于面积含硫量高、运行电流密度大的实用锂电池来说，其电池性能和寿命在很大程度上取决于锂金属负极的稳定性。

4.5.3.1 界面工程

稳定的 SEI 将缓解穿梭效应，使锂硫电池具有更好的循环能力和更高的库仑效率。首先，锂负极的理想 SEI 层必须具有化学稳定性和离子导电性；同时，为了避免枝晶生长的局部效应，它们在整体上应该是致密的，在横向上也应该是均匀的；最后，它们在横向和纵向上都应具有良好的结构，具有刚性和弹性耦合的力学性能，以适应循环过程中体积的变化。某些特定种类的多硫化物（如 Li_2S_5 和 Li_2S_8）在一定浓度下可以修复死的 Li_2S 和 Li_2S_2，在与 $LiNO_3$ 添加剂协同作用下促进稳定 SEI 的形成。崔屹等人通过 Li_2S_8 与锂的寄生反应证明，Li_2S_8 和 $LiNO_3$ 协同作用，形成了均匀的 SEI 层，从而阻止了枝晶的生长。这一发现为理解锂负极的结构演化提供了有价值的见解，可见在多硫化物存在的情况下，策略性地设计电解液成分和负极结构可以有效实现负极保护。此外，与 Li_2S_5 相似，五硫化磷（P_2S_5）也被报道可促进 Li_2S 的溶解和钝化锂金属表面，大大抑制了多硫化物的穿梭现象。近年来，通过合理结合两种常用锂盐的优点，出现了调节锂金属电池 SEI 膜的双盐电解质。例如，在 LiTFSI-LiBOB 双盐电解质中，LiTFSI 的分解导致高导电的 SEI，而 LiBOB 生成的含硼类半碳酸物种有助于 SEI 的稳定性。

然而，在金属-锂负极的反复电解剥离和电镀过程中，SEI 层往往会被破坏。另一种稳定 SEI 的方法，即非原位界面改性，涉及循环前在锂表面覆盖一层保护层或人工 SEI。这种非原位涂层或人工 SEI 是为了避免原位形成的 SEI 有缺陷。通常要求保护层薄、化学稳定性好、密度高，以防止锂离子腐蚀，同时具有合理的锂离子导电性。它们能在功能上阻止锂金属与多硫化锂的接触，避免副反应，并增强电解质-锂金属界面，缓解体积变化，减缓锂枝晶生长。同样，Wen 团队通过锂与 N_2 的原位反应在锂负极上构建了 Li_3N 保护层。在 0.5C 条件下，不添加 $LiNO_3$，经过 500 次循环后，锂硫电池的放电容量为 773mA·h/g，平均库仑效率为 92.3%。

4.5.3.2 3D 结构设计

制备复合锂负极是管理镀锂和脱锂行为、推进锂硫电池发展的又一有效途径。一个理想的复合锂负极是由新鲜的锂金属和具有适当的表面化学性质和互连结构的 3D 骨架组成的。一方面，与普通的 2D 集流器相比，3D 多孔结构具有固有的多维特性，可以保障电池的尺寸稳定性，并将镀锂限制在其孔隙内，避免连续镀锂和剥离过程中体积的变化。另一方面，碳基和金属基的导电主体可以大大提高电极的电导率，从而使 Li^+ 通量均匀化，最终实现对树枝状锂形成的有效抑制。

引导锂枝晶的无害生长比单纯抑制或阻断枝晶生长更有效可行。周永宁等人开发了一种泡沫铜-锂复合电极（CCOF-Li），具有凹陷和波峰的表面形貌。CCOF-Li 电极不仅能降低局部电流密度，还能促进锂枝晶的横向生长。此外，通过调节三维基质表面亲锂位点之间的相互作用，可以实现均匀镀锂和剥离。除了 3D 泡沫铜镍外，碳纤维纸因其自支撑结构、优异的力学性能和良好的导电性而逐渐进入人们的视野。张强课题组通过镀银和熔锂两种方式，构筑了珊瑚状镀银碳纤维基复合锂负极（CF-Ag-Li）。由于银的亲锂性，熔融锂可以注入到碳纤维框架中。CF-Ag-Li-S 电池在 0.5C 循环 400 次后，容量保留率高达 64.3%。此外，在锂硫电池中应用了一种新颖的由电连接石墨和锂金属组成的混合负极结构，旨在抑制锂枝晶生长和控制锂表面不良反应。锂金属前面的锂化石墨是一种人工的、自我调节的 SEI 膜。这种功能性 SEI 能有效抑制锂枝晶的生长，最大限度地减少锂金属、Li_2S_n 和电解质之间的有害副反应。使用这种混合负极，锂电池的放电容量大于 800mA·h/g，在超过 1C 的条件下进行 400 次循环，容量衰减仅 11%，库仑效率大于 99%。

复习思考题

4-1 锂硫电池的优势是什么？

4-2 简述锂硫电池的工作原理。

4-3 分析锂硫电池存在的主要问题。

4-4 锂硫电池的正极材料有哪些？分析其特点。

参考文献

[1] Zhao M, Josephson L, Tang Y, et al. Magnetic sensors for protease assays [J]. Angewandte Chemie-International Edition, 2003, 42 (12): 1375~1378.

[2] Ji X, Lee K T, Nazar L F. A highly ordered nanostructured carbon-sulphur cathode for lithium-sulphur batteries [J]. Nature Materials, 2009, 8 (6): 500~506.

[3] Bruce P G, Freunberger S A, Hardwick L J, et al. Li-O_2 and Li-S batteries with high energy storage [J]. Nature Materials, 2012, 11 (1): 19~29.

[4] Nelson J, Misra S, Yang Y, et al. In operando X-ray diffraction and transmission X-ray microscopy of lithium-sulfur batteries [J]. Journal of the American Chemical Society, 2012, 134 (14): 6337~6343.

[5] Xin S, Gu L, Zhao N H, et al. Smaller sulfur molecules promise better lithium-sulfur batteries [J]. Journal of the American Chemical Society, 2012, 134 (45): 18510~18513.

[6] Xiong S, Xie K, Diao Y, et al. Properties of surface film on lithium anode with $LiNO_3$ as lithium salt in electrolyte solution for lithium-sulfur batteries [J]. Electrochimica Acta, 2012: 8378~8386.

[7] Yin L, Wang J, Lin F, et al. Polyacrylonitrile/graphene composite as a precursor to a sulfur-based cathode material for high-rate rechargeable Li-S batteries [J]. Energy & Environmental Science, 2012, 5 (5): 6966~6972.

[8] Fu Y, Su Y S, Manthiram A. Highly reversible lithium/dissolved polysulfide batteries with carbon nanotube electrodes [J]. Angewandte Chemie-International Edition, 2013, 52 (27): 6930~6935.

[9] Lin Z, Liu Z, Fu W, et al. Phosphorous pentasulfide as a novel additive for high-performance lithium-sulfur batteries [J]. Advanced Functional Materials, 2013, 23 (8): 1064~1069.

[10] Wei S Z, Li W, Cha J J, et al. Sulphur-TiO_2 yolk-shell nanoarchitecture with internal void space for long-cycle lithium-sulphur batteries [J]. Nature Communications, 2013, 41: 331~1331.

[11] Yang Y, Zheng G, Cui Y. A membrane-free lithium/polysulfide semi-liquid battery for large-scale energy storage [J]. Energy & Environmental Science, 2013, 6 (5): 1552~1558.

[12] Zhou W, Chen H, Yu Y, et al. Amylopectin wrapped graphene Oxide/Sulfur for improved cyclability of lithium-sulfur battery [J]. Acs Nano, 2013, 7 (10): 8801~8808.

[13] Chen X A, Xiao Z, Ning X, et al. Sulfur-impregnated, sandwich-type, hybrid carbon nanosheets with hierarchical porous structure for high-performance lithium-sulfur batteries [J]. Advanced Energy Materials, 2014, 4 (13): 1301988.

[14] Huang C, Xiao J, Shao Y, et al. Manipulating surface reactions in lithium-sulphur batteries using hybrid anode structures [J]. Nature Communications, 2014, 5: 1~7.

[15] Seh Z W, Yu J H, Li W, et al. Two-dimensional layered transition metal disulphides for effective encapsulation of high-capacity lithium sulphide cathodes [J]. Nature Communications, 2014, 5: 1~7.

[16] Wu F, Qian J, Chen R, et al. An effective approach to protect lithium anode and improve cycle performance for Li-S batteries [J]. Acs Applied Materials & Interfaces, 2014, 6 (17): 15542~15549.

[17] Yuan Z, Peng H J, Huang J Q, et al. Hierarchical free-standing carbon-nanotube paper electrodes with ultrahigh sulfur-loading for lithium-sulfur batteries [J]. Advanced Functional Materials, 2014, 24 (39): 6105~6112.

[18] Zheng J, Tian J, Wu D, et al. Lewis acid-base interactions between polysulfides and metal organic framework in lithium-sulfur batteries [J]. Nano Letters, 2014, 14 (5): 2345~2352.

[19] Al Salem H, Babu G, Rao C V, et al. Electrocatalytic polysulfide traps for controlling redox shuttle process of Li-S batteries [J]. Journal of the American Chemical Society, 2015, 137 (36): 11542~11545.

[20] Chen J J, Yuan R M, Feng J M, et al. Conductive lewis base matrix to recover the missing link of Li_2S_8 during the sulfur redox cycle in Li-S battery [J]. Chemistry of Materials, 2015, 27 (6): 2048~2055.

[21] Cuisinier M, Hart C, Balasubramanian M, et al. Radical or not radical: Revisiting lithium-sulfur electrochemistry in nonaqueous electrolytes [J]. Advanced Energy Materials, 2015, 5 (16): 1401801.

[22] Song J, Gordin M L, Xu T, et al. Strong lithium polysulfide chemisorption on electroactive sites of nitrogen-doped carbon composites for high-performance lithium-sulfur battery cathodes [J]. Angewandte Chemie-International Edition, 2015, 54 (14): 4325~4329.

[23] Sun Y, Seh Z W, Li W, et al. In-operando optical imaging of temporal and spatial distribution of polysulfides in lithium-sulfur batteries [J]. Nano Energy, 2015, 11: 579~586.

[24] Wujcik K H, Pascal T A, Pemmaraju C D, et al. Characterization of polysulfide radicals present in an ether-based electrolyte of a lithium-sulfur battery during initial discharge using in situ X-ray absorption spectroscopy experiments and first-principles calculations [J]. Advanced Energy Materials, 2015, 5 (16): 1500285.

[25] Zhang Q, Wang Y, Seh Z W, et al. Understanding the anchoring effect of two-dimensional layered materials for lithium-sulfur batteries [J]. Nano Letters, 2015, 15 (6): 3780~3786.

[26] Bai S, Liu X, Zhu K, et al. Metal-organic framework-based separator for lithium-sulfur batteries [J]. Nature Energy, 2016: 116094.

[27] Hou T Z, Chen X, Peng H J, et al. Design principles for heteroatom-doped nanocarbon to achieve strong anchoring of polysulfides for lithium-sulfur batteries [J]. Small, 2016, 12 (24): 3283~3291.

[28] Liang X, Kwok C Y, Lodi-Marzano F, et al. Tuning transition metal oxide-sulfur interactions for long life lithium-sulfur batteries: the "goldilocks" principle [J]. Advanced Energy Materials, 2016, 6 (6): 1501636.

[29] Pang Q, Liang X, Kwok C Y, et al. Advances in lithium-sulfur batteries based on multifunctional cathodes and electrolytes [J]. Nature Energy, 2016: 116132.

[30] Rehman S, Gu X, Khan K, et al. 3D vertically aligned and interconnected porous carbon nanosheets as sulfur immobilizers for high performance lithium-sulfur batteries [J]. Advanced Energy Materials, 2016, 6 (12): 1502518.

[31] Zu C, Dolocan A, Xiao P, et al. Breaking down the crystallinity: the path for advanced lithium batteries [J]. Advanced Energy Materials, 2016, 6 (5): 1501933.

[32] Conder J, Bouchet R, Trabesinger S, et al. Direct observation of lithium polysulfides in lithium-sulfur batteries using operando X-ray diffraction [J]. Nature Energy, 2017, 2 (6): 17069.

[33] Fu K, Gong Y, Hitz G T, et al. Three-dimensional bilayer garnet solid electrolyte based high energy density lithium metal-sulfur batteries [J]. Energy & Environmental Science, 2017, 10 (7): 1568~1575.

[34] Hou T Z, Xu W T, Chen X, et al. Lithium bond chemistry in lithium-sulfur batteries [J]. Angewandte

Chemie-International Edition, 2017, 56 (28): 8178~8182.

[35] Li Y, Fang J, Zhang J, et al. A honeycomb-like Co@ N-C composite for ultrahigh sulfur loading Li-S batteries [J]. Acs Nano, 2017, 11 (11): 11417~11424.

[36] Lin D, Liu Y, Cui Y. Reviving the lithium metal anode for high-energy batteries [J]. Nature Nanotechnology, 2017, 12 (3): 194~206.

[37] Peng H J, Huang J Q, Cheng X B, et al. Review on high-loading and high-energy lithium-sulfur batteries [J]. Advanced Energy Materials, 2017, 7 (24): 1700260.

[38] Shyamsunder A, Beichel W, Klose P, et al. Inhibiting polysulfide shuttle in lithium-sulfur batteries through low-ion-pairing salts and a triflamide solvent [J]. Angewandte Chemie-International Edition, 2017, 56 (22): 6192~6197.

[39] Zhao J, Zhou G, Yan K, et al. Air-stable and freestanding lithium alloy/graphene foil as an alternative to lithium metal anodes [J]. Nature Nanotechnology, 2017, 12 (10): 993~999.

[40] Zheng J, Engelhard M H, Mei D, et al. Electrolyte additive enabled fast charging and stable cycling lithium metal batteries [J]. Nature Energy, 2017, 2 (3): 17012.

[41] Zhou G, Tian H, Jin Y, et al. Catalytic oxidation of Li_2S on the surface of metal sulfides for Li-S batteries [J]. Proceedings of the National Academy of Sciences of the United States of America, 2017, 114 (5): 840~845.

[42] Fan L, Zhuang H L, Zhang W, et al. Stable lithium electrodeposition at ultra-high current densities enabled by 3D PMF/Li composite anode [J]. Advanced Energy Materials, 2018, 8 (15): 1703360.

[43] He J, Chen Y, Manthiram A. Vertical Co_9S_8 hollow nanowall arrays grown on a Celgard separator as a multifunctional polysulfide barrier for high-performance Li-S batteries [J]. Energy & Environmental Science, 2018, 11 (9): 2560~2568.

[44] Kim M S, Ryu J H, Deepika, et al. Langmuir-Blodgett artificial solid-electrolyte interphases for practical lithium metal batteries [J]. Nature Energy, 2018, 3 (10): 889~898.

[45] Li G, Wang S, Zhang Y, et al. Revisiting the role of polysulfides in lithium-sulfur batteries [J]. Advanced Materials, 2018, 30 (22): 1705590.

[46] Li N W, Shi Y, Yin Y X, et al. A flexible solid electrolyte interphase layer for long-life lithium metal anodes [J]. Angewandte Chemie-International Edition, 2018, 57 (6): 1505~1509.

[47] Wang H, Zhang W, Xu J, et al. Advances in polar materials for lithium-sulfur batteries [J]. Advanced Functional Materials, 2018, 28 (38): 1707520.

[48] Zhang R, Chen X, Shen X, et al. Coralloid carbon fiber-based composite lithium anode for robust lithium metal batteries [J]. Joule, 2018, 2 (4): 764~777.

[49] Andersen A, Rajput N N, Han K S, et al. Structure and dynamics of polysulfide clusters in a nonaqueous solvent mixture of 1, 3-dioxolane and 1, 2-dimethoxyethane [J]. Chemistry of Materials, 2019, 31 (7): 2308~2319.

[50] Chen X, Hou T, Persson K A, et al. Combining theory and experiment in lithium-sulfur batteries: Current progress and future perspectives [J]. Materials Today, 2019, 22: 142~158.

[51] Du Z, Chen X, Hu W, et al. Cobalt in nitrogen-doped graphene as single-atom catalyst for high-sulfur content lithium-sulfur batteries [J]. Journal of the American Chemical Society, 2019, 141 (9): 3977~3985.

[52] Fan L, Li M, Li X, et al. Interlayer material selection for lithium-sulfur batteries [J]. Joule, 2019, 3 (2): 361~386.

[53] Kim Y, Chung S, Cho K, et al. Enhanced charge injection properties of organic field-effect transistor by

molecular implantation doping [J]. Advanced Materials, 2019, 31 (10): 1970073.

[54] Li S, Dai H, Li Y, et al. Designing Li-protective layer via $SOCl_2$ additive for stabilizing lithium-sulfur battery [J]. Energy Storage Materials, 2019, 18: 222~228.

[55] Li T, Bai X, Gulzar U, et al. A comprehensive understanding of lithium-sulfur battery technology [J]. Advanced Functional Materials, 2019, 29 (32): 1901730.

[56] Lim W G, Kim S, Jo C, et al. A comprehensive review of materials with catalytic effects in Li-S batteries: Enhanced redox kinetics [J]. Angewandte Chemie-International Edition, 2019, 58 (52): 18746~18757.

[57] Liu T, Lin L, Bi X, et al. In situ quantification of interphasial chemistry in Li-ion battery [J]. Nature Nanotechnology, 2019, 14 (1): 50.

[58] Steudel R, Chivers T. The role of polysulfide dianions and radical anions in the chemical, physical and biological sciences, including sulfur-based batteries [J]. Chemical Society Reviews, 2019, 48 (12): 3279~3319.

[59] Tsao Y, Lee M, Miller E C, et al. Designing a quinone-based redox mediator to facilitate Li_2S oxidation in Li-S batteries [J]. Joule, 2019, 3 (3): 872~884.

[60] Wang D Y, Guo W, Fu Y. Organosulfides: An emerging class of cathode materials for rechargeable lithium batteries [J]. Accounts of Chemical Research, 2019, 52 (8): 2290~2300.

[61] Wang Y, Zhang R, Pang Y C, et al. Carbon@ titanium nitride dual shell nanospheres as multi-functional hosts for lithium sulfur batteries [J]. Energy Storage Materials, 2019, 16: 228~235.

[62] Wu X, Liu N, Guan B, et al. Redox mediator: A new strategy in designing cathode for prompting redox process of Li-S batteries [J]. Advanced Science, 2019, 6 (21): 1900958.

[63] Xu J, Bi S, Tang W, et al. Duplex trapping and charge transfer with polysulfides by a diketopyrrolopyrrole-based organic framework for high-performance lithium-sulfur batteries [J]. Journal of Materials Chemistry A, 2019, 7 (30): 18100~18108.

[64] Yan Y, Cheng C, Zhang L, et al. Deciphering the reaction mechanism of lithium-sulfur batteries by in situ/operando synchrotron-based characterization techniques [J]. Advanced Energy Materials, 2019, 9 (18): 1900148.

[65] Yue X Y, Wang W W, Wang Q C, et al. Cuprite-coated Cu foam skeleton host enabling lateral growth of lithium dendrites for advanced Li metal batteries [J]. Energy Storage Materials, 2019, 21: 180~189.

[66] Zhang L, Qian T, Zhu X, et al. In situ optical spectroscopy characterization for optimal design of lithium-sulfur batteries [J]. Chemical Society Reviews, 2019, 48 (22): 5432~5453.

[67] Zheng J, Ji G, Fan X, et al. High-fluorinated electrolytes for Li-S batteries [J]. Advanced Energy Materials, 2019, 9 (16): 1803774.

[68] Bhargav A, He J, Gupta A, et al. Lithium-sulfur batteries: Attaining the critical metrics [J]. Joule, 2020, 4 (2): 285~291.

[69] Gupta A, Bhargav A, Jones J P, et al. Influence of lithium polysulfide clustering on the kinetics of electrochemical conversion in lithium-sulfur batteries [J]. Chemistry of Materials, 2020, 32 (5): 2070~2077.

[70] Wang X, Tan Y, Shen G, et al. Recent progress in fluorinated electrolytes for improving the performance of Li-S batteries [J]. Journal of Energy Chemistry, 2020, 41: 149~170.

[71] Weret M A, Kuo C F J, Zeleke T S, et al. Mechanistic understanding of the sulfurized-poly (acrylonitrile) cathode for lithium-sulfur batteries [J]. Energy Storage Materials, 2020, 26: 483~493.

5 燃料电池

能源技术是衡量一个国家经济发展和人民生活水平的重要指标。燃料电池是氢能利用最重要的形式，通过燃料电池这种先进的能量转化方式，氢能源能真正成为人类社会高效清洁的能源动力。燃料电池技术也因其清洁、高能源转换效率等特点，成为近年来备受瞩目的新能源技术之一。

5.1 概　　述

燃料电池（fuel cell，FC）是等温地将燃料和氧化剂中的化学能直接转化为电能的一种电化学反应装置。与干电池、充电电池等常规电池不同，在燃料电池中，反应物可以连续供给，反应产物可以不断排出，因此，燃料电池可以在相当长的时间内连续运行，且不需要更换部件或为电池充电。燃料电池不受卡诺循环限制，能量转换效率高，通过燃料电池能实现对能源更为有效的利用。燃料电池还具有洁净、无污染、噪声低、比功率高等优点，既可以集中供电，也适合分散供电。

5.1.1 燃料电池的特点

燃料电池具有许多独特的优越性，体现在以下几个方面：

（1）能量转换效率高。燃料电池依靠电化学反应等温地直接将化学能转化为电能，不受卡诺循环的控制，理论转换效率可达到83%。由于受各种极化的限制，实际电能转化效率均在40%~60%之间，若考虑余热利用，效率可达80%以上。除了核能发电外，其他发电技术的单位质量燃料所能产生的电能均是无法与燃料电池相比拟的。

（2）清洁污染小。由于燃料电池发电过程不需要燃烧，具有高的能量转换效率，如使用的燃料是纯氢气，生成的只有水，几乎不排放硫氧化物、氮氧化物及二氧化碳等，减少大气污染。

（3）噪声低。由于燃料电池结构简单，不使用其他发电技术中常用的大型涡轮机，运动部件少，因此它工作时很安静。

（4）可靠性高。燃料电池无论是在低于额定功率的情况下运行，还是在额定功率以上过载运行，都稳定可靠。碱性燃料电池及磷酸燃料电池的成功运行已经证明这点。

（5）燃料来源广。无论是氢气还是天然气，石油、煤炭的气化产物，醇，醛，烷烃等都可用作燃料电池的燃料，可以减小对化石能源的依赖。

（6）长时间持续运行。燃料电池可以在相当长的时间内连续运行，且不需要更换部件或为电池充电。

（7）用途广泛。燃料电池输出功率范围很宽，在10~1000MW之间。因此，可使用的领域也很多，可为日常生活使用的便携式装置提供连续电能，也可作为电动车辆的动力电源、分散型发电站和大型集中型发电厂等。

5.1.2 燃料电池的工作原理

与锂离子电池等不同，燃料电池是能量转换装置，仅完成能量的转换，而无能量储存功能。燃料电池的重要组成部分是燃料和氧化剂，以氢气为燃料、氧气为氧化剂的燃料电池被称为氢氧燃料电池。氢气作为燃料被连续输送到燃料电池的阳极，在阳极催化剂的作用下发生电化学氧化反应生成质子，同时释放出两个自由电子，见式（5-1）。质子通过电解质从阳极传递到阴极，自由电子则通过外电路电子导体从阳极通过负载后传输到阴极。在阴极，氧气在催化剂的作用下，与从电解质传递过来的质子和从外电路传递过来的电子结合生成水，见式（5-2），电池反应见式（5-3）。由于两个电极反应的电势不同，从而在两个电极间产生电势差，并释放出能量。

阳极反应：
$$H_2 \longrightarrow H^+ + e \tag{5-1}$$

阴极反应：
$$1/2O_2 + 2H^+ + 2e \longrightarrow H_2O \tag{5-2}$$

电池总反应：
$$H_2 + 1/2O_2 \longrightarrow H_2O \tag{5-3}$$

燃料电池通常在恒温恒压下工作，因此电池反应可以看作是一个恒温恒压体系，Gibbs 自由能变化量可以表示为：

$$\Delta G = \Delta H - T\Delta S \tag{5-4}$$

在标准条件下（25℃，0.1MPa），燃料电池的理论效率，即可能实现的最大效率（f_r）为：

$$f_r = \Delta G_r / \Delta H_r = -237.2/-285.1 = 83\% \tag{5-5}$$

在实际的燃料电池中，存在着由于极化导致的电动势下降，以及对燃料的不充分利用等非理想因素从而导致效率的降低。在燃料电池（特别是高温燃料电池）运行过程中会产生一部分废热，通过适当的转换系统可以将一部分废热利用，从而进一步提高整个系统的转换效率。例如一般燃料电池的效率为40%~60%，但是通过废热利用，整个燃料电池系统的总能量转化效率可达90%左右。

燃料电池的理论电动势 E 是阳极与阴极两个半反应的电极电势差，标准状况下为1.23V，但工作时电池的输出电压 V 会小于理论电动势 E，并且随着输出电流的增大而变小。实际输出电压 V 与热力学决定的理论电动势 E 的差值被称为过电位 η。随着电流密度的增大，过电位增大，造成还原电势升高，氧化电势降低，从而使电池电动势降低。

极化是由电池工作的动态过程中偏离热力学平衡态造成的，取决于电化学反应的控制步骤，包括由传质控制的浓差极化和由电极反应控制的电化学极化两种机理。当整个电化学反应由电极反应控制时，产生的极化为电化学极化，极化曲线由 Bulter-Volmer 方程给出：

$$j = j_0\left[\exp\left(\frac{\alpha_A n\eta F}{RT}\right) - \exp\left(\frac{\alpha_C n\eta F}{RT}\right)\right] \tag{5-6}$$

式中，j_0 为交换电流密度，由在平衡电势下的电极反应速率给出；α_A、α_C 分别为阳极和阴极的传递系数，$\alpha_A+\alpha_C=1$。

电化学极化改变两个电极反应的活化能，从而改变反应速率，影响输出的电流密度。

当输出电流较大时，电极附近溶液中反应物与生成物的浓度与溶液本体会有很大的不同，造成浓差极化，电化学反应由传质过程控制。造成浓差极化的过程包括扩散、对流及电迁移等。由扩散引起的浓差极化造成的极化曲线为：

$$V = E + \frac{nF}{RT}\ln\left(1 - \frac{j}{j_d}\right) \tag{5-7}$$

可见，减小浓差极化，需要降低扩散层的厚度，提高极限电流密度。

5.1.3 燃料电池的类别

燃料电池的分类方法有多种，根据工作温度，燃料电池可分为低温型、中温型和高温型三种；而按照燃料电池电解质种类的不同，燃料电池可分为五类，即碱性燃料电池（alkaline fuel cell，AFC）、磷酸盐型燃料电池（phosphoric acid fuel cell，PAFC）、熔融碳酸盐型燃料电池（molten carbonate fuel cell，MCFC）、固体氧化物型燃料电池（solid oxide fuel cell，SOFC）、固体聚合物燃料电池又称为质子交换膜燃料电池（proton exchange membrane fuel cell，PEMFC）。常见的燃料电池类型、主要的工作参数和应用见表 5-1。下面的几节将对各类型的燃料电池作更详细的讨论。

表 5-1 各种燃料电池的种类与特征比较

项目		AFC	PAFC	MCFC	SOFC	PEMFC
电解质	种类	氢氧化钾	磷酸	碳酸锂（Li_2CO_3） 碳酸钠（Na_2CO_3）	稳定的氧化锆 （$ZrO_2+Y_2O_3$）	离子交换膜
	导电离子	OH^-	H^+	CO_3^{2-}	O^{2-}	H^+
	比电阻 /Ω·cm	约 1	约 1	约 1	约 1	约 20
	工作温度 /℃	50～150	190～200	600～700	约 1000	80～100
	腐蚀性	中	强	强	—	中
	使用形态	基片浸渍	基片浸渍	基片浸渍或糊状	薄膜状	膜
电极	催化剂	镍、银类	铂类	不需要	不需要	铂类
	燃料极	$H_2+2OH^- \rightarrow 2H_2O+2e$	$H_2 \rightarrow 2H_2+2e$	$H_2+CO_3^{2-} \rightarrow H_2O+CO_2+2e$	$H_2+O^{2-} \rightarrow H_2O+2e$	$H_2 \rightarrow 2H^++2e$
	空气极	$1/2O_2+H_2O+2e \rightarrow 2OH^-$	$1/2O_2+2H^++2e \rightarrow H_2O$	$1/2O_2+CO_2+2e \rightarrow CO_3^{2-}$	$1/2O_2+2e \rightarrow O^{2-}$	$1/2O_2+2H^++2e \rightarrow H_2O$
燃料（反应物）		纯氢（不能含 CO_2）	氢（可含 CO_2）	氢、一氧化碳	氢、一氧化碳	氢（可含 CO_2）
应用		航天、特殊地面应用	特殊需求、区域性供电	区域性供电	区域供电，联合循环发电	电动车、潜艇、可移动动力源

5.2 碱性燃料电池

碱性燃料电池（AFC）最早应用于阿波罗登月计划中。其阳极活性物质是氢气，阴极活性物质是空气，操作温度是室温。碱性水溶液腐蚀性相对较小，材料选择范围宽，催化剂也可以使用非贵金属。另外，电池工作温度低，启动快；电解液中氢氧根离子为传导介质，电池的溶液内阻较低；不需要成本较高的聚合物隔膜。这些优点使得碱性燃料电池受到广泛重视。

5.2.1 AFC 工作原理

AFC 单体电池主要由氢气气室、阳极、电解质、阴极和氧气气室组成。AFC 属于低温燃料电池，最新的 AFC 工作温度一般在 20～70℃。AFC 采用氢气为燃料，氧气为氧化剂，高浓度碱溶液（如 30%氢氧化钾）为电解质，氢氧根离子从电池的阴极迁移到阳极，如图5-1所示。氢气经由多孔性炭阳极进入电极中央的强碱电解质，氢气与碱中的 OH^-在电催化剂的作用下，发生氧化反应生成水和电子，见式（5-8）。电子经由外电路提供电力并流回阴极，并在阴极电催化剂的作用下，与氧及水接触后反应形成氢氧根离子，见式（5-9）。最后水蒸气及热能由出口离开，氢氧根离子经由电解质流回阳极，完成整个电路。但是空气中的 CO_2 对碱性燃料电池电极催化剂具有毒化作用，见式（5-11），生成的碳酸盐不仅会堵塞电极，影响电极性能，更会引起电解质中 OH^-浓度下降，大大降低了效率和使用寿命，难以用于以空气为氧化剂气体的交通工具中。

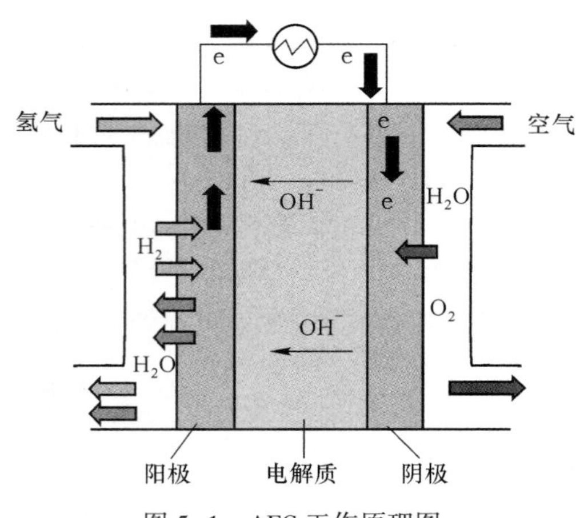

图 5-1 AFC 工作原理图

阳极反应： $H_2 + 2OH^- \longrightarrow 2H_2O + 2e$ （5-8）

阴极反应： $1/2O_2 + H_2O + 2e \longrightarrow 2OH^-$ （5-9）

总反应： $H_2 + 1/2O_2 \longrightarrow H_2O$ （5-10）

CO_2 毒化反应： $CO_2 + 2OH^- \longrightarrow CO_3^{2-} + H_2O$ （5-11）

一个单电池的理论电动势为 1.23V，但由于极化作用，单电池的工作电压仅为 0.6～1.0V。从电极过程动力学来看，提高电池的工作温度，可以提高电化学反应速率，还能够提高传质速率，减少浓差极化，提高 OH^-的迁移速率，减小欧姆极化，以改善电池性能。此外，大多数的 AFC 都是在高于常压的条件下工作的。因为随着 AFC 工作压力的增加，燃料电池的开路电压也会随之增大，同时也会提高交换电流密度，从而提高 AFC 性能。除此之外，电池阳极和阴极催化剂性能对 AFC 性能有很大影响。

5.2.2 AFC 的优势

AFC 为首先实用化的燃料电池，优势在于较大的电流密度和非常稳定可靠的运行。用于航天飞机和空间站的燃料电池一般在较高的压力下运行，能在 700mV 以上达到 $1A/cm^2$ 以上的电流密度。用于空间站的 AFC 的稳定运行时间能达到 10000h 以上。地面的 AFC 一般在大气压下工作，其典型的电流密度为 $100mA/cm^2$，寿命在 5000h 以上。此外在空间站、潜艇等环境中，AFC 产生的纯净水为人员提供了宝贵的生活用水。

AFC电流密度高、运行稳定可靠，但由于不能直接用空气作为氧化剂，其在地面的应用受到很大的限制，目前仅在航天、水下等一些对成本要求不高的场合使用。相对于当前的主要低温燃料电池质子交换膜燃料电池，AFC仍然有一些优点，主要包括：

（1）相对于质子交换膜燃料电池，AFC的贵金属用量较小，价格更有竞争力；

（2）AFC的工作电压较高，单节电池一般为0.8V；

（3）当使用循环的电解质时，不输出电流时是一种完全停止工作的状态，电解液可全部移出。因此AFC的停止/启动性能和寿命均优于质子交换膜燃料电池。而对于质子交换膜燃料电池，电解液即使在电池不工作时也会缓慢发生反应。

5.2.3 AFC阳极催化剂

对于AFC阳极氢氧化反应（HOR）使用的贵金属催化剂，如铂和钯，具有其他金属催化剂所不可比拟的催化性能和稳定性。由于钯对氢气的强吸附能力和铂对氢气的高电化学氧化活性，常采用铂-钯二元贵金属催化剂，其在性能和稳定性方面都表现良好。早期人们采用高负载量的铂和钯作催化剂以提升性能。在美国宇航局的航天飞机AFC系统中，阳极采用铂-钯（80%铂，20%钯）作电催化剂，采用聚四氟乙烯（PTFE）黏合型多孔气体扩散电极，用镀银的镍网作阳极的集流与支撑网，电极铂-钯负载量为10mg/cm^2。阴极用金-铂（90%金，10%铂）作电催化剂，也是PTFE黏合型多孔气体扩散电极，催化剂负载量为20mg/cm^2，用镀金的镍网作阴极的集流和支撑网。由于铂和钯价格昂贵，为降低成本，通常将贵金属制备成颗粒细小的铂黑或者钯黑担载在基质上，常用的方法是将基质浸渍在氯铂酸和氯化钯水溶液中，然后通过加热分解得到金属纳米颗粒。用作载体的碳材料通常由热分解烃类获得，它们具有丰富的孔道结构，比表面积可达到1000m^2/g以上。同时可以通过各种化学方法向碳材料表面引入C—O和C—N基团，调控多孔碳的表面性质。将贵金属纳米颗粒与碳复合，制备的催化剂中贵金属负载量大幅降低，现在的贵金属负载量已降低到原来的1/100~1/20，而且催化剂表面积增大，且具有良好的导电性。

在研制地面使用的AFC时，一般不使用纯氢和纯氧作为燃料和氧化剂，因此要考虑进一步提高催化剂的电催化活性、提高催化剂的抗CO毒化能力和降低贵金属催化剂的用量。一般用铂基二元和三元合金催化剂，如铂-银、铂-铑、铂-镍、铱-铂-金、铂-钯-镍、铂-钴-钼、铂-镍-钨、铂-钌-铌等。将贵金属与非贵金属合用，也可以进一步提高阳极的活性，尤其是为了提高阳极在有CO存在的情况下的抗毒能力。铂-钌/碳和铂-锡/碳是研究较多的抗CO催化剂。铂-钌合金有利于氢的氧化，钌的加入可以使CO的氧化电势大大降低，在CO存在的情况下，铂-钌/碳催化剂的性能高于纯铂催化剂。铂-锡/碳催化剂的抗CO水平与铂-钌/碳相近。

非贵金属催化剂因其成本优势引起了人们的广泛关注，其中最常用的非贵金属催化剂主要是镍基金属及合金，这中间又以Raney Ni为代表。所谓Raney Ni就是先将镍与铝按1∶1质量比配成合金，再用饱和KOH溶液将铝溶解后形成的多孔结构催化剂。Raney Ni催化剂有很好的初始活性，但Raney Ni一旦与O_2接触，就会被氧化，发热从而失活。为了提高Raney Ni的活性和稳定性，通常在Raney Ni中加入少量过渡金属，如钛、铬、铁和钼等来防止Raney Ni的氧化。但这些催化剂的活性和寿命都不如贵金属催化剂，加上使用碳载体后，贵金属载量大幅度降低，进而降低了成本，因此，这些非贵金属催化剂很少在实际的 AFC 中使用。此外，在航天、潜艇等特殊用途的 AFC 中，转化效率、稳定性、电池体积及寿命等因素往往是比成本更为优先考虑的问题。因此在上述应用领域，大量使用的还是贵金属催化剂。

5.2.4 AFC 阴极催化剂

AFC 阴极发生氧还原反应（ORR），催化剂主要是以铂、钯、金为代表的贵金属催化剂以及基于铂的合金催化剂，如铂-金和铂-银等。这类催化剂活性高、稳定性好，但成本较高、资源有限，而且在碱性介质中反应速率较快。可以使用的非贵金属催化剂有银基催化剂、碳纳米管、氧化锰等。

银基催化剂是碱性燃料电池中研究得最多的非贵金属催化剂。这是因为它具有良好的催化活性、稳定性和电子导电性。Raney Ag 掺杂金、铋、镍和钛都取得了比较好的效果，但是这种方法需要大量的银来保证催化活性。将银负载到炭黑上制成银/碳电极可以增加催化面积同时降低银的用量。由于银与碳的相互作用降低了银与电解液的反应活性，银溶解电位上升。另外，由于银的催化作用，腐蚀电位下降。银含量为 30%的银/碳电极运行 2h 后，电流密度达到最大，与 10%铂含量的铂/碳电极相当。中国科学院大连化学物理研究所在 20 世纪 70 年代研制的碱性石棉膜燃料电池中，阳极为活性炭负载的钯-铂/碳，金属由水合肼还原铂和钯的水合氯化物制得；阴极为银，首先由 $AgNO_3$ 在 NaOH 中沉淀制得高分散的 AgO 颗粒，与 PTFE 混合制成气体扩散电极，然后以电化学方法还原制得银阴极。在单壁碳纳米管薄膜上沉积的铂纳米颗粒制成的阴极催化剂显示出良好的氧还原活性。MnO_2 也可以在碱性溶液体系作为氧还原的催化剂。将 MnO_2 和 $LaNi_{4.1}Co_{0.4}Al_{0.3}Mn_{0.4}$ 储氢合金分别用于阴极和阳极催化剂，可以降低碱性燃料电池体系的体积、质量和成本。研究表明，高催化剂负载量（$>150mg/cm^2$）的能量密度与 $0.3mg/cm^2$ 负载的铂/碳催化剂相当。但是当工作电压较低时，由于 MnO_2 和储氢合金还充当能量储存物质，因而可以释放额外的能量。

对于阴极电催化剂而言，最常见的问题就是如果 AFC 使用空气作为氧化剂，则空气中的 CO_2 会随着氧气一起进入电解质和电极，为了保持 AFC 电催化剂的反应活性，延长 AFC 的使用寿命，采用的防止催化剂中毒的方法主要有：（1）利用物理或化学方法除去 CO_2，如化学吸收法、分子筛吸附法和电化学法；（2）使用液态氢，利用液态氢吸热汽化的能量，采用换热器来实现对 CO_2 的冷凝，从而使气态 CO_2 降低到 0.001%以下；（3）采用循环电解液，主要通过连续更新电解液，清除溶液中的碳酸盐，并及时向电解液中补充 OH^- 载流子；（4）改善电极制备方法。

5.2.5 AFC 其他组件及材料

AFC 其他组件及材料有：

（1）电解质。AFC 的电解液通常为 KOH 水溶液。阴离子为 OH^-，它既是氧还原反应的产物，又是导电离子，因此不会出现阴离子特殊吸附对电极过程动力学的不利影响。碱的腐蚀性比酸低得多，所以 AFC 的电催化剂不仅种类比酸性电池多，而且活性也更高。以强碱为电解质时，需考虑 CO_2 的毒化问题，会使溶解度和电导率下降。这个问题对于 NaOH 更为严重，因为形成的 Na_2CO_3 溶解度和电导率均更低，会使电池内电阻升高，同时会堵塞电极系统的空隙。因此，虽然 NaOH 成本低于 KOH，但是在寿命上没有优势。KOH 浓度越浓，溶液的饱和蒸气压越低，沸点越高，电池电压越大，电池能在高温下使用，可以获得高的电流密度。

（2）隔膜。在固定电解质类型的 AFC 中，电解液常由多孔的石棉膜固定。石棉膜的多孔结构能为 OH^- 的移动提供通道，同时阻止气体穿透。石棉膜厚度一般为几个毫米，可使电池的体积大大缩小。固定电解质 AFC 在操作过程中需要解决反应过程中生成的水排出的问题，在 AFC 中水在氢电极处生成，因此通常采用循环氢气的方法将水排出。在航天器中，这部分清洁的水能为宇航员提供宝贵的生活用水。此外燃料电池还需配备相应的冷却系统。带有电解质循环的系统很容易通过外部热交换器（如乙二醇）来冷却，航天飞机使用由非导电液体流过的冷却板（绝缘液体循环）。在使用固定电解质时，则可以使用空气冷却。

（3）碱性阴离子交换膜。碱性阴离子交换膜起到传导 OH^-、隔绝电子、阻止气体穿透三重作用，它的性能将在很大程度上影响 AFC 的性能。碱性阴离子交换膜在性能上的要求：1）具有较高的离子传导能力，以减小中等电流密度下膜的欧姆阻抗，从而提高电池效率；2）具有较致密的膜结构，以减小气体的透过率，解决 CO_2 毒化问题；3）具有高度交联的膜骨架结构，以增强膜的稳定性，提高电池的使用寿命；4）具有较高的水合能力和干湿转换性能，电池在加工过程中会使膜失去水分，而在电池的运行过程中为了获得最大的离子传导率，碱性阴离子交换膜要在全湿状态下工作；5）电子绝缘性，减小暗电流的产生。

科学家们在碱性阴离子交换膜的制备和性能优化方面开展了大量的研究。氯甲基化法是碱性阴离子交换膜制备中比较常用的方法，包括氯甲基化、铸膜、季铵化、碱化四个步骤。Cornelius 和 Park 等人以聚砜为基膜，Chen 等人以聚醚酰亚胺、聚砜为基膜，Xie 等人以聚醚砜为基膜，Kohl 等人以聚芳醚砜为基膜，Zhuang 等人以聚砜为基膜，Jian 等人以杂萘联苯聚醚砜为基膜，Fang 等人以聚芳醚砜酮为基膜，Liu 等人以酚酞型聚醚酮、聚苯乙烯-乙烯-丁烯复合膜为基膜，Wang 等人以酚酞型聚醚砜为基膜，采用氯甲基化、铸膜、季铵化、碱化四步制备出碱性阴离子交换膜并对膜的离子传导能力、阻醇性及稳定性进行了研究。

（4）双极板。AFC 的操作温度较低，碱性环境对金属的腐蚀能力较弱，可使用镍和无孔石墨板等有效廉价双极板材料。在航天应用中，常用轻金属，如镁、铝等为双极板材料，并在表面镀上金等化学性质稳定的金属，以降低燃料电池重量。此外，还可以采用抗腐蚀能力较强的不锈钢作双极板。

5.3 磷酸盐燃料电池

磷酸盐燃料电池（PAFC）作为第一代燃料电池技术，已经进入了商业化应用和批量生产，是目前最为成熟的燃料电池技术。PAFC 是一种以 95%浓磷酸为电解质的中温型（工作温度 180~210℃）燃料电池，具有发电效率高、清洁等特点，而且还可以以热水的形式回收大部分热量。PAFC 作为中小型分立式电站得到了很好的应用。

5.3.1 PAFC 工作原理

PAFC 单体电池主要由氢气气室、阳极、磷酸电解质隔膜、阴极和氧气气室组成，其工作原理如图 5-2 所示。PAFC 以氢气为燃料，氢气进入气室，到达阳极后，在阳极催化剂作用下，失去 2 个电子，氧化成 H^+，见式（5-12）。H^+通过磷酸电解质到达阴极，电子通过外电路做功后到达阴极。氧气进入气室到达阴极，在阴极催化剂的作用下，与到达阴极的 H^+ 和电子相结合，还原生成水，见式（5-13）。PAFC 的工作压力一般为 0.7~0.8MPa。

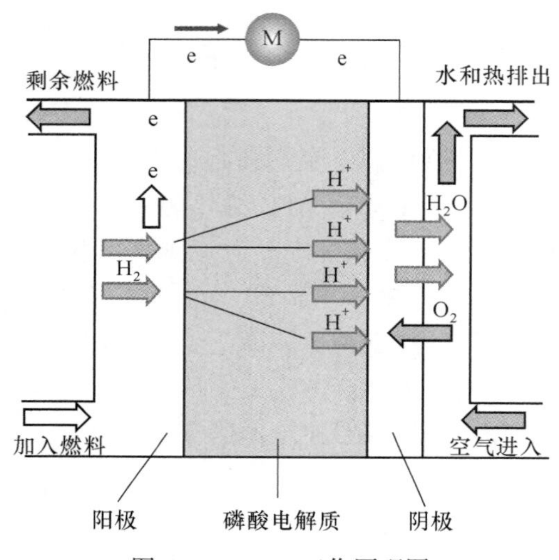

图 5-2 PAFC 工作原理图

阳极反应：
$$H_2 \longrightarrow 2H^+ + 2e \tag{5-12}$$
阴极反应：
$$1/2O_2 + 2H^+ + 2e \longrightarrow H_2O \tag{5-13}$$
总反应：
$$H_2 + 1/2O_2 \longrightarrow H_2O \tag{5-14}$$

与 AFC 相比，PAFC 以浓磷酸为电解质，浓磷酸的化学稳定性好，在工作温度下，腐蚀速率相对较低，且离子电导率高，不受 CO_2 毒化。但以酸为电解质时需要克服两个问题。一是酸性电解质中阴离子通常不起氧化还原作用，因此阴离子在电极上的吸附会导致阴极极化作用的增强。为克服这一问题，通常会提高电池运行温度降低极化，例如磷酸燃料电池通常在 200℃左右运行。二是酸的腐蚀性远高于碱，因此对电极材料提出了更高的要求。

5.3.2 PAFC 电极材料

因为铂具有较高的催化活性和稳定性，PAFC 通常采用铂作为催化剂。对阳极而言，到目前为止，PAFC 所使用的阳极催化剂仍然以铂或铂合金为主。在 PAFC 运行条件下，铂阳极反应可逆性好，其过电位只有 20mV 左右；催化活性较高，能耐燃料电池中电解质腐蚀，因而具有长期的化学稳定性；铂就是一种对 CO 非常敏感的金属，铂-钌合金阳极催化剂具有良好的抗中毒能力。此外，由于磷酸较高的浸润性，电极需要较强的疏水性以防止电解液淹没催化剂区域，在电极中形成催化剂的梯度分布或者选择表面具有适当疏水性的催化剂，也能提高电极催化剂的利用率，从而降低电极中贵金属铂的用量。

因为阴极氧化反应动力学缓慢，铂的负载量阴极比阳极高。而且，由于在酸性介质中，酸的阴离子吸附等会影响氧在电催化剂上的电还原速度，电池中的电化学极化主要是由氧电极产生。因此，阴极极化被认为是影响电池性能的一个主要因素，且阴极的铂催化剂用量较大。对于阴极催化剂的研究主要集中于减少阴极极化和延长催化剂使用寿命。导电、稳定的碳载体是 PAFC 的重要组成部分。从热力学上考虑，在 PAFC 操作条件下，碳电极会被 O_2 氧化，但实际由于动力学的阻碍，通过合理控制操作条件，碳电极在运行条件下显示出了很好的稳定性，其中石墨化的碳具有最佳的稳定性。催化剂载体必须具有高的化学与电化学稳定性、良好的导电性、适宜的孔体积分布、高的比表面积及低的杂质含量，无定型的炭黑具有上述性能。为提高碳材料的稳定性，可在惰性气氛下高温处理（1500~2700℃）以提高其石墨化程度，然而这种方法会使碳载体的比表面积下降。另一种方法是在相对较低温度下（900~950℃）以 CO_2 或者水蒸气处理，以去除其中的易氧化部分，这种方法能保留较大的比表面积。目前 PAFC 广泛采用炭黑 Vulcm XC-72 负载的铂催化剂（铂含量为 10%），与 30%~40%PTFE 黏合剂混合并涂覆或印刷到炭纸上。阳极铂负载量为 0.1mg/cm^2，阴极铂负载量为 0.5mg/cm^2。PTFE 可使电极表面疏水化，形成电解质/电极/气体空间三相反应区并防止孔隙溢水。Vulcm XC-72 为粒径 30nm 的小颗粒炭粉，为精细分散的铂纳米晶体提供较大的比表面积。气体扩散层通常以多孔炭纸制成，炭纸孔隙率可高达 80%~90%。

阴极采用铂与过渡金属元素形成合金，不仅可降低成本，其催化性能和稳定性均优于纯铂催化剂。例如铂-铬/碳、铂-钴/碳、铂-钴-镍/碳、铂-铁-钴/碳、铂-钴-铬/碳、铂-铁-锰/碳及铂-钴-镍-铜/碳等，该类催化剂能够提高氧化还原反应的电催化活性，如铂-镍阴极催化剂的性能比铂提高了 50%。然而，合金化提高 ORR 速率的机理比较复杂，已经观察到的一个现象是合金中非贵金属组分在磷酸中部分溶解，从而使铂颗粒表面粗糙化而提供更多的反应位点，实际的作用机理可能更为复杂。铂-钒合金虽然能有效提高电极性能，可钒在热的浓磷酸中溶解较快。铂-铬合金的稳定性则较好。后来发现，向铂-铬合金中引入钴形成的三元合金能更有效地加速 ORR。也有研究用其他金属大环化合物催化剂来代替纯铂或铂合金化合物，如铁、钴的卟啉等大环化合物作为阴极催化剂，虽然这种阴极催化剂的成本低，但是它们的稳定性不好，在浓磷酸电解质条件下，只能在 100℃ 下工作，否则会出现活性下降的问题。

在实际 PAFC 运行过程中催化剂面临的另一个问题是在长时间运行过程中发生的团聚或脱落从而导致电极性能下降。很多研究表明长时间运行会导致铂催化剂颗粒数量明显减少。为了固定催化剂颗粒，可以通过在高温下以 CO 处理铂-碳催化剂，使少许碳沉积在铂颗粒附近达到固定的效果。也可通过对碳基底进行功能化，在其表面修饰上羟基、羧基等官能团，增加对铂纳米颗粒的锚定作用。另外研究发现通过与铁或钴的合金化可以增强催化剂颗粒在碳电极表面的稳定性。

5.3.3 PAFC 其他组件及材料

PAFC 其他组件及材料有：

（1）电解质。磷酸是无色黏稠并具有吸水性的液体，225℃下电化学稳定，在高温下（150℃以上）磷酸是一种良好的质子导体。由于其极低的蒸气压，100%的磷酸常被用于PAFC 中，100%的磷酸在42℃固化，因此 PAFC 不能在室温下运行。在磷酸浓度低于95%时，其蒸气压急剧上升，磷酸可自动脱水和自溶。

此外，人们对其他的酸性电解质也进行了研究。硫酸（H_2SO_4）具有高导电性（约1S/cm），但比磷酸更易挥发，阴极还原为亚硫酸、硫化氢和硫；高氯酸（$HClO_4$）是一种强效氧化剂，会引起燃料爆炸；HCl 和 HBr 作电解质时，氯电极和溴电极上的反应比氧电极处的反应更快，正向和逆向反应均在相同的电催化剂上进行，且 HCl、HBr 太易挥发；三氟甲基磺酸（CF_3SO_3H）是热稳定的，能够很好地溶解氧，酸阴离子也几乎不吸附在电极表面上，其室温氧还原反应速率比 85%磷酸快 50 倍，但因其挥发性强及对 PTFE 较强的浸润性等而尚未能实现实用化。

（2）双极板。双极板（bipolar plate，BPP）是燃料电池的一种核心零部件，主要作用为支撑电池内部结构，提供氢气、氧气和冷却液流体通道并分隔氢气和氧气，收集电子，传导热量。形象地说，如果把燃料电池电堆看作人体，双极板就相当于人体的骨骼和血管。PAFC 中的双极板通常制成双面垂直刻槽结构，两面的刻槽为气体流通的通道，燃料气和空气以相互垂直的方式流经电极。双极板由石墨粉和酚醛树脂经铸造而成。铸造成型的双极板需要在高温下（2700℃）石墨化以提高其在磷酸中的抗腐蚀能力，实验表明在900℃下石墨化的双极板会发生明显的腐蚀。全石墨的双极板抗腐蚀能力很强，但是制备成本较高。

5.4 熔融碳酸盐燃料电池

熔融碳酸盐燃料电池（MCFC）使用熔融碱金属（锂、钠、钾）的碳酸盐作为电解质，属于第二代燃料电池。MCFC 工作温度为 650 ~ 700℃，是高温燃料电池的一种。MCFC 以氢气为燃料，阳极产生二氧化碳和水；在阴极上，二氧化碳被还原成碳酸盐。碳酸根离子由电解质传输。MCFC 具有的优点包括：

（1）不受热机卡诺循环限制，能量转换效率高，比功率、比能量高；

（2）工作温度高，不需要贵金属作催化剂，制造成本低；

（3）不用担心催化剂的 CO 毒化问题，既可以使用纯氢作燃料，又可以使用由天然气、甲烷、石油、煤气等转化产生的富氢合成气作燃料，可使用的燃料范围大大增加；

（4）排出的废热温度高，可以进行热电联产，也可以直接驱动燃气轮机/蒸汽机进行复合发电，进一步提高系统的发电效率；

（5）洁净、无污染、噪声低。

若应用基础研究能成功地解决电池关键材料的腐蚀等技术难题，使电池使用寿命延长到 40000h，MCFC 将很快商品化，作为分散型或中心电站进入发电设备市场。

5.4.1　MCFC 工作原理

MCFC 工作原理如图 5-3 所示，MCFC 依靠多孔电极内毛细管压力的平衡来建立稳定的三相界面。典型的电解质组成是 62%Li_2CO_3+38%K_2CO_3，传导碳酸根离子。工作时，以镍氧化物为阴极催化剂，还原氧气：

阴极反应：
$$CO_2 + 1/2O_2 + 2e \longrightarrow CO_3^{2-} \tag{5-15}$$
以镍-铬、镍-铝合金为阳极催化剂，氧化氢气：

阳极反应：
$$H_2 + CO_3^{2-} \longrightarrow H_2O + CO_2 + 2e \tag{5-16}$$
总反应：
$$H_2 + 1/2O_2 \longrightarrow H_2O \tag{5-17}$$

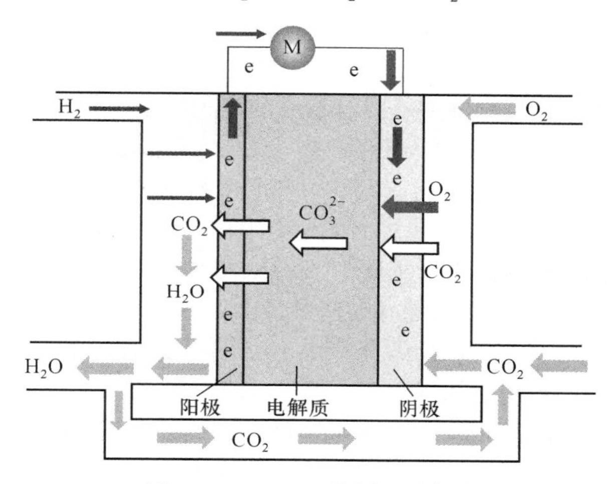

图 5-3　MCFC 工作原理示意图

MCFC 的发电效率为 50%~60%，若组成联合循环发电，效率可达到 60%~70%；若电热联产，效率可以提高到约 80%。MCFC 与其他类型燃料电池的区别是，在阴极 CO_2 为反应物，在阳极 CO_2 为产物。因此，电池工作过程中 CO_2 在循环。为确保电池稳定、连续地工作，必须使阳极产生的 CO_2 返回到阴极。一般做法是，将阳极室排出的尾气燃烧，消除其中的氢和一氧化碳，经分离除水，再将 CO_2 返回到阴极。这增加了系统的复杂性，而且超高的工作温度（650~700℃）及电解质的腐蚀性对电池组成材料的抗腐蚀性提出了更高的要求，并在一定程度上影响了电池的寿命，且启动时间较长。

5.4.2　MCFC 电极材料

构成 MCFC 的关键材料为阳极、阴极、隔膜、双极板及熔融碳酸盐电解质。MCFC 最早采用的阳极催化剂为银和铂。为了降低电池成本而使用导电性与电催化性能良好的多孔镍板，由于镍具有较强的吸氢能力，所以有较高的交换电流密度。但其在高温和应力下发生蠕变使孔道结构坍塌，从而导致三相界面的破坏，严重影响了 MCFC 电池的效率和寿命。为减小阳极的蠕变，通常加入铬、铜、铝等金属制成镍-铬、镍-铜、镍-铝合金阳极电催化剂，以达到弥散强化的作用。但镍-铝合金电极内部在锂的作用下会形成较为稳定的 $LiAlO_2$，会消耗碳酸盐电解质，可向镍阳极中加入非金属氧化物，如 $LiAlO_2$ 和 $SrTiO_3$，利用非金属氧化物良好的抗高温蠕变性能对阳极进行强化；或在超细 $LiAlO_2$ 或 $SrTiO_3$ 表面镀一层镍或铜，然后将化学镀后的 $LiAlO_2$ 或 $SrTiO_3$ 热压烧结成电极。由于以非金属氧化物作为“陶瓷核”，这种电极的抗蠕变性能很好。

MCFC 阴极的作用是：提供还原反应活性位、催化阴极反应及提供反应物通道、传递电子。MCFC 阴极电催化剂普遍采用多孔 NiO，它是多孔金属镍在电池升温过程中，经高温氧化而成。在 MCFC 研究和开发的进程中，由阴极的溶解造成电池使用寿命缩短是制约其发展的关键因素。MCFC 阴极气体组成中含 CO_2，阴极材料 NiO 随着电极长期工作运行，将在高温熔盐电解质中发生缓慢的溶解，见式（5-18）。

$$NiO + CO_2 \longrightarrow Ni^{2+} + CO_3^{2-} \tag{5-18}$$

溶解产生的 Ni^{2+} 扩散进入电池隔膜中，被从隔膜中渗透过来的氢气还原成金属镍并沉积在隔膜中，时间越长沉积的镍越多，最终造成电池内部短路而使电池的寿命和性能受到影响。NiO 在熔融碳酸盐中的腐蚀溶解以及转移和沉积过程比较复杂，主要与温度、熔盐组成和气体环境（如 CO_2 分压）等因素有关。当熔盐为 Li_2CO_3/K_2CO_3 时，NiO 溶解度随钾含量增加而增加，提高熔盐的碱性是限制 NiO 阴极溶解的重要措施之一。NiO 的溶解度与 CO_2 分压成正比，以 NiO 作电池阴极，电池每工作 1000h，阴极的质量和厚度损失将达 3%。当气体工作压力为 0.1MPa 时，阴极寿命为 25000h，当气体工作压力为 0.7MPa 时，阴极寿命仅 3500h。MCFC 运行条件下，CO_2 易吸附在 NiO 表面，而且此种吸附作用极强。在没有电解质条件下，已经吸附的 CO_2 很难从 NiO 阴极表面脱附。而在电解质存在并且气氛中含有氧气时，CO_2 能够快速从 NiO 表面脱落下来。造成此种现象的原因极可能是 NiO 的晶格氧与吸附 CO_2 之间发生相互作用形成碳酸根，从而造成 NiO 中 Ni^{2+} 的溶出，即发生了阴极材料的破坏。为提高阴极抗熔盐电解质腐蚀能力，普遍采用的方法有：

（1）改变熔盐电解质的组分配比，增加电解质碱性，向电解质盐中加入碱土金属氧化物如 MgO、CaO、SrO 等；或加入碱土金属盐，如 $BaCO_3$、$SrCO_3$，以抑制 NiO 的溶解；

（2）采用锂化的 NiO 作为 MCFC 阴极材料，或采用 $LiFeO_2$、Li_2MnO_3 或 $LiCoO_2$ 等作阴极材料替代 NiO；

（3）向阴极中加入钴、银或 LaO 等稀土氧化物，以提高材料的蠕变阻力和耐腐蚀性。

5.4.3 MCFC 其他组件及材料

MCFC 其他组件及材料有：

（1）隔膜。隔膜是 MCFC 中的核心组件，具有以下功能：1）隔离阴极与阳极之间的电子传导；2）离子超导体，碳酸盐电解质的载体，碳酸根离子的迁移通道，其孔隙率增大可使浸入的碳酸盐电解质增多，隔膜的电阻率减小；3）防止气体的渗透，阻挡气体通过。MCFC 的工作温度为 650℃，在此温度下，碳酸盐呈熔融状态，借助于毛细管力被保持在电解质隔膜中。因此，MCFC 电解质隔膜需要有较高的机械强度，无裂缝，无大孔，能耐高温熔盐腐蚀；隔膜中应充满电解质，并具有良好的保持电解质的性能；具有良好的电子绝缘性。隔膜孔半径越小，毛细管承受的穿透气压就越大。若要求 MCFC 隔膜可承受阴、阳极压力差为 0.1MPa，则隔膜孔半径应不大于 3.96μm。另外，隔膜的孔隙率越大，隔膜中浸入的碳酸盐电解质就越多，则隔膜的电阻率就越小。可见，为了同时满足能够承受较大穿透气压和尽量降低电阻率的要求，隔膜应具有小的孔半径和大的孔隙率。一般情况下，隔膜的孔隙率应控制在50%~70%，厚度0.3~0.6mm，平均孔径0.25~0.8μm。

早期采用MgO制成隔膜，然而MgO在熔融盐中有微弱的溶解并容易开裂。目前普遍采用电解质隔膜的材料是偏铝酸锂（$LiAlO_2$），其主要原因是其在熔融碳酸盐中较稳定。偏铝酸锂有α、β和γ三种晶相，分别属于六方、单斜和四方晶系，虽然在MCFC运行温度下γ-$LiAlO_2$是最稳定的相，但在熔融碳酸盐环境中会发生γ相向α相的转化，导致隔膜孔结构的塌陷，电池性能下降。

（2）电解质。MCFC以熔融碳酸盐为电解质，碱金属如锂、钠或钾的碳酸盐均可用于MCFC。然而对于特定的操作条件，需要考虑电化学活性、对电极的腐蚀性和浸润性以及在操作条件下的挥发性等因素，选取合适的碱金属碳酸盐种类和比例。当前对于在常压下工作的MCFC电解质为$Li_2CO_3/K_2CO_3=62/38$（物质的量比）的混合物，在高压下工作的MCFC电解质为Li_2CO_3/Na_2CO_3在52/48到60/40之间的混合物。10kW的MCFC电池堆测试表明Li_2CO_3/Na_2CO_3表现出了良好的长期运行性能。低Li_2CO_3/K_2CO_3混合物的问题是会发生相分离，在阴极区K_2CO_3浓度会增大，从而增强了对NiO的腐蚀。而Na_2CO_3对NiO的腐蚀能力较低，但其对O_2溶解能力较强，会增大阴极极化，同时在低于600℃性能也较差。因此，向电解质中加入少许碱土金属碳酸盐能减弱对NiO的腐蚀，例如向52%（摩尔分数）的Li_2CO_3/Na_2CO_3中添加9%（摩尔分数）的$CaCO_3$或$BaCO_3$能有效降低镍的流失。MCFC的NiO阴极在其工作条件下的溶解机理主要是酸性溶解，因此增加熔盐电解质的碱性是降低NiO溶解速率的一种有效的方式。在熔融碳酸盐电解质中加入MgO、CaO、SrO和BaO等碱土金属氧化物，可以提高熔盐的碱性，但是碱土金属离子在溶盐中会逐渐泳动到阴极侧，并不能长期抑制NiO的溶解。

（3）双极板。双极板的作用是分隔氧化剂和还原剂，并供给气体流动通道，同时发挥集流导电作用。通常由不锈钢或各种镍基合金钢制成，至今使用最多的为310号或316号不锈钢，不锈钢的腐蚀层厚度与时间的0.5次方成正比，且阳极侧的腐蚀速度高于阴极侧。为减缓双极板腐蚀速度，在双极板阳极侧采用镀镍的措施，或涂覆TiN、TiC和铈基陶瓷涂层。在电池工作条件下，铝被氧化成Al_2O_3，Al_2O_3进一步与熔融盐作用可形成具有很好保护性，因此为防止在湿密封处形成腐蚀电池，双极板的湿密封处一般采用铝涂层保护。可采用气密性好、强度高的石墨板做双极板，然后在双极板外包覆一层镍或镍-铬-铁耐热合金，或在其表面镀铝、钴或铬。

5.5 固体氧化物燃料电池

固体氧化物燃料电池（SOFC）以固体氧化物为电解质，工作温度在800~1000℃，属于高温燃料电池。SOFC具有如下特点：（1）全固态结构可以避免液体电解质带来的腐蚀和电解液流失；（2）超高工作温度，电极反应过程迅速，电池效率高，且无须采用贵金属催化剂，降低成本；（3）燃料选用范围广，可直接采用天然气、煤气及碳氢化合物等；（4）污染物和温室气体排放低。

5.5.1 SOFC工作原理

SOFC的工作原理如图5-4所示，以固体氧化物为电解质，允许带负电的氧离子

(O^{2-}) 通过。氧分子在阴极得到电子，被还原成氧离子，见式 (5-19)，氧离子以氧空位的方式通过电解质传递到阳极，与氢气反应，生成水和电子，电子通过外电路传导到阴极，形成回路，见式 (5-20)。

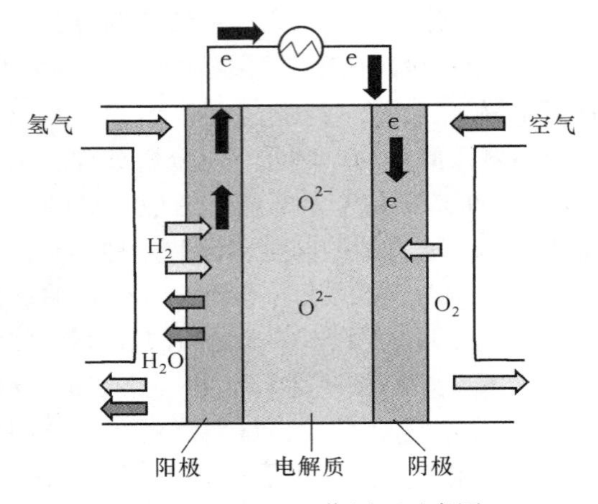

图 5-4　SOFC 工作原理示意图

阴极反应：
$$1/2O_2 + 2e \longrightarrow O^{2-} \tag{5-19}$$
阳极反应：
$$H_2 + O^{2-} \longrightarrow H_2O + 2e \tag{5-20}$$
总反应：
$$H_2 + 1/2O_2 \longrightarrow H_2O \tag{5-21}$$

SOFC 能量综合利用率达到 70%，是在 2kW～100MW 范围内非常有竞争力的动力源。然而高温对于 SOFC 的各组件材料提出了更高的要求，需要材料在电池运行条件下有很好的稳定性，固定电站的稳定工作时间应在 40000h 以上。高温环境使得对材料的机械强度、可靠性，以及热膨胀匹配的要求都变得更加严格。当前研究的重点是以廉价的材料和制备技术来制备高效可靠的燃料电池体系。

5.5.2　SOFC 电极材料

5.5.2.1　SOFC 阳极材料

在 SOFC 运行过程中，阳极，又称燃料极，不仅要为燃料的电化学氧化提供反应场所，也要对燃料的氧化反应起催化作用，同时还要起着转移反应产生的电子和气体的作用。早期人们曾采用与其他类型燃料电池一样的金属材料如镍或铂、金等贵金属。然而这些金属与作为电解质的氧化物陶瓷热膨胀系数相差很大，在高温下极易脱落造成电池结构的破坏。SOFC 阳极材料需从以下几个方面来考虑：(1) 对阳极的电化学反应有良好的催化活性；(2) 从室温至工作温度范围内，材料必须保持性能稳定、结构稳定、化学稳定，不与接触材料发生化学反应，还必须与相接触的电解质等材料具有线膨胀系数相容性，以避免开裂、变形和脱落；(3) 必须具有足够高的孔隙率以减小浓差极化电阻，良好的界面状态以减小电极和电解质的接触电阻，利于燃料向阳极表面反应活性位的扩散，并把产生的水蒸气和其他副产物从电解质与阳极界面处释放出来；(4) 具有足够的电导率。在阳极的还原气氛中，NiO 会被部分还原形成镍。由于 Y_2O_3 稳定的 ZrO_2 (YSZ) 与 NiO 不形成固溶体或化合物，因此复合电极可以以 YSZ 和 NiO 粉体共混煅烧制备，在 YSZ-Ni 陶瓷-金属电极中，YSZ 构成多孔骨架，使镍颗粒分散其中，能有效地减弱颗粒的团聚。在多孔 YSZ-Ni 陶瓷-金属阳极中，镍金属相起着导电和催化的作用，而 YSZ 陶瓷相则起着降低阳极线膨胀系数、避免镍颗粒长大和提供氧离子传导路径的作用，同时增大了阳极反应的活化区域。YSZ-Ni 陶瓷-金属具有可靠的热力学稳定性和较好的电化学性能，被认为是以 YSZ 为电解质、氢气为燃料的 SOFC 阳极材料的首选，这一体系至今仍是最为有效的 SOFC 阳极材料。由于镍表面容易发生积碳，从而导致电池性能衰减，此外气体中的杂质硫会和镍反应，因此 YSZ-Ni 不适合作为以碳氢气体为燃料的 SOFC 阳极材料。由此铜基金属陶瓷材料得到了进一步研究。

铜是一种惰性金属，可以在很高的氧分压下稳定存在，并且铜对碳氢化合物的裂解反应有抑制作用，也就不会存在碳沉积的问题。铜基金属陶瓷阳极材料的缺点在于铜及其氧化物（Cu_2O、CuO）的熔点较低，因此制备 YSZ-Cu 陶瓷阳极时，烧结温度不能过高，但若采用较低的烧结温度，又会导致阳极层与电解质层的结合不紧密。此外，铜电化学催化作用弱，而 CeO_2 具有高的碳氢氧化活性和高的离子电导率，因此在 YSZ-Cu 中掺入 CeO_2 形成 YSZ-Cu-CeO_2 阳极，可以得到更加稳定的电池性能。由于铜的硫化物不稳定，铜基阳极对含硫的燃料气体比传统镍基阳极具有更高的耐受度，而且铜基阳极材料中铜不充当催化剂的角色，少许的硫化不会影响电池性能。

为使 SOFC 能直接使用烃类燃料，人们也在致力于开发新的陶瓷-金属复合电极，寻找对于烃类催化氧化高活性而催化裂化无活性的体系，因此研究主要集中于开发兼具氧离子导电性和电子导电性的氧化物体系，主要包括萤石和钙钛矿结构的氧化物。由于阳极材料在高温氧化气氛中工作，用作阳极材料的钙钛矿型氧化物（ABO_3）主要是基于若干在此气氛中具有高稳定性的氧化物。其中，$LaCrO_3$ 基和 $SrTiO_3$ 基材料表现出了相对优越的特性，但它们目前存在电导率比较低、催化活性不够理想等问题。萤石结构的氧化物主要是稀土离子如钇、钆掺杂的 CeO_2，在阳极还原气氛中部分 Ce^{4+} 转化成 Ce^{3+}，为该体系提供了电子导电性。

5.5.2.2 SOFC 阴极材料

在 SOFC 运行过程中，阴极，又称空气极，主要功能是提供氧电化学还原反应的场所。在 SOFC 的发展初期，阴极材料主要以贵金属（铂、金、银）为主，但这些材料的价格昂贵、热稳定性较差。随着 SOFC 的进一步发展，钙钛矿型结构氧化物作为阴极材料被广泛研究，目前研究最多的阴极材料为 $LaMnO_3$。钙钛矿结构 $LaMnO_3$ 是一种通过氧离子空位导电的 p 型半导体，掺杂的 $LaMnO_3$ 不仅具有较高的电导率，而且有良好的结构稳定性。此外，掺杂的 $LaMnO_3$ 的线膨胀系数与电解质 YSZ 的线膨胀系数接近，在高温下两者具有良好的物理化学兼容性。最常见的是锶掺杂的 $LaMnO_3$（LSM）。锶的掺杂有利于提高电子/空穴对的浓度，从而提高电子导电性。在锶掺杂量低于 50%时，LSM 的电子电导率随着锶掺杂浓度线性增加。LSM 具有较高的氧还原催化活性，较好的热稳定性以及与常见电解质较好的相容性，因此在 700~900℃的温度区间内，LSM 是阴极材料的首选。

另一类阴极材料是具有 K_2NiF_4 结构的氧化物，如 Ln_2NiO_{4+x}(Ln = La、Pr、Nd)，具有钙钛矿结构的 $LnNiO_3$ 层与具有 NaCl 结构的 LnO 交互堆叠而成的结构，属钙钛矿-NaCl 复合结构。在该类型复合氧化物中，间隙氧离子的扩散很快，使这类材料受到关注。

5.5.3 SOFC 其他组件及材料

SOFC 其他组件及材料有：

（1）电解质。在 SOFC 系统中，电解质的主要作用是传导离子和隔离气体。电解质两侧分别与阴极和阳极相接触，需阻止还原气体和氧化气体相互渗透。20 世纪 30 年代末，E. Baur 和 H. Preis 证明氧化物具高温氧离子导电性可用于 SOFC 中。具有氧离子导电性的氧化物体系是 SOFC 开发的关键领域之一。尽管具有氧离子导电性的氧化物体系很多，但从微观结构上可以分为四大类：第一类为萤石结构，如掺杂的氧化锆、氧化铈和氧化铋；第二类为钙钛矿结构，如掺杂的镓酸镧；第三类为多钼酸镧结构；第四类为磷灰石结构。

具有萤石结构的氧离子导体中最重要的是掺杂的 ZrO_2 体系。ZrO_2 是一种用途广泛的氧化物陶瓷，它具有优良的化学稳定性，还具有高温电导性和高的氧离子电导性。ZrO_2 具有单斜、四方和立方三种晶体结构，单斜和四方之间的相变会引起很大的体积变化，容易导致材料基体开裂，而具有较强氧离子导电性的是具有萤石结构的立方相，但只能在高温下稳定存在。通过适当的掺杂，可以使萤石结构在较低温度下稳定存在。研究的最广泛的是 Y_2O_3 稳定的 ZrO_2（YSZ）。商业化的 SOFC 几乎都是以 YSZ 作为电解质。另一个具有萤石结构的氧离子导体氧化物体系是掺杂的 CeO_2，该体系在 500～650℃下具有较高的离子导电性，同时与高性能的阴极材料如钴基钙钛矿类化合物相容性好，因此在新型低温 SOFC 中具有广阔的应用前景。与 ZrO_2 体系一样，CeO_2 也具有萤石结构，也需要通过掺杂三价稀土离子来提高其离子导电性，并且效果最好的掺杂离子也具有和本体阳离子 Ce^{4+} 相近的离子半径，常用的掺杂元素是钆和钐，分别形成 CGO 和 CSO 复合氧化物体系。然而，掺杂的 CeO_2 存在一个严重的缺陷，即在氧分压低时会具有显著的电子电导性，这将导致电池内部存在自放电电流，甚至是完全内部短路。

在 SOFC 领域得到广泛应用的钙钛矿结构的电解质是镓酸镧（$LaGaO_3$）基氧化物，这是因为 $LaGaO_3$ 在较大氧分压范围内具有良好的离子电导性，电子电导率可以忽略不计。但这种结构的氧化物在高氧分压条件下会产生电子空穴导电，使离子迁移数降低，不利于电池的输出特性。通过二价离子取代晶体结构中的镧、镓，在氧亚晶格中产生空位以满足电中性要求，氧离子电导率会随着氧空位的增加而提高。作为 SOFC 电解质的钙钛矿类化合物最重要的是镁、锶共掺杂的 $LaGaO_3$（LSGM），其中锶取代镧，镁取代镓，其通式为 $La_{1-x}Sr_xGa_yMg_{1-y}O_3$。LSGM 中不含有易被还原的离子，因此在低氧分压的条件下比 CGO 稳定。LSGM 的导电性与掺杂浓度密切相关。提高其离子导电性的有效方法之一是向其中掺入过渡金属元素，常见的有铁、钴和镍，但随着过渡金属掺杂量的增大，对氧离子导电性的增强会逐渐减弱，同时会导致空穴导电作用的增强，从而导致漏电，因此需要在这两者之间寻找一个平衡点。

钼酸镧结构以钼酸镧为代表，其化学式为 $LaMo_2O_9$，在 580℃左右发生单斜向立方相的转变，高温下的立方相具有较好的氧离子导电性，通过用钆、钇等元素取代镧，可以使高温立方相在较低温度下稳定存在，而通过钨对钼的取代，可以提高氧离子导电性。该结构电解质的主要问题是与电极材料 NiO 的兼容性不好。稀土金属磷灰石具有通式 $RE_{10}(XO_4)_6O_{2+y}$，其中 RE 为稀土元素，X 为磷、硅或锗。与萤石和钙钛矿结构不同，在稀土磷灰石中，氧离子的传导是以间隙氧离子而非氧空位的形式进行的。通常采用锶对镧的取代以提高其氧离子导电性。

(2) 连接极板。连接极板的作用是在构成电池组时连接相邻电池的阴极和阳极，因此需要较高的电子电导率，同时需要在SOFC的操作条件下有较高的稳定性。此外，其热膨胀系数必须与空气极和燃料极材料的热膨胀系数相近。常用的连接极板材料有氧化物陶瓷材料和金属材料。氧化物陶瓷双极连接材料主要是碱土金属掺杂的镧或钇的铬酸盐，具有钙钛矿结构。这类物质具有较高的电子电导率，在1000℃能达到1~30S/cm，同时具有很好的稳定性，实验结果表明该材料能在SOFC运行条件下稳定超过69000h，但问题是陶瓷材料很脆，不利于组装时压紧。金属材料的延展性保证了其在电池制作过程中良好的接触，但是金属在高温下的蠕变行为限制了其应用的温度，因此金属型的连接材料主要用于中温SOFC，多为箔或铁的合金，在高温下具有抗氧化性。

5.6 质子交换膜燃料电池

质子交换膜燃料电池（PEMFC）是以全氟磺酸型（如Nafion）固体聚合物为电解质，Pt/C或Pt-Ru/C为电催化剂，氢为燃料，氧为氧化剂，以带有气体流动通道的石墨或表面改性金属板为双极板的一种新型电池。电池的工作温度在室温至100℃，属于低温燃料电池。其具有可在室温下快速启动、水易排出、寿命长、比功率和比能量高的优点，适合作为可移动动力电源，是电动汽车理想的电源之一。

5.6.1 PEMFC工作原理

PEMFC内反应物在电解质两侧分别进行氧化和还原反应，图5-5为工作原理图。在电池阳极侧氢气通过阳极集流板（双极板）经由阳极气体扩散层到达阳极催化剂层，在阳极催化剂（一般为碳载铂）作用下，氢分子解离为带正电的氢离子（即质子）并释放出带负电的电子，完成阳极反应。

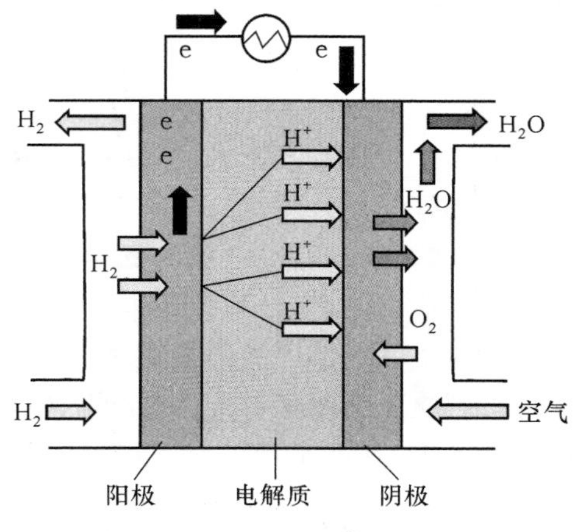

图5-5 PEMFC工作原理示意图

阳极反应： $$H_2 \longrightarrow 2H^+ + 2e \quad (5\text{-}22)$$

质子交换膜在水的存在下发生溶胀，酸性功能基因（多为磺酸基团）解离，膜内部亲水性离子团簇区域形成离子通道，传导氢离子。氢离子穿过质子交换膜到达阴极催化剂层，而电子通过外电路到达阴极。电子在外电路形成电流，通过适当连接即可向负载输出电能。在电池阴极侧，氧气通过阴极集流板（双极板）经由气体扩散层到达催化剂层。在阴极催化剂的作用下，氧气与透过膜的氢离子及通过外电路传输的电子发生反应生成水，完成阴极反应。

阴极反应：$$1/2O_2 + 2H^+ + 2e \longrightarrow H_2O \quad (5\text{-}23)$$

总反应：$$H_2 + 1/2O_2 \longrightarrow H_2O \quad (5\text{-}24)$$

在常温常压下，PEMFC 的吉布斯自由能变化和焓变分别为-237.3kJ/mol 和 286kJ/mol，即标准状态下 PEMFC 的可逆热力学效率为 83%。但是由于电池实际工作中存在燃料利用损耗及电压损耗，PEMFC 的实际效率总是要比可逆热力学效率低。PEMFC 除具有其他 FC 的优点外，还有体积小、质量轻、比能量大、寿命长、工作温度低、对环境基本无污染、坚固耐用等诸多独到之处，是汽车动力及便携式发电设备的理想选择，也因此受到人们越来越多的关注。由于质子交换膜只能传导质子，因此氢离子（即质子）可直接穿过质子交换膜到达阴极，而电子只能通过外电路才能到达阴极，当电子通过外电路流向阴极时就产生了直流电。以阳极为参考时，阴极电位为 1.23V。接有负载时输出电压取决于输出电流密度，通常在 0.5~1V 之间。将多个单电池层叠组合就能构成输出电压满足实际负载需要的燃料电池堆。

5.6.2 质子交换膜材料

质子交换膜（PEM）是 PEMFC 的核心组件之一，其主要作用为阻隔电池阳极和阴极之间反应气体穿透、离子传输及电子绝缘三个方面。用于 PEMFC 的质子交换膜一般必须具备以下性能特点：

（1）具有良好的质子电导率，一般在高湿度条件下可达到 0.1S/cm；

（2）具有足够的机械强度和结构强度，以适用于膜电极组件的制备和电池组装，并在氧化、还原和水解条件下有良好的稳定性，能够阻止聚合链在活性物质氧化/还原和酸的作用下降解；

（3）反应气体在膜中具有低的渗透系数，以免氢气和氧气在电极表面发生反应，造成电极局部过热，影响电池的电流效率；

（4）水合/脱水可逆性好，不易膨胀，以免电极的变形引起质子交换膜局部应力增大和变形。

PEM 主要由高分子母体，即疏水的主链区、离子簇和离子簇间形成的网络结构构成，离子簇间的间距一般在 5nm 左右。质子交换膜曾采用过酚醛树脂磺酸型膜、聚苯乙烯磺酸型膜、聚三氟苯乙烯磺酸型膜和全氟磺酸型膜等几种，研究表明，全磺酸型膜是目前最适用的 PEMFC 电解质。氟磺酸膜中的磺酸基使得膜具有较好的质子电导率；另外，全氟磺酸膜中的分子链骨架采用的是碳氟链，C—F 键的键能较高，能够在 C—C 键附近形成保护屏障，使得膜具有较高的化学稳定性和机械强度。全氟磺酸型质子交换膜中，由各离子簇间形成的网络结构是膜内离子和水分子迁移的唯一通道。由于离子簇的周壁带有负电荷的固定离子，而各离子簇之间的通道短而窄，因而对于带负电且半径较大的离子的迁移阻力远远大于质子，使得离子膜具有选择透过作用。以 Nafion 膜为对象对质子的传导机理展开了系统的研究，研究表明在有足够水存在的情况下，磺酸膜中高分子末端的磺酸基团会充分水合形成相互连接的离子簇网络，从而构成了质子的传输通道。当膜具有不同的含水率时，膜离子簇内部的水分子表现出不同的特性，进而影响到离子簇内部质子的传导方式。当膜的含水率 n（$n=c_{H_2O}/c_{-SO_3H}$）大于 14 时，离子簇内水的介电常数与纯水中的一样，这时膜内部的质子传导方式与纯水中的质子传导方式一致，按照结构扩散机理（Grotthuss mechanism）来进行。质子与水分子形成两种水合质子：Zundel 离子（$H_5O_2^+$）和 Eigen 离子（$H_9O_4^+$），其中 Zundel 离子为“核”，通过氢键与三个水分子相连形成“壳”。由于 Eigen 离子中的壳层中的氢键不稳定，很容易断裂使得 Eigen 离子转化成 Zundel 离子，而 Zundel 离子又很容易通过外层形成氢键转化成 Eigen 离子。这样两种离子之间的相互转化导致了质子的运动。当膜在中等的含水率下，即 $6 \leqslant n \leqslant 13$ 时，膜内离子簇内部的水的介电常数小于纯水中的介电常数，此时质子的传导主要是水分子为载体以水合质子（H_3O^+）的形式自由扩散传导（Vehicle 机理）。而当膜内的含水量极低时，如 $n \leqslant 5$ 时，此时由于磺酸基团周围的水分子量太少，离子簇内部的水分子与磺酸基团相互作用较强，磺酸基团无法解离，由于缺乏足够的载体，质子无法在此区域内按照 Vehicle 机理进行传导。

非氟化质子交换膜是碳氢聚合物膜，由于膜内的碳氢键键能小，约为 C—F 键键能的 20%，因此该类型的质子交换膜的化学稳定性远低于全氟磺酸膜，用于 PEMFC 电池中时，电池寿命非常短，无法与全氟磺酸膜相比。目前具有较好的热稳定性和化学性的非氟化质子交换膜主要有聚苯并咪唑、聚酰亚胺、聚苯醛和聚醚醚酮等，通过对这些聚合物进行磺化，即可获得具有质子传输功能的聚合物膜。

5.6.3 电极材料

5.6.3.1 电催化剂

电催化是使电极与电解质界面上的电荷转移反应得以加速的催化作用，它的主要特点是电催化反应速度不仅由电催化剂的活性决定，还与双电层内电场及电解质溶液的本性有关。由于双电层内的电场强度很高，对参加电化学反应的分子或离子具有明显的活化作用，反应所需的活化能大大降低。所以，大部分电催化反应均在比通常化学反应低得多的温度下进行。

铂是目前被公认为最好的甲醇氧化催化剂，使用方式是将其负载在高比表面积的载体上，制成负载型催化剂，Pt/C 催化剂体系是当前最常用的 PEMFC 催化剂。常用的催化剂制备方法有浸渍—液相还原法、电化学沉积、气相还原、凝胶-溶胶、气相沉积法、高温合金化法、固相反应法、羰基簇合物法、预沉淀法、离子液体法等。催化剂的催化活性主要受以下几个因素的影响：

（1）铂纳米颗粒的粒径、分散性等因素。一般来说，铂纳米颗粒的粒径越小，在碳载体表面的分散性越好，催化剂的电催化活性越好。Liu 等人采用浸渍还原法，成功制备出分散性好、粒径小的 Pt/C 催化剂，NH_4Cl 的加入可以将铂纳米颗粒从 6nm 降低到 3nm，从而大大增大催化剂的电催化活性。Hui 等人的研究发现，稳定剂的加入可以有效降低铂纳米颗粒的粒径，提高其分散性。Joo 等人通过浸渍还原法制备了粒径在 3.3~6.7nm 的铂纳米颗粒，并通过电化学表征证实了催化剂对甲醇氧化和氧气还原反应的粒径效应。

Zhuang 等人的研究表明，随着铂纳米粒径下降到 1nm 以下，会造成铂晶体结构的破坏，其电催化性能反而下降。因此，铂纳米颗粒的粒径分布范围，普遍认为在 2.5~3.5nm 之间具有最好的电催化性能。

（2）铂纳米颗粒的晶面因素。采用常规化学方法制备的铂纳米颗粒，表面主要存在 Pt（111）（110）和（100）三个晶面。Housmans 等人的理论和实验研究结果表明，这三种晶面的电催化活性顺序为（110）>（100）>（111）。Sun 等人通过浸渍还原法制备了单晶的铂纳米花，其对氢的电氧化结果证实了上述晶面催化活性的顺序。Sun 等人通过控制铂纳米颗粒的生长，成功制备了铂的二十四面体，并发现铂的高指数晶面具有更高的氧还原电催化活性。

（3）掺杂其他金属元素的影响。燃料电池阳极发生氢氧化反应，因为燃料不纯，燃料中微量的 CO 易被铂吸附，从而造成催化剂中毒，降低催化活性，严重的甚至会导致催化剂完全失活。解决这一问题的主要手段是通过掺杂铂以外的金属，使其形成二元或三元催化剂体系，从而降低 CO 吸附，提高催化剂催化活性。常用作阳极催化剂的有钌、钼、铱、银等，其中铂-钌是当前最成熟、应用最广泛的阳极催化剂。作为阴极催化剂的掺杂金属有钌、钴、铁、铬、镍、钛、锰、铜等，铂与这些金属的二元组分被证明对于防止 CO 中毒具有一定的作用。

（4）碳载体因素的影响。为了提高贵金属催化剂的活性，一般将贵金属催化剂纳米颗粒负载在具备高比表面积的载体上，载体对催化剂的催化性能起着至关重要的作用。已研究过的 PEMFC 电催化剂载体有石墨、炭黑、活性炭、分子筛、碳纳米管、碳纳米纤维、导电高分子和 Nafion 膜等。PEMFC 的工作环境要求碳载体除了具备良好的导电性和高比表面积外，还需要具备良好的稳定性。当前最主要应用的碳载体是炭黑。炭黑制备简单、价格低廉，并且具备良好的导电性和高的比表面积。然而，近期的研究结果发现，炭黑的高比表面积很大一部分是孔径小于 1nm 的微孔贡献的，催化剂纳米颗粒不能沉积到这部分微孔中去，起不到应有的作用。另外，有研究发现这种沉积在炭黑表面的铂催化剂（Pt/C）存在相当严重的缺陷，即燃料电池在强酸、高温、电氧化的条件下，炭黑颗粒会发生表面氧化，铂纳米颗粒容易因为炭黑的氧化而脱落，团聚成较大颗粒，使催化剂性能下降。同时，炭黑氧化过程形成的类 CO 物质还会吸附在催化剂纳米颗粒的表面，造成催化剂失活。

一维碳纳米材料（碳纳米管、碳纳米纤维等）的比表面积大、化学稳定好、导电能力强，被认为是很好的催化剂载体材料，在作为催化剂载体方面具有良好的应用前景，其作为铂基催化剂载体的研究已经成为了一个热门课题。T. Matsumoto 等人报道使用碳纳米管作为催化剂载体，铂负载率为 12%（质量分数）的 Pt/CNT 电极比 Pt/炭黑电极的输出电压高 10%。Li 等人报道了采用碳纳米管负载铂催化剂，不但能够得到更好的催化性能，而且耐腐蚀性也有一定提高。当前报道的研究主要集中在采用商品化的碳纳米管，活化后负载纳米铂基催化剂，然后涂在气体扩散层上制得 PEMFC 电极。然而，由于碳纳米管结构特性带来的化学惰性，为了提高催化剂纳米颗粒在碳纳米管表面的分散性，控制纳米颗粒大小，往往需要采取加热、强酸活化等物理化学手段对碳纳米管进行表面修饰，在碳纳米管表面引入羰基、氨基等功能基团，这个过程往往会对碳纳米管的化学结构造成破坏，降低其稳定性与导电性能。与碳纳米管相比，碳纳米纤维的边缘是暴露的石墨断层。张呈旭等人报道了碳纳米纤维更容易提供活性位点，因此铂基催化剂颗粒在碳纳米纤维表面的分散更容易，且结合更牢固。

5.6.3.2 气体扩散层材料

扩散层在 PEMFC 中起着支撑催化剂层、传输反应气体和电子的作用。因此要求扩散层要一方面适于担载催化剂层，同时要具有良好的电子导电性和足够的孔隙率。目前扩散层多由导电多孔材料构成，一般采用石墨化碳纸或碳布，考虑到其对催化剂层的支撑作用和强度要求，厚度一般在 100~300mm。同时，鉴于扩散层需同时满足传输反应气体与产物的功能，其内部必须形成两种通道，即憎水的反应气体通道和亲水的传递液态水通道，为此需要对扩散层用 PTFE 做憎水处理。此外，由于 PEMFC 效率一般为 40%~60%，大量的能量会以热的形式进行传输，因此扩散层还需有较高的导热系数，以维持电池工作温度恒定。

5.6.4 双极板材料

双极板材料主要有：

（1）金属双极板。双极板具有隔绝反应气、传导电流和提供反应气体通道等功能。

PEMFC 双极板一侧为湿的氧气，另一侧为湿的氢气。由于质子交换膜极微量降解，生成水的 pH 值显示为弱酸性。在这种环境下，用金属（如不锈钢）作双极板材料，会导致氧电极侧氧化膜增厚、增加接触电阻、降低电池性能；在氢电极侧有时会发生轻微腐蚀，降低电极电催化剂活性。同时造成金属双极板在 PEMFC 运行条件下易发生腐蚀，产生的金属离子一方面会对电极组件产生影响，同时也会增加电池内部接触电阻。采用金属作 PEMFC 双极板材料的关键技术之一是表面改性。通过这种改性，不但可以防止轻微腐蚀，而且还可以使接触电阻保持恒定，不随时间增大。不锈钢因其高强度、高化学稳定性、低气体渗透率、合金选择范围广、成本低且易于大规模生产而成为了最接近 PEMFC 双极板要求的材料。目前应用最多的为奥氏体型不锈钢，其中 316L（铬含量为 16%~18%，镍含量为 10%~14%）因其内含有较高含量的铬和镍，可在不锈钢表面形成氧化物钝化层，具备良好的抗腐蚀性能，近年来获得了广泛关注。Yang 等人测定了不同酸性条件下形成的钝化膜与碳纸间的接触电阻值间的关系。

（2）石墨双极板。石墨材料具有良好的导电性，而且在 PEMFC 工作环境中抗腐蚀性能良好，因此基于石墨材料制成的双极板也受到研究者青睐。石墨板导电性能好且其抗腐蚀性能可以适应 PEMFC 工作环境。但是石墨材料脆性大、抗弯曲强度小、加工难度大、板体设计较厚、成本过高。无孔石墨板一般由炭粉或石墨粉和可石墨化的树脂制备。石墨化温度一般超过 2500℃，石墨化需按严格升温程序进行而且时间很长，所以这一制造过程导致无孔石墨板价格很高。如 Woodman 等人比较了使用石墨双极板和铝双极板的 33kW 电堆的部件质量，结果石墨双极板占去了电堆总质量的 80%以上。同时，研究者们也将碳材料与聚合物胶黏剂混合，通过注入成型或压缩成型来制造双极板。这种双极板成本低、质量轻，流场可被直接成型，但是由于其导电性不好，一般还会在材料中加入金属粉末或细金属网以增加其电导率。大连化物所的研究人员就用有机硅树脂对高分子环氧树脂及线型酚醛树脂进行改性后加入膨胀石墨，使得材料伸长率大大提高，大幅减小了石墨双极板的厚度。从碳基材料双极板的应用情况来看，要达到良好的导电性和密封性就要使用复杂的制造工艺，这无疑会限制其应用前景。

5.7 直接醇类燃料电池

以液体醇类为燃料的直接醇类燃料电池（DAFC），尤其是以甲醇为燃料的直接甲醇燃料电池（DMFC）成为近年来的研究热点。这是因为：（1）醇类燃料能量密度高，电化学转化效率高；（2）醇类可大规模生产，廉价易得，来源广泛；（3）醇类常温下为液体，燃料的贮运、携带、补充方便。从严格意义上来说，直接醇类燃料电池属于质子交换膜燃料电池的一种。

5.7.1 DAFC 工作原理

DAFC 的结构与质子交换膜燃料电池类似，主要由阳极、质子交换膜和阴极等构成。图 5-6 为以甲醇为燃料时，DAFC 的工作原理图。电池的阳极反应为甲醇的电化学氧化，甲醇在阳极被氧化为 CO_2，同时产生 6 个质子和 6 个电子，阳极反应的标准电动势为 0.02V：

$$CH_3OH + H_2O \longrightarrow CO_2 + 6H^+ + 6e \tag{5-25}$$

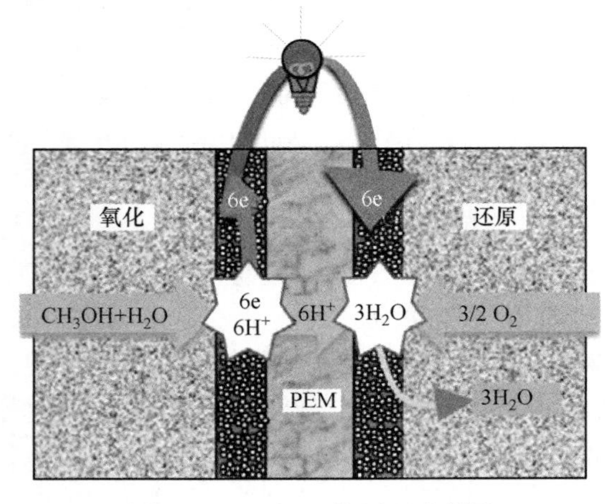

图 5-6 DAFC 工作原理示意图

甲醇的阳极电氧化是一个 6 电子转移的过程，反应机理相当复杂。在酸性电解质中，只有铂基催化剂有较好的甲醇电催化氧化活性及较高的化学稳定性，几乎所有的甲醇电催化氧化过程机理研究都是在铂基催化剂表面进行。在酸性电解质中，甲醇首先在催化剂表面发生多步解离吸附：

$$2Pt + CH_3OH \longrightarrow Pt—CH_2OH + Pt—H \tag{5-26}$$

$$2Pt + Pt—CH_2OH \longrightarrow Pt_2—CHOH + Pt—H \tag{5-27}$$

$$2Pt + Pt_2—CHOH \longrightarrow Pt_3—COH + Pt—H \tag{5-28}$$

解离过程中产生的 Pt—H 较易发生分解：

$$Pt—H \longrightarrow Pt + H^+ + e \tag{5-29}$$

Pt_3—COH 进一步发生分解：

$$Pt_3—COH \longrightarrow Pt—CO + 2Pt + H^+ + e \tag{5-30}$$

生成的—CO 会强烈吸附在铂催化剂表面，使铂中毒，当有活性氧（—OH）存在时，中间产物 Pt—CO 与活性氧发生反应，生成 CO_2：

$$Pt—CO + —OH \longrightarrow Pt + CO_2 + H^+ + e \quad (5\text{-}31)$$

活性氧物种（—OH）可由 H_2O 在铂上发生解离吸附获得：

$$Pt + H_2O \longrightarrow Pt—OH + H^+ + e \quad (5\text{-}32)$$

阴极反应与质子交换膜燃料电池一致，为氧气的电化学还原，氧气与从质子交换膜迁移到达阴极的质子及外电路传导到达阴极的电子结合生成 H_2O，阴极反应的标准电动势为 1.229V：

$$3/2O_2 + 6H^+ + 6e \longrightarrow 3H_2O \quad (5\text{-}33)$$

直接醇类燃料电池阴极多采用铂基催化剂，阴极的氧还原反应分为 4 电子和 2 电子两种途径：

$$O_2 \longrightarrow O_{2,ad} \underset{-2e}{\overset{+2e}{\rightleftharpoons}} H_2O_{2,ad} \xrightarrow{+2e} H_2O \quad (5\text{-}34)$$

$$O_2 \longrightarrow O_{2,ad} \underset{-2e}{\overset{+2e}{\rightleftharpoons}} H_2O_{2,ad} \rightleftharpoons H_2O_2 \quad (5\text{-}35)$$

由式（5-34）可知，O_2 经历 4 电子反应可完全氧化成 H_2O，可能的机理为：

$$Pt + O_2 \longrightarrow Pt—O_2 \quad (5\text{-}36)$$

$$Pt—O_2 + H^+ + e \longrightarrow Pt—HO_2 \quad (5\text{-}37)$$

$$Pt—HO_2 + Pt \longrightarrow Pt—OH + Pt—O \quad (5\text{-}38)$$

$$Pt—OH + Pt—O + 3H^+ + 3e \longrightarrow 2Pt + 2H_2O \quad (5\text{-}39)$$

电池的总反应表现为甲醇的完全氧化，电池的理论电动势为 1.21V：

$$CH_3OH + 3/2O_2 \longrightarrow CO_2 + 2H_2O \quad (5\text{-}40)$$

式（5-40）的反应焓值 $-\Delta H$ 为 726kJ/mol，吉布斯自由能 $-\Delta G$ 为 702kJ/mol，可以计算得到直接甲醇燃料电池的理论热力学转换效率 ε 为 96.7%。

5.7.2 DAFC 面临的问题

与质子交换膜燃料电池相比，DAFC 虽然具有一些突出的优势，但距其商业化生产目标的实现，仍需要解决以下问题：

（1）成本问题。直接醇类燃料电池多采用铂作为催化剂，铂的价格昂贵，且属于紧缺型资源，电池成本较大；另外，DAFC 大都使用杜邦公司生产的 Nafion 系列全氟磺酸膜作为电解质膜，成本较高。

（2）催化剂反应活性问题。甲醇阳极电化学氧化过程中生成类 CO 中间物，导致电催化剂中毒，使得甲醇的电化学氧化速度降低。

（3）醇类透过问题。质子交换膜的阻醇性能较差，导致燃料醇类通过浓度扩散和电迁移由膜阳极侧穿过膜迁移至阴极，与阴极催化剂（铂具有醇催化氧化活性）发生电化学氧化，在阴极产生混合电位，从而降低了电池的开路电压和电流效率。

（4）阴极水淹问题。为了减小醇类燃料在质子交换膜中的渗透，多采用醇-水混合液作用燃料，水通过浓度扩散及电拖曳作用迁移到阴极，同时阴极反应产生水，导致阴极水淹，降低阴极催化效率。

(5) 寿命问题。直接醇类燃料电池工作的酸性环境下，电极、电解质膜及双极板等部件腐蚀现象严重，影响电池使用寿命。

复习思考题

5-1 什么是燃料电池，燃料电池的优势是什么?

5-2 简述燃料电池的分类。

5-3 简述 SOFC 的工作原理，比较其与 PEMFC 的异同点。

5-4 PEMFC 具有哪些应用优势，限制其发展的主要因素有哪些?

5-5 如何解决 PEMFC 阳极催化剂 CO 毒化的问题?

参考文献

[1] Markovic N M, Gasteiger H A, Grgur B N, et al. Oxygen reduction reaction on Pt (111): Effects of bromide [J]. Journal of Electroanalytical Chemistry, 1999, 467 (1~2): 157~163.

[2] Ruban A V, Skriver H L, Norskov J K. Surface segregation energies in transition - metal alloys [J]. Physical Review B, 1999, 59 (24): 15990~16000.

[3] Maroun F, Ozanam F, Magnussen O M, et al. The role of atomic ensembles in the reactivity of bimetallic electrocatalysts [J]. Science, 2001, 293 (5536): 1811~1814.

[4] Johnson C J, Dujardin E, Davis S A, et al. Growth and form of gold nanorods prepared by seed-mediated, surfactant-directed synthesis [J]. Journal of Materials Chemistry, 2002, 12 (6): 1765~1770.

[5] Wang J X, Markovic N M, Adzic R R. Kinetic analysis of oxygen reduction on Pt (111) in acid solutions: Intrinsic kinetic parameters and anion adsorption effects [J]. Journal of Physical Chemistry B, 2004, 108 (13): 4127~4133.

[6] Zhang J L, Vukmirovic M B, Sasaki K, et al. Mixed-metal Pt monolayer electrocatalysts for enhanced oxygen reduction kinetics [J]. Journal of the American Chemical Society, 2005, 127 (36): 12480~12481.

[7] Zhang J L, Vukmirovic M B, Xu Y, et al. Controlling the catalytic activity of platinum-monolayer electrocatalysts for oxygen reduction with different substrates [J]. Angewandte Chemie - International Edition, 2005, 44 (14): 2132~2135.

[8] Stamenkovic V R, Fowler B, Mun B S, et al. Improved oxygen reduction activity on Pt3Ni (111) via increased surface site availability [J]. Science, 2007, 315 (5811): 493~497.

[9] Wang J X, Zhang J L, Adzic R R. Double-trap kinetic equation for the oxygen reduction reaction on Pt (111) in acidic media [J]. Journal of Physical Chemistry A, 2007, 111 (49): 12702~12710.

[10] Zhang J, Sasaki K, Sutter E, et al. Stabilization of platinum oxygen-reduction electrocatalysts using gold clusters [J]. Science, 2007, 315 (5809): 220~222.

[11] Gasteiger H A, Markovic N M. Just a dream-or future reality? [J]. Science, 2009, 324 (5923): 48~49.

[12] Greeley J, Stephens I E L, Bondarenko A S, et al. Alloys of platinum and early transition metals as oxygen reduction electrocatalysts [J]. Nature Chemistry, 2009, 1 (7): 552~556.

[13] Wang J X, Inada H, Wu L J, et al. Oxygen reduction on well-defined core-shell nanocatalysts: Particle size, facet, and Pt shell thickness effects [J]. Journal of the American Chemical Society, 2009, 131 (47): 17298~17302.

[14] Sasaki K, Naohara H, Cai Y, et al. Core-protected platinum monolayer shell high-stability electrocatalysts for fuel-cell cathodes [J]. Angewandte Chemie-International Edition, 2010, 49 (46): 8602~8607.

[15] Strasser P, Koh S, Anniyev T, et al. Lattice-strain control of the activity in dealloyed core-shell fuel cell catalysts [J]. Nature Chemistry, 2010, 2 (6): 454~460.

[16] Escudero-Escribano M, Verdaguer-Casadevall A, Malacrida P, et al. Pt5Gd as a Highly Active and Stable Catalyst for Oxygen Electroreduction [J]. Journal of the American Chemical Society, 2012, 134 (40): 16476~16479.

[17] Karan H I, Sasaki K, Kuttiyiel K, et al. Catalytic activity of platinum mono layer on iridium and rhenium alloy nanoparticles for the oxygen reduction reaction [J]. Acs Catalysis, 2012, 2 (5): 817~824.

[18] Kuttiyiel K A, Sasaki K, Choi Y, et al. Bimetallic IrNi core platinum monolayer shell electrocatalysts for the oxygen reduction reaction [J]. Energy & Environmental Science, 2012, 5 (1): 5297~5304.

[19] Oezaslan M, Heggen M, Strasser P. Size-dependent morphology of dealloyed bimetallic catalysts: Linking the nano to the macro scale [J]. Journal of the American Chemical Society, 2012, 134 (1): 514~524.

[20] Wu Y E, Wang D S, Niu Z Q, et al. A strategy for designing a concave Pt-Ni alloy through controllable chemical etching [J]. Angewandte Chemie-International Edition, 2012, 51 (50): 12524~12528.

[21] Hsieh Y C, Zhang Y, Su D, et al. Ordered bilayer ruthenium-platinum core-shell nanoparticles as carbon monoxide-tolerant fuel cell catalysts [J]. Nature Communications, 2013, 42, 466.

[22] Wang D L, Xin H L L, Hovden R, et al. Structurally ordered intermetallic platinum-cobalt core-shell nanoparticles with enhanced activity and stability as oxygen reduction electrocatalysts [J]. Nature Materials, 2013, 12 (1): 81~87.

[23] Chen C, Kang Y J, Huo Z Y, et al. Highly crystalline multimetallic nanoframes with three-dimensional electrocatalytic surfaces [J]. Science, 2014, 343 (6177): 1339~1343.

[24] Hernandez-Fernandez P, Masini F, McCarthy D N, et al. Mass-selected nanoparticles of Pt_xY as model catalysts for oxygen electroreduction [J]. Nature Chemistry, 2014, 6 (8): 732~738.

[25] Hu J, Jiang L, Zhang C X, et al. Enhanced Pt performance with H_2O plasma modified carbon nanofiber support [J]. Applied Physics Letters, 2014, 104 (15): 151602.

[26] Zhang Y, Hsieh Y C, Volkov V, et al. High performance pt mono layer catalysts produced via core-catalyzed coating in ethanol [J]. Acs Catalysis, 2014, 4 (3): 738~742.

[27] Hu J, Kuttiyiel K A, Sasaki K, et al. Pt monolayer shell on nitrided alloy core-a path to highly stable oxygen reduction catalyst [J]. Catalysts, 2015, 5 (3): 1321~1332.

[28] Huang X Q, Zhao Z P, Cao L, et al. High-performance transition metal-doped Pt3Ni octahedra for oxygen reduction reaction [J]. Science, 2015, 348 (6240): 1230~1234.

[29] Niu W H, Li L G, Liu X J, et al. Mesoporous n-doped carbons prepared with thermally removable nanoparticle templates: An efficient electrocatalyst for oxygen reduction reaction [J]. Journal of the American Chemical Society, 2015, 137 (16): 5555~5562.

[30] Zhang L, Roling L T, Wang X, et al. Platinum-based nanocages with subnanometer-thick walls and well-defined, controllable facets [J]. Science, 2015, 349 (6246): 412~416.

[31] Zhao X, Chen S, Fang Z C, et al. Octahedral Pd@ Pt1. 8Ni core-shell nanocrystals with ultrathin PtNi alloy shells as active catalysts for oxygen reduction reaction [J]. Journal of the American Chemical Society, 2015, 137 (8): 2804~2807.

[32] Kodama K, Jinnouchi R, Takahashi N, et al. Activities and stabilities of Au-modified stepped-Pt single-crystal electrodes as model cathode catalysts in polymer electrolyte fuel cells [J]. Journal of the American Chemical Society, 2016, 138 (12): 4194~4200.

[33] Hu J, Wu L J, Kuttiyiel K A, et al. Increasing stability and activity of core-shell catalysts by preferential segregation of oxide on edges and vertexes: Oxygen reduction on Ti-Au@ Pt/C [J]. Journal of the American Chemical Society, 2016, 138 (29): 9294~9300.

[34] Elbert K, Hu J, Ma Z, et al. Elucidating hydrogen oxidation/evolution kinetics in base and acid by enhanced activities at the optimized Pt shell thickness on the Ru core [J]. Acs Catalysis, 2015, 5 (11): 6764~6772.

6 金属空气电池

可充电锂离子电池（LIB）由于其相对较长的循环寿命（超过 5000 次循环）和高能效（>90%），一直被认为是最有前途的存储技术。充电时，锂离子从层状 $LiCoO_2$ 嵌入主体中脱嵌，穿过电解质，并插入阳极中的石墨层之间，放电时该过程逆转。在充放电过程中几乎没有发生副反应。锂离子电池技术虽然已较为成熟，但是，锂离子电池能量密度不足，即使优化了这一技术，使用目前可用的材料，使其逐渐逼近其理论能量密度极限（400W·h/kg），仍难以满足可再生能源和电动汽车大规模电力储存的高能源需求，传统的插层反应机理限制了 LIB 的能量密度。在这种情况下，迫切需要开发高能量密度存储技术。幸运的是，电池技术中的另一种方法是用催化活性的氧还原反应（ORR）和析氧反应（OER）电极代替阴极处的插层材料。这些电池被称为金属空气电池，例如锌空气电池和锂空气电池，由于它们的能量密度极高，成本低廉且环境友好，因此备受关注。金属空气电池通过金属与空气中氧气之间的氧化还原反应来发电。它们具有开孔结构的特征，该结构允许从外部源（空气）连续且几乎无限地供应阴极活性材料（氧气）。由于阴极氧来自空气而不是储存在电池中，因此与其他传统电池，如可充电的铅酸电池、镍金属氢化物电池和 LIB 相比，金属空气电池具有明显更高的理论能量密度。相比于商业化的锂离子电池，金属空气电池（如锂空气电池、锌空气电池、铝空气电池和镁空气电池等）的理论比能量密度提高了 3~30 倍。此外，金属空气电池还具有无毒、环境友好、原材料丰富、储存寿命长、放电电压平稳、安全性高、价格相对较低、工艺技术要求较低等优点，因此具有很好的发展和应用前景。

6.1 锂空气电池

金属空气电池主要由金属负极、电解质及空气正极构成，其结构如图 6-1 所示。锂空气电极的负极为金属锂，放电过程中，金属锂失去电子成为锂离子，电子通过外电路到达多孔正极，空气正极中发生氧还原反应生成氧负离子，氧负离子与锂离子及从外电路传输来的电子结合生成放电产物，随着这一过程的进行，锂空气电池可以持续向负载提供能量。充电过程则正好相反，给电池施加合适的充电电压，在此作用下，放电产物在空气电极中被氧化，伴随着氧气的释放，锂离子则在负极被还原成金属锂。

6.1.1 锂空气电池工作原理

根据电解质的不同，锂空气电池可分为以下四类：（1）水基电解液体系锂空气电池；（2）非水基电解液体系锂空气电池；（3）水-有机混合电解液体系锂空气电池；（4）固态电解质体系锂空气电池。

锂空气电池的概念最早于 1976 年就被 Littauer 和 Tsai 共同提出，但当时的电池使用碱

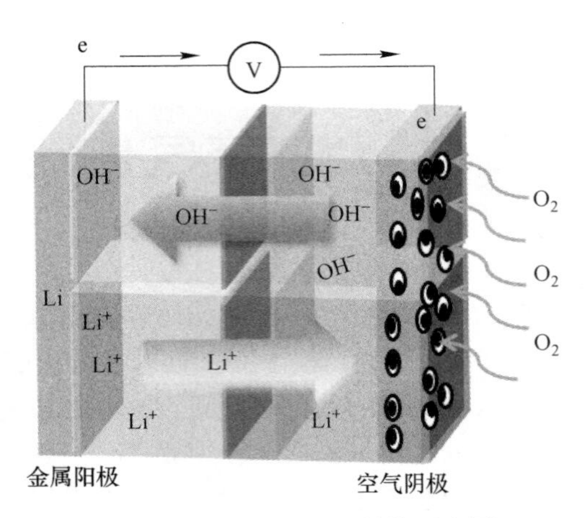

图 6-1 金属空气电池结构示意图

性水溶液作为电解液。

正极反应： $$O_2 + 2H_2O + 4e \longrightarrow 4OH^-$$ (6-1)

负极反应： $$Li \longrightarrow Li^+ + e$$ (6-2)

总反应： $$4Li + O_2 + 2H_2O \longrightarrow 4LiOH$$ (6-3)

当时的研究发现，这种电池的锂负极容易与水性电解液发生反应，导致负极的腐蚀，而且产生安全问题。金属锂与水接触会发生化学反应导致负极的腐蚀，因此在水系电解质电池中，需用聚合物电解质或无机固体电解质隔离负极锂。这些电解质层要具有好的离子导电性，与金属锂相容性好且在碱性水溶液中能够稳定存在。Abrahamh 和 Jiang 在 1996 年提出了基于非水基电解质体系的锂空气电池。

正极反应： $$2Li^+ + O_2 + 2e \longrightarrow Li_2O_2$$ (6-4)

负极反应： $$Li \longrightarrow Li^+ + e$$ (6-5)

总反应： $$2Li + O_2 \longrightarrow Li_2O_2$$ (6-6)

锂空气电池反应发生在“多孔电极材料/电解液/催化剂”三相界面处，随着放电反应的持续进行，非水基电解质体系锂空气电池的反应产物 Li_2O_2 不溶于电解液，逐渐覆盖并填满整个多孔正极材料的孔道，减小催化剂与氧气及电解液的接触面积，降低电极的电子电导率并堵塞氧气和锂离子的输运通道，导致电池的循环性能急剧下降。直到 2006 年，Bruce 的研究小组证明通过加入合适的电催化剂能够明显改善电池的循环性能，此类电池才引起了广泛的注意。

非水基电解质体系的理论能量密度显著高于水基电解质，因此锂空气电池还存在一种结构，将非水基和水基的优势结合在一起构成复合电解质锂空气电池，即空气正极一侧采用水基电解质、金属锂负极一侧采用非水基有机电解质，两种电解质之间设置 Li^+ 传导疏水膜，放电反应方程式与水基锂空气电池相同。复合电解质体系利用了水基电解质可溶解放电产物的特点，消除正极限制，以及采用非水基有机电解质保护金属锂负极，避免了负极的腐蚀。但是复合电解质锂空气电池依然存在疏水膜内阻较大、在碱性溶液中长期工作不稳定等问题，同时体系的电化学可逆性亟待提高。锂空气电池的第四种结构——全固态锂空气电池，采用全固态电解质，电池的放电反应方程式与非水基有机锂空气电池相同。

全固态锂空气电池安全性高、高温性能好，但是电解质与正负极材料之间的接触电阻较大，同时由于放电产物的存在，需要重新设计电池电极容纳放电产物。以 Li_2O_2 为放电产物的锂空气电池结构表现出了电化学可逆性，而全固态锂离子电池高内阻是需要解决的问题。

6.1.2 锂空气电池材料

在金属-空气电池的早期研究中，由于其低成本和易操作性，研究人员将注意力集中在水性锌-空气电池上。目前，随着能源需求的不断增加，非水基锂空气电池因其比水基锌空气电池具有更高的能量密度和可充电性而受到全世界的关注。尽管反应机理不同，用于水基体系的氧催化剂对于非水基体系也显示出有潜力的性能。两种体系的相似性为非水基锂空气电池的发展提供了巨大的机遇，并取得了重要进展。然而，非水基锂空气电池仍处于起步阶段，在选择电解质、阴极和阳极上存在较大挑战。

6.1.2.1 正极材料

正极反应是氧的氧化还原反应。氧气的电化学还原和产物的氧化分解过程在空气电极中非常缓慢，为了加快反应、降低电极的极化，必须加入高效的电催化剂。因此，合理设计空气电极的孔隙结构和选择适合的电催化剂是锂空气电池性能提高的关键。

A 空气电极的孔隙结构

空气电极的多孔结构一方面为氧气向反应界面提供气体传输通道，另一方面可以为放电产物 Li_2O_2 提供储存空间，因此有机电解质体系的锂空气电池的放电容量与空气电极的孔的容积和孔隙结构有关。介孔孔容是影响锂-空气电池性能的关键因素之一。随着碳材料介孔孔容的增加，储存容量增大。部分放电产物沉积在不超过20%孔纵深的孔口周围，这是因为随着放电产物的增加，碳载体的孔道被逐步堵塞，Li_2O_2 和 Li^+ 无法再通过孔道传递，放电过程被迫终止；同时，极化增大，造成电池容量的衰减及循环性能的下降。利用多孔 SiO_2 作为硬模板可制备多孔碳泡沫，多孔碳泡沫具有二级介孔孔道结构及窄的孔尺寸分布。与多种商用碳材料相比，多孔碳泡沫具有更大的放电容量。多孔碳泡沫良好的性能是由于它的大孔容与非常大的介孔孔道可以为放电过程中锂氧化物的沉积提供更多的空间。

B 电催化剂

空气电极中使用的电催化剂种类较多，主要分为以下四类：多孔碳材料、金属氧化物材料、贵金属及其合金材料和非贵金属催化剂。多孔碳材料因为具有良好的导电性及可调控的孔隙结构而得到广泛的应用，但是它的催化活性一般较差，而通过对碳材料进行异质元素（如硼、氮、磷或硫）掺杂，则能够提高其对电极反应的催化性能。金属氧化物材料来源广泛，价格适中，许多单元素金属氧化物（氧化锰、氧化钴等）和双元素金属氧化物（如钴酸铁等）都表现出良好的催化活性，但金属氧化物材料一般导电性不高，经常与具有高比表面积的碳材料载体复合得到复合电催化剂，碳载体的使用为电催化剂的颗粒提供了更多的分散空间，因而使其具有了更多的电化学反应活性位点。贵金属纳米颗粒（铂、钯等）作为电催化剂，可有效降低电极反应过电压，从而提高电池的能量效率，最常用的贵金属催化剂是铂族催化剂，虽然具有良好的催化活性，但由于价格昂贵不利于推广应用。非贵金属催化剂具有催化活性高、稳定性好和价格低等优点，最初以过渡金属锰作为催化剂，将其与碳和黏结剂混在一起制成正极，显示出了较好的催化活性。随后发现，在有机体系的碳正极中添加不同的过渡金属氧化物可起到催化作用，并发现催化剂对电池放电电压的影响不大，而对放电容量、充电电压和循环性能有很大的影响。所以，对空气电极的电催化剂的选择一方面要考虑其催化性能是否能够满足对电池的功率及能量的要求，另一方面要考虑其价格是否能够满足大规模商业化应用。

正极材料大多数采用碳或碳基材料。然而，与燃料电池中的碳腐蚀类似，碳材料在高工作电位下也经受腐蚀挑战，特别是在锂空气电池的充电过程和高氧环境中。最近的一些工作已经讨论了非水基锂氧电池中碳正极的稳定性。布鲁斯小组的研究证明碳在放电或充电时低于 3.5V（相对于 Li/Li^+）较稳定，但在存在 Li_2O_2 的情况下高于 3.5V 充电时则不稳定，会经历氧化分解形成 Li_2CO_3。此外，碳还促进了 $Li-O_2$ 电池在放电和充电过程中的电解质分解，产生了 Li_2CO_3 和锂羧酸盐（基于 DMSO 和四甘醇二酸酯电解质）。不幸的是，形成的 Li_2CO_3 在充电时不能完全氧化，并且在循环中积累，导致电极钝化和容量衰减。还发现疏水性碳比其亲水性对应物更稳定并且不促进电解质分解。同时，如果 Li_2O_2 的充电可以在 3.5V 以下进行，碳可能是合适的电极。从结果来看，Li_2O_2 在 $Li-O_2$ 电池中在阴极的稳定循环依赖于电极和电解质之间的协同作用，而不是各自独立。为了避免碳的降解，开发降低超电势的高效催化剂是必要的。

6.1.2.2 电解质

电解质在锂空气电池中起着非常重要的作用，如稳定负极、传导锂离子、溶解氧气及提供反应界面等。由于电池为开放体系，其工作在敞开环境中，随着电解质的挥发或受到空气中杂质的影响而引起其离子电导率、氧溶解性及黏度的变化，以致影响电池的充放电容量、使用寿命及安全性。

A 有机液体电解质

有机液体电解质是目前锂空气电池中研究最多的非水基电解质体系，但对它的选择有着许多要求。首先，有机溶剂分子要在氧气或氧负离子存在的条件下有较强的稳定性，即不与任何 O_2 的还原态物质反应；其次，溶剂应具有较宽的电化学窗口，能够承受较高的充电电压；最后，溶剂还应具有挥发性低、氧溶解度高和黏度低等特点。目前，锂空气电池的非水基电解质主要采用碳酸酯类有机溶剂，多数在工作温度范围内具有较大的挥发性，不适用于开放或半开放的锂空气电池。同时，锂空气电池放电的中间产物氧负离子是一种非常活泼的物质，会与电解质体系中的有机溶剂和锂盐反应，造成电解质的不可逆分解。例如，碳酸丙烯酯（PC）作为锂空气电池电解质中的溶剂限制了电池循环性能，放电反应的主要产物是 Li_2CO_3 和烷基碳酸盐包括甲酸锂和乙酸锂，而无 Li_2O_2，造成碳酸酯类有机溶剂的不可逆氧化分解。醚类和砜类溶剂具有很好的稳定性和快速放电能力，但它们在充放电过程中会与中间产物发生反应，也伴随着一些有机锂盐的产生和部分分解，严重影响电池的可逆性。电解质盐对电池性能也有较大影响，这与它们的极化性质，以及在溶剂中溶解后对电导率、氧气的溶解度和黏度的改变有关。锂空气电池电解液的研究还包括乙腈（ACN）、二甲基亚砜（DMSO）、二甲基甲酰胺（DMA）、苯甲醚等体系，其中 DMSO 是目前效果较好的体系之一，但是 DMSO 与负极锂片兼容性较差，需要对锂片进行保护。当研究者采用 FTIR 和 Raman 来分析在同样电解液中的碳材料空气阴极时，电解液甚至在第一圈充放电时出现明显的分解。这表明 DMSO 不是一种适合在碳基阴极上采用的电解液溶剂。此外，还有研究 DMSO 在碳材料阴极中应用的工作表明 LiOH 是充放电过程中形成的主要副产物。

B 离子液体电解质

离子液体电解质具有良好的导电性、稳定的电化学窗口、不可燃性和热稳定性，因此在锂空气电池中也有潜在的应用价值。此外，通过阴阳离子的设计，人们可获得憎水型的离子液体，以缓解来自空气中的水分与金属锂的反应，起到保护锂负极的作用，而且与通常的有机液体电解质不同的是离子液体电解质的蒸气压非常低，所以能够在温和的敞开环境中使用。为了研究离子液体的稳定性，Cui 等人采用离子液体 PP13TFSI 与 $LiClO_4$ 作为电解液，碳纳米管作为阴极，研究电池循环过程中过氧化锂和碳酸锂的形成。通过结合 XPS 和 XRD 的分析结果，他们发现过氧化锂晶体是这个体系首次放电后的主要放电产物，但首次充电后仍然有碳酸锂的累积，证明了采用离子液体并不能解决碳酸锂生成的问题。而且，离子液体的黏度一般较大，从而导致电极表面无法被完全浸润，产生较大的传质阻力。其电导率偏低也是一个问题，虽然加入锂盐有助于提高离子液体电解质的锂离子导电性，但是由此带来了较高的吸水性，这一矛盾还有待解决。

C 固体电解质

与其他类型的电解质相比，固体电解质具有稳定性高、工作温度宽、使用寿命长及安全性好等特点。固体电解质的致密结构可以将空气正极和金属锂负极完全分离，能够防止大气中的成分和锂直接反应，使电池具备直接在空气环境中运行的能力；还可以有效解决安全性问题，固体电解质所具有的高机械强度能够阻止锂枝晶的穿透，避免金属锂在反复充放电过程中产生枝晶，刺穿隔膜后引起有机电解液的燃烧及电池爆炸的问题。固体电解质对电池充放电过程中的产物表现出优良的化学和电化学稳定性，使电池的稳定性和循环寿命得到了很大提高，但其锂离子电导率低、电池内阻大。而且，固体电解质的使用不可避免地会引入新的固-固界面，界面的接触特性和应力及热的匹配又成为这一体系独有的问题。

碳酸酯基有机电解质如碳酸丙烯酯已广泛用于锂空气电池。然而，水野彩香等人发现使用基于聚碳酸酯电解质的锂-氧电池的放电产物主要是碳酸锂，而不是期望的 Li_2O_2。后来，布鲁斯的小组进一步证实了这一结果，他们对 O_2 电极在碳酸酯类电解液中的反应机理进行了研究和分析，表明在放电过程中阴极会产生二碳酸丙烯酯锂、$C_3H_6(OCO_2Li)_2$、Li_2CO_3、HCO_2Li、CH_3CO_2Li、CO_2 和 H_2O。放电和充电的不同途径会导致LiO_2电池中的电压间隙较大。从那时起，已经通过实验和理论研究了替代溶剂。发现醚溶剂具有比 PC 更高的稳定性。在二甲氧基乙烷（DME）基锂空气电池中，McCloskey 可以观察到 Li_2O_2 是主要放电产物。Sun 和 Scrosati 等人还证明了通过使用四（乙二醇）二甲基电解质（1mol/L $LiCF_3SO_3$/TEGDME），锂空气电池能够以 1000mA·h/g 容量运行 100 次。然而，布鲁斯及其同事的研究结果表明，在循环使用醚电解质期间，放电产物中的 Li_2O_2 含量逐渐降低，在第五次放电时，未观察到 Li_2O_2，但在放电产物中观察到其他锂化合物。此外，电解质降解似乎随着循环而迅速增加。使用类似的途径，同一组研究了酰胺基电解质，如二甲基甲酰胺（DMF），并观察到循环过程中类似的电解质分解增加的现象。开发具有高电化学稳定性的新型电解质是非水基锂空气电池的迫切任务。最近，Zhou 和 Zhang 用固态锂离子导体代替了液体电解质，从而规避了液体电解质的分解问题，这可能提供了另一种方法。

在电解液中，锂盐浓度也是影响电池性能的一个因素。锂盐和溶剂的摩尔比变化可以改变它们的溶剂化物结构，从溶剂分离离子对（SSIP）到接触离子对（CIP）。在电解质为双（三氟甲基磺酰基）酰胺（LiTFSA）和四甘醇二甲醚（G4）的情况下，发现 LiTFSA：G4 摩尔比为 1：5 的 $Li-O_2$ 电池在所评估的摩尔比为 1：1、1：3 和 1：7 时表现出最佳的循环稳定性。锂氧电池循环性能对浓度的依赖性有助于开发稳定的电解质体系。

6.1.2.3 负极材料

锂空气电池的负极材料为金属锂，它所存在的问题主要包括以下几个方面：(1) 在充放电过程中会产生锂枝晶，随着枝晶的生长，它会穿透中间隔膜而与正极接触，引起短路，带来安全性问题；(2) 锂金属超低的氧化还原电位，还原活性强，很容易与一些有机溶剂、电解液添加剂发生反应，生成难溶的固体副产物，导致电池循环稳定性降低；(3) 锂空气电池在实际工作时所使用的是空气，其中的水和二氧化碳通过空气电极进入电池后，会与锂反应而使负极活性物质减少，从而影响电池的容量，而且生成的碳酸锂等物质不具有电化学可逆性，会导致电池循环性能的下降。制备的锂铝合金、锂钠合金、锂镁合金及锂镓合金在抑制枝晶生长方面能起作用，但这又会带来活性成分锂减少的问题。高能量密度的锂空气电池强烈依赖于开发安全、轻便的锂基负极材料。锂金属负极的腐蚀问题一直是制约其未来实际应用的关键问题。人们已经做了许多努力来改善锂基电池的锂负极性能，但对可充电锂空气电池的研究却很少。锂金属负极给可充电锂空气电池带来了新的更具挑战性的问题。沃克等人应用电解质添加剂硝酸锂（$LiNO_3$）来稳定 n，n-二甲基乙酰胺（DMA）电解质。含有这种电解质组合物的锂氧电池在 0.1mA/cm^2 时的电流密度下循环超过 2000h（超过 80 个循环）具有一致的充电曲线，良好的容量保持能力，O_2 被检测为充电过程中形成的主要气体产物。为了高活性锂金属阳极的安全，史库萨蒂等人用锂化硅碳阳极代替了它。结果表明，电池电化学过程的基本可逆性可以有希望地以相当高的比容量进行循环。从 LIB 的研究中也发现，具有良好锂负极相容性的合适电解质（包括溶剂、盐和添加剂）因为它更直接和更显著地改变了 SEI 膜显示出很大的积极作用。因此，寻找理想的电解液对锂空气电池中锂金属阳极的保护也很重要。

6.2 锌空气电池

锌空气电池是采用金属锌为负极材料的金属空气电池。锌电极在碱性水溶液电解液中表现出良好的耐腐蚀性能及较满意的反应动力学特性，因此受到了广泛的关注。锌空气电池具有以下优点：(1) 电池比能量高、容量大，锌空气电池的正极的活性物质为氧气，并不储存在电池内部，使电池具有更高的比能量和容量；(2) 放电曲线平稳，锌电极电压平稳，电池电压变化小，在 1.3V 左右出现一个较长的放电平台；(3) 自放电少，储存寿命长，储存时电池的入气孔是密封的，空气无法进入锌空气电池，所以电池不会发生电化学反应，因此电池容量损失小，每年损失小于 2%；(4) 负极活性物质锌来源丰富、价格低，而正极活性物质是空气中的氧气，取之不尽；(5) 环保无污染，锌空气电池不使用传统电池中常用的铅、汞、镉等有毒物质，对环境的污染非常小，此外，电池使用后的主要反应产物是氧化锌，可以非常方便地回收利用。

6.2.1 锌空气电池工作原理

锌空气电池在放电过程中，利用空气中的氧气在空气电极上进行氧还原反应（ORR），如式（6-7）所示；锌金属电极发生氧化反应，生成锌离子，如式（6-8）所示；放电产物溶解在碱性电解液中生成 $Zn(OH)_2$ 或 ZnO，如式（6-9）和式（6-10）所示；从而完成电能与化学能的相互转换。

正极反应： $$O_2 + 2H_2O + 4e \longrightarrow 4OH^- \quad (6\text{-}7)$$

负极反应： $$Zn \longrightarrow Zn^{2+} + 2e \quad (6\text{-}8)$$

$$Zn + 2OH^- \longrightarrow Zn(OH)_2 + 2e \quad (6\text{-}9)$$

$$Zn(OH)_2 \longrightarrow ZnO + H_2O \quad (6\text{-}10)$$

总反应： $$2Zn + O_2 + 2H_2O \longrightarrow 2Zn(OH)_2 \quad (6\text{-}11)$$

该电池的标准电动势为 1.65V，由于极化作用，实际操作条件下的充电电压要高于此值，放电电压低于此值，具体充放电电压主要取决于电流密度和电催化剂性能。

6.2.2 锌空气电池负极材料

锌在金属元素电位序中的位置决定了其是非常好的电极材料。锌作为电极材料具有以下四方面优点：(1) 资源丰富，成本低廉，锌在地壳中的含量为 0.013%，按元素的相对丰度排列，居 23 位。中国是锌资源丰富的国家，已探明的储量约占世界总储量的 1/4。(2) 毒性低，导电性好，锌的毒性较低，Zn^{2+}和锌的化合物对环境的污染性也比较小。此外在金属元素中锌的导电性比较好，锌电阻率虽高于铜，但低于一般金属。(3) 平衡电位低，氢过电位高。锌的标准电极电位是-0.763V，使得它与正极组成电池后的开路电压比较高。析氢电位在 1.2V 左右，可以最大限度降低水的电解，这对于电池的循环寿命和性能稳定性非常重要。(4) 在水中的稳定性好，能量密度高，锌在水溶液中的稳定性较好，且在金属-空气电池体系中，锌的比能量最高，理论比容量可达 820mA·h/g。金属铝、镁等虽然比能量很高，但在水溶液中极不稳定，易被腐蚀。

但是与锂空气电池存在相同的问题——形成枝晶。在电池的充电过程中，电解液中的 Zn^{2+}在锌电极表面还原沉积，形成树枝状沉积物，随着充放电的进行，这些沉积物迅速长大，形成锌枝晶。这些锌枝晶不断生长，极易刺穿隔膜引起电池短路，此外还降低了二次电池的可逆容量和循环寿命。锌电极无论是在碱性电解液还是在中性电解液中，都会发生腐蚀，其微观实质是锌电极在电解液中形成了无数个腐蚀微电池，这些腐蚀微电池共同作用产生了锌的腐蚀。腐蚀使电池自放电，降低了锌的利用率和电池容量。锌的活性较高，在电池进行充放电循环或者静置的过程中都会与电解液中的水发生析氢反应。锌电极的钝化是由于放电直接生成了难溶性 ZnO 或 $Zn(OH)_2$ 等产物，覆盖在负极表面，影响了锌的正常溶解，使锌电极反应表面积减少，降低了锌电极的利用率，使电池的可逆容量和循环寿命减小。在中性电解液中，锌负极产物是难溶性的 $Zn(OH)_2$。为了减少锌电极的钝化，可采取改变锌电极结构的方法，采用多孔结构的锌电极，增加锌电极真实表面积，增大活性物质有效面积。

抑制锌枝晶主要从加入电极添加剂和电解液添加剂、选择合适的隔膜及改变充电方式等几个方面进行研究。在电解液添加剂中，有机添加剂由于其成本低、效率高等特点而格外引人注目。其中加入添加剂的作用主要是使电极表面的电流密度分布均匀性提高，从而减少枝晶的产生。有机添加剂多数为表面活性剂，类型众多。它的缓蚀机理主要有以下两点：（1）有机添加剂的亲水端吸附在电极表面形成隔离层，阻碍了溶剂在电极表面的集聚，减轻了锌的腐蚀；（2）改变了锌电极表面的电化学极化行为，使锌电极的平衡电位负移，从而起到抑制锌电极腐蚀的效果。季铵盐是研究得最多的一类物质，研究者认为该类物质通过以大分子有机阳离子在锌表面活性中心上的吸附，抑制锌在这些位置的沉积与枝晶的产生，来提高电池循环寿命。人们发现硫酸盐、聚乙烯醇等也有与季铵盐相同的作用。此外，还可以通过改善隔膜性能及改变充电方式来抑制锌枝晶的产生。

6.3 金属空气电池氧电极催化剂研究进展

用于金属空气电池的氧电极（正极）材料仍然面临着巨大的挑战。因为氧气还原反应（ORR）/析氧反应（OER）的动力学缓慢，氧还原反应和析氧反应的电催化剂起着关键作用，并决定金属空气电池的功率、能量密度和能量效率，尤其是锂空气电池。例如，当前的锂空气电池只能以 0.1~0.5mA/cm^2 的电流密度进行放电（相比之下，锂离子电池能以大于 10mA/cm^2 的电流密度进行放电，聚合物电解质膜燃料电池能以大于 1500mA/cm^2 的电流密度进行放电），并且充电和放电之间的电压间隙大于 1.0V，这导致 70%的低电压效率（与锂离子电池的超过 90%相比）。这些主要归因于空气（氧气）电极的不良性能。为了合理设计 ORR 和 OER 的高效催化剂，还需要对空气电极上 ORR 和 OER 的详细机理有深入的了解。尽管对水基系统中的氧电催化剂的理解已在过去的几十年中得到了发展，但对于非水基锂空气电池而言，该过程才刚刚开始，并且尚未建立好的 ORR 或 OER 催化剂的设计原理。

氧电催化剂已被证明对于提高金属空气电池的功率密度、循环能力和能量转换效率至关重要。电催化剂可大致分为以下七类：（1）过渡金属氧化物，包含单金属氧化物和混合金属氧化物；（2）功能碳材料，包括纳米结构碳和掺杂碳；（3）金属氧化物-纳米碳杂化材料；（4）金属-氮络合物，包括未热解和热解；（5）过渡金属氮化物；（6）导电聚合物；（7）贵金属、合金和氧化物。

6.3.1 过渡金属氧化物

过渡金属氧化物代表了大量的氧电催化剂，包括单金属氧化物和混合金属氧化物。作为贵金属催化剂的替代品，过渡金属氧化物具有许多优势，例如高丰度、低成本、易于制备、环境友好等。过渡金属元素具有多个化合价，导致形成具有不同晶体结构的各种氧化物。

6.3.1.1 单金属氧化物。

锰氧化物因其化合价可变和结构丰富而受到广泛关注，从而产生了丰富的氧化还原电化学。锰氧化物可同时在催化 ORR 和 OER 反应中发挥作用，因此使其成为用于氧电化学的双功能催化剂备受关注。MnO_2 于 20 世纪 70 年代初首次报道用于 ORR，之后，人们做出了许多研究努力来评估和优化用于空气阴极的 MnO_x 基催化剂，并检查了其化学组成、织构、形态、氧化态和晶体结构作为电催化性能的函数。例如，Chen 和他的同事发现

MnO_2 的催化活性在很大程度上取决于晶体结构，遵循 $\alpha-MnO_2 > \beta-MnO_2 > \gamma-MnO_2$ 的顺序。该变化归因于其固有隧道（$[MnO_6]$ 八面体堆中的间隙）尺寸和电导率的综合作用。同时，形态是另一个影响电化学性能的重要因素。在同一相中，由于 $\alpha-MnO_2$ 纳米球和纳米线的尺寸较小且比表面积较高，因此其性能优于相应的微粒。他们还通过引入氧缺陷而不用外来添加剂修饰来研究金红石型 $\beta-MnO_2$ 活性的缺陷影响。在氩和空气中进行热处理会导致氧化学计量失衡，这可通过将 Mn^{4+} 还原为 Mn^{3+} 来补偿。更有趣的是，进行热处理后氧空位引起的 MnO_2 的结构变化。结果表明，含氧空位的氧化物在 ORR 电催化过程中具有更大的正电势、更大的电流和更低的过氧化物收率，并且也有利于 OER 催化。DFT 计算研究进一步揭示了氧空位的存在增强了含氧物质与 MnO_2 表面之间的相互作用并降低了动力学势垒。

掺杂低价元素可以增强 MnO_x 对 ORR 的催化活性。MnO_x 掺杂多种元素（例如，镍，镁和钙）比未掺杂的材料具有更高的活性。Roche 等人的结果展示了掺杂 MnO_x/C 电催化剂将 ORR 引向四电子路径。四电子 ORR 机理的第一步电化学步骤是准平衡质子插入 MnO_2 形成 MnOOH 过程，而第二步电子转移是由 O_2 的电子裂解，产生特殊的电子（产生 O_{ads}和氢氧根阴离子）。这会稳定中间的 Mn(Ⅲ)/Mn(Ⅳ) 物种，有助于第二次电荷转移到氧原子上。结果，掺杂的 MnO_x/C 电催化剂的 ORR 速率提高。化学组成也是影响催化活性的重要因素。Ohsaka 的小组发现，峰值电流会随着 $Mn_5O_8<Mn_3O_4<Mn_2O_3<MnOOH$ 的顺序而变化，具体取决于掺入 MnO_x/Nafion 修饰金电极中的 MnO_x 种类。此外，与合理的纳米结构相结合的组成的优化将进一步增强活性。一个典型的例子是受自然界中水氧化催化剂的启发，Jaramillo 和 Gorlin 开发了一种由纳米结构的 Mn（Ⅲ）氧化物组成的薄膜类似物。这种纳米结构的 Mn（Ⅲ）氧化物表现出双功能活性，其 OER 活性与报道的最好的锰氧化物 OER 催化剂相当，而其 ORR 活性则匹配或超过了报道的最好的锰氧化物 ORR 催化剂。更重要的是，其双功能活性可与贵金属媲美。近来，原位 X 射线吸收光谱法已被用于研究同一组双功能 Mn_xO_y 催化剂的活性位点。

氧化钴（Co_3O_4）由于其高的电催化活性和可调节的组成，是碱性介质中另一种有前景的非贵金属双功能 ORR/OER 催化剂。Co_3O_4 晶体结构中共存在 Co^{2+} 和 Co^{3+} 两个价态。通常，ORR 是电极上对表面结构敏感的反应，并且该反应在较高氧化态下发生在与氧化物表面上的阳离子相关的活性位点上。因此，Co_3O_4 电催化剂上 Co^{3+} 的暴露活性位点在 ORR 的性能中起着决定性的作用，其中这些阳离子将充当供体-受体的还原位，其供体的电子性质取决于溶液和受体的种类通过捕获电子相对于固体的特性。为了增强 ORR 的催化活性，一种有效的方法是通过 Co_3O_4 的纳米结构增加暴露的 Co^{3+}。Zhao 等人开发了一种溶剂介导的方法来控制 Co_3O_4 纳米结构的形态。通过调节混合溶剂中水与二甲基甲酰胺的摩尔比可制得棒状和球形纳米结构，发现在不同条件下制备的所有催化剂样品中，Co_3O_4 纳米棒对 ORR 表现出最高的催化活性，甚至比稀有钯催化剂对 ORR 的催化活性更高，这表明暴露在表面的大量活性 Co^{3+} 可以通过氧化钴的形态来定制。

除了水性体系外，还广泛研究了单金属氧化物（例如 MnO_x）作为非水性体系中的氧电催化剂。例如，Bruce 等人使用 $\alpha-MnO_2$ 纳米线作为催化剂，证明在非水锂空气电池中的容量为 3000mA·h/g 和良好的容量保持率。与水电解液中的相类似，非水电解液中二氧化锰的形态也是影响锂空气电池催化活性的一个重要因素，Bruce 发现在 α 和 β 相中，二氧化锰纳米线比块状二氧化锰具有更高的催化活性。自 Bruce 小组首次应用 MnO_2 以来，人们就致力于研究 MnO_x 非水锂空气电池的催化活性。Suib 和他的同事们比较了水性和有机电解质中具有不同形态的 $\alpha-MnO_2$ 催化剂的催化活性。在各种形貌中，由无溶剂法制备的纯纳米棒表现出最高的 ORR 催化活性，这是由于锰的平均氧化态低、微晶尺寸小、表面积高和孔体积大。还发现，尽管孔尺寸和体积减小，但是掺杂有镍的 $\alpha-MnO_2$ 纳米粒子显示出比未掺杂的催化剂更高的催化活性。Truong 等人报道了另一个现象，有关形态控制催化活性。通过微波辅助水热法合成了均匀的 $\alpha-MnO_2$ 微型花，该花由纳米片、$\alpha-MnO_2$ 纳米线和带有开口端的 $\alpha-MnO_2$ 纳米管组成。作为锂空气电池中的氧气催化剂，单晶 $\alpha-MnO_2$纳米管在充电和放电过程中都比基于 $\alpha-MnO_2$ 纳米线和 $\delta-MnO_2$ 纳米片表现出更好的稳定性，这表明 MnO_2 纳米结构的形态和结晶度确实影响锂空气电池的性能。Zhang 等人通过简单的一步水热法合成了高长径比的 $\gamma-MnOOH$ 纳米线。由于将固有的高催化活性和独特的结构有利结合，超长纳米线大大提高了放电容量、循环稳定性、可充电非水锂空气电池的充电速率和保持率。

结构缺陷对材料在非水电解质中的催化活性也有重要影响。Nazar 及其同事通过酸浸 $Na_{0.44}MnO_2$ 纳米线证明了锰氧化物中缺陷的作用。通过 A_xMnO_2（A =碱金属或碱土金属阳离子）氧化锰与酸之间的相互作用，酸性离子交换 A 离子，Mn^{3+}歧化成残留在固体物质中的 Mn^{4+}，而 Mn^{2+}溶解在溶液中，导致在 A 离子和 Mn-O 骨架亚晶格中形成空位缺陷。与原始的 $Na_{0.44}MnO_2$ 相比，开孔“缺钠” $Na_{0.44-x}H_xMnO_2$ 纳米线使可逆容量增加了一倍，并降低了 OER 电位。隧道结构化锰氧化物的化学改性可为理解和设计锂空气电池有效阴极系统开辟新的视野。同样，Trahey 等人酸处理 Li_2MnO_3，合成了 $\alpha-MnO_2$-斜方锰矿-MnO_2 复合材料。这种材料在早期循环中提供了高达 5000mA·h/g（碳+催化剂）的极高的可逆容量，并在前几个循环中的初始充电电压曲线中大大降低了极化。通过第一原理密度泛函理论计算，研究了锂、过氧化锂（Li_2O_2）和氧化锂（Li_2O）在 $\alpha-MnO_2$ 隧道中的可逆插入反应，以及锂与斜方锰矿 MnO_2 的反应。从实验和理论结果来看，推测具有 Mn^{4+}/Mn^{3+} 特征的 Li_2O 稳定且部分锂化的电极组件 $0.15Li_2O\cdot\alpha-Li_xMnO_2$ 可能有助于 $Li_2O_2-Li_2O$ 放电-充电化学提供双电极/电催化剂功能。

除 MnO_x 外，其他金属氧化物，如 Fe_xO_y、NiO、CuO 和 Co_3O_4 也具有电化学氧反应的固有活性，并已用于非水体系中。例如，Wen 和他的同事设计了一种独立式阴极，方法是将 Co_3O_4 化学沉积在不含碳和黏合剂的镍泡沫材料上。新的空气电极提供了高达 4000mA·h/g 的高比容量。优异的性能归因于特殊结构的空气电极的大量可用催化位点；放电产物与催化剂的紧密接触，在放电产物随后的沉积—分解过程中有效抑制了电极中体积的膨胀；以及开孔系统，可不受限制地进入反应物分子。他们还通过硬模板法用锂空气电池中的碳作为阴极合成了另一种介孔氧化钴。发现具有大孔径、孔体积和 BET 比表面积的氧化钴表现出 81.4%的高能量转换效率（放电和充电平台分别为约为 2.85V 和 3.5V）和 2250mA·h/g 大比容量。结果进一步表明，多孔结构可以促进快速离子或 O_2 的传输，并提高非水电解质中催化剂的利用率。

6.3.1.2 混合金属氧化物

A 尖晶石型氧化物

尖晶石是一组具有式 AB_2O_4 的氧化物，其中 A 是二价金属离子（例如镁、铁、钴、镍、锰或锌)，B 是三价金属离子（例如铝、铁、钴、铬或锰)。具有混合化合价的尖晶石氧化物具有导电性或半导电性，使其能够直接用作电极材料，并且电子价转移是通过跳跃过程在不同化合价的阳离子之间以较低的活化能进行的。具有尖晶石结构的金属氧化物在氧气释放和碱性溶液还原方面表现出良好的性能。在尖晶石结构中，A^{2+} 和 B^{3+} 阳离子分别占据部分或全部四面体和八面体位点，并且可以改变分子式中 A^{2+} 或 B^{3+} 阳离子的含量以调节催化性能。例如，Rios 等人研究了锰含量为 x 的 $Mn_xCo_{3-x}O_4$ 的电催化活性的变化。发现 $Mn_xCo_{3-x}O_4$ 具有位于八面体位点的 Mn^{4+}/Mn^{3+} 氧化还原对。$Mn_xCo_{3-x}O_4$ 具有高电导率和 ORR/OER 活性，Mn^{4+}/Mn^{3+} 含量的变化（随 x 的变化）与电导的活化能及 ORR 和 OER 的电催化能力相关。有趣的是，ORR 的催化作用可以随着锰含量的增加而增加，而可能更精确地随着 Mn^{4+}/Mn^{3+} 对的数量而增加。相反，关于 OER，通常将表面 Co^{3+} 阳离子视为活性部位，并且锰强烈抑制 OH^- 离子的氧化。应当指出，基于 O_2 离子的密堆积面心立方构型，Co_3O_4 属于正常的尖晶石晶体结构，其中 Co^{2+} 离子占据四面体 A 位的八分之一，而 Co^{3+} 离子占据八面体 B 站点的一半。

除了组成之外，催化剂的纳米结构也极大地影响了活性。Wu 等人报告了自支撑的介孔 $Ni_xCo_{3-x}O_4$ 纳米线阵列及其在 OER 中的电催化性能。纳米线阵列通过氨蒸发诱导的生长在含金属硝酸盐的水溶液中的钛箔上生长。直接生长在导电基底上的纳米线阵列有两个结构优势：首先，导电基底与纳米线之间的开放空间直接接触，保证了每个纳米线参与反应；其次，与其中孔结构相关的大表面积促进了活性物质的扩散并加速了表面反应。根据电化学结果发现镍掺杂剂的引入改变了它们的物理性质，例如更大的粗糙度因子、更好的导电性、更高的活性位点密度和纳米线的增强的电化学性能。例如，在相同的过电位下，$Ni_xCo_{3-x}O_4$ 显示出比纯 Co_3O_4 大约 6 倍的电流密度。林等人还证明了 $NiCo_2O_4$ 纳米板对碱性溶液中的氧释放反应表现出高的电催化性能，在 $100mA/cm^2$ 的电流密度下过电位为 0.315V。

开发新型合成技术是高性能催化剂的另一重要策略。Chen 等人已经开发出一种简便而快速的室温合成方法，以实现高活性的 $Co_xMn_{3-x}O_4$ 尖晶石。该制备基于无定型 MnO_2 前体在含有二价金属离子（例如 Co^{2+}）的水溶液中的还原—重结晶。分别使用 NaH_2PO_2 和 $NaBH_4$ 作为还原剂合成了两个代表性的四方和立方纳米 $Co_xMn_{3-x}O_4$ 尖晶石。四方相具有网状多孔结构，而立方相具有致密的形貌和大颗粒，它们的差异可能与它们的晶体结构有关。保留的形态类似于母体前体，所制备的 $Co_xMn_{3-x}O_4$ 纳米尖晶石具有较高的比表面积，许多缺陷和大量的空位，并且与在高温下合成的对应物相比，对 ORR/OER 具有明显更高的活性。立方尖晶石在固有的 ORR 催化活性方面优于四方相，但由于氧的结合能不同，四方尖晶石超过了 OER 的立方相。实验和计算分析均表明，钴在锰和锰缺陷位点上的吸附。作为空气电极，活性 $Co_xMn_{3-x}O_4$ 尖晶石氧化物在硬币型锌-空气电池中提供了稳定的恒电流放电曲线和相当大的比能量密度。

电催化剂在聚合物基质中的分散提供了反应物可及的电催化部位的三维划分，从而在整个聚合物中保持了良好的电荷传输条件。戈蒂埃等人证明了多层聚吡咯(PPy)-O_x 复合电极在中性和酸性电解质中用于 ORR 的可行性，该电极具有 GC-PPy-PPy(O_x)-PPy 结构，O_x 是 $Ni_xCo_{3-x}O_4$（$x=0.3$ 或 1）或 $Cu_{1.4}Mn_{1.6}O_4$ 的尖晶石氧化物。聚合物层可以使尖晶石催化剂在酸性或碱性电解质中稳定。借助于PPy，催化剂$Ni_{0.3}Co_{2.7}O_4$、室温下在氧饱和的2.5mmol/L KOH+0.8mol/L KCl溶液中、0.6V（SCE）下显示出电流密度为1.85mA/cm^{2}的ORR活性。其他尖晶石$Cu_{1.4}Mn_{1.6}O_4$-PPy基成分在酸性溶液中也显示出良好的ORR活性。同样，尖晶石$CoFe_2O_4$-PPy在氧饱和5mmol/L KOH+0.5mol/L K_2SO_4电解质中，在25℃的条件下，在0.5V（SHE）下，在8h内具有电流密度为1.5mA/cm^{2}的稳定性能。

尖晶石氧化物也已成功应用于非水体系。例如，Cui的研究小组报告了介孔$NiCo_2O_4$纳米片作为可充电Li-O_2电池的电催化剂。所制备的$NiCo_2O_4$具有特定的纳米结构，具有许多催化活性位。带有$NiCo_2O_4$电池的过电势比纯碳电池低，具有合理的比容量（1560mA·h/g），并且具有10个稳定的循环，可循环使用。$NiCo_2O_4$对ORR和OER的优异电催化性能归因于其固有的电子结构和良好的电子传输能力。此外，中孔和纳米片状结构在电化学性能中也起着关键作用，它不仅提供更多的电催化位点，而且还促进了电解质中的质量迁移（氧和离子），并最终提高了容量和循环能力。

B 钙钛矿型氧化物

钙钛矿型氧化物的通式为ABO_3，人们对其在碱性电解质中的双功能催化能力进行了广泛的研究。通过用其他金属部分取代A和B阳离子，它们的性能可以在很宽的范围内变化。立方钙钛矿晶格是用于各种混合过渡金属氧化物的相当坚固的主体。该结构甚至可以适应基本立方对称的扭曲，从而产生有趣的特性。一般来说，A位取代主要影响吸附氧的能力，而B位取代影响吸附氧的活性。取代的钙钛矿通常可以用分子式$A_{1-x}A'_xB_{1-y}B'_yO_3$来描述，其中A或者A′是稀土或碱土金属，而B或B′是过渡金属。过渡金属氧化物催化剂的活性可以与阳离子采用不同价态的能力相关联，特别是当它们在氧还原/氧析出的电势下形成氧化还原对时。因此，具有各种替代物的不同钙钛矿型氧化物被用作双功能催化剂。最近，Sunarso等人研究了镧基钙钛矿氧化物在碱性介质中的氧还原反应活性，他们发现，对于$LaMO_3$（M=Ni，Co，Fe，Mn和Cr），ORR性能按$LaCrO_3$、$LaFeO_3$、$LaNiO_3$、$LaMnO_3$和$LaCoO_3$的顺序增强；而对于$LaNi_{0.5}M_{0.5}O_3$，ORR电流性能按$LaNi_{0.5}Fe_{0.5}O_3$、$LaNi_{0.5}Co_{0.5}O_3$、$LaNi_{0.5}Cr_{0.5}O_3$和$LaNi_{0.5}Mn_{0.5}O_3$的顺序增强。此外，用钴、铁、锰或铬替代一半的镍，将ORR转化为更正的起始电位，表明两种过渡金属阳离子的有益催化作用。

组成为$La_{1-x}Ca_xMO_3$（M=Ni、Mn、Co）的钙钛矿型氧化物因其合理的电催化活性和耐腐蚀性而备受关注。在这些候选材料中，$La_{0.6}Ca_{0.4}CoO_3$可以在许多示范电池中找到，并有可能替代碱性介质中的贵金属。它同时显示出良好的ORR和OER催化活性，被认为是最有前途的双功能催化剂。有趣的是，可以通过改变钴的氧化态来调节电催化性能。Narayanan等人发现在X射线光电子能谱（XPS）测量中，钴$2p^{3/2}$能级的结合能随退火温度的升高而增加，并且这一观察结果与催化剂对氧气释放的活性有关。结果表明，表面位点的氧化态越高，其氧催化能力越强。另外，相纯度的增加和微晶尺寸的减小也增强了活性。进一步的工作用不同方法合成了组成为$La_{1-x}A_xCo_{1-y}B_yO_3$（A=Ca；B=Mn、Fe、Co、Ni、Cu）的催化剂材料。对于A位和B位掺杂，都观察到强烈的组成对催化剂性能的依赖性。例如，锶取代的材料在氧析出时表现出更好的性能，而钙取代的材料在氧还原时表现出更好的性能。作为$La_{0.6}Ca_{0.4}CoO_3$的替代催化剂，Zhu和Velraj证明$Sm_{0.5}Sr_{0.5}CoO_{3-\delta}$还表现出高的双功能催化活性，循环寿命长。用 $Sr_{0.95}Ce_{0.05}CoO_3$ 负载铜纳米颗粒作为双功能催化剂，用于水性锂空气电池。由于钙钛矿氧化物和铜的协同作用，实现了高能量转换效率和出色的长期稳定性。Chen 小组通过碳酸盐固溶体前体的热分解制备了一系列钙锰氧化物（Ca-Mn-O），并将其用作 ORR 的电催化剂。发现一系列 Ca-Mn-O 化合物的催化特性与锰的表面氧化态和晶体结构密切相关，从而影响 O_2 的活化程度。在钙钛矿型 $CaMnO_3$、层状结构 $Ca_2Mn_3O_8$、尖晶石型 $CaMn_2O_4$ 和 $CaMn_3O_6$ 的 Ca-Mn-O 化合物中，具有开放隧道和多价态的钙钛矿 $CaMnO_3$ 表现出最高的活性，其中电流密度和电子传递与基准 Pt/C 相当。

确定将材料性能与催化活性联系起来的催化剂设计原则，可以加快对高活性和丰富的过渡金属氧化物催化剂的寻找。基于分子轨道原理，Suntivich 等人证明钙钛矿氧化物催化剂的 ORR 活性主要与 s^* 轨道的占据（例如最大活性的 B1 值的填充）和 B 位过渡金属-氧共价的程度有关。有限的 O_2^{2-}/OH^- 表面上 OH 的交换和再生取决于通过将单个 s^* 反键（例如 B-OH^- 的电子）转移到 O_2^{2-} 吸附质而获得的能量，从而稳定了位移。基于这些发现，钙钛矿氧化物的固有 ORR 活性表现出火山趋势，例如 B 离子的填充。有趣的是，诸如 $LaMnO_{3+\delta}$ 和 $LaNiO_3$ 之类的氧化物具有与最新 Pt/C 相当的固有 ORR 活性。此后不久，他们报告了通过系统检查十多种过渡金属氧化物而确立的独特的 OER 活性设计原则。结果表明，固有的 OER 活性还表现出对 3*d* 电子占有率的火山状依赖性，并且氧化物中的表面过渡金属阳离子呈对称性，预测 OER 活性峰值处于接近于 1 的负占有率，具有高价的过渡金属—氧键。根据设计原理可以预测 $Ba_{0.5}Sr_{0.5}Co_{0.8}Fe_{0.2}O_{3-\delta}$ 的高活性，并且在实验上，OER 活性实际上比最新的氧化铱在碱性介质中的催化至少高一个数量级。通过调整表面电子结构特征（例如过渡金属的填充和共价），这两项工作为开发用于还原氧的高活性非贵金属氧化物催化剂提供了有希望的策略。

对于钙钛矿类型的氧电极催化剂，还有一类通式为 $A_2BB'O_6$ 的钙钛矿氧化物，称为“双重钙钛矿”，其中 A 是碱土原子，例如（锶，钡或钙），B 和 B′是过渡金属原子。在这些过渡金属氧化物的理想晶体结构中，角共享的 BO_6 和 $B'O_6$ 八面体有规则的排列。钙钛矿作为电催化剂的性质通常取决于 B 位阳离子的性质、氧化态和相对排列。在最近的一项研究中，Cheriti 和 Kahoul 研究了在 Vulcan XC-72 碳上负载的两种双重钙钛矿氧化物 Sr_2CoMoO_6 和 Sr_2FeMoO_6，发现前者的电催化活性比后者高。Takeguchi 等人报告指出，Ruddlesden-Popper 型层状钙钛矿 RP-$LaSr_3Fe_3O_{10}$（层数为 3），在平衡电位为 1.23V 且几乎没有超电位的情况下，可作为 ORR 和 OER 的可逆空气电极催化剂。

钙钛矿氧化物的催化性能已在具有非水非质子电解质的 Li-O_2 电池中得到证明。$La_{0.8}Sr_{0.2}MnO_3$ 最初是由 Bruce 使用的，但效率并不理想。后来，于等人应用它并增强了电池的容量。李等人报道钙钛矿层 $La_{1.7}Ca_{0.3}Ni_{0.75}Cu_{0.25}O_4$ 促进了非水非质子电解质中 Li_2O_2 的电化学氧化。用装有 Li_2O_2 的电极进行的充电实验表明，与不含催化剂的电极相比，含钙钛矿的层状电极在最高 400mV 的电压下具有降低的电势，这表明层间特性在促进氧释放方面起关键作用。纳米结构始终是影响催化性能的重要因素。例如，Mai 等人证明层状介孔钙钛矿 $La_{0.5}Sr_{0.5}CoO_{2.91}$ 纳米线是 ORR 的高性能催化剂，具有低峰电位和高极限扩散电流。基于这种纳米线的锂空气电池表现出高比容量，超过 11000mA·h/g，比 $La_{0.5}Sr_{0.5}CoO_{2.91}$ 纳米粒子高一个数量级。高比表面积和中孔结构促进了 Li^+ 扩散及 LiO_2 和 Li_2O_2 的形成速率。Zhang 等人通过结合电纺丝技术和加热方法制备了钙钛矿基多孔 $La_{0.75}Sr_{0.25}MnO_3$ 纳米管（PNT-LSM）。使用这种新型的电催化剂，$Li-O_2$ 电池具有良好的能量转换效率，倍率能力和循环稳定性。研究发现具有 PNT-LSM/KB 的 $Li-O_2$ 电池的充电电压大约是 200mV。此外，$Li-O_2$ 电池在 5 个循环中表现出 9000~11000mA·h/g 以上相当稳定的比容量，库仑效率约为 100%，并且可以维持 124 个循环，容量极限为 1000mA·h/g。性能的提高归因于高 ORR 和 OER 催化活性的协同作用及 PNT-LSM 独特的多孔空心结构。多孔管状结构可在电极中提供更丰富的氧气和电解质传输路径，从而促进放电产物的形成和分解，从而提高 O_2 电极的可逆性。

C 烧绿石型氧化物

烧绿石型氧化物的通式为 $A_2B_2O_6O'_{1-\delta}$，其中 A 为 Pb 或 Bi，B 为 Ru 或 Ir。烧绿石的结构可以看作是两个交织的子结构的组合，其中角共享的金属-氧八面体（BO_6）生成笼状的 B_2O_6 骨架，为电子提供传导路径，从而产生金属特性，而 A 元素与特殊的氧原子（O′）线性连接形成 A—O′—A 键，从而形成角共享的 $O'A_4$ 四面体。烧绿石的一个特点是其高度灵活的化学计量和结构。特殊氧可以部分或完全不存在，当 $\delta=0.5$ 时，晶格中的氧空位高达 7%。或者，可以用氧填充晶格以得到组成 $A_2B_2O_7$。$Pb_2Ru_2O_{6.5}$ 的单晶电导率在 300K 高达 4.3×10^3S/cm。烧绿石的催化性质可以通过 A 和 B 位置的选择和掺杂含量来调节。例如，B 位置的一部分贵金属可以被 A 位置的阳离子取代，从而产生扩展的烧绿石 $A_2[B_{2-x}A_x]O_{7-\delta}$（$x$ 的范围为 0~1），在锌空气电池中使用的强碱性介质中用于 ORR/OER 的双功能催化剂，据报道催化能力源自 B 阳离子和氧空位的可变价特征。

纳扎尔（Nazar）的研究小组开发了一种独特的化学方法，利用液晶模板和随后的化学试剂氧化方法，将具有 $Pb_2[Ru_{1.6}Pb_{0.44}]O_{6.5}$ 组成的膨化烧绿石氧化物制成新型金属介孔骨架。高的内部孔隙率使其有高达 155m^2/g 的高比表面积，从而增加了活性位点。所制得的氧化物显示出有希望的催化活性，具有较低的析出氧的电荷电势，并产生了具有高可逆容量的阴极，在非水锂空气电池中的可逆容量为 10000mA·h/g。优异的性能可归因于金属氧化物中高比例的表面缺陷活性位点、独特的形态和可变的化学计量。这种用于制造多孔金属氧化物的策略为锂空气电池的新型阴极结构提供了一种有前途的方法。后来，同一小组通过化学方法在碱性介质中采用沉淀法合成了纳米晶体膨胀烧绿石 $Bi_2[Ru_{1.53}Bi_{0.47}]O_{7-\delta}$（Bi/Ru=1.61）和 $Pb_2[Ru_{1.73}Pb_{0.27}]O_{6.5}$（Pb/Ru=1.31）。4~5nm 纳米微晶域的高分辨率 TEM 成像显示，它们合并成较大的多晶团聚体。高浓度的表面活性位点、固有的可变氧化态和良好的电子传输提供了较好的锂空气电池的电催化性能，产生了超过 10000mA·h/g 的可充电放电容量，并大大降低了阳极过电势。注意到，通过负载在碳上，对于氧气释放性能所需的催化剂的量仅为质量的 5%。由于 ORR 活性的提高，当将烧绿石氧化物与少量金结合使用时，锂空气电池的放电容量会进一步增加。

6.3.2 功能碳材料

6.3.2.1 纳米碳

原始碳材料通常在水溶液中对 ORR/OER 的催化活性较低。相反，碳可以为非水基电解质中的氧反应提供足够的催化活性。因此，纳米结构碳作为催化剂的应用主要在于非水基锂空气电池。在这种情况下，碳不仅充当催化剂载体，而且充当良好的 ORR 催化剂。特殊的碳纳米结构包括一维（1D）纳米管和纳米纤维，二维（2D）石墨和石墨烯纳米片以及三维（3D）纳米多孔结构。

在非水基锂空气电池中，空气电极的孔结构和构造对电池的性能至关重要，因为不溶性的 Li_2O_2 放电产物会在空气电极的活性部位积聚，可能会堵塞孔，从而增加气体通过孔传输的阻力。因此，已有大量的研究来优化非水基锂-空气电池的空气电极的微结构。早期的研究集中于传统多孔碳材料在锂空气电池中的应用，并对一些影响因素进行了研究。例如，霍尔和米尔泽安报告说，电池的性能取决于碳的形态，碳的孔体积、孔径和表面积的综合作用影响了储存容量，他们发现，含碳锂氧电池具有较大的孔容和较宽的孔径，表现出较高的比容量。杨等人还证明了大孔体积和大介孔（孔径为 2~50nm）结构对电池的性能至关重要。Tran 等人发现碳催化剂的平均孔径与锂空气电池的容量之间几乎呈线性关系，像微孔这样的小孔在容量中只起很小的作用。包括孔结构，用疏水分子修饰碳表面也可以通过防止放电过程中 Li_2O_2 在催化剂表面的积累来提高性能。

石墨烯作为一种新型的仅原子厚的二维碳材料，由于其固有的优异导电性、优异的机械柔韧性、显著的导热性和高比表面积，已经引起了广泛的关注。石墨烯通常是通过化学方法制备的，这种方法很容易从石墨上剥离石墨烯片。有许多边缘部位和缺陷位点位于表面上，可以充当促进某些化学转化的催化剂。为了研究石墨烯对 ORR 的催化活性，李等人首次将石墨烯纳米片应用于非水基锂空气电池的空气电极中。与炭粉（BP-2000 为 1900mA·h/g 和 Vulcan XC-72 为 1050mA·h/g）相比，基于石墨烯纳米片（GNS）的空气电极具有较高的放电容量（8700mA·h/g）。尽管主要的放电产物是 Li_2CO_3 和少量的 Li_2O_2，但这一结果表明，GNS 独特的形态和结构对锂空气电池有利。同时，Sun 等人还研究了非水基锂空气电池中石墨烯的催化活性。石墨烯纳米片电极表现出比 Vulcan XC-72 碳更好的循环稳定性和更低的过电势，进一步证明了石墨烯纳米片是锂空气电池的有效催化剂。如上所述，多孔结构对于非水基锂空气电池的性能非常重要。基于这一见解，Xiao 等人制作了一种由分层多孔石墨烯组成的新型空气电极。通过胶体微乳化方法将包含晶格缺陷和官能团的石墨烯片构造成分层多孔结构。带有这种独特石墨烯片的空气电极具有极高的比容量（15000mA·h/g），该结构由微孔通道组成，可促进 O_2 的快速扩散；高度连接的纳米级孔可获得高密度的反应位点。DFT 计算还显示，石墨烯上的缺陷和官能团有利于形成孤立的纳米 Li_2O_2 颗粒，并有助于防止空气电极中的气体阻塞。

电极结构的设计对于改善能量转化过程至关重要。先前的研究集中在碳颗粒本身的孔结构上，而它们在阴极中的排列对 Li-O_2 电池性能的影响却被忽略了。通常，多孔碳颗粒通过黏合剂在阴极中紧密聚集，并且这种紧密聚集不可避免地导致低的 O_2 扩散速率和有限的 Li_2O_2 沉积空间，因此使得碳颗粒利用率低并且进一步导致 Li-O_2 电池的低倍容量。为了解决这个问题，Zhang 等人提出了一种新颖的策略，通过构建一种便捷而有效的原位溶胶-凝胶结构，从 GO 凝胶中衍生出来的独立式分层多孔碳（FHPC），来最大程度地利用多孔碳颗粒和反应物的运输方法。原位合成后，将多孔炭片大致垂直于骨架表面排列，在整个电极深度上留下较大的互连隧道。炭片的高倍观察表明，炭片由许多小的纳米级孔组成。当用作正极时，Li-O_2 电池同时展现出高的比容量和出色的倍率性能。电流密度为 0.2mA/cm^2（280mA/g）时，容量达到 11060mA·h/g，出乎意料的是，即使电流密度增加了十倍，最高达到 2mA/cm^2（2.8A/g）。相比之下，在电流密度为 0.2mA/cm^2 的情况下，商用 KB 碳的容量为 5180mA·h/g，而其容量仅为 FHPC 电极的一半。这种有前途的性能归因于碳在自由结构中的松散堆积，这为不溶性 Li_2O_2 沉积提供了足够的空隙体积，并提高了碳的有效利用率。同时，分层多孔结构，包括来自泡沫镍的大孔，以及来自碳颗粒的中孔和微孔，促进了 O_2 扩散、电解质的润湿及所有反应物的质量传输。

Shao-Horn 的小组使用 CVD 方法演示了另一种新型的无黏合剂多孔碳电极配置。直径约 30nm 的中空碳纤维垂直排列的阵列生长在陶瓷多孔基底上，该基底用作锂-空气电池中的空气电极。这些全碳纤维（无黏合剂）电极的质量能量密度高达 2500W·h/kg，功率密度高达 100W/kg，转化为能量强度是当前状态的 4 倍，例如 $LiCoO_2$（600W·h/kg）。良好的电化学性能归因于生长的碳纤维电极中的低碳堆积以及对 Li_2O_2 形成的可用碳质量和空隙体积的高效利用。这种纳米纤维结构可以清楚地观察到 Li_2O_2 的形成和放电过程中的形态演变，以及在充电时消失的现象，这是理解限制速率能力并导致 Li-O_2 电池能量转换效率低的关键过程。康等人制备的空气电极是通过垂直排列的多壁纳米管的单片不使用任何黏合剂或溶剂而制成的，是具有可控孔结构的空气电极。这些编织的 CNT 电极中产生的多孔骨架，使氧气易于到达空气电极的内侧，并防止放电产物堵塞孔，即使在深度放电期间，也能够有效地形成过氧化锂，并将其分解。这种独特的功能导致了 Li-O_2 电池的高循环寿命和空前的高倍率性能。在 2A/g 的条件下，电池仍可以维持至少 60 个循环，其截止容量为 1000mA·h/g。更有趣的是，在铅笔书写的启发下，周等人通过铅笔在陶瓷态电解质上绘画，报道了另一种特殊的电极。该电极具有 2D 结构的碳纳米片可以通过铅笔素描附着在陶瓷态电解质的表面上，并直接用作空气电极。在端电压为 2.0V，电流密度为 0.1A/g 的情况下，放电容量达到了 950mA·h/g。在 15 个周期内，锂空气电池的容量损失并不是很严重。

6.3.2.2 掺杂碳

如上所述，原始碳材料通常在水溶液中表现出较低的催化活性，但其活性不可忽略。杂原子（例如氮、硼、磷和硫）掺杂后，碳材料增强的催化活性被广泛地证明了在水性电解质中氧的还原。掺杂原子会增加石墨碳网络中的缺陷程度和边缘平面位，从而诱发 ORR 的活性位。丰富的碳纳米结构及其掺杂使研究人员能够调整其催化性能。为了开发不含金属的碳基催化剂，已证明了几种合成氮掺杂碳材料的方法。作为一个典型的例子，Dai 的研究小组证明了垂直排列的含氮碳纳米管（VA-NCNT）可以用作无金属电极，在碱性燃料电池中具有更好的氧还原反应电催化活性、长期运行稳定性及比铂对 CO 更好的耐受性。改善的电催化活性可以归因于在碳纳米管的掺杂期间电子结构的变化。在共轭纳米管碳平面中引入电子接受氮原子可能会在相邻的碳原子上产生相对较高的正电荷密度。氮掺杂和垂直排列结构的这种协同作用提供了具有四电子路径的超 ORR 性能。为了进一步阐明 ORR 对氮掺杂 CNT 的作用机理，江的研究小组基于 DFT 研究了电化学条件下不同氮官能团对氮掺杂 CNT 催化活性的影响。他们发现，四电子和两电子 ORR 机制同时出现在类石墨氮基团（NG）和类吡啶氮基团（NP）上。在较低的电位区域，两种机制同时出现在 NG 和 NP 缺陷位点。而在较高电势下，四电子机制占主导地位，NP 缺陷部位的 ORR 比 NG 缺陷部位的 ORR 在能量上更有利。由于掺杂的优点，科学家们通过各种方法，例如化学气相沉积、氨水热处理、纳米浇铸技术等，制备了氮掺杂的碳纳米管、石墨烯片、有序介孔石墨阵列和碳纳米笼等。氮掺杂的碳具有更好的性能，具有高电催化活性和耐久性，可作为无金属电极催化剂用于碱性介质中的氧还原，并成功应用于锌空气电池中。例如，使用氮掺杂的CNT作为空气阴极催化剂，催化剂负载量为0.2mg/cm^{2}和6mol/L KOH时，电池的功率密度为70mW/cm^2。

除了氮掺杂以外，其他元素（如硼、磷和硫）也可增强碳材料对ORR的催化活性。以苯、三苯硼烷（TPB）和二茂铁为前驱体和催化剂进行化学气相沉积，合成了硼含量可调的硼掺杂CNT（BCNT）。随着硼含量的增加，电催化性能逐渐得到改善，这体现在还原电流的增加及起始电位和峰值电位的正移。理论计算表明，硼掺杂增强了BCNT上的O_2化学吸附。BCNT对ORR的电催化能力取决于共轭体系的π^*电子在硼掺杂剂的空位$2p_z$轨道中的电子积累；之后，以硼为桥，转移到化学吸附的O_2分子上。转移的电荷削弱了O—O键并促进了BCNT上的ORR。Yu等人通过简单的无金属纳米铸造方法合成了新颖的磷掺杂有序介孔碳（POMC）。所得的POMC带有少量磷掺杂（摩尔分数小于1.5%），对于碱性介质中的ORR表现出出色的电催化活性、长期稳定性和优异的耐醇穿透性。磷的掺杂会在碳骨架中引起缺陷，并由于磷良好的供电子特性而增加了电子离域作用，从而优化了ORR的活性位。黄等人发现在石墨烯中掺杂与碳具有相似负电性的元素（例如硫和硒）时，它们在碱性介质中的催化活性也比市售Pt/C更好。

近年来，共掺杂已经发展成为改善碳活性的研究方向。由于协同的共掺杂效应，共掺杂的纳米碳显示出比相应的单原子掺杂的对应物更高的电催化活性。Dai的小组开发了几种共掺杂碳，例如硼、氮共掺杂CNT，磷、氮共掺杂CNT和硼、氮共掺杂石墨烯。通过三聚氰胺二硼酸盐（碳、硼和氮的单一化合物来源）的热解制备同时包含硼和氮原子的垂直排列的碳纳米管（VA-BCN）。所得的VA-BCN纳米管电极在碱性介质中对ORR的活性高于仅掺杂硼或氮的。随后，他们开发了一种简便的方法，可以简单地通过在硼酸和氨气条件下对GO进行热退火，来大规模生产具有可调掺杂水平的硼、氮共掺杂（BCN）石墨烯，作为有效的ORR电催化剂。结果表明，所得的BCN石墨烯样品显示出比石墨烯更好的ORR电催化活性。第一项原理计算表明掺杂水平会影响石墨烯的能带隙、自旋密度和电荷密度。具有适度氮和硼掺杂水平的BCN石墨烯被证明具有最佳的ORR电催化活性、燃料选择性、长期耐久性以及出色的热稳定性和孔隙率。乔等人也报道了中孔氮和硫双掺杂石墨烯（N-S-G）的设计和一步合成。使用二氧化硅作为结构模板，选择三聚氰胺和苄基二硫化物分别作为氮和硫前体，并通过加热混合物进行掺杂。这种新型材料显示出优异的催化活性，包括高正起始电位和非常高的动力学极限电流，可与市售Pt/C催化剂相比。DFT计算表明，硫和氮原子的双重掺杂带来了自旋和电荷密度的重新分布，这导致了大量的碳原子活性位点产生。Asefa等人举例说明了聚苯胺衍生的氮和氧双掺杂介孔碳是由原位聚合介孔二氧化硅负载的聚苯胺原位聚合，随后碳化，然后蚀刻掉介孔二氧化硅模板而合成的高效无金属电催化剂。除二元掺杂外，还进行了碳与硼、磷、氮的三元掺杂，以增强电化学氧还原活性。由于三元掺杂的不对称原子自旋密度提高，三元掺杂的活性优于二元掺杂。

尽管在共掺杂碳的合成方面取得了巨大的进步，但是关于杂原子在掺杂过程中的分布却存在争议。一个典型的例子是，当硼和氮共存于sp^2碳中时，硼和氮是键合在一起还是分开定位？这两种情况对应于完全不同的电子结构，因此碳p轨道内的共轭效应不同，最终导致不同的ORR活性。实验和理论结果共同表明，结合共存可以产生六方氮化硼（h-BN）的副产物，该副产物具有化学惰性，导致催化剂的活性差，而分开可以大大提高ORR 活性电催化剂的性能，表明掺杂微结构对 ORR 性能的关键作用。为了避免形成副产物，乔等人提出了两步掺杂策略：首先，通过在中等温度（例如 500℃）下用 NH_3 退火来掺入氮，然后通过在更高温度（例如 900℃）下用 H_3BO_3 对中间材料（N-石墨烯）进行热解引入硼。通过新开发的顺序结合杂原子，没有观察到 BN 副产物。与单步掺杂的石墨烯和一步合成的杂化电极相比，所得的硼、氮共掺杂的石墨烯表现出大大改善的电化学性能。

不出所料，在非水体系且减少氧气的情况下，通过掺杂官能化的碳也具有优势。Kichambare 等人报道称，具有高比表面积的掺氮碳被用作固态锂空气电池的阴极电极。氮掺杂的 Ketjenblack-Calgon 活性炭阴极的放电单元容量是仅由不掺杂的活性炭组成的阴极的两倍。与原始碳相比，氮掺杂碳进一步提高了放电电压。后来，Sun 等人证明了氮掺杂的 CNT 的比放电容量为 866mA·h/g，大约是 CNT 的比放电容量为 590mA·h/g 的 1.5 倍。这些结果表明，掺杂功能在改善锂空气电池的容量和氧反应动力学方面具有优势。Sun 等人还在非水锂空气电池中应用了氮掺杂和硫掺杂的石墨烯。发现在石墨烯中进行氮掺杂后，由于引入缺陷位点（缺陷或官能团）而导致放电容量急剧增加，而硫掺杂会影响放电产物的形貌，因此带电性能差异很大。Li_2O_2 在硫掺杂的石墨烯上的生长机理：最初，O_2 被还原为 O_2^-，和 LiO_2 中的 Li^+ 相结合；然后，在碳表面上形成了细长的 Li_2O_2 纳米晶体。总而言之，掺杂策略对于改善锂空气电池的性能也有效，但是其基本机理尚需进一步研究。

6.3.3 金属氧化物-纳米碳杂化材料

氧化物催化剂中固有的低电导率和纳米颗粒的严重聚集是限制其对 ORR 和 OER 活性的重要因素。为了克服该限制，将催化剂分散在导电基材上以形成复合材料是一种常见且有用的策略。作为典型的导电基质，不同形式的碳已用于氧化物催化剂。无机-纳米碳杂化物的设计可同时提高电导率并改善活性位点的分布。催化剂与底物之间的协同偶联效果使催化性能优异。

最近，Cho 等人通过将 MnO_x 与纳米碳形成复合材料，来改善锌空气电池的 ORR 活性。选择科琴黑碳（KB）、碳纳米管（CNT）和还原氧化石墨烯（rGO）作为导电衬底，并通过不同方法在其上沉积 MnO_x 纳米结构。例如，通过简单的多元醇方法合成了由负载在非晶氧化锰（MnO_x）纳米线上的 KB 碳组成的复合空气电极。该复合电极中的低成本、高导电性 KB 克服了 MnO_x 低电导率的局限性，同时充当了催化剂的支撑基质。非晶态 MnO_x 纳米线的大比表面积及高密度的表面缺陷可能为氧吸附提供更多的活性位，从而显著提高了 ORR 活性。作为一种高效的催化剂，这种复合空气电极在实用的锌空气电池中显示出 190mW/cm^2 的峰值功率密度，远优于基于商业空气阴极和 Mn_3O_4 催化剂的峰值功率密度，并且其性能类似于铂催化剂。MnO_x-CNT 复合电极是一种非化学沉积方法。自发的化学沉积导致 MnO_x 在 CNT 的表面上分布良好并附着牢固。具有复合阴极的锌空气电池的峰值功率密度很高（180mW/cm^2），与铂催化剂（200mW/cm^2）相当。认为 MnO_x 和 CNT 之间的界面良好，有利于电子从电极转移到活性位，以及 MnO_x 颗粒表面上同时存在

Mn^{4+}和Mn^{3+}物种的水钠锰矿晶体结构对ORR具有较高的催化活性。对于石墨烯的应用，Cho等人将离子液体部分引入还原的氧化石墨烯（rGO）纳米片中，以增加石墨烯片与MnO_x纳米粒子之间的相互作用。通过基于溶液的简便生长方法，将氧化锰（Mn_3O_4）固定在离子液体（IL）改性的还原氧化石墨烯（rGO-IL）纳米片上。基于Koutecky-Levich图，Cho等人发现杂化rGO-IL-Mn_3O_4复合材料的ORR途径可通过石墨烯片上负载的Mn_3O_4纳米颗粒的相对数量来调节。例如，氧化锰纳米颗粒在该功能化石墨烯片上的超载显著阻碍了氧的还原，甚至将反应机理从直接四电子途径改变为间接两电子途径。

Dai团队已将强耦合的无机碳纳米杂化材料（SC杂化物）逐渐发展为新型催化剂材料。通过将无机纳米材料直接成核、生长和锚定在包括石墨烯和碳纳米管的氧化纳米碳基材的官能团上来合成杂化材料。这种方法在电催化纳米颗粒和纳米碳之间提供了牢固的化学连接和电耦合，从而导致了基于非贵金属的电催化剂，其对ORR和OER的活性和耐久性得到了改善。与基于无机物和纳米碳的物理混合物的电极材料相比，SC混合动力电池显示出更高的容量、更高的倍率能力、更高的催化活性和/或更高的循环稳定性，从而带来了高性能的电池、超级电容器、燃料电池和水分解电催化剂和其他类型的能量存储和转换材料[5]。

Dai团队合成的一种代表性的杂化材料即高性能双功能催化剂Co_3O_4-N-rmGO（氮掺杂的轻度还原氧化物石墨烯）。通常，单独的Co_3O_4或氧化石墨烯几乎没有催化活性，但是它们的杂化物显示出高的ORR活性，而石墨烯的氮掺杂进一步增强了ORR活性。Co_3O_4-N掺杂的石墨烯杂化物表现出相似的催化活性，且与碱性溶液中的铂相比具有更高的稳定性。相同的杂化物对OER也是高度活跃的，从而使其成为ORR和OER的高性能非贵金属双功能催化剂。研究者进行了X射线吸收近边结构（XANES）的测量，以确定杂化材料中Co_3O_4和GO之间的相互作用。与N-rmGO相比，Co_3O_4-N-rmGO杂化物显示288eV处的碳K边峰强度明显增加，这对应于石墨烯中的碳原子与氧或其他物种相连。这表明Co_3O_4-N-rmGO中存在Co—O—C界面和Co—N—C键，影响了Co_3O_4的电子结构。Co_3O_4与N-rmGO之间的键形成及杂化材料中碳、氧和钴原子化学键合环境的变化导致了催化剂与底物之间的协同作用。与Co_3O_4-rmGO相比，氮掺杂的GO在Co_3O_4-N-rmGO中可以在钴和石墨烯之间提供更强的偶联。rmGO上的N-基团由于与钴阳离子配位而成为Co_3O_4纳米晶体的有利成核和锚定位点。氧化石墨烯的氧化程度极大地影响了杂化材料的性能。传统的GO氧化方法采用强酸，通常会导致无机碳偶联相互作用和杂化材料的电导率失衡。对于高ORR和OER性能而言，控制中等程度的石墨烯氧化以同时提供足够的官能团和导电性至关重要。

除石墨烯外，碳纳米管也被Dai团队用于合成SC杂化物。他们使用轻度氧化物碳纳米管制备了Co_3O_4或CoO-N掺杂的CNT杂化物。有趣的是，发现金属氧化物-碳纳米管杂化物优于石墨烯杂化物，在中等超电势下经历4电子氧还原途径，显示出更高的ORR电流密度。Co_3O_4-NCNT杂化物（40~60Ω）的电阻小于Co_3O_4-N-rmGO杂化物（200~300Ω）。这些结果表明，可以在NCNT杂化物中达到更高的电导率，这对于提高杂化物的电化学特性特别重要。当然，GO在提供更大的表面积以构造混合材料方面具有其自身的优势。为了进一步增强杂化催化剂，Dai团队开发了一种混合金属氧化物$MnCo_2O_4$-N掺杂的石墨烯杂化材料，可在碱性条件下进行高效的ORR电催化。通过将$Co(OAc)_2$和

$Mn(OAc)_2$的反应比控制为 2∶1，立方尖晶石相中的 $MnCo_2O_4$ 在石墨烯片上生长，形成了强耦合的 $MnCo_2O_4$-N-rmGO 杂化体。在相同的质量负载下，$MnCo_2O_4$-N-石墨烯杂化物在中等超电势下可以胜过 Pt/C ORR 电流密度，在碱性溶液中的稳定性优于 Pt/C。在相对于 RHE 为 0.70V 的恒定电压下，混合催化剂中产生的 ORR 电流密度在连续运行 20000s 中仅降低了 3.5%，而相应的物理混合物样品和 Pt/C 催化剂电流密度分别减小了 25%和 33%。成核和生长方法导致氮掺杂氧化石墨烯和尖晶石纳米颗粒之间形成 C—O—金属和 C—N—金属键共价偶联，与纳米颗粒的物理混合物相比，具有更高的活性和更强的耐久性。与纯 Co_3O_4-N-rmGO 杂化物相比，锰取代增加了杂化材料催化位点的活性，进一步提高了 ORR 活性。

杂化材料中结构的合理设计对于氧电催化活性也至关重要。最近，冯等人开发了三维掺杂氮的石墨烯气凝胶（N-GA）负载的 Fe_3O_4/N-GAs 作为碱性介质中 ORR 的有效阴极催化剂。石墨烯杂化物表现出相互连通的石墨烯片大孔骨架，且 Fe_3O_4 纳米粒子均匀分散。对于 ORR，Fe_3O_4/N-GAs 显示出比氮掺杂炭黑或氮掺杂石墨烯片上的 Fe_3O_4 颗粒更高的起始电位、更高的阴极密度、更低的 H_2O_2 产率和更高的电子转移数，从而突出了 3D 大孔结构和石墨烯气凝胶基底高比表面积对改善 ORR 性能的重要性。Chen 等人设计了另一类新型的芯-电晕结构双功能催化剂（CCBC），该催化剂由镍酸镧中心组成，支持可充电金属-空气电池的氮掺杂碳纳米管（NCNT）。纳米结构的杂化体基于高 ORR 活性的氮掺杂碳纳米管（NCNT）和高 OER 活性的镍酸镧（$LaNiO_3$）。在该结构中，NCNT 是高度石墨化的，从而具有强大的操作耐久性，并具有高的电子导电性。结果，经过 CCBC 涂层的空气电极在锌空气电池中经过 75 次循环后，表现出出色的循环性能，且不会降解。$LaNiO_3$ 和 NCNT 在 CCBC 中结合成一个整体，由于牢固连接的 NCNT 与 $LaNiO_3$ 之间的协同作用，提高了催化剂的活性和耐久性。CCBC 是一类新型的双功能催化剂材料，非常适用于下一代可充电金属空气电池。

Dai 等人受 $MnCo_2O_4$-N-rmGO 杂化物在水溶液中高的 ORR 活性和良好的 OER 活性的启发，探索了这种材料作为非水基 Li-O_2 电池的阴极催化剂，他们发现，$MnCo_2O_4$-N-rmGO 杂化物在有机电解质中的 ORR 催化活性与其在水溶液中的相近，与掺杂氮的石墨烯相比，以 $MnCo_2O_4$-N-rmGO 杂化物为阴极的 Li-O_2 电池比以 N-rmGO、炭黑（CB）及 $MnCo_2O_4$ 纳米颗粒和 CB 的混合物具有更高的放电电位和更低的充电电压。$MnCo_2O_4$-N-rmGO 杂化物的超电势和充放电性能类似于基准 Pt/C 催化剂。此外，杂化催化剂在充电和放电过程中表现出比 Pt/C 更好的 Li-O_2 电池循环稳定性，在 40 个循环中的容量截止值为 1000mA·h/g，而放电和充电电势变化很小。尽管碳酸盐电解质中可能涉及副反应，但杂化材料相对于 $MnCo_2O_4$ 和石墨烯的物理混合物的显著性能改善表明，杂化结构内的强耦合对有效和快速的转移电荷起着重要作用，即使在有机电解质。

曹等人通过 α-MnO_2 纳米原位在石墨烯纳米片（GN）上的原位成核和生长，进一步说明了非水基 Li-O_2 电池中 α-MnO_2 纳米原核-石墨烯杂化物中氧化物和碳的协同催化作用。α-MnO_2-GN 杂化物对 ORR 和 OER 过程均显示出极好的催化活性。它在 200mA/g（0.06 mA/cm^2）的电流密度下提供了 11520mA·h/g 的高可逆容量。相比之下，α-MnO_2 和 GN 混合物只能提供 7200mA·h/g 的可逆容量，约占杂化体的 62.5%。电池同时在 25 个循环中显示出良好的循环性能，具有稳定的可逆容量及放电和充电电压平台。除石墨烯外，还制备了 MnO_x-CNT 或碳纳米纤维杂化物作为 Li-O_2 电池的阴极催化剂，以减少放电—充电过电势并改善循环性能。Amine 等人在室温下通过湿化学方法合成多孔碳负载的 α-MnO_2 纳米颗粒。这种合成方法的优点在于，在将 MnO_2 分散到碳载体表面之后，可以很好地保留碳的多孔结构和表面积。作为可再充电 Li-O_2 电池的电催化剂，所制备的杂化催化剂表现出良好的电化学性能，在电流密度为 100mA/g 时，初始放电容量为 1400mA·h/g。有趣的是，与大多数报告的数据（通常高于 4.0V）相比，其充电电位已显著降低至 3.5~3.7V。

氧化钴-碳杂化物也已应用于非水基体系中。例如，纳扎尔的研究表明，生长在还原氧化石墨烯上的 Co_3O_4 纳米晶体（Co_3O_4/rGO）被用作碳基氧电极膜的一部分，导致 OER 的过电势显著降低（多达 350mV），循环性能提高。Co_3O_4/rGO 的合成是通过还原沉积在石墨烯上的酞菁钴，然后进行轻度氧化来进行的。总体结果表明，通过在正向和反向电化学过程中降低 Li_xO_2 物种的结合能，可作为促进剂来增强 Li_xO_2 物种的表面运输。但是，反应机理仍需采用先进技术进行分析。同时，还合成了其他氧化钴-碳杂化物，例如 CoO/CMK-3 和 Co_3O_4/CNT 催化剂，并应用于非水体系中。高容量和低过电压表明它们具有广阔的应用前景。

6.3.4 金属-氮络合物

燃料电池应用中最有前途的非贵金属电催化剂之一是碳载过渡金属/氮（M-N_x/C）材料（M=Co，Fe，Ni，Mn 等，通常 x=2 或 4），由于它们对 ORR 展现出催化潜力，以及利用丰富的低成本前体材料而受到越来越多的关注。根据合成过程，M-N_x/C 催化剂可分为两类：具有有机态的非热解催化剂和具有无机态的热解催化剂。非热解的 M-N_x/C 催化剂材料在简单的合成过程中即可保持大环配合物的结构，从而为其活性提供了有利的结构控制。热解 M-N_x/C 催化剂是基于非热解 M-N_x/C 的，需进行高温处理。

6.3.4.1 非热解 M-N_x/C 材料

自 Jasinski 首次报道金属-N_4（M-N_4）螯合物在碱性条件下作为钴酞菁（CoPc）的 ORR 催化活性以来，多种过渡金属卟啉如四苯基卟啉（TPP）、四甲氧基四苯基卟啉（TMPP）和酞菁（PC）已被作为燃料电池阴极活性催化剂的有吸引力的候选材料，这为 ORR 催化领域的研究开辟了新的方向。配合物的结构决定催化剂结构，与催化剂的 ORR 活性和稳定性直接相关。这些配合物的活性直接与金属离子中心有关，并包括配体结构。例如，基于钴的配合物（即 CoPc 或钴卟啉）倾向于 2 电子过程以生成 H_2O_2，而基于铁的配合物显示出 4 电子还原过程而形成 H_2O。各种大环结构具有显著不同的化学和电子性质，ORR 活性与其电离势和氧结合能力有关。从 FePc/C 和 CoPc/C 催化剂的理论和实验结果来看，O_2 的吸附能越低，可以预期的 ORR 的动力学就越快。

大环化合物外环上存在额外的官能团或取代基可调节这些材料的电化学性质。可见金属大环对化学和/或电化学反应的选择性是由金属中心“设定”的，然后其活性被外围取代基“调节”了。Chen 的研究小组指出，用硫醚苯基（Fe-SPc/C）官能化碳负载的 FePc 时，其结构在酸性电解质的恒电位条件下，表现出较强的稳定性。硫醚官能团连接到酞菁大环上，充当补充电子提供位点，以防止电子缓慢转移引起的问题。同时，庞大的二苯硫酚基团被并入结构中，提供高度的空间位阻，从而保持了催化活性位点的隔离。

更有趣的是，受细胞色素C氧化酶活性位点的启发，Cho的研究小组设计了一种五配位结构，该结构使用吡啶官能化的碳纳米管（CNT）固定FePc分子并为铁中心提供轴向配体。与最新的Pt/C催化剂相比，新型催化剂对氧的还原具有更高的电催化活性，并且在锌空气电池循环过程中具有出色的耐久性。理论计算表明，增强的性能可能源自五配位结构中铁中心的电子结构变化，引起FePc-Py-CNTs系统中O—O键的高拉伸度并增加了结合氧与催化剂之间的能量。此外，与FePc-CNT系统中的四键合铁相比，FePc-Py-CNT系统中铁与Py基团之间的额外轴向配位键降低了铁离子解离的可能性并提高了耐久性。这些结果表明，精心设计和修饰这些配合物可以改善ORR活性和稳定性。最近的工作进一步说明了大环化合物合理结构设计的重要性。唐等人提出了另一种新颖的策略，即使用逐层（LBL）组装技术将钴卟啉多层分子结构整合到还原氧化石墨烯（rGO）薄片上。结合起来，rGO片的平面苯环可以提供可能的静电或配位相互作用、p-p堆积及钴卟啉催化剂的范德华力。这种多重相互作用将有利于催化剂在基材上的稳定性。相较于市售的Pt/C催化剂，rGO/(Co^{2+}-THPP)$_n$的组装表现出可比的电催化活性，但具有更好的稳定性和对交叉效应的耐受性。

6.3.4.2 热解M-N_x/C材料

尽管已证明在水性介质中负载在碳上的各种有机金属-N_4络合物的催化活性，但发现在酸的存在下催化剂结构逐渐分解，稳定性差导致催化活性降低。将高温热处理程序（400~1000℃）引入催化剂合成过程中，取得了重大突破。通过这种方法，获得的无机M-N_x/C催化剂不仅增加了可用ORR活性位的浓度，而且还提高了催化剂的稳定性。由于大环化合物的分解，人们发现实际上并不需要昂贵的过渡金属大环化合物，并且可以通过简单地热解过渡金属、含碳和氮的前体材料来合成具有催化活性的M-N_x/C催化剂。这为涉及廉价前体材料的研究提供了新的方向。为了开发高效的M-N_x/C催化剂，人们在合成条件、前体材料和催化结构的优化基础上进行了系统的试验研究，发现多种因素对热解M-N_x/C电催化剂的活性和稳定性至关重要，包括过渡金属的类型和负载量，碳载体表面性质和氮含量以及热处理条件和持续时间。最近，已经发现金属在碳基质中的分布对于催化剂的稳定性至关重要。将纳米铁颗粒包裹在碳纳米管（CNT）中。这种保护不会阻碍O_2的活化，并且催化剂具有相当高的活性和长期稳定性。DFT计算表明，催化活性可能来自铁颗粒向碳纳米管的电子转移，导致碳表面上的局部功函数降低。电子转移在掺杂碳材料的催化活性中非常重要。

在这类催化剂的合成过程中，典型的金属类型通常包括无机盐和有机金属配合物。最初认为表面氮在催化剂材料表面的引入和分布是确定所得材料性能的最关键步骤。不同的氮源通常反映出合成的特征。氮气前驱物材料通常分为三类，包括：（1）气态前驱物，例如NH_3或CH_3CN；（2）有机小分子，例如氰胺、甲氧或乙二胺（EDA）；（3）含氮聚合物如聚苯胺（PANI）。对于碳载体，无序性和微孔性也是影响因素。高效的M-N_x/C催化剂通常是各个方面最大程度优化的结果。例如，基于先前对催化剂设计的见解，Dodelet等人在2009年报道了具有可与铂媲美的ORR催化活性的最佳铁基催化剂。选择高度微孔的Black Pearl 2000作为碳载体，并使用行星式球磨将孔填充剂（1,10-菲咯啉）和铁前体（乙酸亚铁）填充到载体孔中，他们发现，将碳载体、菲咯啉和乙酸亚铁的混合物进行球磨，然后热解两次（首先在氩气中，然后在氨气中），可以最大程度地提高位点密度。他们认为微孔碳载铁基催化剂的活性位点为微孔内的石墨薄片的空隙中含有由吡啶氮官能团配位的铁阳离子。还观察到了热解后的 FeCo-EDA 催化剂的出色的 ORR 性能，并将其与组装好的锌-空气电池中的商用 Pt/C 催化剂进行了比较。经过加速降解测试，FeCo-EDA 催化剂的质量活性是商用 Pt/C 催化剂的 3 倍，且相较于商用 Pt/C（196mW/cm^2）具有更高的峰值功率密度（232mW/cm^2）。

含氮聚合物已逐渐成为合成高活性 M-N_x/C 催化剂的重要前体，该催化剂在高温热解过程中提供碳和氮源。这类聚合物用作氮前体可保证表面上氮位分布更均匀，并增加活性位的密度。所获得的催化剂材料显示出非常有希望的 ORR 活性和稳定性，其结果和电催化性能与热解大环配合物催化剂相似。Wu 等人成功地将 PANI 用作碳氮模板的前体，以用于高温合成含铁和钴的催化剂。PANI 具有通过含氮基团连接的芳环的良好组合性。由于 PANI 和石墨结构之间的相似性，对 PANI 进行热处理可以促进将含氮活性位点结合到部分石墨化的碳基质中。这项研究的结果表明，PANI 衍生的配方兼具高 ORR 活性、独特的性能耐久性和 4 电子氧还原选择性。

桥本等人用网络聚合物合成 M-N_x/C 催化剂，选择了 2，6-二氨基吡啶作为结构单元单体，以形成富氮网络聚合物，该聚合物形成自支撑球形骨架结构并包含高密度的金属配位位点。在中性介质中，热解的 Co/Fe 配位聚合物表现出高的氧还原活性，起始电势为 0.87V。刘等人描述了另一种制备高活性和无载体氧还原催化剂的方法，该方法使用的多孔有机聚合物前体（聚卟啉）包含在微孔表面均匀装饰的氮配位的铁大环中心。含氮芳族化合物为 ORR 合成高活性 M-N_x/C 催化剂提供了机会。金属有机骨架（MOF）代表了材料研究的新领域，它是由金属离子/簇和有机配体组成的配位聚合物。作为 MOF 的一个子类，沸石咪唑酸酯骨架（ZIF）中含有均匀分布的过渡金属，且过渡金属与含氮配体连接，这一结构特征使其成为非贵金属电催化剂的优异前驱体。

传质也是 ORR 性能的限制因素，这在实际电池中尤为明显。为了显著增强氧气电极的传质，Cho 的团队创造了一些独特的电极体系结构，其灵感来自由高度多孔的四脚架结构组成的防波堤。纳米 KB 团簇通过一种简单的基于溶液的方法成功地掺入了含有微孔骨架的三聚氰胺泡沫中，热解后，形成了独特的催化剂结构，具有大量的 ORR 活性位点和较大的孔体积，可快速运输氧气和电解质水溶液进入活性部位。在构造的锌-空气电池中，在更高的电流密度和相应的 M-N_x 电池峰值功率密度下，所获得的 M-N_x/C 催化剂的电压变得高于具有 Pt/C 催化剂的电池。M-N_x/C 催化剂的峰值功率密度约为 200mW/cm^2，比带有 Pt/C 催化剂的电池的 196mW/cm^2 略高，这表明具有独特多孔结构的 M-N_x/C 催化剂可以提高传质和电荷转移。

改善 ORR 活性的另一种有效途径是在碳载体上建立大量的催化位点。Dai 的小组制定了一项新策略，即在碳纳米管上引入大量的缺陷和官能团，以增加催化位点的数量。在独特的氧化条件下，少数壁碳纳米管的外壁被部分解压缩，在碳纳米管的外壁上产生大量缺陷，并形成大量附着在纳米管完整内壁上的纳米级石墨烯片。富含边缘和缺陷的石墨烯片有助于在 NH_3 中退火时与铁杂质形成 ORR 的催化位点。在酸性溶液中，该催化剂表现出较高的 ORR 活性和优异的稳定性，而在碱性溶液中，其 ORR 活性非常接近铂。此外，在球差校正的扫描透射电子显微镜（STEM）中，通过使用环形暗场（ADF）成像和电子能量损失（EELS）光谱成像，首次对原子上的铁和氮原子进行了成像。发现石墨烯片上的铁原子通常与氮原子相邻或接近表明可能存在 Fe—N 键。

活性部位对于氧电极催化剂非常重要。但是，在大多数情况下，很难确定活性位点的实际结构，一个典型的例子是热解 $M-N_x/C$ 催化剂。许多结果表明，由吡啶氮原子官能团协调的过渡金属离子是电催化的活性位点。但是，活性位点的准确结构尚未确定。目前提议的活性位点是边缘平面 $M-N_2/C$ 和 $M-N_4/C$，基面大环 $M-N_4/C$ 和石墨氮 N/C，它们可由 X 射线光电子能谱（XPS）、扩展的 X 射线吸收精细结构（EXAFS）、飞行时间二次离子质谱（ToFSIMS）、莫斯鲍尔光谱等表征确定。基于 DFT，据称 $Fe-N_3$ 和 $Fe-N_2$ 是 ORR 可能的活性位点，而 $Fe-N_4$ 可能不是。到目前为止，热解 $M-N_x/C$ 的活性位点结构仍是一个有争议的主题，确定活性部位结构的困难源于催化剂表面的复杂性和多样性。为了获得更深入的认识，将原位实验分析（尤其是原子尺度的探测）与理论研究相结合将是有价值的，为阐明基准催化剂铂的电催化过程作出了理论贡献，为研究热解 $M-N_x/C$ 在电化学条件下的表面构型提供了一种潜在的方法。

早在亚伯拉罕的第一个报告中，热解 $M-N_x/C$ 催化剂也已成功应用于非水锂-空气电池中。在这项工作中，热解后的 CoPc/碳催化剂在聚合物电解质基的 $Li-O_2$ 电池中有效地将放电电压提高了 0.35V，将充电过电压降低了 0.3V。后来，在非水体系中研究了热解 CuFePc 配合物作为还原氧的催化剂。与原始碳相比，使用热解 CuFePc 催化剂可获得更高的放电电压和速率。在非水锂-空气电池中 $M-N_x/C$ 催化剂的应用取得了重大进展。一种典型的催化剂是通过负载型乙酸铁（Ⅱ）和 1, 10-菲咯啉的热解制备的 Fe/N/C 复合物。当 Fe/N/C 复合材料用作阴极催化剂时，可观察到的可充电 $Li-O_2$ 电池的性能得到改善。可以看出，与金属氧化物催化剂或高比表面积碳相比，这种催化剂可以在放电和充电过程中减少过电位。更重要的是，当使用 Fe/N/C 作为阴极催化剂时，在充电步骤中仅检测到氧气，而在相同条件下使用 $\alpha-MnO_2$ 或碳的电池中也发现了 CO_2。以 Fe/N/C 为催化剂的 $Li-O_2$ 电池也显示出高循环性能（超过 50 次循环，具有出色的容量保持能力）。活性的提高可能源于其结构优势：Fe/N/C 活性位点以高表面密度原子分散在碳基质中，并且这种催化剂可与氧化锂沉淀物产生更高的界面边界，从而降低电子传递和质量传递势垒，减少充电过程中的过电位。另一个成功的例子是衍生自杂原子聚合物的氮掺杂的富石墨烯催化剂（Co-N-MWNT），用于在非水 $Li-O_2$ 电池阴极中还原氧气。Co-N-MWNT 是在多壁碳纳米管（MWNT）上负载的钴的催化下，通过芳族杂原子聚合物聚苯胺的石墨化合成的。与报道的无金属石墨烯催化剂相比，添加钴在石墨烯复合催化剂中引入了高含量的季铵和吡啶鎓 N^+离子，并显著提高了 ORR 的催化活性。同时，有利的质量和电子传输、活性位与 MWNT 之间的特定相互作用及高耐腐蚀性都可以改善阴极性能。

6.3.5 过渡金属氮化物

由于金属和氮原子之间的电负性显著不同，因此氮化物中存在电荷转移。事实证明，这种电荷转移形成碱或酸位，出现各种催化活性，例如异构化、脱氢、氢化等。在早期研究中，Mazza 和 Trassatti 使用直接氮化方法合成了 TiN 化合物，发现 TiN 对 ORR 具有活性，在碱性溶液中具有出色的电子电导率。随后，在碱性电解液中研究了氮化物基 ORR 催化剂，例如 Mn_4N、CrN、Fe_2N、Co_3N 和 Ni_3N。发现基于 Mn_4N 的空气阴极促进了直接四电子 ORR 机理，并在 50h 的测试中提供了稳定的性能。随后，使用热解方法合成了碳载氮化钼、氮化钨和氮化铌，并探索了这些材料作为燃料电池催化剂的可能性。作为 ORR 电催化剂材料，过渡金属氮化物在酸性条件下具有较高的稳定性，并具有较高的电化学势。还发现在高温下用 NH_3 处理的碳载 Co-W 对 ORR 具有一定的催化活性。然而，ORR 催化活性取决于 NH_3 的热处理温度、金属组成比和制备方法。金属氮化物的结构影响其对氧还原反应的催化活性。Sun 的小组比较了两种碳负载的氮化钼 MoN/C 和 Mo_2N/C，它们是通过在 NH_3 气氛中改变实验条件而制备的。结果表明，MoN/C 对 ORR 的催化活性高于 Mo_2N/C。从密度泛函理论计算中，发现 MoN 和 Mo_2N 都有助于氧分子的解离，但是 MoN 合适的几何结构和其上优选的氧吸附类型有助于 MoN/C 对 ORR 的高活性。

纳米结构材料已被广泛证明具有电催化的其他优势。Chen 和 Wu 报告了通过单相过程轻松制备 Cu_3N 纳米立方体的过程。通过使用不同的伯胺作为封端剂，可以轻松调整晶体尺寸。这种纳米晶体提供了有希望的对氧还原的电催化活性。Domen 小组报告说，以 C_3N_4-炭黑复合材料为模板，可在炭黑载体上直接合成 TiN 纳米颗粒，从而确保改善电催化剂（TiN）与炭载体之间的接触。这种纳米复合材料可以用作聚合物电解质燃料电池中 ORR 的有效阴极催化剂。2011 年，Zhou 的研究小组首先将 TiN 用作具有非水-酸性含水混合电解质的锂空气电池的 ORR 催化剂。相对于 Li/Li^+，在 3.80V 的起始电势下观察到高 ORR 阴极电流。在 0.5mA/g 的电流密度下，单电池表现出具有 2.85V 的电压平稳段的放电曲线。后来，同一小组使用旋转圆盘电极（RDE）技术研究了纳米尺寸和微米级 TiN 在碱性介质中对氧还原反应的电催化活性，并研究了其作为活性材料的性能，作为带有混合电解质的锂空气电池上的空气电极。有趣的是，纳米和微米尺寸的 TiN 的电催化活性在碱性介质中对 ORR 表现出不同的机理。随着 HO_2^- 的还原，微米级 TiN 催化的 ORR 连续地通过 2 电子途径进行，从较高的电极电势开始。相比之下，纳米 TiN 催化的 ORR 则通过双路径进行，其中两个连续的 2 电子步骤以较小的间隔进行，并通过并行和连续的共存表现出整体混合的外观 2 电子步骤。在组装好的锂空气电池中，纳米级和微米级 TiN 颗粒均表现出明显的对 ORR 的电催化活性，纳米级 TiN 表现出更好的催化活性，与纳米级 Mn_3O_4 相当。

对于 TiN 催化剂，其在水性体系中的成功应用也扩展到了非水性体系中。作为阴极催化剂，Vulcan XC-72 上负载的 TiN 纳米颗粒（n-TiN/VC）在 2.9V 时显示出 OER 的起始电位，而微米级 TiN 和 VC（m-TiN/VC）的混合物则相反，在非水 Li-O_2 电池中均约为 3.1V。n-TiN/VC 的放电—充电电压间隙估计为 1.05V，在 50mA/g 时分别比 m-TiN/VC 和 VC 小 390mV 和 450mV，这表明 n-TiN/VC 既可以在放电期间用作活性 ORR 催化剂，又可以在充电期间用作有效的 OER 催化剂。与 m-TiN/VC 和 VC 相比，n-TiN/VC 还显示出 6407mA·h/g 的更大比容量。增强的性能可以归因于 TiN 纳米颗粒的高催化活性和它们与 VC 之间的固有接触。氮化钛优越的催化活性和高导电性将使其在非水锂离子电池中作为碳的替代载体。另一个成功的例子是由崔的研究小组设计的氮化钼-氮掺杂石墨烯纳米片（MoN-NGS）混合纳米结构材料。MoN 纳米颗粒均匀地分散在氮掺杂的石墨烯纳米片上。该杂化纳米复合材料在 3.1V 左右具有较高的放电平稳性，并具有相当大的比容量（基于碳+电催化剂为 1490mA·h/g）。达到的能量转换效率为 77%，可与 PtAu/C 阴极相媲美。崔的研究小组还通过共沉淀法—氨退火处理成功制备了介孔氮化钼钴（Co_3Mo_3N）。

精心设计的介孔纳米结构产生了更多的活性位点，并且固有的电子构型使其在非水 $Li-O_2$ 电池中 ORR/OER 具有出色的双功能电催化性能，可提供相当大的比容量并减轻极化。迄今为止，过渡金属氮化物在非水锂空气电池空气电极中的应用仍然非常有限，需要进一步研究以设计用于非水锂空气电池的高效电催化剂。

6.3.6 导电聚合物

除了大环化合物外，有机导电聚合物，例如聚吡咯（PPy）、聚苯胺（PANI）、聚噻吩（PTh）、聚（双-2,6-二氨基吡啶亚砜）（PDPS）和聚（3-甲基）噻吩（PMeT），具有与金属和聚合物类似的混合特性，并且在氧电极催化中也很有吸引力。这些聚合物通常在其固有结构中含有氮或硫。例如，聚（3,4-乙撑二氧）噻吩（PEDOT）在碱性介质中具有令人惊讶的高氧还原活性，并且基于提供的 PEDOT 空气电极构造的锌-空气电池在相同的测试条件下，开路电压为 1.44V，其性能优于 Pt/Goretex 空气电极。另外，将过渡金属配合物掺入导电聚合物基质中可以改善碳载导电聚合物的活性。例如，Bashyam 和 Zelenay 首先将聚吡咯用作捕获钴的基质以生成 ORR 的 Co-N 活性位点。如果不进行任何优化，则钴-聚吡咯复合催化剂可实现高功率密度，并且在超过 100h 的时间内没有出现性能下降的迹象。观察到的 ORR 活性归因于强大的 Co-PPy 相互作用，可能形成 Co-N 催化活性位点。过渡金属化合物通常掺入两种聚合物：PANI 或 PPy 聚合物（形成 $M-N_x$ 构型），或掺入 PTh 或 PMeT 聚合物复合材料（形成 $M-S_x$ 构型）。

Wen 的小组首先将具有管状形态的 PPy 用作非水 $Li-O_2$ 电池阴极的载体和催化剂。广泛的电化学测试表明，与传统的碳（乙炔炭黑、AB）负载阴极相比，管状 PPy 负载空气电极表现出更高的可逆容量、能量转换效率及更好的循环稳定性和倍率性能。在 $0.1mA/cm^2$ 的电流密度下，管状 PPy 复合材料基电池的放电电压始终比粒状 PPy 支撑电池的放电电压高约 100mV，比 AB 基电池约高 300mV，而充电电压远低于粒状 PPy 的 100mV 和 AB 的 600mV。同时，在每种电流密度下，带有管状 PPy 支撑电极的 $Li-O_2$ 电池在循环稳定性方面均比 AB 好得多。管状 PPy 基电池出色的性能归因于 PPy 可能的 ORR 和 OER 电催化活性及其亲水性和具有空心 PPy 通道结构而改善的氧扩散动力学。这项工作表明，具有亲水性的导电聚合物可以用作非水锂空气电池可逆空气电极的载体和催化剂，为高性能锂空气电池的开发开辟了新途径。Luet 等人合成了掺有磷酸酯的水分散型导电 PANI 纳米纤维，并研究了其在锂空气电池中的潜在应用。实验结果表明，这种低成本且易于生产的材料可以独立地催化放电反应，并且在前三个循环中以 $0.05mA/cm^2$ 的电流密度电池容量保持在 3260mA·h/g 并在接下来的 27 个循环中，电池容量保持相对稳定，仅损失 4%，这可能为高容量可充电锂空气电池提供了新的选择。

6.3.7 贵金属

贵金属铂（Pt）由于其已知的高稳定性和卓越的电催化活性，是促进 ORR 反应最有效的催化剂。结果，在当前替代催化剂的研究中，经常选择铂作为基准材料。然而，铂的稀缺性和成本使得有必要通过工程化其形态和组成来使基于铂的催化剂的活性最大化。在过去的几十年中，已经提出了许多改善铂基催化剂性能的策略。例如，调整大小和形态以实现较小的分散尺寸，高比表面积和所需的高活性已被证明是提高 ORR 性能的有效途径。

提高性能和降低成本的另一种最可行的策略是用其他合适的贵金属或较便宜的早期过渡金属对铂进行合金化或改性。通过调整电子结构并增加活性面，这些双金属催化剂（Pt_3Ni（111）、Pt-Pd 和 Pt-Au）在活性和稳定性方面均表现出极大的改善。最初大多数关于混合 $Li-O_2$ 电池的研究还利用铂作为 ORR 的模型催化剂。在酸性电解质中以铂为催化剂研究了 Li^+对 ORR 的影响，发现 Li^+在硫酸电解质中不会强烈吸附在铂催化剂的活性表面上或与之相互作用，但由于其对氧气的亲和力，氧气在电解液中的扩散速率降低。因此，Pt 的固有 ORR 动力学活性随 Li^+浓度的增加而降低，但是当 Li^+浓度大于 1.0mol/L 时趋于稳定。

碱性介质中的 ORR 比酸性介质中的 ORR 更容易进行，因此可以使用更便宜的催化剂材料代替铂。廉价的贵金属，如钯、金、银及其合金，由于其适度的活性和相对较高的丰度而成为研究热点。例如，碱性溶液中钯表现出特别高的活性，这表明它可能替代铂。相对便宜和丰富的银是替代铂作为碱性溶液中 ORR 催化剂的极佳选择。银具有最高的电导率，且比铂便宜很多。此外，银是 ORR 活性最高的催化剂之一，甚至在高浓度碱性介质中也能与铂竞争。几个研究小组研究了 pH 值、粒径、金属含量和杂质对碱性介质中银催化剂 ORR 性能的影响。从 Blizanac 的结果可以看出，在 0.1mol/L KOH 中，Ag（111）单晶表面上的 ORR 通过 4 电子反应路径进行，在整个电势范围内形成了非常少量的过氧化物，而在 0.1mol/L $HClO_4$ 中从低到高的超电势依次发生 2 电子和 4 电子混合的还原过程。Lima 等人发现质量分数为 20%的银/碳的 2.3 电子 ORR 具有相对较大的 47.7nm 银颗粒尺寸，而 Demarconnay 等人的结果显示质量分数为 20%的银/碳的 3.6 电子 ORR 具有接近 15nm 的颗粒尺寸。关于金属负载量对银/碳催化剂活性的影响，瓦科和郭等人发现金属负载量（质量分数）为 60%的银/碳电极的性能与 20%的铂/碳电极的性能一样好。最近，一种双金属银钴合金和银金纳米粒子也被证明在碱性阴极中具有良好的电催化性能。因此，银基催化剂是在碱性电解质中具有良好的成本和性能平衡的有前途的阴极材料。

Shao-Horn 小组系统地研究了贵金属在非水锂空气电池中的应用。在早期的研究中，她们观察到金/碳在非水电解质中具有最高的放电活性，而铂/碳显示出极高的充电活性。为了发挥这两种优势，他们将金和铂结合到单个 PtAu 纳米粒子的表面，并检测了锂氧电池中碳载体上这种粒子的 ORR 和 OER 活性。有趣的是，在 PtAu/C 催化剂上观察到了高活性的双功能电催化剂，从而提高了可充电锂氧电池的高能量转换效率。尽管这项工作是在可能引起寄生反应的聚碳酸酯/二甲醚电解质中进行的，但将具有不同功能的选定原子（如铂和金）置于纳米粒子表面的设计原则是开发锂空气电池高活性双功能催化剂的一种有前途的策略。后来，同一小组进一步通过旋转圆盘电极测量研究了在更稳定的电解质（0.1mol/L $LiClO_4$ 1，2-二甲氧基乙烷）中贵金属（钯、铂、钌和金）的 4 个多晶表面 ORR 的催化活性趋势。发现这些表面的非水 Li^+-ORR 活性主要与氧吸附能相关，形成“火山型”趋势。更重要的是，在多晶表面发现的活性趋势与纳米粒子催化剂催化的锂氧电池的放电电压趋势非常一致。在这些表面上的这种火山型 ORR 活性趋势与先前提出的机理是一致的。在非水电解质中，Li^+接受第一个电子还原形成超氧化物类（例如 O_2^- 和 LiO_2）。与水性电解质中贵金属的 ORR 过程相似，氧气与催化表面的结合能决定了反应途径。在与氧的结合力较弱的表面（例如金）上，LiO_2 可能歧化或接受第二个电子还原成 Li_2O_2。相反，在与氧结合能增加的表面上，如铂和钯，第二个电子还原的动力学增强，

形成 $Li_2O+O_{吸附}$ 而不是 Li_2O_2，然后 $O_{吸附}$ 接着经历额外的双电子还原形成 Li_2O。然而，如果进一步增加氧在表面（如钌）上的结合能，被吸附的氧物种可能在表面上结合得非常强，从而阻碍随后的电子转移，导致 ORR 活性降低。

可充电锂氧电池的运行关键取决于循环时 Li_2O_2 在阴极的重复和高度可逆的形成/分解。布鲁斯的团队在可逆和高倍率锂氧电池方面取得了很大进展。通过应用多孔金作为阴极和二甲基亚砜作为电解质，锂氧电池可以维持可逆循环，在 100 次循环后保持其 95%的容量，并且在充电时 Li 完全氧化，在阴极形成纯度大于 99%的 Li_2O_2。放电和充电时的荷质比是 $2e/O_2$，确认反应完全是 Li_2O_2 形成/分解。特别是，多孔金电极在促进 Li_2O_2 的分解方面是有效的，所有的 Li_2O_2 在 4V 以下分解，约 50%在 3.3V 以下分解，分解速率比碳高大约一个数量级。金电极的优异性能可归因于金的催化作用、高导电性、高稳定性和刚性多孔结构的协同效应。尽管金的成本仍然是一个问题，但真正的锂氧阴极反应首先是通过在放电时控制 Li_2O_2 的形成，充电时的完全氧化和循环的可持续性来实现的。

Jung 等人评估了负载在还原氧化石墨烯上的钌基纳米材料在使用 $LiCF_3SO_3$-TEDME 溶液作为电解质的非水 Li-O_2 电池中 OER 的电催化活性。结果表明，石墨烯负载的水合氧化钌（$RuO_2\cdot0.64H_2O$-rGO）表现出优异的催化活性，优于石墨烯负载的金属钌（Ru-rGO），甚至可将电荷电势在 500mA/g 的高电流密度和 5000mA·h/g 的高容量下降低至 3.7V。锂空气电池 $RuO_2\cdot0.64H_2O$-rGO 阴极在超过 30 次循环中保持稳定的循环性能。氧化物的较高活性可能是由于氧键使金属上化学吸附的氧相比较弱。而且，$RuO_2\cdot H_2O$ 的密度小于钌的密度，在相同的负载下它也可以提供更多的活性表面位点。这项工作进一步证明了正确设计催化剂材料和纳米结构的关键作用。

金属-空气电池被预测为下一代电池技术，因为它们的高比能量有潜力满足许多新兴应用（如电动汽车和智能电网）日益增长的电能存储需求。为了实现这一潜力，找到对金属-空气电池中的氧还原和氧析出具有良好稳定性的高活性催化剂至关重要。本节强调了金属-空气电池用氧催化剂在电化学和材料化学方面的最新进展。在水性和非水性电解质中都已经讨论了 ORR 和 OER 的电化学反应途径。七类催化材料包括金属氧化物、碳质材料、金属氧化物-纳米碳杂化材料、金属-氮络合物、过渡金属氮化物、导电聚合物和贵金属显示出非常有前景的催化活性和稳定性。其中，金属氧化物在水性锌-空气和非水性锂-空气电池中作为非贵金属催化剂得到了最广泛的研究。特别是，已经对两种电池中的氧催化剂进行了单一氧化物（如 MnO_x）的研究。对于碳质材料，适当的掺杂被证明是调整催化活性的有效方法。形态和孔径也很重要。金属氧化物-纳米碳强耦合杂化材料是一种新兴的氧催化材料，具有高的催化活性。金属-氮络合物是 ORR 的重要替代催化剂，原料和反应条件的优化将产生高性能的催化剂。过渡金属氮化物和导电聚合物的研究相对较少，但却是有用的补充。贵金属和合金通常具有高活性和良好稳定性的优点，但是存在成本高和稀缺性等缺点。从本书中，可以清楚地观察到一种催化剂可以以不同的机理在水性和非水性电解质中起作用。关于能量密度，非水锂空气电池比水锌空气电池具有潜在的优势。随着对非水锂空气电池的兴趣日益浓厚，非水氧催化剂将成为金属空气电池的研究重点。尽管以前的大多数电催化剂最初是为水性体系开发的，例如燃料电池和锌-空气电池，但由于这两个体系之间的相似性，它们可以为锂-空气电池的氧气催化剂的设计和开发提供指导。

复习思考题

6-1　简述锂空气电池的工作原理。

6-2　分析抑制锂空气电池负极锂枝晶生长的方法。

6-3　列举几种金属空气电池空气电极催化剂材料，简述其特点。

6-4　简述提高空气电极催化剂性能的设计方法。

参考文献

[1] Stamenkovic V R, Fowler B, Mun B S, et al. Improved oxygen reduction activity on Pt_3Ni (111) via increased surface site availability [J]. Science, 2007, 315 (5811): 493~497.

[2] Tian N, Zhou Z Y, Sun S G, et al. Synthesis of tetrahexahedral platinum nanocrystals with high-index facets and high electro-oxidation activity [J]. Science, 2007, 316 (5825): 732~735.

[3] Zhang J, Sasaki K, Sutter E, et al. Stabilization of platinum oxygen-reduction electrocatalysts using gold clusters [J]. Science, 2007, 315 (5809): 220~222.

[4] Armand M, Tarascon J M. Building better batteries [J]. Nature, 2008, 451 (7179): 652~657.

[5] Bruce P G, Scrosati B, Tarascon J M. Nanomaterials for rechargeable lithium batteries [J]. Angewandte Chemie-International Edition, 2008, 47 (16): 2930~2946.

[6] Debart A, Paterson A J, Bao J, et al. alpha-MnO_2 nanowires: A catalyst for the O_2 electrode in rechargeable lithium batteries [J]. Angewandte Chemie-International Edition, 2008, 47 (24): 4521~4524.

[7] Gong K P, Du F, Xia Z H, et al. Nitrogen-doped carbon nanotube arrays with high electrocatalytic activity for oxygen reduction [J]. Science, 2009, 323 (5915): 760~764.

[8] Lefevre M, Proietti E, Jaouen F, et al. Iron-based catalysts with improved oxygen reduction activity in polymer electrolyte fuel cells [J]. Science, 2009, 324 (5923): 71~74.

[9] Lim B, Jiang M J, Camargo P H C, et al. Pd-Pt bimetallic nanodendrites with high activity for oxygen reduction [J]. Science, 2009, 324 (5932): 1302~1305.

[10] Liu G, Li X G, Ganesan P, et al. Development of non-precious metal oxygen-reduction catalysts for PEM fuel cells based on N-doped ordered porous carbon [J]. Applied Catalysis B-Environmental, 2009, 93 (1~2): 156~165.

[11] Cheng F Y, Su Y, Liang J, et al. MnO_2-based nanostructures as catalysts for electrochemical oxygen reduction in alkaline media [J]. Chemistry of Materials, 2010, 22 (3): 898~905.

[12] Gao X P, Yang H X. Multi-electron reaction materials for high energy density batteries [J]. Energy & Environmental Science, 2010, 3 (2): 174~189.

[13] Giordani V, Freunberger S A, Bruce P G, et al. H_2O_2 decomposition reaction as selecting tool for catalysts in Li-O_2 cells [J]. Electrochemical and Solid State Letters, 2010, 13 (12): A180~A183.

[14] Xiong W, Du F, Liu Y, et al. 3D carbon nanotube structures used as high performance catalyst for oxygen reduction reaction [J]. Journal of the American Chemical Society, 2010, 132 (45): 15839~15841.

[15] Chen Z W, Higgins D, Yu A P, et al. A review on non-precious metal electrocatalysts for PEM fuel cells [J]. Energy & Environmental Science, 2011, 4 (9): 3167~3192.

[16] Cheng F Y, Shen J A, Peng B, et al. Rapid room-temperature synthesis of nanocrystalline spinels as oxygen reduction and evolution electrocatalysts [J]. Nature Chemistry, 2011, 3 (1): 79~84.

[17] Cui Y M, Wen Z Y, Liu Y. A free-standing-type design for cathodes of rechargeable Li-O_2 batteries [J]. Energy & Environmental Science, 2011, 4 (11): 4727~4734.

[18] Geng D S, Chen Y, Chen Y G, et al. High oxygen-reduction activity and durability of nitrogen-doped graphene [J]. Energy & Environmental Science, 2011, 4 (3): 760~764.

[19] Lee J S, Lee T, Song H K, et al. Ionic liquid modified graphene nanosheets anchoring manganese oxide nanoparticles as efficient electrocatalysts for Zn-air batteries [J]. Energy & Environmental Science, 2011, 4 (10): 4148~4154.

[20] Li Y G, Wang H L, Xie L M, et al. MoS_2 nanoparticles grown on graphene: An advanced catalyst for the hydrogen evolution reaction [J]. Journal of the American Chemical Society, 2011, 133 (19): 7296~7299.

[21] Liang Y Y, Li Y G, Wang H L, et al. Co_3O_4 nanocrystals on graphene as a synergistic catalyst for oxygen reduction reaction [J]. Nature Materials, 2011, 10 (10): 780~786.

[22] Lu Y C, Kwabi D G, Yao K P C, et al. The discharge rate capability of rechargeable Li-O_2 batteries [J]. Energy & Environmental Science, 2011, 4 (8): 2999~3007.

[23] McCloskey B D, Scheffler R, Speidel A, et al. On the efficacy of electrocatalysis in nonaqueous Li-O_2 batteries [J]. Journal of the American Chemical Society, 2011, 133 (45): 18038~18041.

[24] Peng Z Q, Freunberger S A, Hardwick L J, et al. Oxygen reactions in a non-aqueous Li^+ electrolyte [J]. Angewandte Chemie-International Edition, 2011, 50 (28): 6351~6355.

[25] Ren X M, Zhang S S, Tran D T, et al. Oxygen reduction reaction catalyst on lithium/air battery discharge performance [J]. Journal of Materials Chemistry, 2011, 21 (27): 10118~10125.

[26] Song E H, Wen Z, Jiang Q. CO catalytic oxidation on copper-embedded graphene [J]. Journal of Physical Chemistry, 2011, 115 (9): 3678~3683.

[27] Wang L, Zhao X, Lu Y H, et al. $CoMn_2O_4$ spinel nanoparticles grown on graphene as bifunctional catalyst for lithium-air batteries [J]. Journal of the Electrochemical Society, 2011, 158 (12): A1379~A1382.

[28] Wang S Y, Yu D S, Dai L M, et al. Polyelectrolyte-functionalized graphene as metal-free electrocatalysts for oxygen reduction [J]. Acs Nano, 2011, 5 (8): 6202~6209.

[29] Yang S B, Feng X L, Wang X C, et al. Graphene-based carbon nitride nanosheets as efficient metal-free electrocatalysts for oxygen reduction reactions [J]. Angewandte Chemie-International Edition, 2011, 50 (23): 5339~5343.

[30] Zhao L, Hu Y S, Li H, et al. Porous $Li_4Ti_5O_{12}$ coated with N-doped carbon from ionic liquids for Li-ion batteries [J]. Advanced Materials, 2011, 23 (11): 1385~1388.

[31] Choi C H, Park S H, Woo S I. Binary and ternary doping of nitrogen, boron, and phosphorus into carbon for enhancing electrochemical oxygen reduction activity [J]. Acs Nano, 2012, 6 (8): 7084~7091.

[32] Cui Y M, Wen Z Y, Liang X, et al. A tubular polypyrrole based air electrode with improved O_2 diffusivity for Li-O_2 batteries [J]. Energy & Environmental Science, 2012, 5 (7): 7893~7897.

[33] Xia B Y, Ng W T, Wu H B, et al. Self-supported interconnected pt nanoassemblies as highly stable electrocatalysts for low-temperature fuel cells [J]. Angewandte Chemie-International Edition, 2012, 51 (29): 7213~7216.

[34] Xu J B, Gao P, Zhao T S. Non-precious Co_3O_4 nano-rod electrocatalyst for oxygen reduction reaction in anion-exchange membrane fuel cells [J]. Energy & Environmental Science, 2012, 5 (1): 5333~5339.

[35] Yang D S, Bhattacharjya D, Inamdar S, et al. Phosphorus-doped ordered mesoporous carbons with different lengths as efficient metal-free electrocatalysts for oxygen reduction reaction in alkaline media [J]. Journal of the American Chemical Society, 2012, 134 (39): 16127~16130.

[36] Yang Z, Yao Z, Li G F, et al. Sulfur-doped graphene as an efficient metal-free cathode catalyst for oxygen reduction [J]. Acs Nano, 2012, 6 (1): 205~211.

[37] Kraytsberg A, Ein-Eli Y. The impact of nano-scaled materials on advanced metal-air battery systems [J]. Nano Energy, 2013, 2 (4): 468~480.

[38] Li F J, Zhang T, Zhou H S. Challenges of non-aqueous Li-O_2 batteries: Electrolytes, catalysts, and anodes [J]. Energy & Environmental Science, 2013, 6 (4): 1125~1141.

[39] Lim H D, Park K Y, Song H, et al. Enhanced power and rechargeability of a Li-O_2 battery based on a hierarchical-fibril CNT electrode [J]. Advanced Materials, 2013, 25 (9): 1348~1352.

[40] Zhang K J, Zhang L X, Chen X, et al. Molybdenum nitride/N-doped carbon nanospheres for lithium-O_2 battery cathode electrocatalyst [J]. Acs Applied Materials & Interfaces, 2013, 5 (9): 3677~3682.

[41] Zhang L X, Zhang S L, Zhang K J, et al. Mesoporous $NiCo_2O_4$ nanoflakes as electrocatalysts for rechargeable Li-O_2 batteries [J]. Chemical Communications, 2013, 49 (34): 3540~3542.

[42] Zhao Y, Yang L J, Chen S, et al. Can boron and nitrogen Co-doping improve oxygen reduction reaction activity of carbon nanotubes? [J]. Journal of the American Chemical Society, 2013, 135 (4): 1201~1204.

[43] Zhong L, Mitchell R R, Liu Y, et al. In situ transmission electron microscopy observations of electrochemical oxidation of Li_2O_2 [J]. Nano Letters, 2013, 13 (5): 2209~2214.

7 太阳能电池

2003年，诺贝尔奖获得者Richard E. Smalley列出了未来50年人类面临的十大问题，最大的问题是能源问题。在所有可再生能源技术中，光伏发电技术被认为是最有前途的一种。太阳能是所有可再生能源或不可再生能源中的佼佼者，每年可提供给地球174000TW能量，太阳1h内照射给地球的能量比我们星球一整年消耗的能量还多。光伏发电是指利用太阳能电池直接将太阳光能转换为电能的过程，是可再生能源发电中的重要组成部分。目前，它正在快速成长并成为常规化石能源及其他能源利用形式越来越重要的替代品。

7.1 太阳能电池基础

太阳能电池或光伏电池（PV）是以半导体材料为基础的半导体器件，其原理是基于半导体的光生伏特效应将太阳辐射直接转换为电能。在1954年，贝尔实验室的Chapin等人展示了第一个效率为6%的晶体硅太阳能电池。几年后，它们已经被大量使用在太空探索。单晶硅和多晶硅（mc-Si和pc-Si）电池（第一代太阳能电池）能实现高达25%的能源转换效率，并且迄今完全主导了PV市场。然而，高生产和环境成本阻碍了它们的广泛应用，并促使了人们寻找环境友好和低成本型太阳能电池的替代品。第二代太阳能电池是复合薄膜太阳能电池，比如砷化镓（GaAs）的能量转换效率*PCE*接近28%；碲化镉（CdTe），*PCE*≈20%；铜铟镓硒（CIGS），*PCE*≈20%。这些第二代太阳能电池丰富了PV技术系统，并且与传统硅器件具有相近的性能。然而，和第一代太阳能电池相似，高生产和环境成本的缺点仍然存在。在经过约20年的研发，第三代混合薄膜太阳能电池应运而生。新一代的光伏系统包括染料敏化太阳能电池（DSSC，*PCE*≈13%）、有机太阳能电池（*PCE*≈11%）、量子点太阳能电池（*PCE*≈6%~10%）、钙钛矿太阳能电池（*PCE*≈19.3%）等。与传统的太阳能装置相比，第三代太阳能电池具有较低的加工成本和较小的环境影响，因此其投资回收期短。在现阶段，第三代PV技术仍落后于传统硅基太阳能电池的效率值（约25%）。

7.1.1 太阳能电池工作原理

完全不含杂质且无晶格缺陷的纯净半导体称为本征半导体。实际半导体不能绝对的纯净，本征半导体一般是指导电主要由材料的本征激发决定的纯净半导体。硅和锗都是四价元素，其原子核最外层有四个价电子。它们都是由同一种原子构成的“单晶体”，属于本征半导体。在一般情况下，由于温度的影响，价电子在热激发下有可能克服原子的束缚跳出来，使共价键断裂。这个电子离开本来的位置在整个晶体内活动，即价电子由价带跳到导带，成为能导电的自由电子；与此同时，在价键中留下一个空位，称为空穴，即价带中留下了一个空位，产生了空穴。空穴可被相邻满键上的电子填充而出现新的空穴，价带中的空穴可被其相邻的电子填充而产生新的空穴。这样，空穴不断被电子填充，又不断产生新的空穴，结果形成空穴在晶体内的移动。空穴可以被看成是一个带正电的粒子，它所带的电荷与电子相等，但符号相反。如果存在电场，自由电子将沿着与电场方向相反的方向运动而产生电流，空穴将沿着与电场方向相同的方向运动而产生电流。若参与导电的主要是带正电的空穴，则该类半导体为 p 型半导体；反之，若参与导电的主要是带负电的电子，则为 n 型半导体。以本征半导体硅为例，在本征硅晶体中掺入三价元素（如硼），使之取代晶体硅中硅原子的位置，此时半导体中空穴浓度远大于电子浓度，空穴为多子，电子为少子，主要靠空穴导电，就形成了 p 型半导体。如在本征硅晶体中掺入五价元素（如磷），使之取代晶体硅中硅原子的位置，就形成了 n 型半导体。

当 p 型半导体和 n 型半导体结合在一起时，由于 n 型半导体中含有较多的电子，而 p 型半导体中含有较多的空穴，在两种半导体的交界面区域会形成一个特殊的薄层，n 区一侧的电子浓度高，形成一个要向 p 区扩散的正电荷区域。也就是说它们之间存在载流子浓度梯度，便会形成空穴从 p 区到 n 区、电子从 n 区到 p 区的扩散运动。n 区和 p 区交界面两侧的正、负电荷薄层区域，称之为“空间电荷区”，即 p-n 结。在 p-n 结内，有一个由 p-n 结内部电荷产生的、从 n 区指向 p 区的电场，称为内建电场。内建电场又会导致载流子的反向漂移，在无外加电压的情况下，载流子的扩散和漂移最终将达到动态平衡，空间电荷区保持一定的范围，p-n 结处于热平衡状态。此时，流过 p-n 结的净电流为零。

太阳能电池主体由一层厚的 p 型基区构成，这里吸收了绝大部分的入射光并产生绝大部分的功率。当太阳能电池受到光照时，光在 n 区、空间电荷区和 p 区被吸收，分别产生电子-空穴对。p-n 结及两边产生的光生载流子被内建电场分离，在 p 区聚集光生空穴，在 n 区聚集光生电子，使 p 区带正电，n 区带负电，在 p-n 结两边产生光生电动势。上述过程通常称作“光生伏打效应”或“光伏效应”。因此，太阳能电池也叫光伏电池，其工作原理可分为三个过程：首先，材料吸收光子后，产生电子-空穴对；然后，电性相反的光生载流子被半导体中 p-n 结所产生的静电场分开；最后，光生载流子被太阳能电池的两极所收集，并在电路中产生电流，从而获得电能。在光照的情况下，太阳能电池不断产生光生载流子，光生电子流经外电路与空穴复合，形成回路，不断为外电路提供电流。

图 7-1 为 p-n 结光照前后的能带图。平衡时，由于内建电场的作用，能带发生弯曲，空间电荷区两端的电势能差为 qV_0。当有适当波长的光照射到 p-n 结太阳能电池后，入射光打破 p-n 结的热平衡状态，在 p-n 结两端产生光生电动势，光生电场的方向是从 p 型半导体指向 n 型半导体，与内建电场的方向相反，如同在 p-n 结上加了正向偏压，使得内建

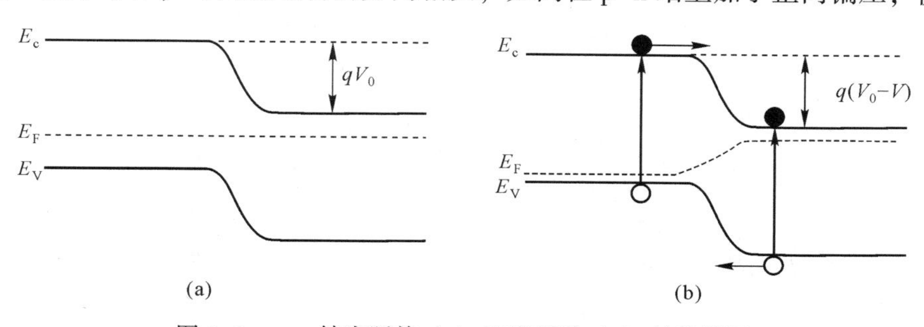

图 7-1　p-n 结光照前（a）和光照后（b）的能带图

电场的强度降低，势垒高度降低，导致载流子扩散产生的电流大于漂移产生的电流，从而产生了净的正向电流。设内建电势为 V_0，光电动势为 V，则空间电荷区的势垒高度降为 $q(V_0-V)$。

7.1.2 太阳能电池的伏安特性

太阳能电池的伏安特性（电压-电流特性）表征的是太阳能电池将太阳光能转换成电能的能力。无光照射时的暗电流相当于 p-n 结的扩散电流，其电压-电流特性可用下式表示：

$$j = j_0\left[\exp\left(\frac{eV}{nkT}\right) - 1\right] \tag{7-1}$$

式中，j_0 为逆饱和电流，由 p-n 结两端的少数载流子和扩散常量决定的常数；V 为光照射时的太阳能电池的端子电压；n 为二极管因子；k 为玻耳兹曼常数；T 为温度，℃。

p-n 结被光照射时，所产生的载流子的运动方向与式（7-1）中的电流方向相反，用 j_{sc} 表示。j_{sc} 与被照射的光的强度有关，相当于太阳能电池端子短路时的电流，称为短路光电流。光照射时的太阳能电池端子电压 V 与光电流密度 j_{ph} 的关系如下：

$$j_{ph} = j_0\left[\exp\left(\frac{eV}{nkT}\right) - 1\right] - j_{sc} \tag{7-2}$$

由式（7-2）可知，当太阳能电池是开路状态时，将会产生与光电流的大小对应的电压，即开路电压，用 V_{oc} 表示。太阳能电池端子开路时 $j_{ph}=0$，V_{oc} 可表示为：

$$V_{oc} = \frac{nkT}{e}\ln\left(\frac{j_{sc}}{I_0} + 1\right) \tag{7-3}$$

当太阳能电池接上最佳负载电阻时，其最佳负荷点 P 为电压-电流特性上的最大电压 V_m 与最大电流 j_m 的交点，太阳能电池的输出功率 P_{out} 为：

$$P_{out} = Vj = V\left\{j_{sc} - j_0\left[\exp\left(\frac{eV}{nkT}\right) - 1\right]\right\} \tag{7-4}$$

由于最佳负荷点 P 处的输出功率为最大值，因此，由下式即可得到太阳能电池的最佳工作电压 V_{op} 及最佳工作电流 j_{op} 为：

$$\frac{dP_{out}}{dV} = 0 \tag{7-5}$$

$$\exp\left(\frac{eV_{op}}{nkT}\right)\left(1 + \frac{eV_{op}}{nkT}\right) = \frac{j_{sc}}{I_0} + 1 \tag{7-6}$$

$$j_{op} = \frac{(j_{sc} + j_0)eV_{op}/(nkT)}{1 + eV_{op}/(nkT)} \tag{7-7}$$

实际太阳能电池的伏安特性曲线偏离矩形，偏离程度用填充因子 FF 表示，这也是太阳能电池的一个重要参数。填充因子是一个无单位的量，是衡量太阳能电池输出电能能力的一个重要指标。FF 越大，说明太阳能电池对光的利用率越高。填充因子为 1 时被视为理想的太阳能电池特性。填充因子的值小于 1.0，一般为 0.5~0.8，取决于入射光强、材料的禁带宽度、理想系数、串联电阻和并联电阻等因素。

$$FF = \frac{V_{op} j_{op}}{V_{oc} j_{sc}} \tag{7-8}$$

能量转换效率（power conversion efficiency，*PCE*）是太阳能电池的重要参数，为电池最大输出功率与入射光功率（P_{in}）之比：

$$PCE = \frac{j_{sc} V_{oc} FF}{P_{in}} \tag{7-9}$$

7.1.3　太阳能电池的特点

太阳能发电具有如下特点：

（1）太阳能是一种取之不尽、用之不竭的清洁能源，太阳能发电不需燃料费用。

（2）有太阳的地方便可发电，太阳能电池使用方便，可设置在负荷所在地就近为负荷提供电力。

（3）太阳能电池结构简单、无可动部分、无机械磨损，因此，使用寿命较长，如晶体硅太阳能电池寿命达25年以上。

（4）太阳能电池能直接将光能转换成电能，不会产生废气、有害物质等，发电时无噪声，管理和维护简便。

（5）太阳能电池的输出电压比较平稳，所产生的电是直流电，并且无蓄电功能，很适合蓄电池的充电，与蓄电池配合使用。

（6）太阳能电池的发电随入射光、季节、天气、时刻等的变化而变化，夜间不能发电，且目前发电成本较高。

7.2　晶体硅太阳能电池

晶体硅太阳能电池分为单晶硅太阳能电池和多晶硅太阳能电池，在过去的十年之内，晶体硅太阳能电池的效率持续提升，成本持续下降。并且随着技术不断发展，实验室中不断有新技术被研发出来，晶体硅电池未来依然有较多的技术储备用以进一步地降本增效。

7.2.1　单晶硅太阳能电池

对于单晶硅太阳能电池来说，硅不仅要很纯，而且必须是晶体结构中基本没有缺陷的单晶形式。用于制造硅太阳能电池用的硅材料是以石英砂中的 SiO_2 为原料，先把石英砂放入电弧炉中，焦炭与二氧化硅中的氧反应生成二氧化碳和熔化的硅，得到冶金级硅，硅的纯度为98%~99%；冶金级硅再与氯气（或氯化氢）反应得到氯化硅，经过精馏，使氯化硅的纯度提高，再通过氢气还原成多晶硅，硅的纯度可达到99.999%~99.9999%；多晶硅最后经过坩埚直拉法（CZ法）或悬浮区熔法（FZ法）制成单晶硅棒。工业生产这种单晶硅所用的主要方法是坩埚直拉法。在坩埚中，将半导体多晶硅熔融，同时加入微量的掺杂剂，对太阳能电池来说，通常用硼（p型掺杂）。在温度可以精细控制的情况下用籽晶能够从熔融硅中拉出大圆柱形的单晶硅。悬浮区熔法是利用分凝现象在没有坩埚盛装的情况下，用高频感应加热多晶硅棒，使其局部产生一个熔区，并使这个熔区定向移动，由此来提纯、掺杂并获得单晶硅。由于晶体生长过程中的杂质分凝效应和蒸发效应，所生产硅单晶纯度较高，但相应生产成本高于直拉法，因此一般仅用于太空等要求高品质硅片的生产。

制绒是太阳能电池片生产工序的开端，从上级原材料工厂获得的电池片原硅片将从这里开始新的生产加工过程，制绒过程也是整个电池生产过程中最难控制的工序之一。表面制绒的目的是去除硅片表面的机械损伤层，该损伤层主要来自原硅片切割过程中的表面损伤；同时可以增加电池片表面积，为扩散增加制结面积做准备；有利于降低电池片表面反射率。制绒是利用硅的各向异性腐蚀，把相对光滑的原材料硅片的表面通过酸或碱腐蚀，其表面变得凸凹不平、粗糙，形成漫反射，减少直射到硅片表面的太阳能损失，制绒后的清洗过程如 HF 清洗、HCl 清洗还可以去除金属杂质等。

在生产过程中，制绒后的硅片需制作 p-n 结。制结方法有热扩散、离子注入、外延、激光或高频注入及在半导体上形成表面异质结势垒等方法。目前，有工业生产价值的太阳能电池仍是扩散制结的。扩散过程在扩散炉内完成。扩散炉由炉体、气路、加热系统、控制系统、装载台等几部分构成。炉体内有高性能、高纯度石英管；石英管外绕加热丝，以使扩散环境能维持一个恒定的高温；扩散有三路工艺气体：氮气、氧气、携源氮气。氮气流量较大，目的是在石英管内造成乱流以使扩散均匀，携源氮气携带扩散源进入石英炉管内，并与进入炉管的氧气发生化学反应，携源氮气的流量一般是氮气的 1/10。对硅材料而言，可以根据掺杂类型选择不同掺杂源。硼是最常用的 p 型掺杂源，磷是最常见的 n 型掺杂源，高温条件下这两种元素在硅中都有极高的溶解度。这些杂质可以通过不同的方式掺入，最常使用的是液态源掺杂，BBr_3 和 $POCl_3$ 是目前硼、磷扩散采用较多的液态源。

在扩散过程中，$POCl_3$ 分解产生的 P_2O_5 沉积在硅片表面上，与硅反应生成二氧化硅和磷原子，使得硅片表面就形成了一层含有磷元素的二氧化硅层，常被称为磷硅玻璃。由于太阳能电池片生产制造过程中的扩散过程采用背靠背扩散，硅片的所有表面包括边缘都将不可避免地扩散上磷。p-n 结的正面所收集到的光生电子会沿着边缘扩散有磷的区域流到 p-n 结的背面，从而造成短路，所以需要去除表面的磷硅玻璃。除去背结常用三种方法：化学腐蚀法、磨片（或喷砂）法和蒸铝烧结法。化学腐蚀法除去背结，是在掩蔽前结后用腐蚀液蚀去其余部分的扩散层。腐蚀后，背面平整光亮，适合于制作真空蒸镀的电极。磨片法是用金刚砂（M10）将背结磨去，也可以用压缩空气携带沙子喷射到硅片背面以除去背结。磨片后在背面形成一个粗糙的表面，因此适用于化学镀镍制造背电极。前两种除去背结的方法，对于 n^+/p 型和 p^+/n 型电池都是适用的。蒸铝烧结除去背结的方法仅适用于 n^+/p 型电池。蒸铝烧结法是在扩散硅片背面真空蒸镀一层铝。加热到铝-硅共熔点（577℃）以上使它们成合金。经过合金化以后，随着降温，液相中的硅将重新凝固出来，形成含有少量铝的再结晶层。

沉积减反射层的目的在于减少表面反射，增加折射率。出于光在硅表面上的反射，使光损失约 1/3，即使是绒面的硅表面，也损失掉约 11%。太阳能电池的减反射膜利用薄膜干涉的原理，可以使光的反射大为减少。薄膜沉积是目前最流行的表面处理法，依据沉积过程中是否含有化学反应的机制，可以区分为物理气相沉积（physical vapor deposition，PVD）和化学气相沉积（chemical vapor deposition，CVD）。太阳能电池表面金属化技术是为了将电池中的光电子导出，在半导体与金属之间形成良好的欧姆接触，是晶体硅电池制造中极为重要的环节，直接影响太阳能电池的转换效率和生产成本。欧姆接触不会产生明显的附加阻抗，且不会使半导体内部的平衡载流子浓度发生显著变化。在太阳能电池中主要利用隧道效应原理来制造欧姆接触。重掺杂的 p-n 结可以产生显著的隧道效应。金属和半导体接触时，如果半导体掺杂浓度很高，则势垒区宽度变得很薄，电子可以通过隧道效应贯穿势垒产生相当大的隧道电流。当隧道电流占主导时，它的接触电阻可以很小。

7.2.2 多晶硅太阳能电池

多晶硅太阳能电池以低成本、高性能和制备简单等特点在晶体硅太阳能电池中异军突起，目前占据整个硅太阳能电池市场的 50%。由于冶金级的多晶硅原料的纯度无法满足半导体业的需求，因此必须再经由一系列的纯化步骤将其转换为太阳能电池等级的多晶硅。

在纯化过程中，首先利用 HCl 将冶金级硅原料转换为液态的三氯硅烷（$SiHCl_3$）；然后将三氯硅烷通过多重的分馏法处理，以提高其纯度；再利用 Siemens 化学沉积方法（CVD）将高纯度的 $SiHCl_3$ 及 H_2 通入约 900℃的反应炉内，$SiHCl_3$ 与已反应产生的硅原子会慢慢沉积在晶种上，从而得到多晶硅原料棒；再将多晶硅原料棒敲成块状后，经过酸洗、干燥及包装等程序后，即可依其纯度等级用在太阳能电池产业上。对于多晶硅的铸造成型工艺，就其最终成型形态而言，可归结为三大类：多晶硅锭、带状硅及多晶硅薄膜技术。铸造多晶硅锭的另一个优点是它可以铸造出四面体形的硅锭，不像圆柱形的 CZ 硅单晶棒要先把外径磨成四面体，这使得材料的损耗比较小。

影响多晶硅太阳能电池效率的因素除了多晶硅片中会引起载子再结合的杂质外，还有多晶硅片内部的晶界及位错。因此在铸造多晶硅锭的过程中，除了铸造速率的提升外，微缺陷控制也是最重要的考虑因素。利用 Siemens 法、硅烷热分解法和区域熔炼法技术生产的多晶硅由于是通过沉积作用形成的硅粒子的简单集合体（简称沉积多晶硅），粒子间结合力弱，不能满足电阻的要求，而且不能直接用来切片制备太阳能电池。因此，还需通过重新熔化，经过一定铸造成型工艺得到致密组织后方可用来切片使用。多晶硅片的结晶缺陷主要是晶界及位错线，这些缺陷都可能造成少数载子的再结合，进而影响到太阳能电池的效率。因此晶界数目（即增加晶粒大小）及位错线是考察多晶硅片质量好坏的重要因素。

（1）晶粒大小的控制与影响。通常在一块多晶硅锭中，在底部最早凝固的部分晶粒会比较小，随着硅锭高度的增加，晶粒的平均大小会随之增加，这是因为个别的晶粒可能会结合邻近的晶粒而变大。晶粒的增大程度与结晶固化的速率有关，结晶固化速率越快表示温度梯度越高，这意味着在硅熔液内出现细小晶粒成核的概率增大，从而限制了晶粒成长的最终大小。这也说明了为何铸锭法的晶粒大小会比布里基曼法的小。当硅锭内的过渡金属含量较高时，这些过渡金属会倾向于沉积在晶界处，增加晶界电性的活性度，进而促进少数载子的再结合，导致太阳能电池效率下降。如果晶界的活性度较小，则晶粒大小对太阳能电池效率的影响会比较小。此外，结晶固化的成长界面的形状也会影响到晶界的活性度，维持水平的成长界面将有助于降低晶界的活性度。

（2）位错密度的控制与影响。位错是影响多晶硅太阳能电池效率最主要的结晶缺陷。位错在多晶硅锭中的产生与硅锭在冷却过程中的热应力有关。因此设计适当的热场，以降低温度差异所造成的热应力，是铸造多晶硅锭必须持续改善的方向。

多晶硅薄膜电池既具有单晶硅电池的高效、稳定、无毒（毒性小）和材料资源丰富的优势，又具有薄膜电池的材料省、成本低的优点。当用其作窄带隙、电池与非晶硅电池制成叠层电池时，其理论效率更是达28%以上。近年来多晶硅薄膜电池受到了国内外众多学者及研究人员的广泛关注。制备晶体硅薄膜的技术很多，大体上可以600℃界限分为高温技术和低温晶化技术两大类，主要有：低压化学气相沉积法（LPCVD）、固相晶化（SPC）、准分子激光晶化（ELA）、快速热退火（RTA）、等离子体增强化学反应气相沉积（PECVD）、金属横向诱导法（MILC）、超高真空化学气相沉积（UHV/CVD）及电子束蒸发等。以上各技术各有其优缺点，高温技术生长的薄膜硅材料晶粒尺寸较大、电池转换效率较高，不过工艺过程能耗大、工艺复杂、衬底材料成本高；而采用低温晶化技术生长的晶体薄膜硅晶粒尺寸小，电池转换效率低，可衬底材料成本低、工艺简单、能耗小。多晶硅薄膜生长常用衬底材料有：玻璃、石墨、功能陶瓷及硅基材料等。

7.3 聚合物太阳能电池

使用π共轭有机半导体的聚合物太阳能电池（PSC）因其低成本的溶液加工性、轻量和透明性而引起了极大的关注。得益于这些优点，PSC在竞争激烈的太阳能电池市场上拥有强大的优势，例如可穿戴/便携式电子产品和建筑物集成的光伏产品。

PSC的常规形式是基于聚合物/富勒烯的PSC（fullerene-PSC），其光敏层由p型聚合物供体（PD）和n型小分子富勒烯受体的本体-异质结（BHJ）混合物组成。在过去的20年中，fullerene-PSC技术取得的进步使高效单结fullerene-PSC达到了创纪录的功率转换效率（*PCE*），在实验室规模制造时达到11%~12%。但是，这些*PCE*仍然落后于15%的商业化基准值。此外，fullerene-PSC的使用寿命短，不受外界压力的影响也是一个巨大的障碍。例如，fullerene-PSC的较差的机械耐久性是将其集成到坚固的可穿戴和便携式电子设备中的真正问题所在。尽管富勒烯受体具有出色的电子传输能力，但其固有的局限性阻止了fullerene-PSC的效率和稳定性的进一步提高。首先，在可见光谱区域中富勒烯的弱光吸收导致光伏装置中的低激子和光电流产生。其次，由于富勒烯的化学改性困难，富勒烯能量水平的调节极具挑战性，这限制了电子定制PD对应物的选择。最后，富勒烯的脆性、快速分子扩散、化学氧化和光诱导的二聚化极大地限制了fullerene-PSC的长期机械、热和光稳定性。尽管为解决富勒烯的效率和稳定性问题付出了巨大的努力，但最初的PC61BM和PC71BM富勒烯仍然是性能最高的衍生物。

为了克服富勒烯的局限性，近年来已经研究了两种不同类型的非富勒烯受体（NFA），即小分子有机受体（SMA）和聚合物受体（PA）。通常，这些类型的电子受体具有以下主要优点：（1）相对于富勒烯可产生更高光电流的出众的光收集能力；（2）易于调节的光学、电化学和结构性质，以促进互补的光吸收、量身定制的能级对准以及与PD混合的形态；（3）通过有效的PD和NFA的许多可能组合来优化光伏性能。在光敏层中由PD和PA组成的P全聚合物太阳能电池（all-PSC）的情况下，由于聚合物相对于小分子的一般优点，可以期待其他优势；（4）优异的热稳定性和机械稳定性；（5）由于溶液中聚合物的较高黏度而具有出色的薄膜性能。实际上，在过去的几年中，已经获得了基于非富勒烯小分子受体的聚合物太阳能电池（NFSMA-PSC）和all-PSC的*PCE*的显著增长。例如，单结all-PSC的*PCE*已迅速增长至11%，而对于NFSMA-PSC而言，则更为显著

(约 15%)。

自 1995 年 all-PSC 首次出现以来，all-PSC 的 *PCE* 在 15 年内低至 1%~2%，而 fullerene-PSC 的 *PCE* 在同一时期急剧增长到 7%~8%。这种巨大的效率差距阻碍了对 all-PSC 深入的研究。all-PSC 中有两个限制光伏性能的关键因素：(1) PA 的电子传输性能较差和电子亲和力较低；(2) 在长 PD-PA 链的共混物中通常观察到不良形态特征。对于前者，在 all-PSC 研究的早期阶段使用的 PA 包括氰基取代的 CN-PPV 以及芴基和苯并噻二唑基的 F8TBT 和 PF12TBT，它们显示出相当低的空间电荷限制电流（SCLC）电子迁移率（μ_e）约为 10^{-5}~$10^{-7}cm^2/(V·s)$，这些值远小于 PCBM 的值，约为 $10^{-3}cm^2/(V·s)$。这导致空穴和电子传输之间的不平衡，从而导致电荷积累和低填充因子。为了克服该限制，针对开发具有强电子接受能力和平面 π 共轭骨架的 PA 进行了广泛的研究。从 2007 年到 2009 年，在设计高效的 PA 方面取得了重要突破，其中设计了萘二酰亚胺（NDI）和二酰亚胺（PDI）构件来构建高 μ_e 的 PA。例如，由 Facchetti 等人开发的 NDI 基 PA 在 SCLC 器件中显示出 $10^{-3}cm^2/(V·s)$ 的出色 μ_e 值，而在有机场效应晶体管（OFET）中显示出 $0.85cm^2/(V·s)$。

从 2013 年至今，all-PSC 的光伏性能有了显著改善。所有 all-PSC 的最高 *PCE* 为 11%，可与富勒烯-PSC 的最新性能相媲美。All-PSC 的这一进展是由发现有效的 PD 引发的，该 PD 产生了与 NDI 和 PDI 基 PA 兼容的混合形态。为制造高效富勒烯-PSC 而开发的某些 PD，例如 PSEHTT、PBDTTT-CT、PTQ1、NT、PTB7-Th、PDT2FBT 和 PBDTT-TPD 聚合物也被引入 all-PSC 系统中，有趣的是，发现它们在供体-受体界面处形成了精细的相分离形态和良好的取向。受到如此有希望的结果的刺激，all-PSC 引起了极大的兴趣，并已经报道了 all-PSC 的长期稳定性和可扩展性。

7.3.1 全聚合物太阳能电池工作原理

当光敏层吸收阳光时，π 共轭聚合物的最高占据分子轨道（HOMO）中的电子被激发到最低未占据分子轨道（LUMO）并通过库仑吸引形成紧密结合的电子-空穴对（激子）(见图 7-2)。然后，激子可以返回到基态以释放能量，或者迁移到供体-受体（PD-PA）界面以创建自由电荷载流子并在太阳能电池中产生光电流。在这种情况下，增加 PD 和 PA 的光吸收系数非常重要。与富勒烯受体在可见光范围内的光吸收低相反，PA 可以吸收从紫外线到红外区域的宽波长范围内的太阳光，因此可以与 PD 一起参与光子收集过程。PD 和 PA 的这种互补吸收可以通过分子结构的灵活设计轻松实现，这是 all-PSC 最直接的好处之一。

激子由于其相对强的结合能（0.35~0.5eV）而不能自发地转化为每个 PD 或 PA 域内的自由电荷载流子。因此，它们必须首先扩散到 PD-PA 界面，需克服激子分裂的驱动能。尽管测得一些有效的 NFSMA-PSCs 分裂激子所需的驱动能小于 0.1eV，但到目前为止，还没有针对 all-PSC 的此类报道。PD 和 PA 之间不同的空穴和电子亲和力是驱动力，其强度应足以促进通道 Ⅰ（从 PD 到 PA 的电子转移）和通道 Ⅱ（从 PA 到 PD 的空穴转移）的电荷转移，这是对高性能 all-PSC 的基本要求。与富勒烯 PSC 不同，后者由于富勒烯的吸收度低，因此通道 Ⅰ 工艺是主要关注的问题。由于 PD-PA 对的 HOMO-HOMO 和 LUMO-LUMO 能量偏移与 all-PSC 中的通道 Ⅰ 和 Ⅱ 过程密切相关，因此调整 PD 和 PA 的前沿能级

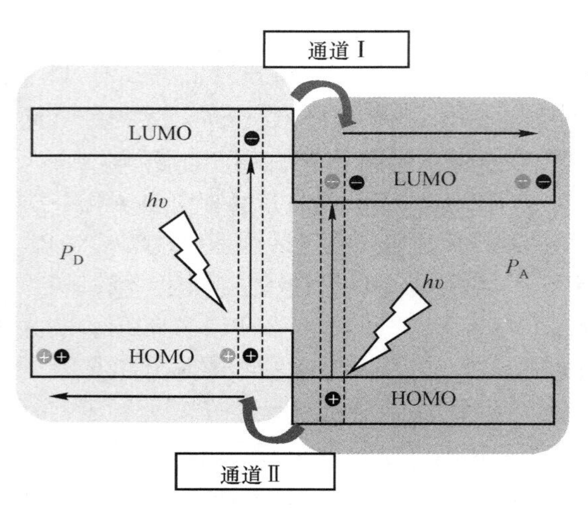

图 7-2 all-PSC 中光电流产生示意图

至关重要。此外，鉴于典型有机共轭材料的激子扩散长度仅为 5~10nm，因此在活性层中调整聚合物尺寸以使其与激子扩散长度相当，对于最大化激子向 PD-PA 界面扩散至关重要。激子一旦到达 PD-PA 界面，它们就会解离形成电荷转移（CT）状态，其中电子和空穴在 1nm 范围内发生库仑结合。对于电子-空穴对，成功地将其分离成自由电荷，PD 和 PA 的 π 轨道必须在 PD-PA 界面处紧密重叠。与富勒烯-PSC 相比，富勒烯-PSC 具有三维球形分子几何形状，由于两种聚合物都具有高度各向异性的结构，因此很难排列 PD 和 PA 的 π 轨道。

为了在每个电极上高效地进行电荷传输和收集自由电荷载流子，应在本体-异质结（BHJ）活性层中形成相互连接的相分离网络，而没有形态缺陷。此外，需要跨越活性层膜的密集堆积和连续/渗透的纯聚合物，以促进有效的电荷传输并使电荷复合最小化。如前所述，由于聚合物的二维平面结构，all-PSC 中的聚合物取向决定了电荷的传输和收集效率。PA 相对于电极采用面朝上的方向，以确保向每个电极的有效垂直电子传输。

7.3.2 全聚合物太阳能电池材料

7.3.2.1 受体（PA）材料

在开发出萘二酰亚胺（NDI）基 PA（P（NDI2OD-T2））之后，由于其出色的电子传输能力和 NDI 核心单元的高电子亲和力，NDI 基 PA 被广泛用作 all-PSC 的电子受体。在大多数情况下，NDI 基 PA 的分子结构从 P（NDI2OD-T2）进行了很大的修饰，相应的 all-PSC 的 *PCE* 通常会降低。例如，其中 P（NDI2OD-T2）中的联噻吩（T2）单元被更大的供电子单元取代，所得的 all-PSC 的 *PCE* 大多低于 5%，因为将庞大的基团引入 NDI 基 PA 中不仅破坏了原始 P（NDI2OD-T2）的平面骨架构象，而且还阻碍了与 PD 的紧密接触。因此，这种分子设计策略常常使 P（NDI2OD-T2）的优异电子传输性能恶化，并阻碍 PD-PA 界面上的有效激子解离。因此，从近来高性能 all-PSC 中成功使用的 NDI 基 PA 可以看出，相对于 P（NDI2OD-T2）精细修饰聚合物结构的策略通常非常有效。侧链工程、杂原子的掺入和无规共聚等手段较为成功，可优化 NDI 基 PA 的结晶度或实现互补的光吸收、合适的能级排列及具有各种有效 PD 的最佳共混物形态。

共轭聚合物的侧链工程设计是一种简单但高效的方法，可调节 all-PSC 的结晶度和 BHJ 共混物形态，并且对光吸收和能级的影响最小。Kim 等人在 2015 年提供了一个成功的例子，调整了 NDI-噻吩（NDI-T）共聚物的侧链长度，分别基于 2-己基癸基（2HD）、2-辛基十二烷基（2OD）和 2-癸基十四烷基（2DT）侧链合成 P(NDI2HD-T)、P(NDI2OD-T) 和 P(NDI2DT-T)。在这些衍生物中，发现最短的 2HD 侧链最适合通过使聚合物紧密堆积并具有面朝晶体的取向来增强 PA 的电子迁移率。具有 2HD 侧链最短的 P(NDI2HD-T2) 聚合物由于具有高结晶度，因此具有最高的电子迁移率和 all-PSC 性能（*PCE*=6.11%）。但是，较短的侧链并不一定能保证 all-PSC 的良好性能，其影响取决于聚合物主链的类型，如 Jen 及其同事的工作。他们发现，基于氟化 NDI-T2(PNDI-FT2) 基主链结构的长 2DT 侧链在 all-PSC 中的性能最高。尽管有较长的侧链长度，但由于 P(NDI2HD-FT2) 的溶液加工性能提高，因此 P(NDI2DT-FT2) 在薄膜中形成了更好的组装结构。该结果表明，考虑到所得聚合物的溶解度，应仔细控制侧链的长度。此外，侧链中分支点的存在是影响 all-PSC 性能的另一个重要因素，因为许多 NDI 基的有效 PA，例如 P(NDI2OD-T2) 都具有分支侧链。Kim 组和 Fu 组表明，将分支点从 NDI 主链上移开可以减轻共轭主链周围的空间位阻，从而增强分子间的相互作用和电性能，并改善所得 *PCE*。通过破坏烷基侧链的对称性，还可以调节 PA 的结晶特性。Huang 等人将不同长度的侧链掺入同一 NDI-T 骨架的每一侧，以生产具有不对称侧链的聚合物 P(NDIEHDT-T) 和 P(NDIBOOD-T)。由于这些共聚物的结晶度提高及与 PD 混合时所需的薄膜形貌，由 PTB7-Th: P(NDIBOOD-T) 活性层组成的 all-PSC 的 *PCE* 达到 6.89%。从以上示例中可以看出，NDI 基 PA 的侧链工程设计（包括调整侧链的长度，分支点或对称性）可以有效地控制结晶度和共混物形态。尽管性能最佳的 NDI 基 PA 的大多数侧链仅由烷基组成，但杂原子引入侧链（如硅氧烷或低聚环氧乙烷）也显示出可进一步优化结晶性能。

与基于侧链工程的 PA 的性能及 all-PSC 性能相比，NDI 基 PA 的骨干结构调制已显示出更大的影响。NDI 基 PA 的主干结构调控可以在 NDI 或其对应的构建块上进行，如将苯并二噻吩（BDT）、环戊二噻吩（CPD）、芴、茚并二噻吩（IDT）、苯并噻二唑（BT）和二酮吡咯并吡咯（DPP）与 NDI 结合在一起。但是，基于这些单元的 NDI 基 PA 通常在 all-PSC 中产生较低的 *PCE*。因此，开发 NDI 基的高性能 PA 的最新成功策略集中于将各种功能性但尺寸小的杂原子（如氟、氰基亚乙烯基和亚硒基）引入这种较小的单元中，可有效调节 NDI 基 PA 的能级和电性能，而不会显著破坏聚合物的堆积结构。例如，Jen 等人将两个氟原子连接到 P(NDI2DT-T2) 中的每个噻吩环上，并报告未使用任何溶剂添加剂时 *PCE* 高达 6.71%（PNDI2DT-FT2）。这主要归因于氟化时 PA 的带隙和 LUMO 含量增加，从而产生与 PD 更大的互补光吸收和更大的 V_{oc} 值。他们还发现氟化可以改善晶体纳米结构的面朝上取向。氰基亚乙烯基的插入导致 NDI 的 LUMO 中电子的离域化及更大的偶极矩变化（$\Delta\mu_{ge}$），这有利于电子传输和激子解离，从而导致有效的 all-PSC（*PCE*=7.4%）。

无规共聚物的合成是一种简单而有效的途径，可以精细而系统地优化 NDI 基 PA 的不同性能之间的平衡，例如结晶度、混溶性、相容性、介电常数、共混物形态、光吸收和能级。在这种情况下，通常将类似于原始 PA 中 NDI 或给电子单元的化学结构的第三组分引入并进行共聚，以系统地调节聚合物的性能。Jenekhe 等人在 2015 年报道了该策略的第一个成功实例。新型 n 型无规 NDI-硒烯/PDI-硒烯共聚物（xPDI，其中 x =PDI 链段的摩尔分数为 10%、30%、50%）旨在改善 PNDIS-HD 的高度结晶性质导致的不良共混物相容性。当将大体积的 PDI 单元并入 PNDIS-HD 时，无规共聚物 PA 的结晶度降低，从而改善了与 PD 的相容性和共混形态。使用 30PDI PA 增强了 all-PCS 的性能，产生 6.3%的 *PCE*。Wang 等人在另一个系统中采用了类似的通过无规共聚降低结晶度的方法。在这项研究中，将 P(NDI2OD-T2) 的刚性和平面结构中的一定数量的 T2 单元替换为 T 单元，生成了一系列无规共聚物 PNDI-Tx（x=摩尔分数为 10%、20%、50%的含噻吩的片段）。T 单元的数量增加导致聚合物结构紊乱并显著降低了结晶度。因此，由于相对分子质量增加和与 PTB7-Th PD 的混溶性更好，PNDI-T10 提供了最优化的 all-PCS 性能（7.6%*PCE*）。

二酰亚胺（PDI）基 n 型聚合物与 NDI 基聚合物具有许多共同的特性，例如高电子亲和力和良好的电子传输能力，因此受到了广泛的关注。自 Marder 等人于 2007 年合成了第一个 PDI 基 PA 至今，许多 PDI 基 PA 已被开发并广泛用于 all-PSC。有趣的是，PDI 基 PA 的分子设计策略高性能的 all-PSC 与 NDI 基 PA 高度一致。Hou 等人合成了聚合物主链中包含 PDI 和小的 T 电子给体基团的 PPDIODT PA，在 all-PSC 中其 *PCE* 均高达 6.58%。为了进一步减少 PDI 与计数器构件之间的空间位阻，Zhao 等人设计了 PDI-V，其中 PDI 单元通过简单的亚乙烯基接头连接。引入亚乙烯基接头是一种非常有效的设计方法，可以改善所得共轭骨架的平面度和 π-π 堆积。结果，PDI-V PA 在 all-PSC 中显示出 7.57%的较高 *PCE*，这胜过其他没有亚乙烯基接头的 PDI 基 PA。尽管 NDI 和 PDI 基 PA 的分子设计原理相似，但是与 NDI 相比，PDI 基 PA 的高性能 all-PSC 很少被报道。这可能归因于 PDI 主干的非平面结构，PDI 单元存在严重的空间位阻所致。更重要的是，两个相邻的 PDI 单元之间或 PDI 单元与配对构件之间的大扭曲角（50°~70°）被认为是这些材料结晶度和电子迁移率较低的主要原因。为了克服 PDI 基 PA 的这些结构性缺点，开发了一种有效的方法：共价融合 PDI（FPDI）单元的设计。Zhou 等人通过融合共价连接了 PDI-T2 基聚合物（PDI-diTh）中两个相邻的 PDI 单元，从而产生了 PFPDI-2T。相对于未融合的 PDI-diTh，扩展的融合单元引起更大的 π 电子离域，有更高的电子接受能力，因此有更高的电子迁移率。结果，PFPDI-2T 基 all-PSC 性能（*PCE*=6.39%）优于使用非融合 PDI-diTh 制造的器件（*PCE*=1.42%）。此外，与非融合 PDI 对应物相比，萘二丙烯基三胺-亚乙烯基（NDP）或 FPDI 生色团具有更高的吸收系数和与 PD 互补的吸收光谱，从而促进了光吸收。结果，使用 NDP-V PA 在 PDI 基的 PA 中实现了创纪录的 8.59%的 *PCE*。NDP-V 不仅在主链中包含亚乙烯基连接基，而且还采用 PDI 融合策略，是迄今为止最成功的 PDI 基的 PA。

7.3.2.2 供体（PD）材料

将 BDT 电子给体单元引入 PD 骨架是对 all-PSC 的 *PCE* 产生统计学上显著影响的不同规则之一。目前已经设计出许多 BDT 基 PD 并将其用于高性能富勒烯基 PSC 中，BDT 基 PD 也已广泛应用于 all-PSC 中。BDT 基 PD 在产生高性能的 all-PSC 方面更为有效，具有或不具有 BDT 主干的 all-PSC 的 *PCE* 差异很大。在迄今为止报道的单结双星型 all-PSC 中，基于具有 BDT 骨干或不具有 BDT 骨干的 PD 的最佳 *PCE* 分别为 11.0%和 7.3%。含 BDT 的 PD 的高性能可能源自适度的结晶度及它们与 NDI 基 PA 的良好兼容性。在 BDT 基 PD 的差示扫描量热法（DSC）测量中，常常无法分辨熔融温度（T_m）和结晶温度（T_c），可通过抑制 BDT 基 PD 的晶体驱动聚集，来改善活性层中 NDI 基 PA 的相容性。此外，在 BDT 基聚合物和 NDI 基聚合物之间低的界面张力值，有利于相互作用，并且抑制 PD 和 PA 域之间的大规模相分离。

PD 合理设计中的另一种有效方法是并入结合的侧链，包括 PTB7/PTB7-Th、PBDTB-DD/PBDTBDD-T 和 PBDT-TPD/PBDTT-TPD 的比较。Kim 等人比较了 PTB7-Th: P(NDI2OD-T2)（*PCE*=4.60%）和 PTB7: P(NDI2OD-T2) 基的 all-PSC（*PCE*=2.54%），并证明可以通过简单地将 2D-缀合的烷基噻吩基侧链附加到 PD 上大幅提高电池 *PCE*。Hou 等人观察到了相同的趋势：基于具有烷基噻吩基侧链的 PBDTBDD-T 供体的 all-PSC 的 *PCE*（5.8%）超过了具有烷氧基侧链的 PBDTBDD 基 all-PSC 的 *PCE*（2.4%）。带有 2D 共轭侧链的 BDT 基 PD 与 PD-PA 界面和电极的面对面取向，可以产生更发达的聚合物堆积结构。PD 和 PA 在界面处的面对面对齐可产生有效的激子离解，进而产生更高的 j_{sc} 值。

开发用于高性能 all-PSC 的 BDT 基高效 PD 的一个关键策略是将噻吩间隔基引入富电子 BDT 单元与缺电子单元之间的主链中。据报道，在这种共轭聚合物的富电子与缺电子组分之间放置一个 π 桥可改变聚合物链的构型，从而改变电荷迁移率、能级、光吸收和共混物形态。例如，PBDB-T 是骨架中最流行的 PD 之一，侯等人于 2012 年首次报道，其中带有 PBDB-T 与 PCBM 混合活性层的设备实现了 6.7%的较高 *PCE*。氟化是开发高性能 all-PSC 的 PD 的另一种有效策略。氟化能产生降低的 HOMO 能级，降低了重组并提高了空穴迁移率，从而增加 V_{oc} 和 *FF* 值。Yang 等人通过改变供体主链上喹啉单元上连接的氟原子数确定了最佳氟含量，发现 V_{oc} 值与氟化程度成正比。最后，PD 的侧链工程设计被证明在增强 all-PSC 性能方面是有效的。Huang 等人将硅氧烷封端的侧链引入 TzBI 结构单元，并合成了 PTzBI-Si。这种简单的操作提高了 PD 的溶解度，从而导致了最佳共混物形态，更高的空穴迁移率和较少的双分子重组。结果，PTzBI-Si: P(NDI2OD-T2) 共混物在单结二元 all-PSC 中 *PCE* 达到 11.0%。

7.3.2.3 界面材料

优化 all-PSC 的 *PCE* 的重要途径之一是开发新的界面材料，通常将 NDI 基水溶性共轭聚合物（WSCP）作为中间层。Huang 等人阐明了 NDI 基 WSCP 在 all-PSC 中的显著效果。不同于富勒烯-PSC 的机制，在 WSCP/富勒烯界面处对富勒烯分子进行 n 掺杂会降低器件中的接触电阻，而对于 PA 则未观察到这种掺杂效果。取而代之的是，在 PD 和 NDI 基 WSCP 层之间的界面处产生了额外的电荷，这是 all-PSC 中 *PCE* 增强的原因之一。相比之下，p 型 WSCP（例如 PFN）在 all-PSC 中起到金属电极的功函数调整的作用。此外，NDI 基 WSCP 的能量水平与 PA 高度匹配，具有高的电子迁移率，使得在 all-PSC 中都可以使用较厚的界面层。此外，NDI/PDI 基的小分子（例如 NDIO，PDINO）和其他阴极界面材料（例如 PEI）都已被用作有效的 all-PSC 中的界面材料。

在过去的几年中，all-PSC 的显著进步（*PCE* 迅速增长到约 11%）主要归因于基于芳基二亚胺的 PA 和 BDTT 的 PD 的发展。为了进一步提高 *PCE* 值达到商业化水平，需要不断探索新型共轭聚合物。特别是，开发具有合适的光收集功能、优异的电荷载流子迁移率和最小的电压损耗的 PA 或 PD。随着材料的发展，all-PSC 的性能改善可通过理想的活性层形态实现。除了努力增加 all-PSC 的 *PCE*，在过去几年中还对 all-PSC 的稳定性进行了评估。已经证明，与富勒烯-PSC 和 NFSMA-PSC 相比，all-PSC 具有优异的热和机械稳定性。在未来的研究中，应进一步制定 all-PSC 中的聚合物结构、形态和稳定性相关性，以为具有商业可行性的新型共轭聚合物提供设计规则。

7.4 染料敏化太阳能电池

Gratzel 和 O'Regan 在 1991 年提出了一种新型太阳能电池：染料敏化二氧化钛纳米晶太阳能电池（简称染料敏化太阳能电池，DSSC）。与植物中叶绿素吸收光子但不参与电荷转移的光合作用过程相似，光感受器和电荷载体由 DSSC 中的不同组分实现。这种功能分离导致染料敏化太阳能电池对原材料的纯度要求较低，并且使 DSSC 成为一种低成本的替代品。与传统光伏器件相比，太阳能电池具有成本低、制备简单、性能好、环境友好等优点，引起了人们的极大兴趣。

7.4.1 染料敏化太阳能电池的工作原理

DSSC 的结构示意图如图 7-3 所示。DSSC 由以下部分组成：（1）覆盖有导电铟掺杂的氧化锡（ITO）或氟掺杂的氧化锡（FTO）层的透明玻璃板用作阳极基板，该基板可以使光通过并产生电子运输；（2）沉积在衬底上以传输电子的介孔氧化物层（通常为 TiO_2）；（3）吸附在介孔氧化物层表面上的染料（通常为钌络合物）的单分子层，以收集入射的太阳光，1~3 组成光阳极；（4）用于在操作过程中回收染料并再生的电解质，通常是含有氧化还原介体的有机溶剂（如碘化物/三碘化物对）；（5）由涂覆有催化剂（通常为铂）的 ITO 或 FTO 导电玻璃板制成的对电极（阴极），以催化氧化还原对再生反应并从外部电路收集电子。

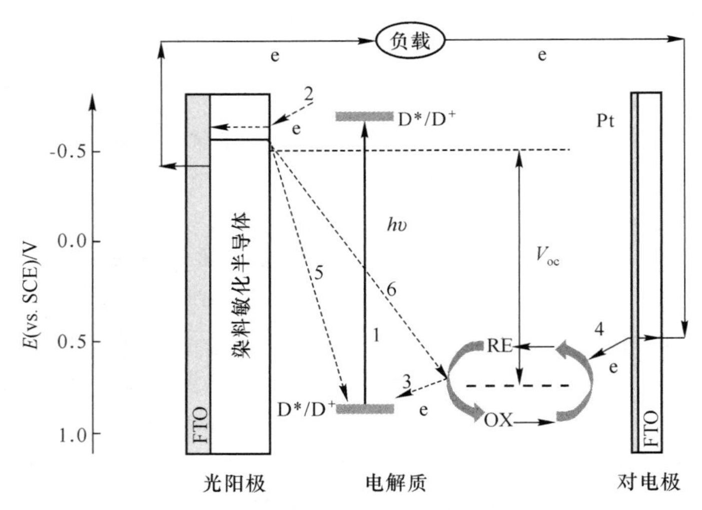

图 7-3 染料敏化太阳能电池的工作原理

过程 1，染料的光诱导激发以产生激子（D^*）。过程 2，在染料/TiO_2 界面处分离激子，将电子注入 TiO_2 半导体的导带中，并在染料中留下空穴（D^+）。过程 3，通过接受来自氧化还原对还原态（RE）的电子并在电解质中产生氧化还原对的氧化态（OX）进行染料再生。过程 4，通过从对电极接受 OX 的电子使电解质再生并产生 RE。过程 5，通过将

电子供给给 D^+，注入的电子进行重组。过程 6，通过将电子供给给 OX，注入的电子进行复合。

染料在 DSSC 中的作用是作为电子泵。染料吸收可见光，将电子泵入半导体，从溶液中氧化还原对（RE）的还原状态接受电子，然后重复该循环。染料分子（D）获取光子，产生激子（D^*）。染料将激子注入介孔 TiO_2 薄膜的导带来形成氧化染料（D^+），电子通过 TiO_2 薄膜转移至阳极。氧化染料（D^+）从电解质中的氧化还原对的还原组分（RE）得到电子，再生染料（D），而还原组分被氧化为氧化还原对的氧化组分（OX）。OX 迁移至阴极，来补偿从阴极缺失的电子，RE 通过阴极处的 OX 还原而再生，而电路通过外部负载的电子迁移而完成。然而，过程中有两种竞争反应。一种是 TiO_2 薄膜中的电子被氧化染料（D^+）捕获，导致电子的复合；另一种是 TiO_2 薄膜的电子被氧化还原对的 OX 捕获，也导致了电子的复合。

在 DSSC 的电化学回路中，电子通过 TiO_2 薄膜传输，空穴通过电解质或者空穴导体传输，电解质或者空穴导体是空穴传输介质。电解质或者空穴导体的基本功能是染料及其在 DSSC 中的再生。对于 I^-/I_3^- 氧化还原电解质，电解质的再生循环是通过对电极上 I_3^- 离子向 I^- 离子的转化来完成的。对电极必须有催化活性来确保快速反应和低过电位，铂是一种合适的对电极材料。对电极上的电荷转移反应产生电荷转移电阻（R_{ct}），需要过电位（ξ）来驱动一定电流密度（I）下的反应。

DSSC 中两电极之间的电荷载流子传输是通过扩散实现的。可将 DSSC 中两个电极之间的扩散归纳为四种模型：（1）通过在骨架晶格（Dgen）中跳跃而产生的一般离子扩散；（2）离子的扩散是通过自由体积实现的，并借助分段运动（Dfv）进行辅助；（3）通过电子交换 Grotthus 类机制（Dex）进行离子扩散；（4）通过空穴导体（Dhole）进行空穴扩散。在均相固态电解质中，一般离子扩散是通过在主体材料中的空、间隙和晶格的位置上跳跃的移动离子。甚至在液态电解质中，扩散也是由于离子晶格的离子跳跃或类似液态的扩散。上述情况的主骨架是固定的，并且为移动离子提供活化能。一般的离子扩散显然与溶液和溶质的特性有关。

对于非均相电解质（如玻璃化转变温度以上的聚合物电解质）、非晶相和多相体系，离子通过聚合物链段移动促进的自由体积扩散。在扩散过程中，主聚合物链段是可移动的。由于这种促进作用，非晶态聚合物电解质的离子扩散系数明显高于晶态聚合物电解质。

对于使用空穴传输材料（HTMs）的固态 DSSC，电荷载流子传输和染料再生不同于液态 DSSC；电荷载流子传输是通过空穴跳跃而不是电解质中的离子传导。Bach 等人在 1999 年使用瞬态吸收激光光谱法首次报道了固态 DSSC 的光诱导界面电荷分离。他们发现空穴从染料至 HTM 的迁移主要是在 10^{-9}s 的范围，具有多相动力学，这比空穴与注入 TiO_2 中的电子的重组反应（10^{-6}~10^{-3}s）要快得多，并且比传统液体电解质中的染料再生（大于 10^{-8}s）要快。

7.4.2 染料敏化太阳能电池液态电解质

在 DSSC 中，液态电解质应该是化学和物理稳定的、低黏性的、具有最小化电荷载流子传输电阻，并且是氧化还原对组分和各种添加剂的良好溶剂；同时，不能造成吸附的染料与电极和密封材料的解离。总的来说，液态电解质由三种主要成分组成：溶剂、离子导体和添加剂。

7.4.2.1 有机溶剂

水是一种常见的溶剂。在 DSSC 研究的初始阶段，水被用作液态电解质的溶剂。O'Regan 等人的研究表明对于钌基 DSSC，加入高达 20%的水到非水电解质中可以将转化效率从 5.5%略微增强到 5.7%，并且不会降低长期稳定性。当进一步加水时效率会降低，因此对于纯水电解质，DSSC 的效率为 2.4%。迄今为止，这是纯水溶剂获得的最高转化效率。DSSC 在水存在下不稳定，碘化物氧化为碘酸盐在对电极上不能被还原，而且，许多有机金属敏化染料对水解敏感，并且水合其他醇的化学稳定性低。因此，它们不是电解质溶剂的最佳选择。

有机溶剂是液态电解质的基本组分，并且它给离子导体的溶解和扩散提供了环境。DSSC 的溶剂应该满足以下要求：（1）熔点低于-20℃，沸点高于 100℃，用这些溶剂制备的电解质在电池工作条件下不会蒸发；（2）在黑暗和光照条件下稳定，溶剂应该有宽的电化学窗口；（3）高介电常数，电解质盐能充分溶解并且以完全解离的状态存在，氧化还原介质具有良好的溶解性；（4）低黏度，使得氧化还原介质具有高扩散常数，液态电解质有高导电性；（5）低光吸收；（6）相对于表面附着染料的惰性；（7）对密封材料的溶解性差；（8）低毒性和低成本。值得注意的是，没有一种溶剂能够同时满足上述所有要求，这些要求对一种溶剂来说在很多方面经常是矛盾的。因此，为了获得最佳的 DSSC 性能时，通常会使用混合溶剂。例如，乙腈和戊腈的混合溶剂，混合体积比例为 50∶50 或 85∶15。溶剂的选择取决于所考虑的 DSSC 的特定用途。

乙腈（AN）由于具有低黏度、良好的溶解性和出色的化学稳定性（电化学窗口大于 4V），被认为是最佳电解质。Hauch 等人通过测定 I_3^- 在不同溶剂和阳离子中的扩散常数，发现在含 Li^+的 AN 中达到了最佳扩散常数。然而，AN 低沸点（82℃）和相对较高的毒性限制了其在工业太阳能电池中的利用。因此，经常使用腈的混合物，使用 AN 作为主要溶剂，DSSC 的最高转化效率达到 13%。另一种具有低毒性和高沸点的有机溶剂是甲氧基腈，如甲氧基乙腈（MAN）和 3-甲基丙腈（MPN），也被广泛用作 DSSC 电解质。MPN 的熔点为-63℃，沸点为 164℃，是目前应用中最常见的电解质溶剂之一。MPN 有良好的化学稳定性，能够承受长期 DSSC 稳定性测试。在 80℃的黑暗条件下进行 1000h 的加速试验后，仍能保持 98%以上的初始性能（效率不小于 8%）。在 60℃的可见光下浸泡 1000h 后，性能下降可忽略不计。

酯和内酯化合物，例如碳酸亚乙酯（EC）、碳酸亚丙酯（PC）、γ-丁内酯（GBL）和 N-甲基恶唑烷酮（NMO）已广泛用于 DSSC 研究中。EC 和 NMO 的熔点分别为 36℃和 15℃，因此可能需要添加熔点较低的溶剂（如 PC，-49℃；AN，-44℃）。第一个基于钌-三聚体染料的高效 DSSC 装置的电解质使用 EC-AN（体积分数比为 80∶20）混合物作为溶剂。在 DSSC 中，另一种经常用于室外长期测试的溶剂是 GBL，GBL 具有良好的熔点、沸点和黏度（分别为-44℃、204℃和 1.7mPa·s）。Kato 等人使用 GBL 溶剂电解质，DSSC 在室外条件下可工作近 2.5 年。

溶剂与其他组分之间的酸碱（或供体-受体）相互作用是影响 DSSC 光伏性能的重要因素。溶剂的 Gutmann 供体数（*DN*）是指示溶剂给电子能力的特征参数。混合溶剂的供体数可以估计为组分供体数的摩尔分数加权平均值：$D_{mix}=(D_X \times X\%)+(D_Y \times Y\%)$。较高的 DN 意味着更强的给电子能力或较强的碱度。Kebede 等人研究了非水溶剂和碘化物种类之间的供体-受体相互作用，并可以根据溶剂的 DN 预测从碘离子到三碘离子的转化程度。Fukui 等人报道，随着 DSSC 中溶剂的 DN 的增加，V_{oc} 升高而 j_{sc} 下降。Wu 等人研究了 GBL 和 NMP 混合溶剂的 DN 对 DSSC 光伏性能的影响。结果表明，随着混合溶剂 DN 的增加，V_{oc} 升高，j_{sc} 降低。

7.4.2.2 离子液体

离子液体或熔融盐通常定义为完全由离子组成的液体电解质。离子液体已被广泛用于 DSSC 的电解质中，这归因于其独特的特性，例如良好的化学和热稳定性、可调节的黏度、相对不可燃性、高离子电导率和宽电化学势能范围。更重要的是，极低的蒸气压力，使得蒸发和泄漏少。离子液体在 DSSC 电解质中有两个应用。一种在液体电解质中充当溶剂，另一种在准固态电解质中充当有机盐。离子液体由阴离子和阳离子组成。阳离子通常是大体积的铵盐或磷盐或杂芳族化合物，具有低对称性、弱分子间相互作用和低电荷密度。阴离子可粗略地分为两类：卤化物阴离子和络合阴离子，例如各种硼酸盐、三氟甲磺酸根衍生物等。咪唑基离子液体是 DSSC 中最常用和最有效的电解质。具有阳离子的其他离子液体，例如硫盐、胍盐、铵盐、吡啶盐或磷盐也已被探索为无溶剂电解质。然而，由于高黏度和传质限制，它们显示出低效率。Wang 等人通过使用高流动性四氢噻吩熔体显著提高了器件效率。在 DSSC 中使用 S-乙基四氢噻吩碘化物和 S-乙基四氢噻吩三氰化物或双氰胺的二元熔体，它们分别获得 6.9%和 7.2%的高功率转换效率。

离子液体的光电化学性质取决于阳离子和阴离子的性质。就路易斯酸碱行为而言，离子液体中的阳离子通常为弱路易斯酸，因此有可能与离子液体溶液中的富电子物种配位。卤化物是众所周知的路易斯碱，它们可以与有机金属敏化剂相互作用，引起配体交换。Son 等人使用一系列取代的碘化碘咪唑作为电解质，发现较小的阳离子替代物具有较高的三碘化物扩散系数，因此具有较高的光电流，而较大的替代物则显示出光电压的增加。阳离子和阴离子的选择及两者的组合将对 DSSC 性能产生重大影响。

纯离子液体的相对较高的黏度和较低的离子迁移率限制了碘化物/三碘化物的运输和氧化染料的还原，因为三碘化物在离子液体中的扩散系数比在挥发性有机溶剂中的扩散系数低约 1~2 个数量级。在黏度相当低的咪唑二氰胺离子液体中，三碘化物扩散是低温条件下的限制因素，而复合反应会限制高温条件下的性能。为了减少离子液体的传质限制，一种常用的方法是用诸如 AN 的有机溶剂稀释离子液体。黏度降低不是唯一的因素，研究还发现高浓度的碘化咪唑鎓会使染料分子还原，并且还原的染料不能有效地将电子注入 TiO_2 半导体中。根据计算，在纯的 1-丙基-3-甲基咪唑碘化物（PMImI）存在下，约 25%的染料 Z907Na 还原淬灭。Sauvage 等人将有机溶剂丁腈（BN）与离子液体 1,3-二甲基咪唑碘化物（DMII）和 N-丁基苯并咪唑（NBB）混合，有效地提高了三碘化物的扩散系数。这种 BN 基电解质和 C106 增感剂使 DSSC 达到了 10%的最佳效率。解决纯离子液体的质量传输限制的另一种有效方法是将碘化咪唑鎓碘化物与低黏度离子液体混合。例如，由 EMImSCN 和 PMImI 组成的离子液体电解质的三碘化物扩散系数为 $2.95\times10^{-7}cm^2/s$，是纯 PMImI 电解质的 1.6 倍。将这种电解质与 Z907 染料一起使用的电池效率为 7%。增强离子液体电解质电导率的另一种方法是引入固体组分。Neo 等人通过添加质量分数为 0.10%的羧基官能化多壁碳纳米管（MWCNT），将 PMImI 的黏度从 1380mPa·s 降低到 400mPa·s（25℃）。MWCNT 的添加不会影响 PMII 的热稳定性，并显著提高了 DSSC 的转化效率。

由于离子液体的高黏度，离子在电解质中的传输和扩散受到限制。在测量纯 HMImI 中 I_3^- 的扩散系数的基础上，提出了 Grotthus 电子交换机理。后来证实，三碘化物 I_3^- 不仅可以通过扩散而且可以通过非扩散型类似 Grotthus 跳跃机制转移到反电极，从而补偿了相当黏稠的离子液体中的传质限制。离子液体是一种有前途的有机溶剂替代品，可作为 DSSC 的电解质溶剂。它们的潜在优势尚待探索，并且高黏度和低离子迁移率的主要缺点必须克服。

7.4.2.3 碘化物/三碘化物氧化还原对

氧化还原对是 DSSC 的关键组成部分。在 DSSC 的光电化学循环中，氧化还原对中的还原态（RE，碘化物）再生光氧化染料（D^+），而氧化还原对中的氧化态（OX，三碘化物）扩散到对电极，并在此还原。对于反应动力学，氧化还原对应具有“不对称行为”，从 RE 向 D^+的电子给体应足够快以确保有效的染料再生，而从 TiO_2 膜到 OX 的电子接受速度应足够慢以减少电子复合的损失。此外，应以最小的过电势迅速还原 OX 以在反电极上形成 RE，以提供足够的耦合源并完成电化学循环。碘化物/三碘化物对具有合适的氧化还原电势，可提供快速的染料再生和缓慢的电子复合。同时，该对化合物具有良好的溶解性、高导电性和较少的光吸收性，此外还具有对中孔半导体膜的良好渗透能力，并被证明具有长期稳定性。由于这些独特的功能，自 DSSC 开发以来，碘化物/三碘化物对一直是首选的氧化还原对。

尽管介孔 TiO_2 中电子与三碘化物发生复合的确切机制仍然是未知的，但很明显复合发生在 TiO_2 与电解质之间的界面及在导电衬底暴露于电解质的部分。导电衬底的暴露通常不那么重要，可以通过使用致密的金属氧化物阻挡层来抑制。复合与温度密切相关且受活化控制，可以通过电解质中的添加剂（例如 4-叔丁基吡啶和硫氰酸胍）来抑制它。为了快速再生氧化染料，碘化物应具有较高的浓度和扩散速率。在非黏性溶剂（如乙腈）中，碘化物的浓度为 0.3mol/L 是足够的，而在黏性离子液体中，可能需要更高的碘化物浓度。如果三碘化物的浓度低或溶剂黏稠，则三碘化物向反电极的传输可能是 DSSC 中的一个限速步骤。在高三碘化物浓度下，表观扩散系数可能通过 Grotthus 机制增加。

阳离子与电解质中的碘化物/三碘化物对中的阴离子结合，会对液体电解质的性质和 DSSC 的光伏性能产生一定的影响。TiO_2 导带边缘的位置取决于电解质中阳离子的类型和浓度。Pelet 等人发现阳离子在 TiO_2 表面上的吸附会影响局部碘化物浓度，随着阳离子浓度的增加，TiO_2 薄膜的导带向低能方向转移。电解质中的阳离子会显著影响 TiO_2 膜中的电子传输。电子在 TiO_2 导带中的扩散被认为是双极扩散机制，即电子传输与离子扩散密切相关，以确保 TiO_2 膜的电中性。TiO_2 膜中阳离子的不利影响是阳离子容易与三碘化物结合，从而导致复合损失和 DSSC 的 V_{oc}的降低。随着阳离子半径的增加，以 $Li^+<Na^+<K^+<Rb^+<Cs^+$的顺序增加；导带的电势为负，导致 V_{oc} 增大，j_{sc} 减小。发现具有较高电荷密度的阳离子对 DSSC 的光伏性能具有较大影响，这是由预期的能带偏移和复合损失引起的。为了克服这种负面影响，在液体电解质中使用了具有较大离子半径的咪唑阳离子，在 TiO_2 膜表面形成了亥姆霍兹层，并阻止三碘化物与双极性 Li^+-e 直接接触，从而抑制了两者之

间的结合，增强了 DSSC 的 V_{oc}。

7.4.2.4 电添加剂

电添加剂是液体电解质中用于优化 DSSC 光伏性能的另一种重要成分。DSSC 可以通过添加少量添加剂来改善氧化还原对电势、半导体表面状态、导带边缘的偏移、复合动力学及 DSSC 的光伏参数。

1993 年，Gratzel 等人首先将 4-叔丁基吡啶（TBP）用作电解质的添加剂，大大改善了 DSSC 的 V_{oc}。含氮杂环化合物，如吡啶、烷基氨基吡啶、烷基吡啶、苯并咪唑、吡唑、喹啉等的衍生物常作为液体电解质中的添加剂。这些含氮杂环化合物表现出与 TBP 相似的效果。Frank 等人发现 TBP 和吡啶衍生物的加入可能使电子复合率降低 1~2 个数量级。Schlichthorl 等人在强度调制的光电压光谱（IMVS）测量的基础上，发现 V_{oc} 的急剧增加主要归因于 TiO_2 薄膜导带边缘的负移。Boschloo 等人发现，V_{oc} 的增加可能是由于 TiO_2 的导带边缘向更高的能级移动及导带中更长的电子寿命的共同作用所致。原位拉曼光谱测量表明 TBP 结合到 TiO_2 表面，还可能结合到碘或染料分子上。由于含氮杂环添加剂是一种碱，因此该添加剂具有与上述溶剂供体数相似的作用和机理。不同之处在于，用于优化 DSSC 光伏性能的添加剂功能比溶剂供体数量更有效。值得注意的是，过量的添加剂将导致 DSSC 的差的光伏性能。

另一类经常使用的添加剂包含特定的阳离子，如锂离子（Li^+）或胍盐（$C(NH_2)_3^+$，缩写为 G^+）离子。这些阳离子添加剂还可以改善 DSSC 的光伏性能。但是，其机理不同于含氮杂环化合物。对液态电解质中 Li^+ 阳离子的影响的研究表明，由于 Li^+ 在 TiO_2 表面上的吸附，Li^+ 添加剂使 TiO_2 薄膜的导带边缘向低能移动，从而导致电子从 D^* 到 TiO_2 导带的注入增加，并且更高的电子注入增强了 DSSC 的光电流。Kopidakis 等人发现 Li^+ 不可逆地嵌入 TiO_2 薄膜中，这严重影响了 DSSC 的电子复合和电子传输。G^+ 阳离子还用于改善 DSSC 的光伏性能。戴松元等人观察到当将 G^+ 离子添加到电解质中时，DSSC 的 j_{sc} 显著提高，这是由于电子注入产率的提高。据报道，G^+ 阳离子与 N_3 染料一起吸附在 TiO_2 薄膜表面上，形成自组装的致密染料单层，降低了暗电流，提高了光电压，使 DSSC 实现了 11% 的转化效率。Kopidakis 等人的研究指出，DSSC 的电子复合速度降低 20 倍，导带边缘 TiO_2 被 G^+ 阳离子向下移动的集体效应，使 V_{sc} 的净 V_{oc} 净提高了约 20mV。

尽管电解质中的含氮杂环化合物添加剂和阳离子添加剂相对于 TiO_2 能级具有相反的功能，但是这两种添加剂通常同时用于电解质中。预计可以同时获得两种益处，即将导带转移到更高的能级并且减少复合损失。Durrant 小组发现，同时包含 Li^+ 和 TBP 的电解质具有最高的器件光伏性能，优于其他两种仅包含一种添加剂的电解质。Lars Kloo 团队研究了添加剂 GSCN 和 N-甲基苯并咪唑（MBI）对 DSSC 光伏性能的影响。当将 GSCN 和 MBI 一起用于离子液体基电解质时，观察到了协同作用，从而获得了最佳的光伏性能。

7.4.3 染料敏化太阳能电池准固态电解质

使用液体电解质作为电荷载流子，DSSC 取得了长足的发展。然而，使用液体电解质会引起一些实际问题，例如溶剂的泄漏和挥发、染料的光降解和解吸、对电极的腐蚀及长期使用中电池的无效密封。解决这些问题的方法之一是使用准固态电解质。尽管具有准固态电解质的 DSSC 的效率通常低于具有液态电解质的 DSSC 的效率，但由于具有更高的稳定性和更好的密封性，准固态电解质可能成为液态电解质的可行替代品。

准固态是介于固态和液态之间的一种特殊状态。准固态电解质是一种大分子或超分子纳米聚集体系统，其特征在于其显著的离子电导率，对于 DSSC 而言通常高于 10^{-3} S/cm。准固态电解质同时具有固体的内聚性和液体的扩散性，所以准固态电解质显示出比液态电解质更好的长期稳定性，并且具有液态电解质的优点，包括离子导电性和出色的界面接触性能。由于其优异的特性，准固态电解质被广泛用于 DSSC 和其他电子或电化学设备，例如二次电池、燃料电池、传感器和执行器、超级电容器及电致变色显示器。

通常使用三种方法来制备准固态电解质：（1）液体电解质通过有机聚合物胶凝剂固化以形成热塑性聚合物电解质或热固性聚合物电解质；（2）通过无机胶凝剂，例如 SiO_2、纳米黏土粉，使液体电解质固化，以形成复合聚合物电解质；（3）离子液体电解质通过有机聚合物或无机胶凝剂固化以形成准固态离子液体电解质。根据电解质的特性，形成机理和物理状态，准固态电解质可分为四种主要类型：热塑性聚合物电解质，热固性聚合物电解质，复合聚合物电解质和离子液体电解质。

7.4.3.1 热塑性聚合物电解质

通常，聚合物凝胶电解质由聚合物或低聚物、有机溶剂、无机盐和无机盐组成，有时还包含添加剂。聚合物或低聚物的主要功能是充当基质或骨架，以凝胶化、固化、吸收、溶胀与液体电解质（包含溶剂和盐）相互作用，被称为胶凝剂或吸附剂。由于溶剂存在于相邻的聚合物链之间，能减少聚合物与聚合物链之间的相互作用，并增加系统的自由体积和链段迁移率，又被称为增塑剂。溶剂可为离子盐的迁移提供空间和环境，降低电解质的结晶度和玻璃温度。当将聚合物基质与液体电解质混合时，该体系逐渐从稀的非均相体系转变为黏稠的均相体系，或从溶胶态转变为凝胶态。在胶凝过程中，由于聚合物基体（胶凝剂）与溶剂（增塑剂）之间的弱相互作用，通过聚合物在液体电解质中的胶凝、吸附、膨胀和“缠结网络”，获得了聚合物胶体电解质。通过控制温度，可以将这种电解质的状态从溶胶状态可逆地改变为凝胶状态。根据此功能，这种电解质被称为“热塑性聚合物电解质”（TPPE）。由于保留了相当数量的溶剂，TPPE 表现出高离子电导率和良好的界面润湿性和填充性液体电解质特性。而且，由于某种程度上截留了溶剂，因此 TPPE 具有稳定的固体电解质优点，液体流动性低，减少了液体的蒸发和泄漏。在 TPPE 中，电荷载流子以离子扩散和自由体积模型及电子交换模型进行传输。

TPPE 中线性聚合物通常用作胶凝剂，包括聚环氧乙烷（PEO 或 PEG）、聚丙烯腈（PAN）、聚乙烯基吡咯烷酮（PVP）、聚苯乙烯（PS）、聚氯乙烯（PVC）、聚偏氟乙烯酯（PVE）、聚偏氟乙烯（PVDF）、聚甲基丙烯酸甲酯（PMMA）等。

1995 年，约翰霍普金斯大学材料科学与工程系的 Peter C. Searson 团队是在准固态 DSSC（QS-DSSC）中使用 TPPE 的先驱。通过将包含 EC、PC、AN、NaI 和 I_2 的液体电解质掺入 PAN 聚合物中来获得 TPPE，并且 QS-DSSC 的光伏性能和稳定性与液体电解质电池相当。从那时起，对 TPPE 进行了研究并将其应用于 QS-DSSC。

PEO 及其共聚物是用于制备 TPPE 的最广泛使用的胶凝剂。De Paoli 等人在 1999 年报道了第一个用 PEO 基电解质组装的 DSSC，但这种电池的效率较低。他们系统地研究了环氧乙烷（EO）和环氧氯丙烷（EPI）共聚物的离子电导率和热性能。PEG（PEO）在主链中包含许多醚基，在侧链中包含多羟基，这两种基团可以与碱金属阳离子相互作用。因此，碘化物阴离子可与碱金属阳离子分离并自由迁移，这有利于提高离子电导率。另外，PEG 上的醚基和多元侧基可与溶剂（例如 PC）相互作用（氢键），将溶剂分子悬挂在聚合物链上形成“缠结网络”，并导致形成稳定的热可逆聚合物凝胶电解质。值得注意的是，PEO 链段的相对分子质量对于离子电导率并因此对于 DSSC 的效率是重要的。Shi 等人使用高相对分子质量的 PEO（$M_w=2\times10^6$）作为聚合物主体，使液体电解质胶凝并形成聚合物凝胶电解质；QS-DSSC 与聚合物电解质（PEO 质量分数为 10%）在 100mW/cm^2 和 30mW/cm^2 的光照下的转换效率分别为 6.12%和 10.11%。

PAN 提供了一种均匀的混合电解质，其中的盐和塑料以分子形式分散。PAN 主体结构在离子传导中没有活性，但能提供结构稳定的基质。PVDF 及其共聚物聚偏氟乙烯-共六氟丙烯共聚物（PVDF-HFP）已被用作许多聚合物凝胶电解质的主体。例如，通过使用 PVDF-HFP（质量分数为 5%）作为聚合物主体来凝胶化基于 MPN 的液体电解质。

Yang 等人也报道了没有胶凝剂的 TPPE。他们合成了 1-烷基-3-羧基吡啶鎓碘化物熔融盐［ACP］［I］，这些［ACP］［I］盐可通过与液态电解质中的 Li^+ 相互作用将 AN-MPN 液态电解质转变成凝胶电解质。这种凝胶电解质的独特之处在于它是通过有机碘化物和无机离子络合形成的，而无需添加任何纳米颗粒、小分子、低聚物或聚合物基质。

通常，聚合物凝胶电解质的离子电导率随聚合物主体浓度的增加而降低，这是由于聚合物主体阻碍了离子运动，并且聚合物笼捕集了液体电解质导致液体中的电解质较少。降低聚合物浓度，可提高电解质电导率；但是，电解液的密封问题仍然存在。另外，增加聚合物含量会导致离子电导率降低，这是研究人员在该领域中所面临的困境。

聚合物凝胶电解质的电导率最初随着离子盐浓度的增加而增加，然后在达到最大电导率后降低。高盐浓度导致大多数离子从溶剂化离子变成接触离子，而接触离子对电导率的贡献较小。另外，高盐浓度导致聚合物链的收缩和相分离，这阻碍了离子的传输；高盐浓度限制了聚合物链的分段运动，这也降低了离子电导率。

7.4.3.2 热固性聚合物电解质

另一类聚合物凝胶电解质是热固性聚合物电解质（TSPE），该电解质能形成三维聚合物网络并将液体电解质包裹在其中，这种聚合物凝胶电解质的状态不会随温度变化而发生可逆变化。在 TPPE 和 TSPE 之间的主要区别在于，前者是物理交联而后者是化学交联。尽管 TSPE 的离子传导性低于液体电解质和 TPPE，但 TSPE 的物理、化学和热稳定性均优于前两种电解质。因此，TSPE 是一种可实现高光伏性能和 DSSC 的具有良好长期稳定性的电解质。

热固性聚合物电解质有三种制备方法。第一种是光诱导原位聚合方法，即将未交联的单体或低聚物溶解在液体电解质中，而潜在的交联剂则包含在液体电解质中或直接存在于 DSSC 的电极上。器件组装后，通过光辐照原位引发交联反应，形成化学交联电解质。第二种是热诱导原位聚合方法，类似于第一种方法，区别在于聚合反应是通过加热引发的。第三种是液体电解质吸附方法，即使用化学交联的高分子聚合物作为主体来吸收液体电解质或在液体电解质中溶胀。

原位聚合可以促进电解质的填充及介孔光阳极和对电极的润湿。原位制备化学交联电解质需要几个条件：聚合必须在碘存在下进行；聚合必须在低于染料分解的温度下进行；必须完成聚合反应，并且不能产生会降低光伏性能的副产物，因为引发剂的副产物可能降低光伏性能，需在没有引发剂的情况下进行聚合。Parvez 等人将 PEG 和双功能 PEGDA（聚（乙二醇）二丙烯酸酯）单体电解质溶液注入 DSSC 的 TiO_2 多孔膜中。PEGDA 是一种典型的双官能低聚物，可通过辐射诱导交联网络的形成。在 $100mW/m^2$ 的紫外线（UV）照射 20min，DSSC 的转化效率从 2.58%提高到 4.18%。与仅含 PEG 电解质的 DSSC 相比，具有可交联 PEG/PEGDA 基聚合物电解质的 DSSC 表现出更好的长期稳定性。

聚丙烯酸（PAA）是一种超吸收性聚合物，其弹性体中形成的三维网状结构可以吸收大量液体以形成稳定的弹性体。但是，纯 PAA 并不是有机溶剂的良好吸收剂。通过两亲性 PEG 改性，PAA-PEG 聚合物对有机溶剂显示出高吸收能力。将 PAA-PEG 浸入液体电解质中，即可得到聚合物电解质。制备的 PAA-PEG 可以吸收 8~10 倍自重的液体电解质，并且由于 PEA-PEG 网络中大量吸收了液体电解质，因此 TSPE 具有高电导率和出色的长期稳定性。DSSC 的电导率为 6.12mS/cm，转换效率为 6.10%，并具有更好的长期稳定性。

7.4.3.3 复合聚合物电解质

由于聚合物的严重结晶，许多聚合物电解质表现出低的环境离子电导率。为了阻止结晶，需添加液体增塑剂，但这会降低电解质的力学性能。1998 年，Scrosati 和 Croce 等人首先提出将无机纳米颗粒添加到聚合物电解质中以改变电解质的物理状态和电导率。他们发现，在 30~80℃的温度范围内，未填充的 PEO-$LiClO_4$ 电解质的电导率为 10^{-4}~10^{-8}S/m。当在电解质中添加粒径为 5.8~13nm 的 TiO_2 和 Al_2O_3 纳米粉时，电导率在 50℃时达到 10^{-4} S/cm，在 30℃时达到 10^{-5}S/cm。电导率的增加归因于电解质中非晶相的扩大。从那时起，TiO_2 和其他无机纳米粒子的添加已被广泛应用于改变聚合物电解质的状态和离子电导率。作为胶凝剂的无机材料，例如 TiO_2、SiO_2、ZnO、Al_2O_3、C 等，被引入液体聚合物电解质中以形成准固态电解质。这些准固态电解质被称为复合聚合物电解质。在 DSSC 中，掺入无机纳米粒子的主要目的是增强长期稳定性和离子电导率。同时，通过在电解质中掺入无机纳米颗粒来构建有机或有机-无机网络，并且 I^-/I_3^- 离子能够在无机颗粒网络上排列和传输，从而加速电荷传输动力学。

制备复合聚合物电解质的最常用方法是向聚合物电解质中添加 TiO_2 纳米颗粒。Falaras 等人研究了向含有 PEO、LiI 和 I_2 的聚合物电解质中添加 TiO_2 纳米粒子（P25）。带有这种复合聚合物电解质的 QS-DSSC 的效率为 4.2%（$65.6mW/cm^2$）。

将 Al_2O_3 和 ZnO 引入液态电解质中可改善电解质的性能。Chi 等人利用由 MPII 和 MPII 修饰的 Al_2O_3 纳米颗粒组成的混合物作为 QS-DSSC 的无 I_2 电解质。电解质的黏度随着 IL-Al_2O_3 含量的增加而连续增加，当 MPII：IL-Al_2O_3 的质量比为 95：5 或 90：10 时，流动性几乎消失。由于 MPII 与 IL-Al_2O_3 之间良好的相互作用和良好的互溶性及形成相互连接的离子传输通道的缘故，带有 IL-Al_2O_3 的 DSSC 的效率更高。当在双层结构中使用 MPII/IL-Al_2O_3 杂化电解质，并在纳米结构的 TiO_2 底层上形成一层介孔 TiO_2 时，QS-DSSC 的转化效率达到 7.6%。

具有独特结构和有序纳米通道的介孔颗粒（MCM-41）被用作准固态电解质的新型凝胶剂。带有 MCM-41 电解质的 DSSC 的转换效率为 4.65%（$30mW/cm^2$）。由于独特的孔结构和高比表面积，介孔二氧化硅 MCM-41 有望提供用于氧化还原对扩散的导电纳米通道。纳米黏土矿物作为胶凝剂，由于其具有高化学稳定性、独特的溶胀能力、离子交换能力、光散射特性和流变性质等多种功能和特性，已被用于液态电解质中以形成用于 DSSC 的准固态复合聚合物电解质。Mhaisalkar 和 Uchida 通过用合成的硝酸盐-水滑石纳米黏土固化液体电解质来制备准固态复合聚合物电解质。含黏土电解质的 QS-DSSC 在 0.25 个标准太阳光下的转化效率达到 10.1%，在全阳光照射的情况下达到 9.6%，与含液态电解质的 DSSC 相比，转化效率提高了 10%。这项研究表明，硝酸盐-水滑石纳米黏土不仅可以固化液体电解质以防止溶剂泄漏，而且可以促进设备效率的提高。

与碳纳米材料的结合可以通过与液态电解质形成网络来产生准固态电解质。这些电解质的物理状态可通过改变碳纳米材料的浓度和类型来调节。此外，由于碳材料的良好电导率和扩展的电子传输表面，可以通过引入碳材料来改善 DSSC 的性能，这为还原 I_3^- 离子提供了催化作用。在 1999 年，Bach 等人在离子液体电解质中分散碳材料，包括多壁碳纳米管（MWCNT）、单壁碳纳米管（SWCNT）、炭黑（CB）和碳纤维（CF），并通过研磨将其制成复合电解质。与纯离子液体电解质相比，基于碳复合电解质的 DSSC 表现出优异的性能。因此，碳材料已作为复合聚合物电解质中使用的胶凝剂得到了广泛的研究。例如，将 POME 改性的 MWCNT 与（PVDF-HFP）/LiI 电解质联网使用，以形成准固态电解质，其中 MWCNT/POEM 仅含 0.25%（质量分数），以这种准固态电解质组成的 QS-DSSC 的效率为 6.86%，而未改性电解质的 DSSC 的效率为 4.63%，表明 MWCNT 在使无定型 PVDF-HFP 均匀化并促进 I^-/I^{3-} 在该电解质中扩散方面的作用。Gun 等人使用氧化石墨烯作为胶凝剂来胶凝基于 AN 的液态电解质。不使用 GO 和使用 GO（1%）准固态电解质的 DSSC 的转换效率分别为 6.9% 和 7.5%。Mohan 等人通过热压法制备了 PAN/LiI/活性炭复合高分子电解质。通过手工喷涂技术制备厚度为 20μm 的 TiO_2 光电极膜。准固态电解质的电导率为 8.67mS/cm。基于该电解质的 QS-DSSC 显示出 8.42%的高转化效率。

7.4.3.4 准固态离子液体电解质

离子液体具有多种功能，不仅可以用作制备液体电解质的溶剂，而且还可以用作离子导体，在准固态电解质甚至固态电解质中提供碘化物盐。在前者中，通常称为离子液体电解质；在后者中，它可以被称为准固态离子液体电解质或固体离子液体电解质。与离子液体电解质相比，准固态离子液体电解质通常显示出较低的电导率和较好的长期稳定性。

在 2002 年，Grätzel 团队通过将 PVDF-HFP（质量分数为 10%）与包含碘和 N-甲基苯并咪唑（NMBI）的离子液体电解质简单地在 1-甲基-3-丙基咪唑碘化物（MPII）中混合，制备了准固态离子液体电解质。最终的 QS-DSSC 效率达到 5.3%。从带有相应空白液体电解质（无 PVDF-HFP）的电池中获得的几乎相同结果表明，聚合物的存在对转化效率没有不利影响，这可能归因于 Grotthus 型电子交换机制对黏性聚合物电解质的贡献。这项研究可能是首次使用聚合物作为胶凝剂在 DSSC 中制备准固态离子液体电解质。

离子液体的结构对电解质的性能有重要影响。例如，Kudo 等人对基于 1-烷基-3-甲基咪唑碘化物（烷基 C3-C9）的准固态离子液体电解质进行了系统的研究。他们发现，当烷基链从 C3 延长至 C9 时，黏度从 865 增加至 2099mPa·s，电导率从 8×10^{-3}S/cm 降低至 8×10^{-5}S/cm，降低了 I_3^- 传输能力和电子复合。基于包含 1-己基-3-甲基咪唑碘化物、碘和低相对分子质量胶凝剂 N-苄氧基羰基-1-戊基-1-缬氨酸的电解质制成的 QS-DSSC 除具有良好的高温稳定性外，效率为 5%。

准固态电解质的应用提高了 DSSC 的长期稳定性；然而，由于在高黏性介质中氧化还原对的传质速率较差，且电解质-电极界面处的电子传递阻力较高，因此一般QS-DSSC的效率要低于含液体电解质的DSSC的效率。由于电极孔不完全被电解质润湿，包括热塑性聚合物电解质、热固性聚合物电解质、复合聚合物电解质和离子液体电解质在内的各种准固态电解质具有不同的特征。通过优化和设计一些基于准固态电解质的QS-DSSC，除了具有更好的长期稳定性外，还可以获得较高的光伏性能。因此，准固态电解质在高效和稳定的DSSC中是潜在的候选者。

7.4.4 染料敏化太阳能固态传输

对于准固态电解质，主要问题仍然是稳定性，因为电解质仍然包含溶剂并且通常是热力学不稳定的。在长时间存放或暴露在空气中时，溶剂渗出是不可避免的。在这方面，全固态传输材料比液体和准固态电解质具有更多优势，尤其是在DSSC的大规模实际应用中。科学家们已经开发出几种材料以固态传输材料代替液体电解质或准固态电解质，包括离子导体、无机空穴传输材料和有机空穴传输材料。

7.4.4.1 固态离子导体

与空穴传输材料相比，基于易于固化和更高的电导率的考虑，聚合物电解质被用于组装全固态DSSC（SS-DSSC）。在SS-DSSC中用作固态电解质的聚电解质是单离子导体，其中，带电荷的阳离子或阴离子基团化学键合到大分子主链上，而它们的抗衡离子则可以自由移动并进行载流子传输。

在2000年，Nogueira等人制备了一种弹性体聚合物电解质，是聚（环氧乙烷-共-表氯醇）P（EO-EPI）84∶16（物质的量比）与碘化锂或钠盐的复合物。未密封的原型电池显示出1.6%~2.6%的效率。Falaras等人制备了一种由PEO/TiO_2、LiI和I_2组成的固体聚合物电解质，TiO_2纳米颗粒作为填料降低了PEO的结晶度，该电池的效率为4.2%。

聚合物电解质还用于制备SS-DSSC的光阳极层（LbL）中。Kim等人通过LbL技术在FTO衬底上沉积聚烯丙胺盐酸盐（PAH）和聚（4-苯乙烯磺酸钠）（PSS）的离子聚合物。作为界面层的超薄PAH/PSS在FTO基板上产生了极好的TiO_2层附着力，从而导致了从TiO_2到FTO的有效电子传输，并阻止了电子从FTO到I_3^-的反传输。因此，SS-DSSC的填充因子从0.709显著增加到0.783，同时V_{oc}从760mV增大到803mV，j_{sc}从8.078增大到8.768mA/cm^2，效率从4.41%至5.52%。通过优化TiO_2电极结构，SS-DSSC的效率提高到7.14%。

7.4.4.2 无机空穴传输材料

根据DSSC的原理，介孔TiO_2层和I^-/I_3^-氧化还原对可以分别视为电子传输层和空穴传输层，因此，I^-/I_3^-氧化还原电解质可以被替换为p型半导体材料作为空穴传输材料（HTM）。因为电荷载流子的传输是通过电子或空穴而不是离子，HTM不是电解质而是半导体。在HTM中，电荷载流子是通过相邻分子之间的空穴跳跃传输的，这是典型的电子传输；电解质的电荷载流子是由于离子的运动而迁移，属于离子传输。在SS-DSSC中，允许HTM包含一些盐和离子电导率，这对于局部电荷补偿很重要。制造SS-DSSC的合适HTM必须满足几个要求：（1）在染料将电子注入TiO_2之后，它必须能够从增感染料转移空穴，并且p型半导体价带的上边缘必须位于染料的基态能级以上；（2）因为HTM的结

晶会抑制介孔 TiO_2 膜的有效孔填充，HTM 必须能够以非晶态沉积在介孔 TiO_2 膜中；（3）HTM的空穴迁移率应足够高；（4）它应该在可见光范围内是透明的，并且在沉积过程中不能溶解或降解敏化染料。

迄今为止，符合上述要求并且适用于 SS-DSSC 的无机 p 型材料非常有限。常见的无机宽带 HTM（例如 SiC 和 GaN）不适用于 DSSC，因为这些材料的高温沉积工艺必定会降解 TiO_2 电极上的敏化染料。经过广泛的实验，发现了一种基于铜化合物的无机 p 型半导体，如 CuI、CuBr 或 CuSCN。这些铜基材料可以通过固溶或真空沉积铸造而成，形成完整的空穴传输层，CuI 的空穴电导率超过 10^{-2}S/cm。孟庆波团队使用 MEISCN 作为生长抑制剂改善了介孔染色 TiO_2 层的孔填充，使用 ZnO 增强了电接触，并用 CuI HTM 获得了 SS-DSSC 的 3.8%转化效率。基于 CuI 的 SS-DSSC 的光伏性能不稳定并且经历快速衰减。Sirimanne 等人发现基于 CuI 的 SS-DSSC 的退化非常迅速，甚至比液态 DSSC 的退化更快。原因之一是化学计量过量的碘分子吸附在 CuI 表面上，充当空穴捕获位点，并形成痕量的 Cu_2O 和 CuO。Taughi 和 Kumara 等人在染料敏化之前，制造的具有薄 MgO “阻挡”层的 SS-DSSC 的稳定性和转化效率提高了 4.7%。这种改善通过阻止光生空穴向 CuI 层的转移来抑制 TiO_2 的光氧化能力。CuSCN 是一种替代 CuI 的产品，它具有更稳定的性能。CuSCN 不会分解为 SCN^-，也没有过量的 SCN^- 吸附在 CuSCN 表面上，成为空穴捕获位点。在 2002 年，O'Regan 等人报道了一种具有 CuSCN HTM 的固态 DSSC，该电池在 1 个标准太阳光下显示出约 2%的效率。在 SS-DSSC 中，CuSCN 作为 p 型半导体的主要缺点是其较差的空穴电导率（10^{-4}S/cm），因此氧化染料分子的还原速度较慢，从而使注入 TiO_2 的电子重组氧化染料分子的导带。通过引入表面钝化层或提高纳米多孔 TiO_2 中的电子传输速率来降低复合速率，对于提高此类 DSSC 的效率具有重要意义。在 2012 年，Premalal 等人在 CuSCN 结构中引入了三乙胺配位的 Cu(Ⅱ)位点。霍尔效应测量表明，与普通的 CuSCN 相比，结构改性的 CuSCN 的空穴浓度从 $7.04\times10^{15}cm^{-3}$ 显著提高到 $8.22\times10^{16}cm^{-3}$，因此 p 型电导率从 0.01S/m 到 1.42S/m。使用这种空穴导体，SS-DSSC 的转换效率为 3.4%。

7.4.4.3 有机空穴传输材料

与无机空穴传输材料相比，有机空穴传输材料（有机 p 型半导体）具有来源丰富、成本低廉、易于制备等优点。大多数有机 HTM 都可溶于或分散于有机溶剂中。可以使用简单的方法如旋涂、原位电化学聚合或光化学聚合方法来制备具有良好孔填充 TiO_2 介孔膜的 SS-DSSC。此外，可以通过化学方法对其进行定制以适应不同的用途，因此可以广泛用于有机太阳能电池、有机薄膜晶体管、有机发光二极管等中。有机 HTM 可以分为两类：聚合物 HTM 和分子 HTM。

1997 年，Yanagida 的小组首次将聚吡咯（PPy）用于 SS-DSSC 中。为了改善 HTM 与介孔 TiO_2 薄膜之间的连通性，通过原位光电化学聚合法将 PPy 沉积在 N3 染料固定的 TiO_2 表面上，SS-DSSC 的效率为 0.1%。随后，将染料 N3 替换为染料 *cis*-Ru(dcb)$_2$(pmp)$_2$ (dcb=4,4′-二羧基-2,2′-联吡啶，pmp=3-(吡咯-1-基甲基)吡啶)，采用碳基对电极。转换效率能提高到 0.62%。Jiang 等人首先在 SS-DSSC 中使用聚苯胺（PANI）作为 HTM。但是，电池显示出极低的效率。通过优化薄膜的形态和 PANI 的簇大小，SS-DSSC 获得的 J_{sc} 为 0.77mA/cm^2，效率为 0.10%。随后，使用 LiI 和 TBP 作为添加剂和 4-十二烷基苯磺酸掺杂的聚苯胺（PANI-DBSA），相应的器件显示出高达 1.15%的效率，这种改善归因于抑制了界面电荷的重组和增加了 TiO_2 薄膜的润湿性。

与大多数吸收可见光并损害染料的光吸收效率的共轭聚合物 HTM 不同，聚（3,4-乙撑二氧噻吩）（PEDOT）在可见光范围内具有高透明度、在高电导率（高达 550S/cm）及室温下的稳定性，是 SS-DSSC 中 HTM 的极佳替代品。2004 年，Yanagida 等人使用化学聚合的 PEDOT 作为 HTM，效率为 0.53%。后来通过使用电聚合方法、疏水性敏化剂和各种掺杂剂对该系统进行了改进。通过掺杂双三氟甲烷磺酰亚胺锂（LiTFSI），基于 PEDOT 的 SS-DSSC 的转换效率达到 2.85%。新加坡国立大学刘斌团队在 2010 年使用有机染料（D149）作敏化剂，通过在电解薄层中原位聚合 2,2′-双（3,4-乙撑二氧噻吩）（*bis*-EDOT）组装的 SS-DSSC 转换效率很高（6.1%）。固体运输材料具有良好的长期稳定性，然而，由于界面接触不良，基于包括固态电解质和空穴传输材料在内的固体传输材料的传统 DSSC 的效率低于其类似液体 DSSC 的效率。

DSSC 以低成本、易于制备和环境友好的方式有效地将太阳能转化为电能，正成为传统光伏设备的有前途的替代方案。电解质是 DSSC 中的关键成分，对光伏性能和器件的长期稳定性都具有很大的影响。使用液体电解质，传统 DSSC 的最高功率转换效率已达到 13%。然而，由于有机溶剂的泄漏和挥发所引起的长期不稳定性限制了其实际应用，通过使用离子液体作为溶剂可以部分解决这些问题。准固态电解质的应用明显改善了 DSSC 的长期稳定性。然而，由于碘化物通过黏性介质的迁移率较低，以及电极孔不完全被电解质润湿等问题，QS-DSSC 的功率转换效率低于基于液体电解质的 DSSC 的功率转换效率。QS-DSSC 的最高效率高于 10%。固态导体基本可以满足 DSSC 的长期稳定性要求，而传统 SS-DSSC 的效率较低，这是由于电解质-电极界面接触不良。在 DSSC 的整个发展过程中，每个重要的突破都是通过使用新概念、新方法和新材料来实现的。基于创造性的工作，单片 DSSC 的电源转换效率有望达到 15%。关键挑战将包括进一步提高整体转换效率、器件稳定性及扩大制造规模。作为 DSSC 的关键成分，电解质或空穴传输材料在实现这一重要目标方面起着重要作用。未来的研究应进一步解决以下问题：电解质与电极和敏化染料的相互作用，了解它们对光电转换过程的影响，以及设计替代性电荷载体材料以提高电荷载体传输效率，减少重组损失和提高长期稳定性。

7.5 钙钛矿太阳能电池

随着电源转化效率迅速提高到 25%，在众多光伏器件中，以金属卤化物钙钛矿为基底的太阳能电池已经有了颠覆之前对光伏材料的认知。在 2012 年，受固态钙钛矿太阳能电池发展的启发，对于结构设计、材料化学、工艺工程和设备物理学这些方面的深入研究，推动了固态太阳能电池的研究取得革命性的进展。与商业用途的硅或其他有机和无机太阳能电池相比，固态太阳能电池的卖点在于这种电池的高效率性与材料和工艺过程的低成本相关，钙钛矿材料电源转换效率特性也许会超越一些硅太阳能电池的电源转换效率并且取得更进一步的发展，达到 Shockley-Queisser 极限。

2012 年报道了固态钙钛矿太阳能电池（PSC）模拟一个太阳光照的电池转换效率大约为 10%并表现出长达 500h 的稳定性。钙钛矿最初的矿物名是钛酸钙（$CaTiO_3$），通常用于与 $CaTiO_3$ 具有相同晶体结构类型的材料。根据钙钛矿的结构确定了化学式为 ABX_3，A 位阳离子与 12 个 X 阴离子配位，形成一个立方八面体。在已知的密排氧化物结构中钙钛矿的结构是独特的，因为它可以容纳很大的阳离子。因此，比无机阳离子大的小有机阳离子可以参与钙钛矿结构。对钙钛矿太阳能电池进行研究最多的有机-无机卤化铅钙钛矿为 $MAPbI_3$（MA =甲基铵，$CH_3NH_3^+$）和 $FAPbI_3$（FA=甲脒，$HC(NH_2)_2^+$）。从 2012 年开始用纯 $MAPbI_3$ 的钙钛矿太阳能电池时，其 *PCE* 为 9.7%，到 2019 年，证实使用混合阳离子或混合阴离子成分的 *PCE* 达到了 25.2%。高效率的实现归因于有效的涂层和成分工程。2012 年到 2014 年的大多数成果是基于介孔 TiO_2 层的介观结构。自 2015 年以来，通过将材料成分从 $MAPbI_3$ 更改为 $FAPbI_3$，实现了较高的 *PCE*，其中将少量的 MA 阳离子和溴阴离子引入 $FAPbI_3$ 中，使 $FAPbI_3$ 的 α 相稳定在环境温度下。由于开路电压 V_{oc} = 1.1948V，短路电流密度 j_{sc} = 24.16mA/cm^2 和填充因子 *FF* = 0.84，与 2014 年认证的 *PCE* 为 20.1%相比，在 2019 年认证的 *PCE* 为 24.2%，V_{oc} 和 *FF* 有了显著提高（V_{oc} = 1.059V 和 *FF* = 0.77）。除组成工程外，接口工程还可能涉及 V_{oc} 和 *FF* 的改善。除了钙钛矿成分工程外，沉积（涂覆）方法在改善 *PCE* 中也起着同样重要的作用。2013 年，通过采用两步涂覆法实现了 14.1%的 *PCE* 的首次高水平，使得有机卤化物可以涂覆在预沉积的 PbI_2 膜上。通过在两步过程中控制方体钙钛矿的尺寸，将 *PCE* 提高到 17%，通过钙钛矿组成工程，实现了 *PCE* 的进一步改进。尽管据报道最佳的 *PCE* 为 25.2%，但被认证的单位面积约为 0.1cm^2，无法归类进入目前公开的记录。21.6% *PCE* 的单位面积约为 1cm^2，这是根据“固定电压下的固定功率”（*SPFV*）方法测得的，其中设备电压维持在标称最大功率点电压为 1.05V 下 5min。

7.5.1 钙钛矿太阳能电池工作原理

PSC 的高效率与其高吸收系数、直接带隙跃迁、低有效质量、长扩散长度及自由电子和空穴相对较高的载流子迁移率有关。如果将有机卤化铅钙钛矿视为半导体，则钙钛矿中的光吸收可能与其电子能带结构有关，从而与其晶体结构有关。首先，基于铅和碘原子轨道的线性组合（LCAO）构建 PbI_2 分子轨道，轨道能量 *E* 可以用式（7-10）计算：

$$E = \frac{-Z_{eff}^2}{n^2} \times 13.6 \tag{7-10}$$

式中，Z_{eff}，*n* 分别为有效核电荷和主量子数。

据报道，碘的 5*s* 和 5*p* 轨道的 Z_{eff} 分别为 13.40 和 11.61，铅的 6*s* 和 6*p* 轨道的 Z_{eff} 分别为 14.10 和 12.39。这些值是从轨道指数表达式 $\zeta = Z_{eff}/n$ 获得的。因此，计算出的轨道能量为 $E(6p(Pb)) = -57.99eV > E(5p(I)) = -73.33eV > E(6s(Pb)) = -75.10eV > E(5s(I)) = -97.68eV$。根据轨道能图，并假设气相中 I—Pb—I 的键角为 90°，则构造了 PbI_2 的近似分子轨道，如图 7-4（a）所示。铅的 6*s* 和碘的 $5p_z$ 轨道之间的重叠会产生 σ 键和 σ^* 反键轨道，而碘的 $5p_x$ 和 $5p_y$ 轨道会形成非键轨道。铅的 6*p* 和碘的 5*p* 轨道之间的重叠产生一个 σ 键（$6p_z$-$5p_z$）和两个 π 键（$6p_x$-$5p_x$ 和 $6p_y$-$5p_y$）轨道，以及相应的 σ^* 反键轨道和 π^* 反键轨道，其中 π 成键轨道由于 *sp* 杂化而更加稳定。因此，最高占据分子轨道（HOMO）由（Pb 6*s*-I 5*p*）σ^* 反键轨道组成，而最低未占据分子轨道（LUMO）由（Pb 6*p*-I 5*p*）σ^* 反键轨道和（Pb 6*p*-I 5*p*）π^* 反键轨道组成，当气体物种凝结成 3D 钙

钛矿材料时价带（VB）最大值和导带（CB）最小值正是基于此（见图 7-4（b））。HOMO 具有更多的碘的 5*p* 特性，而 LUMO 具有更多的铅的 6*p* 特性，预期会有大量铅到碘的电荷转移，铅 6*p* 轨道与碘 5*p* 轨道有很强的重叠，导致电子构型变为：Pb $(6s)^{1.98}$ $(6p)^{1.25}$和 I $(5s)^{1.98}$ $(5p)^{5.40}$。这最终意味着在吸收能量后从价带（VB）直接跃迁到导带（CB）。

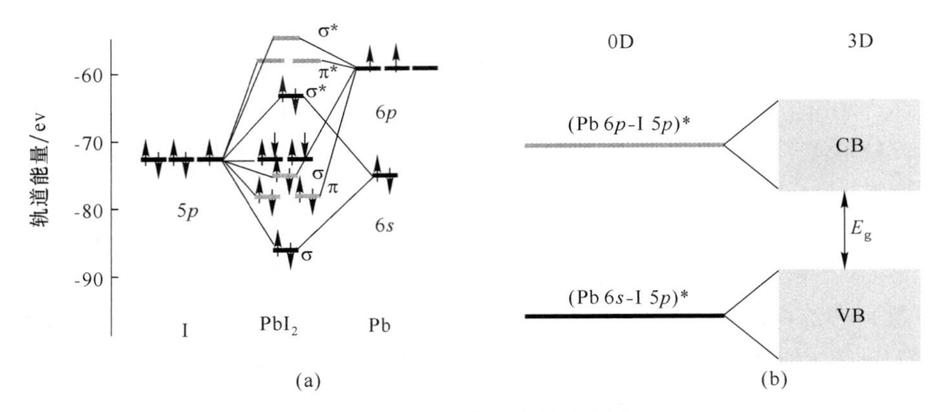

图 7-4 PbI_2 分子轨道示意图

（a）由铅和碘的原子轨道（LCAO）的线性组合构成的 PbI_2 的分子轨道示意图，根据有效核电荷和主量子数估算了轨道能量；（b）PbI_2 从分子态（0D）到 PbI_2 固态（3D）形成的价带（VB）和导带（CB）示意图

关于卤化钙钛矿的高吸收系数 α 的来源，应考虑光学跃迁类型（直接或间接跃迁）和随时间变化的跃迁几率。光吸收系数是正比于从初始状态到最终状态的转换率（$W_{i\to f}$），与 VB 有关，根据费米的黄金定律，转换的发生取决于过渡矩阵和一个给定的光子能量（$hc/(\lambda I)$）时的联合态密度（JDOS）。过渡矩阵取决于初始状态和最终状态的耦合，并且当这种耦合的强度增加时，转换会迅速发生。JDOS 依赖于原子轨道，因为它与 CB 和 VB 的态密度有关。与 GaAs 的直接带隙从砷的 *p* 轨道到镓的 *s* 轨道的光学跃迁相比，钙钛矿中 $p\to p$ 跃迁更为有效，因为从 JDOS 角度来看，具有 *p* 特性的 CB 的分散性比具有 *s* 特性的 CB 的分散性小。具有 $p\to p$ 跃迁的直接带隙非常适合用于实现高吸收系数。当考虑到半导体中的 CB 受金属阳离子的影响时，具有孤对电子的元素有望在 CB 处呈现 *p* 的特性。因此，In^+、Ge^{2+}、Sn^{2+}、Pb^{2+}、Sb^{3+}和 Bi^{3+}这些金属阳离子的化合物具有光学直接带隙，有望显示出高吸收系数。通过材料工程促进间接过渡到直接带隙是寻找具有高吸收系数的新型光吸收材料的另一种方法。例如，据报道 $Cs_2AgBiBr_6$ 钙钛矿具有间接带隙，当 Bi^{3+}与 In^{3+}或 Sb^{3+}合金化时，可以改变为直接带隙。据报道，$MAPbI_3$ 中强的自旋-轨道耦合（SOC）会影响光学跃迁，其中由于 CB 中的 Rashba 分裂而观察到了较弱的间接带隙跃迁。$MAPbI_3$ 具有很强的吸收能力和长的载流子寿命，这在常规半导体中是无法实现的（直接带隙半导体表现出短载流子寿命的强吸收，而间接带隙表现出载流子寿命长的弱吸收半导体），可以用弱的间接带隙特性来解释。通过在 $MAPbI_3$ 上施加超过 325MPa 的静水压力，可以实现间接到直接的带隙跃迁，从而使辐射效率加倍，并增加了载流子寿命。

7.5.2 钙钛矿太阳能电池材料

满足容差因子在 0.8~1.0 的兼容离子的组合可以形成稳定的钙钛矿晶体。假设两个离子之间的距离与离子半径的总和相同，可以得容差因子 t 的表达式：

$$t = \frac{r_A + r_X}{\sqrt{2}(r_B + r_X)} \tag{7-11}$$

式中，r_A，r_B，r_X 分别为 A、B 和 X 离子的离子半径。

原则上，当容差因子为 1 时，便会形成理想的立方钙钛矿晶体结构。具有 0.8~1.0 容差因子的材料组合在室温是稳定的，而在容差因子大于 1 时，会形成具有面共享八面体的六边形结构。尽管容差因子仅考虑材料的几何标准，而不考虑组成离子之间的物理化学相互作用，但它为估算氧化物钙钛矿材料的结构，可成型性和固有稳定性提供了帮助。实际上，对于混合钙钛矿材料，容差因子的应用相对具有挑战性。关于离子半径的常规概念假定离子是固体球，这在具有高离子性键的无机氧化物钙钛矿材料是合理的。不幸的是，钙钛矿中的有机阳离子不是球形对称的，它们与 BX_6 八面体形成氢键。此外，基于大尺寸碘化物的典型钙钛矿材料比传统的氧化物钙钛矿具有更低的离子性键，这使得估算组成离子的有效离子半径变得困难。实际上，在已发表的研究中，利用有机阳离子的不同离子半径来估算容差因子，如 Kieslich 等人估计的有机阳离子的有效离子半径，他们假设有机阳离子围绕质心的旋转自由度适用于刚性球体模型，基于实验观察，这似乎是合理的。有效离子半径 r_{Aeff} 通过以下公式估算：

$$r_{Aeff} = r_{mass} + r_{ion} \tag{7-12}$$

式中，r_{mass} 为分子的质心与距质心最大距离的原子之间的距离，不包括氢原子；r_{ion} 为该原子的相应离子半径。

对于无机离子，我们利用香农有效半径进行讨论。

半导体材料的光电特性通常取决于能带边缘的电子结构。ABX_3 钙钛矿材料的能带边缘状态主要来源于 B 和 X 离子的轨道。对于 $APbI_3$ 钙钛矿，钙钛矿材料的 CB 边缘主要源自与碘耦合可忽略的 Pb 6*p* 轨道，而这些材料的 VB 边缘源自完全占据的 Pb^{2+} 6*s* 轨道与 I 5*p* 轨道之间的强反键耦合。与常规的半导体（例如硫族镉化物）的能带隙形成在成键（σ）和反键（σ^*）轨道之间不同，钙钛矿材料的带隙形成在反键状态之间。因此，大多数结构缺陷状态形成在能带内部，或者它们仅构成浅陷阱态，不会明显降低电荷载流子的传输性能。

钙钛矿材料的化学键合性质比常规半导体的离子键具有更多的离子性。这种独特的离子键合特性使钙钛矿材料易于溶解在多种极性非质子溶剂中，以便在低温下通过基于溶液的涂覆方法进行进一步处理。然而，键的高极性离子性质又导致其容易被湿气、氧气和极性溶剂降解，与传统的无机半导体相比，钙钛矿材料的环境稳定性相对较低。钙钛矿材料在液体电解质中的低稳定性严重阻碍了进一步的发展，直到引入固态 PSC。此外，有机 A 阳离子和 PbI_6 八面体之间的次级氢键相对较弱，在相对较低的温度（小于 200℃）下会发生降解，这可能导致材料和设备的热降解。因此，组成工程及化学键合性质的改变不仅严重影响材料的光电性能和器件的 *PCE*，而且还影响其热力学和环境稳定性。

7.5.2.1 A 位阳离子改性的钙钛矿

尽管 A 位阳离子不会直接影响钙钛矿材料的能带边缘状态，但它可作为 3D 钙钛矿中角共享 PbI_6 八面体的几何间隔基，以防止变形。因此，根据 A 阳离子的大小和对称性，

可以改变 Pb^{2+} 与卤离子之间的键距和键角，从而最终影响能带边缘状态。实际上，根据 A 阳离子的大小，发现 $APbI_3$ 钙钛矿的带隙在约 1.7~1.5eV 之间变化。但是，与 B 和 X 位离子相比，A 阳离子的组成工程对钙钛矿材料的光电性能没有显著影响。这为微调材料的晶体结构提供了机会。

基于 $MAPbI_3$ 的钙钛矿材料首先用于光伏应用。MA 离子半径为 217pm，相应的容差因子为 0.91，它在室温下结晶为四方钙钛矿，其八面体从立方结构中略微变形。在高温（54~57℃）下，发现基于 MA 的钙钛矿材料会发生相变，形成立方结构。单晶 $MAPbI_3$ 的带隙经测量为 1.51eV。$MAPbI_3$ 中电荷载流子的有效质量已经通过能带曲率的第一性原理计算或通过磁吸收测量获得，发现八面体笼中的有机 MA 阳离子可在很短的时间内动态重新定向。在室温下，偶极 MA 阳离子在角共享八面体的伪立方晶格笼的面、角或边缘之间重新定向，停留时间约为 14ps。通过有机阳离子的动态重取向形成大极化子来稳定高能电荷载流子，这又延长了热载流子和能带边缘载流子的寿命。但是，这种 MA 阳离子的动态紊乱突出了 A 位阳离子与 PbX_6 八面体之间相对较弱的键。因此，在光照或高温下，$MAPbI_3$ 的降解通常是由 MA 阳离子的挥发引起的。

但是，$MAPbI_3$ PSC 的高 *PCE* 受相对较大的带隙和低的载流子迁移率限制，同时限制了器件的光电流和光电压。经过几年的研究，提出了一种基于 FA 阳离子的 $FAPbI_3$ 钙钛矿材料，以克服 $MAPbI_3$ 钙钛矿的缺点。$FAPbI_3$ 在室温下结晶为非钙钛矿六方相，带隙为 2.43eV。在高于 150℃的温度下退火后，六方相转变为纯立方相，冷却至室温后保持立方钙钛矿相。与 MA 阳离子相比，室温下非钙钛矿六方相的自发结晶可能与 FA 阳离子的较大离子半径（253pm，耐受系数为 0.99）有关，导致固有的晶格应变，从而引起构成立方钙钛矿晶格的角共享八面体向面共享八面体的变形。尽管立方钙钛矿相是在较高温度下退火时形成的，但该相在室温下是亚稳态的，具有约 0.6eV 的活化能垒，反相转化为六方相。由于相对较高的势垒，形成的立方 $FAPbI_3$ 薄膜在惰性气氛条件下是稳定的。然而暴露于湿气时，反相转化显著加速。由于具有高极性的离子键，水蒸气会侵蚀钙钛矿相的晶体表面并引起大量的表面缺陷，从而降低了非钙钛矿相成核的能垒。因此，立方 $FAPbI_3$ 膜倾向于在潮湿环境中加速相转变为非钙钛矿相。然而，与 $MAPbI_3$ 薄膜（1.57eV）相比，立方 $FAPbI_3$ 相膜的带隙相对较低为 1.48eV，而电子带结构和吸收系数却相当。此外，$FAPbI_3$ 薄膜中的电荷载流子寿命和扩散长度比 $MAPbI_3$ 薄膜中的更长。通过固态 NMR 测量，发现晶格中 FA 阳离子的重取向速率（8.7ps±0.5ps）比 MA 阳离子（108ps±18ps）高得多，具有出色的电荷载流子稳定能力。然而，$FAPbI_3$ 钙钛矿的低相稳定性限制了基于纯 $FAPbI_3$ 钙钛矿薄膜的器件中 *PCE* 的进一步增强（很少实现超过 19%的 *PCE*）。

铯离子作为挥发性有机阳离子的替代品也展开了研究。与具有钙钛矿晶格弱的次级氢键的有机阳离子不同，铯与钙钛矿晶格形成强的化学键。铯阳离子和钙钛矿晶格之间的牢固化学键使 $CsPbI_3$ 热降解（650kJ/mol±90kJ/mol）需要相当高的活化能。但相对较小的铯阳离子的离子半径（167pm）导致容差因子为 0.81，使钙钛矿相在室温下热力学稳定性较差。实际上，在室温下，通过固溶工艺形成的 $CsPbI_3$ 膜存在于禁带宽度（2.82eV）的非钙钛矿正交晶相中。在高于 300℃ 的温度下，该相转变为立方钙钛矿相。然而，立方 $CsPbI_3$ 膜在环境条件下非常不稳定。立方相的热力学稳定性可通过添加剂工程得以改善。Eperon 等人发现在前体溶液中添加氢碘酸（HI）可以促进在 1.73eV 的带隙下于 100℃形成立方钙钛矿相，并发现在前体溶液中添加 HI 会诱导形成较小的晶粒，从而能够在较低温度（约 100℃）下稳定立方相。还观察到 $CsPbI_3$ 量子点具有增强的热力学稳定性和减小的晶体尺寸，这使得能够获得效率超过 13%的稳定的 $CsPbI_3$ 量子点太阳能电池。类似的方法也被应用于制造稳定的 $FAPbI_3$ 量子点太阳能电池。近年来，各种添加剂的开发已使电池的 *PCE* 有了显著改善。两性离子和 2D 钙钛矿添加剂均可诱导小颗粒稳定立方相，从而使效率高于 11%。此外，通过有机卤化物处理对晶体表面进行钝化处理可显著改善 $CsPbI_3$ 薄膜的光电性能，其效率高达 18%。但是，由于 $CsPbI_3$ PSC 的 *PCE* 相对较高，其带隙约为 1.7eV，因此 *PCE* 仍然受到限制。它可以通过适当的带隙工程技术应用于串联太阳能电池。

由于过大的 FA 阳离子使得 $FAPbI_3$ 环境稳定性较低，用相对较小的 MA 阳离子部分取代 FA 阳离子可以稳定室温下的立方钙钛矿相。MA 阳离子的掺入（摩尔分数小于 50%）使得能够在室温下形成立方钙钛矿相并显著延长钙钛矿膜的 PL 寿命，改善光伏性能。PL 寿命的显著提高可能与膜的结晶度提高有关，可使晶体具有长程有序性。尽管 MA 阳离子的加入增强了钙钛矿膜的相稳定性，但是它引起了膜的光稳定性和热稳定性下降。与 MA 阳离子相比，FA 阳离子具有一个额外的质子，可以与钙钛矿晶格形成增强的氢键，FA 阳离子中 C—N 键的共振特性进一步稳定了质子，从而避免了 HI 的产生。实际上，与 $MAPbI_3$（93kJ/mol±8kJ/mol）相比，$FAPbI_3$（115kJ/mol±3kJ/mol）观察到了较高的热降解活化能。然而，用 MA 阳离子部分取代 FA 阳离子导致 $FAPbI_3$ 钙钛矿膜的光稳定性和热稳定性降低。通过掺入相对较小的铯阳离子而不是 MA 阳离子可克服这个问题。铯阳离子的掺入不会降低 $FAPbI_3$ 膜的稳定性。Lee 等人首先将铯阳离子掺入 $FAPbI_3$ 膜中，并在室温下观察到立方钙钛矿相的形成。通过用 10%铯阳离子替代 FA 阳离子（$FA_{0.9}Cs_{0.1}PbI_3$），在室温下形成立方 $FAPbI_3$ 钙钛矿相的晶种，在相对较低的温度下促进立方钙钛矿膜的形成。添加铯阳离子会导致晶胞体积收缩，表明阳离子已成功掺入晶格中，从而有效地调节了容差因子，这将有助于在室温下形成立方钙钛矿相。因此，观察到纯 $FAPbI_3$ 吸收峰对应于其在 106.5℃的相变，在添加摩尔分数为 10%铯的阳离子时则消失。与 FA/MA 混合阳离子钙钛矿相似，用取代的阳离子也观察到结晶度提高，这导致缺陷密度降低和光伏性能增强。与 FA/MA 的情况相反，发现掺入铯阳离子也有利于薄膜的环境稳定性。铯阳离子在潮湿和光照下具有增强的稳定性，这有助于增强太阳能电池的稳定性和可重复性。

除了通过调节容差因子外，还可通过添加无机元素来增加混合熵，以稳定钙钛矿相。Park 等人使用相对较小的铷阳离子（离子半径为 152pm）制成的具有更高质量的 $MAPbI_3$ 钙钛矿薄膜。Saliba 等人将铯阳离子结合到 MA/FA 系统中以制造三重阳离子系统。铯阳离子的加入提高了钙钛矿膜的相纯度及热稳定性，实现了超过 21%的稳定 *PCE*，并延长了设备的使用寿命。

最近，人们正在探索更多种类的有机阳离子作为 A 位点的替代成分。最初由 De Marco 等人提出利用胍（GA）阳离子。GA 的离子半径比 MA 和 FA 阳离子大得多，为 0.278nm（对应的容差因子为 1.04）。因此，纯的 $GAPbI_3$ 不能形成钙钛矿相。他们将 GA 阳离子掺入 $MAPbI_3$ 钙钛矿中以部分替代 MA 阳离子。发现 GA 阳离子极大地延长了钙钛矿膜的 PL 寿命。在相应的器件中也观察到了电荷载流子寿命和光电压提高，进而改善了器件的性能。通过固态 NMR 测量，发现 $GA_{1-x}MA_xPbI_3$ 系统中 GA 阳离子的重取向速率（不超过

18ps±8ps）比 MA 阳离子（113ps±25ps）高，这有助于稳定电荷载流子，从而延长 PL 寿命。除了由于引入相对较大的 GA 阳离子而提高了 $MAPbI_3$ 的容差因子外，GA 阳离子还与 PbI_6 八面体笼形成了大量的氢键，这有助于降低形成焓（ΔH），反过来，可以稳定钙钛矿相。由于增强了光电性能和稳定性，Jodlowski 等人在基于 $MA_{0.86}GA_{0.14}PbI_3$ 的太阳能电池设备中可实现 19.21%的最大 *PCE*，并显著提高其使用寿命。值得注意的是，大多数经认证的 *PCE* 记录均使用基于 MA/FA 混合钙钛矿材料的设备来实现。使用 MA/FA/Cs 的钙钛矿太阳能电池通过认证的 *PCE* 达到了 22%以上。虽然据报道利用有机 A 位阳离子在形成极化子方面是有利的，最近还报道了利用结合有铯的多阳离子体系对于防止晶界处的载流子反射是有益的。此外，A 阳离子组合物可影响局部应变，并因此影响薄膜的结晶和稳定性。因此，需要系统和深入的研究来揭示 A 阳离子组合物对薄膜的光伏性能的影响。

7.5.2.2 B 位阳离子改性的钙钛矿

大多数报道的高效太阳能电池都采用了基于铅的钙钛矿材料。但是，由于与铅有关的毒性问题，人们已致力于开发替代性的 B 位阳离子。因此，到目前为止，仅基于锡的钙钛矿已显示出在一定程度上替代基于铅的钙钛矿的潜力。锡具有与铅相同的价电子构型（在其 s 和 p 轨道上有 4 个价电子，s^2p^2）；这使锡基钙钛矿具有与铅基钙钛矿相当的光电性能。Sn^{2+}的离子半径为 69pm 比 Pb^{2+}的离子半径（119pm）相比要小得多，这是由于锡的碘化物钙钛矿的带隙小于基于铅的碘化物钙钛矿的带隙。例如，$CsSnI_3$、$MASnI_3$ 和 $FASnI_3$ 的带隙测量为 1.3~1.4eV。尽管基于锡的钙钛矿材料比基于铅的钙钛矿材料具有更理想的单结太阳能电池带隙，但是基于纯锡的钙钛矿的太阳能电池的 *PCE*（小于 12%）仍然远远低于基于铅的钙钛矿材料的 *PCE*。锡基 PSC 的性能不佳是由于 Sn^{2+}的固有不稳定性，因为其固有的低氧化还原电位（$E_0=+0.15V$）低于 Pb^{2+}/Pb^{4+}电位（$E_0=+1.67V$）。因此，在制造基于锡的钙钛矿薄膜时很大比例的 Sn^{2+}被氧化成 Sn^{4+}，导致较高的缺陷密度和不理想的 p 型掺杂。用锡部分取代铅的钙钛矿材料比纯锡基钙钛矿材料具有更好的稳定性。Sn-Pb 钙钛矿混合材料的带隙较低，约为 1.25eV，是串联太阳能电池的理想选择。Sn^{4+}的抑制和缺陷密度的降低使基于 Sn-Pb 混合成分的 PSC 具有增强的 *PCE*。例如，Zhao 等人合成的 $(FASnI_3)_{0.6}(MAPbI_3)_{0.4}$钙钛矿薄膜中，可实现 18.4%的 *PCE*。Tong 等人进一步提高了 $(FASnI_3)_{0.6}(MAPbI_3)_{0.4}$薄膜的电荷载流子寿命，并实现了 20.2%的 *PCE*。Yang 等人通过使用基于 $FA_{0.5}MA_{0.45}Cs_{0.05}Pb_{0.5}Sn_{0.5}I_3$ 的器件，实现了 20.3%的 *PCE*，这归因于材料的低陷阱密度和长电子扩散长度（2.72μm±0.15μm）。最近，Lin 等人通过在前体溶液中添加金属锡以抑制 Sn^{4+}的形成，使用基于 $MA_{0.3}FA_{0.7}Pb_{0.5}Sn_{0.5}I_3$ 钙钛矿的器件，可实现高达 21.1%的 *PCE*。Sn-Pb 钙钛矿材料由于可向低端带隙可调性扩展，其 *PCE* 超过纯铅基的 PSC。高效的 Sn-Pb PSC 已成功应用于全钙钛矿型串联太阳能电池，建立了有效的晶体生长和缺陷工程方法，其 *PCE* 最高达 24.8%。

7.5.2.3 X 位阴离子改性的钙钛矿

因为 X 位点阴离子直接影响钙钛矿材料的能带边缘态，所以 X 位点阴离子的取代会显著改变钙钛矿材料的光电性能。通过容差因子可确定 A 阳离子是否能容纳到共角 BX_6 所形成的立方八面体部位，另外一个需要考虑的因素是如何判定 BX_6 八面体是否能稳定形成，此处引入八面体因子 μ，如式（7-13）所示。6 个紧密堆积的 X 离子形成八面体结构，这个八面体孔的半径与 X 位阴离子间距（r_X）有关，当 B 位阳离子半径小于 $0.41r_X$ 时，由于 B 位阳离子无法与 X 位阴离子发生配位，不能形成稳定的 BX_6 八面体，在不与周围阴离子重叠的情况下，不能进行八面体配位。

$$\mu = \frac{r_B}{r_X} \tag{7-13}$$

可见，当 $\mu>0.41$ 时，BX_6 成分可以形成稳定的 BX_6 八面体。最常见的 X 阴离子是卤化物阴离子，包括 Cl^-、Br^- 和 I^-，具有 8 个价电子，Cl^-、B^- 和 I^- 组成的离子半径分别是 181pm、196pm 和 220pm。B 离子为 Pb^{2+}（半径为 119pm）时，$APbCl_3$、$APbBr_3$ 和 $APbI_3$ 的八面体因子分别为 0.66、0.61 和 0.54。

随着卤化物阴离子的离子半径减小，Pb^{2+} 与卤化物阴离子之间的键长减小，波函数的重叠增加，从而增强原子轨道的耦合，继而又增加材料的带隙。例如，$MAPbX_3$ 的带隙从 1.58eV（$MAPbI_3$）增加到 2.28eV（$MAPbBr_3$）再到 2.88eV（$MAPbCl_3$）。就光伏应用而言，基于碘化物的钙钛矿材料是理想的，因为它们具有最低的带隙，对应宽的光吸收范围。然而从结构稳定性和化学黏合性质考虑，$MAPbI_3$ 是最不稳定的材料，因为：（1）$MAPbI_3$ 的容差因子（$t=0.91$）比 $MAPbBr_3$ 的（$t=0.93$）和 $MAPbCl_3$（$t=0.94$）更偏离 1；（2）与 Br^-（$\chi=2.96$）和 Cl^-（$\chi=3.16$）相比，I^-（$\chi=2.66$）的电负性较低，与 Pb^{2+} 之间的成键相对更弱。因此，$MAPbI_3$ 的形成焓高于 $MAPbBr_3$ 和 $MAPbCl_3$ 的形成焓。用 Br^- 或 Cl^- 部分取代 I^-，可微调材料的光电子性质或钙钛矿薄膜的化学稳定性。

由于 Br^- 的离子半径较小，$MAPb(I_{1-x}Br_x)_3$ 的容差因子随 x 的增加而增加；因此，当 x 大于 0.2 时，$MAPbI_3$ 的四方晶体结构转变为立方或伪立方结构。少量掺入 Br^-（摩尔分数约为 6%）可改善电池的 *FF* 和 V_{oc}，从而提高电池的 *PCE*。然而，进一步增加 Br^- 含量将降低短路电流密度，并因此降低器件的 *PCE*。尽管电池 *PCE* 有所下降，具有高 Br^- 含量的器件的稳定性改变都是显而易见的。Br^- 含量高的器件（$x=0.20$、0.29）比溴含量低的器件（$x=0$、0.06）具有更高的稳定性。在卤化物钙钛矿材料中，点缺陷的形成焓（每个缺陷小于 0.3eV）比传统的氧化物钙钛矿材料（$BaTiO_3$ 的每个缺陷 2.29eV）低得多，这表明薄膜中存在很高密度的卤化物空位（据估计，在室温下为 $2\times10^{20}cm^{-3}$）。此外，这些缺陷倾向于在晶格内迁移，迁移的活化能为 0.58eV。由于混合卤化物钙钛矿中活性卤化物的迁移，在光照下观察到不同结晶相的偏析，这阻碍了器件的有效电荷收集效率和操作稳定性。通过将 MA 阳离子替换为 FA 或铯阳离子，可以缓解基于 MA 的混合卤化物钙钛矿中的相分离。如上所述，FA 和铯阳离子与周围的 PbX_6 八面体笼具有相对较强的相互作用。因此，可以期望它们抑制卤素离子的迁移。此外，相对较小的铯阳离子的掺入会补偿由于 Br^- 掺入增加的容差因子（$t=0.99$ $FAPbI_3$ 和 $t=1.01$ $FAPbBr_3$），这将在维持立方钙钛矿相结构稳定性有帮助。实际上，铯阳离子（摩尔分数为 17%）的掺入能够实现 Br^- 的掺入而不会形成次级相。

2012 年固态 PSC 开始发展，在不到 10 年的时间里，PSC 的 *PCE* 呈现出前所未有的快速增长，从 9.7%增长到 25.2%。这些器件的高性能归因于其优异的光电性能，例如高吸收系数、长载流子寿命、扩散长度及高缺陷容忍度，特征性的化学键合性质、晶体结构和所产生的金属卤化物钙钛矿材料的电子带结构。在初始阶段，串联设备不能超过其相应的

单结设备的 *PCE*，但是在互连层和高带隙钙钛矿材料开发方面的大量研究工作已使 *PCE* 的快速增大，基于钙钛矿/硅串联结构的 *PCE* 达到了 29.1%。此外，基于 Sn/Pb 混合成分的低带隙钙钛矿材料的开发使得制造钙钛矿/钙钛矿串联太阳能电池成为可能。调整这些材料的带隙，同时最大程度地减少潜在损失，有助于将 *PCE* 进一步提高到 30%。但是，还需要开发用于表征串联设备的精确测量技术。

复习思考题

7-1 简述太阳能电池的工作原理。

7-2 有哪几种常见的太阳能电池？简述其特点。

7-3 如何计算太阳能电池的最佳工作电压和工作电流？

7-4 如何计算太阳能电池的能量转移效率？

7-5 简述染料敏化太阳能电池的工作原理。

7-6 钙钛矿太阳能电池的优势是什么，限制其发展的主要原因有哪些？

参 考 文 献

[1] Zhan X W, Tan Z A, Domercq B, et al. A high-mobility electron-transport polymer with broad absorption and its use in field-effect transistors and all-polymer solar cells [J]. Journal of the American Chemical Society, 2007, 129 (23): 7246.

[2] Lenes M, Wetzelaer G, Kooistra F B, et al. Fullerene bisadducts for enhanced open-circuit voltages and efficiencies in polymer solar cells [J]. Advanced Materials, 2008, 20 (11): 2116~2122.

[3] Kalowekamo J, Baker E. Estimating the manufacturing cost of purely organic solar cells [J]. Solar Energy, 2009, 83 (8): 1224~1231.

[4] Kim B J, Miyamoto Y, Ma B W, et al. Photocrosslinkable polythiophenes for efficient, thermally stable, organic photovoltaics [J]. Advanced Functional Materials, 2009, 19 (14): 2273~2281.

[5] Shrotriya V. Polymer power [J]. Nature Photonics, 2009, 3 (8): 447~449.

[6] Watts B, Belcher W J, Thomsen L, et al. A quantitative study of PCBM diffusion during annealing of P3HT: PCBM blend films [J]. Macromolecules, 2009, 42 (21): 8392~8397.

[7] Yan H, Chen Z H, Zheng Y, et al. A high-mobility electron-transporting polymer for printed transistors [J]. Nature, 2009, 457 (7230): 679.

[8] Krebs F C, Nielsen T D, Fyenbo J, et al. Manufacture, integration and demonstration of polymer solar cells in a lamp for the "Lighting Africa" initiative [J]. Energy & Environmental Science, 2010, 3 (5): 512~525.

[9] Liang Y Y, Xu Z, Xia J B, et al. For the bright future-bulk heterojunction polymer solar cells with power conversion efficiency of 7.4% [J]. Advanced Materials, 2010, 22 (20): E135.

[10] Huo L J, Zhang S Q, Guo X, et al. Replacing alkoxy groups with alkylthienyl groups: A feasible approach to improve the properties of photovoltaic polymers [J]. Angewandte Chemie-International Edition, 2011, 50 (41): 9697~9702.

[11] Chu S, Majumdar A. Opportunities and challenges for a sustainable energy future [J]. Nature, 2012, 488 (7411): 294~303.

[12] Collins B A, Cochran J E, Yan H, et al. Polarized X-ray scattering reveals non-crystalline orientational

ordering in organic films [J]. Nature Materials, 2012, 11 (6): 536~543.

[13] Dupont S R, Oliver M, Krebs F C, et al. Interlayer adhesion in roll-to-roll processed flexible inverted polymer solar cells [J]. Solar Energy Materials and Solar Cells, 2012, 97, 171~175.

[14] Renaud C, Mougnier S J, Pavlopoulou E, et al. Block copolymer as a nanostructuring agent for high-efficiency and annealing-free bulk heterojunction organic solar cells [J]. Advanced Materials, 2012, 24 (16): 2196~2201.

[15] Yan H P, Collins B A, Gann E, et al. Correlating the efficiency and nanomorphology of polymer blend solar cells utilizing resonant soft X-ray scattering [J]. Acs Nano, 2012, 6 (1): 677~688.

[16] Facchetti A. Polymer donor-polymer acceptor (all-polymer) solar cells [J]. Materials Today, 2013, 16 (4): 123~132.

[17] Zhou E, Cong J Z, Hashimoto K, et al. Control of miscibility and aggregation via the material design and coating process for high-performance polymer blend solar cells [J]. Advanced Materials, 2013, 25 (48): 6991~6996.

[18] Li W W, Roelofs W S C, Turbiez M, et al. Polymer solar cells with diketopyrrolopyrrole conjugated polymers as the electron donor and electron acceptor [J]. Advanced Materials, 2014, 26 (20): 3304.

[19] He Z C, Xiao B, Liu F, et al. Single-junction polymer solar cells with high efficiency and photovoltage [J]. Nature Photonics, 2015, 9 (3): 174~179.

[20] Yuan J Y, Gu J A, Shi G Z, et al. High efficiency all-polymer tandem solar cells [J]. Scientific Reports, 2016, 62, 6459.

[21] Zhao J B, Li Y K, Yang G F, et al. Efficient organic solar cells processed from hydrocarbon solvents [J]. Nature Energy, 2016, 11, 5027.

[22] Creutzig F, Agoston P, Goldschmidt J C, et al. The underestimated potential of solar energy to mitigate climate change [J]. Nature Energy, 2017, 2 (9): 17140.

[23] Fan B B, Ying L, Wang Z F, et al. Optimisation of processing solvent and molecular weight for the production of green-solvent-processed all-polymer solar cells with a power conversion efficiency over 9% [J]. Energy & Environmental Science, 2017, 10 (5): 1243~1251.

[24] Fan B B, Ying L, Zhu P, et al. All-polymer solar cells based on a conjugated polymer containing siloxane-functionalized side chains with efficiency over 10% [J]. Advanced Materials, 2017, 29 (47):1703906.

[25] Meng L X, Zhang Y M, Wan X J, et al. Organic and solution-processed tandem solar cells with 17.3% efficiency [J]. Science, 2018, 361 (6407): 1094~1097.

[26] Xu X F, Li Z J, Zhang W, et al. 8.0% efficient all-polymer solar cells with high photovoltage of 1.1V and Internal quantum efficiency near unity [J]. Advanced Energy Materials, 2018, 8 (1): 1700908.

[27] Yan C Q, Barlow S, Wang Z H, et al. Non-fullerene acceptors for organic solar cells [J]. Nature Reviews Materials, 2018, 3 (3): 18003.

[28] Zhang H, Yao H F, Hou J X, et al. Over 14% efficiency in organic solar cells enabled by chlorinated nonfullerene small-molecule acceptors [J]. Advanced Materials, 2018, 30 (28): 1800613.

[29] Zhang J Q, Tan H S, Guo X G, et al. Material insights and challenges for non-fullerene organic solar cells based on small molecular acceptors [J]. Nature Energy, 2018, 3 (9): 720~731.

[30] Yao H T, Bai F J, Hu H W, et al. Efficient all-polymer solar cells based on a new polymer acceptor achieving 10.3% power conversion efficiency [J]. Acs Energy Letters, 2019, 4 (2): 417~422.

[31] Yuan J, Zhang Y Q, Zhou L Y, et al. Single-junction organic solar cell with over 15% efficiency using fused-ring acceptor with electron-deficient core [J]. Joule, 2019, 3 (4): 1140~1151.

[32] Bach U, Lupo D, Comte P, et al. Solid-state dye-sensitized mesoporous TiO_2 solar cells with high photon-

to-electron conversion efficiencies [J]. Nature, 1998, 395 (6702): 583~585.

[33] Lee M M, Teuscher J, Miyasaka T, et al. Efficient hybrid solar cells based on meso-superstructured organometal halide perovskites [J]. Science, 2012, 338 (6107): 643~647.

[34] Zhou Y H, Fuentes-Hernandez C, Shim J, et al. A universal method to produce low-work function electrodes for organic electronics [J]. Science, 2012, 336 (6079): 327~332.

[35] Burschka J, Pellet N, Moon S J, et al. Sequential deposition as a route to high-performance perovskite-sensitized solar cells [J]. Nature, 2013, 499 (7458): 316~320.

[36] Stranks S D, Eperon G E, Grancini G, et al. Electron-hole diffusion lengths exceeding 1 micrometer in an organometal trihalide perovskite absorber [J]. Science, 2013, 342 (6156): 341~344.

[37] Eperon G E, Stranks S D, Menelaou C, et al. Formamidinium lead trihalide: A broadly tunable perovskite for efficient planar heterojunction solar cells [J]. Energy & Environmental Science, 2014, 7 (3): 982~988.

[38] Im J H, Jang I H, Pellet N, et al. Growth of $CH_3NH_3PbI_3$ cuboids with controlled size for high-efficiency perovskite solar cells [J]. Nature Nanotechnology, 2014, 9 (11): 927~932.

[39] Jeon N J, Noh J H, Kim Y C, et al. Solvent engineering for high-performance inorganic-organic hybrid perovskite solar cells [J]. Nature Materials, 2014, 13 (9): 897~903.

[40] Li C, Wu Y L, Poplawsky J, et al. Grain-boundary-enhanced carrier collection in CdTe solar cells [J]. Physical Review Letters, 2014, 112 (15): 156103.

[41] Zhou H P, Chen Q, Li G, et al. Interface engineering of highly efficient perovskite solar cells [J]. Science, 2014, 345 (6196): 542~546.

[42] deQuilettes D W, Vorpahl S M, Stranks S D, et al. Impact of microstructure on local carrier lifetime in perovskite solar cells [J]. Science, 2015, 348 (6235): 683~686.

[43] Jung J W, Chueh C C, Jen A K Y. A low-temperature, solution-processable, Cu-doped nickel oxide hole-transporting layer via the combustion method for high-performance thin-film perovskite solar cells [J]. Advanced Materials, 2015, 27 (47): 7874~7880.

[44] Li X, Dar M I, Yi C Y, et al. Improved performance and stability of perovskite solar cells by crystal crosslinking with alkylphosphonic acid omega-ammonium chlorides [J]. Nature Chemistry, 2015, 7 (9): 703~711.

[45] Miyata A, Mitioglu A, Plochocka P, et al. Direct measurement of the exciton binding energy and effective masses for charge carriers in organic-inorganic tri-halide perovskites [J]. Nature Physics, 2015, 11 (7): U582~U594.

[46] Nie W Y, Tsai H H, Asadpour R, et al. High-efficiency solution-processed perovskite solar cells with millimeter-scale grains [J]. Science, 2015, 347 (6221): 522~525.

[47] Park N G. Perovskite solar cells: An emerging photovoltaic technology [J]. Materials Today, 2015, 18 (2): 65~72.

[48] Yang W S, Noh J H, Jeon N J, et al. High-performance photovoltaic perovskite layers fabricated through intramolecular exchange [J]. Science, 2015, 348 (6240): 1234~1237.

[49] Pazos-Outon L M, Szumilo M, Lamboll R, et al. Photon recycling in lead iodide perovskite solar cells [J]. Science, 2016, 351 (6280): 1430~1433.

[50] Tsai H H, Nie W Y, Blancon J C, et al. High-efficiency two-dimensional Ruddlesden-Popper perovskite solar cells [J]. Nature, 2016, 536 (7616): 312.

[51] Zhu H M, Miyata K, Fu Y P, et al. Screening in crystalline liquids protects energetic carriers in hybrid perovskites [J]. Science, 2016, 353 (6306): 1409~1413.

[52] Anaya M, Lozano G, Calvo M E, et al. ABX_3 perovskites for tandem solar cells [J]. Joule, 2017,

1 (4): 769~793.

[53] Arora N, Dar M I, Hinderhofer A, et al. Perovskite solar cells with CuSCN hole extraction layers yield stabilized efficiencies greater than 20% [J]. Science, 2017, 358 (6364): 768~771.

[54] Blancon J C, Tsai H, Nie W, et al. Extremely efficient internal exciton dissociation through edge states in layered 2D perovskites [J]. Science, 2017, 355 (6331): 1288~1291.

[55] Brenes R, Guo D Y, Osherov A, et al. Metal halide perovskite polycrystalline films exhibiting properties of single crystals [J]. Joule, 2017, 1 (1): 155~167.

[56] Guo Z, Wan Y, Yang M J, et al. Long-range hot-carrier transport in hybrid perovskites visualized by ultrafast microscopy [J]. Science, 2017, 356 (6333): 59.

[57] Jiang Q, Chu Z N, Wang P Y, et al. Planar-structure perovskite solar cells with Efficiency beyond 21% [J]. Advanced Materials, 2017, 29 (46): 1703852.

[58] Shin S S, Yeom E J, Yang W S, et al. Colloidally prepared La-doped $BaSnO_3$ electrodes for efficient, photostable perovskite solar cells [J]. Science, 2017, 356 (6334): 167~171.

[59] Stoumpos C C, Soe C M M, Tsai H, et al. High members of the 2D Ruddlesden-Popper halide perovskites: Synthesis, optical properties, and solar cells of $(CH_3(CH_2)_3NH_3)_2(CH_3NH_3)$ $4Pb5I_{16}$ [J]. Chem, 2017, 2 (3): 427~440.

[60] Tan H R, Jain A, Voznyy O, et al. Efficient and stable solution-processed planar perovskite solar cells via contact passivation [J]. Science, 2017, 355 (6326): 722~726.

[61] Wang Q, Zheng X P, Deng Y H, et al. Stabilizing the alpha-phase of $CsPbI_3$ perovskite by sulfobetaine zwitterions in one-step spin-coating films [J]. Joule, 2017, 1 (2): 371~382.

[62] Yang W S, Park B W, Jung E H, et al. Iodide management in formamidinium-lead-halide-based perovskite layers for efficient solar cells [J]. Science, 2017, 356 (6345): 1376.

[63] Han Q F, Hsieh Y T, Meng L, et al. High-performance perovskite/Cu(In, Ga)Se-2 monolithic tandem solar cells [J]. Science, 2018, 361 (6405): 904~906.

[64] Jung E H, Jeon N J, Park E Y, et al. Efficient, stable and scalable perovskite solar cells using poly (3-hexylthiophene) [J]. Nature, 2019, 567 (7749): 511.

[65] Kim D H, Muzzillo C P, Tong J H, et al. Bimolecular additives improve wide-band-gap perovskites for efficient tandem solar cells with CIGS [J]. Joule, 2019, 3 (7): 1734~1745.

[66] Lin R X, Xiao K, Qin Z Y, et al. Monolithic all-perovskite tandem solar cells with 24.8% efficiency exploiting comproportionation to suppress Sn (Ⅱ) oxidation in precursor ink [J]. Nature Energy, 2019, 4 (10): 864~873.

[67] Bai L, You Q L, Feng X, et al. Structure of the ER membrane complex, a transmembrane-domain insertase [J]. Nature, 2020, 584 (7821): 475.

[68] Hou Y, Aydin E, De Bastiani M, et al. Efficient tandem solar cells with solution-processed perovskite on textured crystalline silicon [J]. Science, 2020, 367 (6482): 1135.

[69] Kim D, Jung H J, Park I J, et al. Efficient, stable silicon tandem cells enabled by anion-engineered wide-bandgap perovskites [J]. Science, 2020, 368 (6487): 155.

[70] Xu J X, Boyd C C, Yu Z S J, et al. Triple-halide wide-band gap perovskites with suppressed phase segregation for efficient tandems [J]. Science, 2020, 367 (6482): 1097.

8 超级电容器

超级电容器，又名电化学电容器、黄金电容、法拉电容，其功率密度和能量密度通常介于常规电解电容器和二次电池之间。它具备传统电容那样的放电功率，也具备化学电池储备电荷的能力。与传统电容相比，具备达到法拉级别的超大电容量、较高的能量、较宽的工作温度范围和极长的使用寿命；电解电容器100万次的充放电循环，是电池的近千倍，且不用维护；与化学电池相比，具备较高的比功率，且对环境无污染。因此，超级电容器是一种高效、实用、环保的能量存储装置，它优越的性能得到各方的重视，目前发展十分迅速。2007年，Discover杂志将超级电容器评为21世纪世界七大发明技术之一。此外，超级电容器被《中国制造2025》收录为轨道交通核心储能部件，并在2016年成为工业强基支持的核心基础零部件。

8.1 超级电容器基础

超级电容器由电极、电解液和隔膜组成，其中，电极包括集流体和电极材料。常用的集流体有铝箔、泡沫镍等，主要起收集电流的作用；电极材料通常由活性物质（如碳材料、金属氧化物材料等）、导电剂（如石墨粉、乙炔黑、碳纳米管等）和黏合剂（如聚四氟乙烯、聚偏氟乙烯等）组成。

超级电容器根据储能机理不同，主要分为双电层电容器和赝电容器。双电层电容器与电极-电解液界面的双电层结构有关，即利用具有高比表面积的炭粉或者多孔碳材料形成的界面电容。赝电容器与赝电容有关，这种赝电容发生于特定的电极反应中，转移电荷量 q 为电势 V 的特定函数。随着研究的进一步展开，又出现了兼顾这两种电容行为的混合型储能方式，电极材料既有多孔碳材料也有金属氧化物等赝电容及二次电池的材料。

8.1.1 双电层电容器

双电层电容器（electric double layer capacitor，EDLC）是通过电极-电解液界面所形成的双电层来储存电荷的。在静电作用下，电极与电解液界面会出现稳定的正负电荷，由于界面上位垒的存在，正负电荷不能越过边界，不能发生电荷中和，从而形成了紧密的双电层，致密层的厚度为0.5~0.6nm，因而双电层电容器的比电容很大，可以达到20~50μF/cm²。Helmholtz 提出了第一个双电层电容的理论模型：

$$C = \frac{\varepsilon_r \varepsilon_0}{d} A \tag{8-1}$$

其中，ε_r 为电解液的介电常数；ε_0 为真空介电常数；A 为电解液与电极的接触面积；d 为双电层的有效厚度，也就是电荷间距。

Helmholtz 双电层模型认为双电层由两个相距为原子尺寸的带相反电荷的电荷层构成，

正负离子整齐地排列于电极-溶液界面的两侧，电荷分布情况类似于平板电容器，双电层的电势分布为直线分布，双电层的微分电容为一定值而与电势无关，只与溶液中离子接近电极表面的距离成反比。但是，Helmholtz 模型有其自身的局限性，因为这种模型并未考虑电解液中的离子扩散作用及溶剂分子与电极偶极矩之间的作用。为改善这一模型，Gouy 和 Chapman 提出了扩散双电层（EDL）模型。该模型相较 Helmholtz 模型有了一定的进步，可以解释零电荷电势处出现电容极小值和微分电容随电势变化的关系，但未考虑反离子与界面的各种化学作用，仍是从静电学的观点考虑问题，具有较为明显的缺陷，估算出的双电层电容过大。后来 Stern 综合了两种模型的特点，提出了 Stern 吸附双电层模型。这种模型包含紧密层和扩散层，紧密层的电位直线式下降，扩散层的电位呈指数式下降。因此，电极材料的双电层电容（C_{dl}）包括紧密层电容（C_H）和扩散层电容（C_{diff}）：

$$\frac{1}{C_{dl}} = \frac{1}{C_H} + \frac{1}{C_{diff}} \tag{8-2}$$

Grahame 将 Stern 模型中的紧密层再分为内 Helmholtz 层和外 Helmholtz 层。内 Helmholtz 层由未溶剂化的离子组成，并紧紧靠近电极表面且定向排列，这层离子的相对介电常数降至 6~7，相当于 Stern 模型中的内层；而外 Helmholtz 层由一部分溶剂化的离子组成，与界面吸附较紧，并可随分散相一起运动，即溶剂化离子部分定向排列，其中部分离子是经过初级溶剂化后的，其相对介电常数为 30~40，这也包括了 Stern 模型的外层（扩散层）中反离子密度较大的一部分。再外层则是一个分散的离子分布区域，由溶剂化的离子组成，不随分散相一起运动。Grahame 模型是双电层理论中比较完善的一个基础理论，实验表明，这种双电层模型在许多情况下都比吸附双电层模型有更多的优点，它的适应性较强，应用得也较多。

在电容器中，由于每一单元的电容器有两个电极，可以视为两个串联的电容器。因此双电层电容器储存的电能 Q 与电极间电压 V 的关系为：

$$Q = CV \tag{8-3}$$

则电容器储存的能量密度为：

$$E = \frac{1}{2}QV = \frac{1}{2}CV^2 \tag{8-4}$$

由超级电容器能量密度的计算公式可知，为了提升电容器的能量密度，可以从提高电极材料的比电容和拓宽电容器的工作电压两方面来解决。提高电极材料的比电容，需要考虑电极与电解质的接触面积、电极的导电性、电极的孔尺寸等多方面因素。另外，为了拓宽电容器的工作电压，可以选用有机电解液或离子液体电解液。在水系电解液中构建不对称电容器，也是提高能量密度的有效方法，究竟采取何种策略提高能量密度，需要综合考虑电极性质、电解液的优缺点等因素。

8.1.2 赝电容器

电极在外加电场的作用下，充电时电解质离子由溶液中扩散到电极-溶液界面，然后通过界面的电化学反应，进入电极表面的氧化物层中，从而使电化学反应发生，产生的电荷就被存储在电极中；放电时，电解质离子会从电极表面氧化物中离开并回到电解液中，而所储存的电荷就会通过外电路释放出来。相较于传统双电层电容器电荷以静电吸附方式存储于电容器电极表面，产生于电极表面的赝电容则源于完全不同的电荷储存机制，即赝电容的储能是一个法拉第过程，涉及电荷穿过双电层的过程。

从赝电容器的工作原理可知，它与电池的工作原理类似，都是将电能转变为化学能存储，但是其充放电过程与电容器相似，而不单是二次电池。其不同之处在于，电容器中电极的电压与电量之间几乎呈线性关系；而当电容器的电压与时间呈线性关系时，会伴有恒定电流的产生，这个过程是一个动力学可逆的过程，在这个过程中会有电荷发生转移，从而实现电荷的存储。赝电容器充放电不仅能发生在电极材料的表面，还能够深入电极浅表层，从而获得比双电层电容器更高的比容量。但是赝电容器的电极材料在充放电过程中容易发生体积膨胀或收缩，导致电容器的循环稳定性差，极大地限制了它的应用范围。赝电容与双电层电容的形成机理不同，但两者并不相互排斥。大比表面积赝电容电极的充放电过程同样会形成双电层电容，双电层电容电极（如多孔炭）的充放电过程也往往伴随有赝电容氧化还原过程发生。研究发现，碳基双电层电容器呈现的电容量中可能有1%~5%是赝电容，这是由碳材料表面的含氧官能团的法拉第反应引起的。另外，赝电容器也总会呈现静电双电层电容，这与电化学上可以利用的双电层界面面积成正比，可能达到5%~10%面积。

8.2 碳基超级电容器

碳材料由于其良好的导电能力、高比表面积、独特的化学稳定性、丰富的原料来源、成熟的生产工艺及低成本、易成型、无毒性等特点，成为双电层电容器最广泛应用的电极材料。碳材料存储电荷主要发生在电极和电解质之间的界面，因而，为了使 EDLC 存储更多电荷，要求极化电极具有尽可能大的电解质离子可及表面积，从而形成更大面积的双电层。因此，碳材料的比表面积、孔径分布、空隙形状和结构、导电性及表面官能团成为影响其电化学性能的重要因素。按照碳材料的结构，从维度上将碳材料分为以碳纳米洋葱为代表的零维碳、以碳纳米管为代表的一维碳、以石墨烯为代表的二维碳及以活性炭为主的三维碳。

8.2.1 碳纳米洋葱

碳纳米洋葱是一种新型的零维碳纳米材料，最初由日本饭岛澄男于 1980 年发现。同富勒烯、碳纳米管、石墨烯一样，碳纳米洋葱为碳的同素异形体，由多层碳按照类似洋葱结构的同心圆形成的一种新型碳纳米材料。碳纳米洋葱比表面积为 $500 \sim 600m^2/g$，导电性较好，因此组装的超级电容器功率密度较高，但比电容较低，仅为 30F/g 左右。Brunet 等人通过电泳沉积法在 Si/SiO_2 基板表面沉积了碳纳米洋葱，直径为 6~7nm，比表面积约 $500m^2/g$。碳纳米洋葱外表面可被电解液离子完全接触，从而有利于形成双电层结构，可最大限度地满足快速离子和电子传输的要求。因此用碳纳米洋葱组装的超级电容器表现出超高的倍率性能。

8.2.2 碳纳米管

碳纳米管（CNT）是由石墨片层卷曲而成的纳米级管状碳材料，可通过碳氢化合物高温催化分解得到的，分为单壁（SWCNT）和多壁（MWCNT）碳纳米管，在导电性、力学性能方面表现优异。CNT具有超高的电导率（5000S/cm）和电荷传输能力、较高的理论比表面积（SWCNT为1315m²/g，MWCNT约400m²/g）、较窄的孔径分布、优异的导电性和导热性及优异的力学性能，因此CNT是一种具有优良电化学性能的双电层电容器电极材料。目前如何开发出致密的、纳米有序的、与集流体垂直定向的碳纳米管阵列成为了研究重点。Zhang等人用钛箔作集流体，在钛箔上通过气相沉积的方法直接生长碳纳米管阵列，以两片这样的阵列直接作为正、负极组装成超级电容器，比容量为25F/g。在集流体上定向生长的阵列更有利于加快离子的传递、降低内阻、提高功率密度。碳纳米管外笼状表面利于离子的快速扩散，特别是有序度更高的碳纳米管阵列电极，具有规整的结构和孔径，大倍率充放电下，容量基本不衰减。此外，碳纳米管结构稳定，经过几万次循环测试后，其性能衰减很小。但是碳纳米管在商用超级电容器中的应用还面临三个技术难点：（1）CNT的纯度不够高，易引起双电层电容器的微短路和高压下电解液的分解；（2）CNT作为导电剂使用时，难以均匀分散于其他活性物质中；（3）CNT作为活性物质使用时，电极密度太低。尽管CNT已经成功应用于锂电池电极材料添加剂，但并没有在双电层电容器器件上实现商业化应用，处于试验应用阶段。

8.2.3 石墨烯

石墨烯（graphene）是由 sp^2 杂化的碳原子在二维空间按照六方紧密排列而成的单层碳原子结构，具有离域大π键，厚度仅为0.335nm。由于石墨烯由单层碳原子组成，因此其理论比表面积高达2630m²/g。而在晶体中自由移动的π电子，使其具有超高的载流子迁移率（$2\times10^5 cm^2/(V\cdot s)$）。此外，碳原子相互交联形成的 sp^2 结构，使石墨烯具有极高的柔韧性和优异的热稳定性。化学法得到的还原石墨烯（rGO）表面保留了一定数量的含氧官能团，这些表面含氧官能团的存在会破坏石墨烯 sp^2 结构，在石墨烯面内产生缺陷，导致rGO的导电性变差。而且，官能团的亲水性使rGO易于团聚，导致比表面积显著降低。但是，表面官能团的存在有利于rGO分散在多种溶剂中，为液相制备或加工石墨烯及其复合材料提供了可能。目前石墨烯基双电层电容比容量远小于它的理论值，主要是石墨烯在制备和后续的电极制备过程中非常易于团聚，其宏观粉体的比表面积仅有500～700m²/g。为充分发挥石墨烯的储能性能，解决石墨烯的团聚及其比表面积较低的问题尤为关键。Liu等人制备了一种褶皱的石墨烯电极材料。这种褶皱的石墨烯可以阻止石墨烯的团聚，保持了2～25nm的中孔。在离子液体中，石墨烯的比容量在100～250F/g（电流密度1A/g，电压窗口0～4V），室温下它的能量密度可达85.6W·h/kg（80℃时136W·h/kg）。

为了提高石墨烯电极的比表面积，增强其电容性能，可以从三方面来解决团聚问题：（1）在石墨烯片层间引入间隔物，如碳纳米管、中孔碳等，通过增大其片层距离促进电解质离子在片层间的快速传输。（2）通过构筑石墨烯三维结构来避免石墨烯的严重堆叠，如石墨烯气凝胶、石墨烯泡沫等。在石墨烯三维网络结构中，石墨烯片层相互交联，有足够的空间存储电解质离子，同时也能够作为电解质离子的传输通道，加快其充放电速度。（3）通过在石墨烯片层上制造纳米孔来增大其比表面积，促进电解质离子沿石墨烯片层垂直方向传输。

8.2.4　活性炭

活性炭（activated carbon，AC）为商品化超级电容器的首选材料，属于典型的三维结构材料，具有成本低、导电性适中、孔道发达可控等优点，已被广泛应用于超级电容器电极材料中。活性炭的结构在很大程度上依赖于前驱体的结构，电容器的倍率性能较低，通过选择不同结构的碳前驱体，可以改善炭电极的电容性能。目前作为起始原料应用到超级电容器的生物质有很多，如蚕丝、棉花、木耳、茄子、柳絮、香菇等。如马里兰大学 Hu 等人，选择炭化和化学活化天然木材，得到的活性炭材料不但保持了天然木材的独特组织结构，而且具有一定的机械强度，可满足对木材碳的储能器件加工需要。例如，Fan 课题组使用小麦粉作为碳源，利用 KOH 作为活化剂，制备出了三维蜂窝状结构的多孔碳材料。所制备的三维多孔碳具有 1313m^2/g 的高比表面积，在 0.5A/g 电流密度下，电容值高达 473F/g，且电极的倍率性能、稳定性能非常好。Zhang 等人以烟煤为原料，通过 KOH 快速活化法制备出一种富氧活性炭（OAC），其比表面积为 1950m^2/g。相比于传统 KOH 活化法制备的高比表面积活性炭，以 OAC 作电极材料可获得具有更高的能量密度和功率密度的 EDLC，3mol/L KOH 电解液中，在 50mA/g 和 20A/g 电流密度下的比电容分别为 370F/g 和 270F/g。例如，Li 课题组以微观结构为片层状的坚果壳作碳源，通过炭化及 KOH 活化的方法，制备出了二维多孔纳米片。该材料保留了原始材料的片层结构，但具有非常高的比表面积，作为超级电容器电极材料时，显示出良好的倍率性和稳定性。

活性炭的结构在很大程度上依赖于前驱体的结构。通常得到的活性炭为粉末，具有大量的孔径小于 2nm 的微孔，电解液在弯曲微孔内部的传输阻力较大。当孔径大于 2nm 时，碳表面会吸附溶剂化的离子，由于溶剂化离子的半径很大，因此孔径越大对电解液的浸润和传输越有利，比电容也越大；当孔径小于 1nm 时，溶剂化离子直径大于孔径，离子挤入孔内时，其表面溶剂化壳层受到剧烈扭曲变形进而十分致密，此时碳表面吸附的是脱溶剂化或部分脱溶剂化的离子，因此被吸附的离子半径降低，导致表面比电容迅速升高，这一结果也是进一步提高碳材料能量密度的新希望。

8.2.5　碳气凝胶

碳气凝胶（carbon aerogel，CA）是一种轻质、多孔、非晶态、块体纳米碳材料，其连续的三维网络结构可在纳米尺度控制和剪裁。它作为一种新型气凝胶，孔隙率高达 80%～98%，孔隙尺寸小于 50nm，网络胶体颗粒直径为 3～20nm，比表面积高达 600～1100m^2/g。它具有导电性好、比表面积大、密度变化范围广等特点，是唯一具有导电性的气凝胶，是制备双电层电容器理想的电极材料。Yang 等人发现在高电流密度下，碳气凝胶的孔径对 EDLC 的比电容等电化学特性起到重要作用。电解质离子的方便运输需要碳气凝胶具有足够大的孔径，碳气凝胶在作为 EDLC 的电极时提供了优异的电化学性能。聚合时间最长的 CA-20 碳气凝胶具有最大的孔径和最大的孔隙体积能够轻便地传输电解质离子，CA-20 表现出最高的比容量。Singh 等人尝试用间苯二酚与甲醛在纯碱作催化剂的条件下，通过溶胶凝胶法制备出具有大量亚微孔的碳气凝胶。氮吸附和 TEM 研究确认了高密度微孔的存在，其中绝大多数为孔径在 0.30～1.46nm 之间的亚微孔。碳气凝胶凭借其优异的性能可作为电容器的一种电极材料，但是由于制备碳气凝胶前驱体通常采用超临界干燥，其工艺复杂，成本较高，且具有一定的危险性，因此寻找更加安全和廉价的制备方法是未来有待研究的课题之一。

8.3 金属氧化物超级电容器

理想的金属氧化物超级电容器用电极材料必须具备的特点有好的导电性，氧化物中的金属离子必须有两个或两个以上的氧化态共存，但又不至于引起相变，质子能够通过还原反应自由地出入氧化物晶格。相比于碳基电极材料，贵金属氧化物或水合氧化物电极材料及其组装的器件具有比能量高、循环性能和充放电性能优异及对环境无污染等特点，是最早受到研究者关注的电极材料。特别是二氧化钌（RuO_2），其循环伏安曲线类似碳基材料，具有高度的电化学可逆性、极高的比电容及良好的导电性等优点，是研究较为广泛、应用较早的金属氧化物电极材料。

8.3.1 钌系氧化物

贵金属钌的氧化物被用来作为赝电容器的电极材料时一般可分为纯氧化钌和复合氧化钌电极材料。由于氧化钌材料具有多种优异性能，如比电容高、性能稳定等，被公认是性能最好的电极材料。在酸性和碱性环境下，RuO_2 发生不同的氧化还原反应，因而表现出不同 pH 值条件下的比电容，且比电容随 RuO_2 结晶性不同而有差别。如无定型 RuO_2 在 150℃焙烧后，在 H_2SO_4 电解质中的质量比电容最高为 720F/g，若将无定型 RuO_2 在 200℃焙烧，其在电解质 KOH 中的质量比电容最高为 710F/g。在不同 pH 值条件下，RuO_2 比电容产生较大变化的根本原因是电极电容产生的机理不同。在酸性介质中，电极上发生的氧化还原反应主要是通过在 RuO_2 微孔中发生的可逆电化学离子注入实现。快速可逆的电子传递伴随着质子在 RuO_2 电极表面吸附，同时电极材料中的钌由二价变为四价。Zheng 等人利用溶胶-凝胶法制备得到无定型 $RuO_2 \cdot xH_2O$，它的比容量远高于晶体 RuO_2，能量密度高达 941J/kg，且连续充放电可达 60000 次以上，这表明其具有极为优异的循环稳定性。这些结果说明结晶水的引入有利于提高 RuO_2 材料的比容量。RuO_2 材料的氧化还原反应依赖于质子/阳离子的交换及电子的跃迁。由于 RuO_2 材料具有类似金属的高导电性，电子可以在块体的表面和体相之间快速地移动，而存在于 RuO_2 材料中的结合水非常有利于在电极内层的阳离子扩散。且无定型 $RuO_2 \cdot xH_2O$ 的晶格刚性较弱，电解液更容易进入其体相中，因此，电荷的存储不仅在固相电极表面，而且包括固液界面间及体相内部。因此 RuO_2 电极材料的比表面积、结晶性和颗粒尺寸均对其电化学性能起着重要的作用。

尽管 RuO_2 作为超级电容器电极材料表现出优异的电化学性能，但高昂的成本阻碍了其大规模的商业化应用。因此，研究者为了降低其成本将 RuO_2 与其他材料复合以减少钌的用量，或开发价格低廉且性能较好的 RuO_2 替代材料。

8.3.2 锰系氧化物

二氧化锰（MnO_2）作为常用的赝电容电极材料之一，具有高的理论比电容（由锰原子的单电子氧化还原反应计算为 1370F/g）、宽的电化学工作电压（0.9~1.0V），可在中性电解液中使用、可以减缓对集流体或外包装的化学腐蚀。同时二氧化锰资源丰富、成本低、环境友好。这些特点使得氧化锰材料可作为高性能、安全、低成本电极，可替代碳基双电层电容器电极及价格高的贵金属二氧化钌基赝电容器电极。二氧化锰晶体结构主要分为三大类，第一类是一维隧道结构，主要包括软锰矿（β-MnO_2）、斜方锰矿（γ-MnO_2）、隐钾锰矿（α-MnO_2）、钡镁锰矿、氧化锰八面体分子筛（OMS-5）；第二类是二维层状结构，以水钠锰矿（δ-MnO_2）最为典型，这种 MnO_2 的层间距为 0.69~0.7nm，层间通常含有 Na^+、K^+、Li^+ 等离子和层间水；第三类是相互连通的三维孔道结构，以尖晶石结构（λ-MnO_2）为主，这种立方对称三维介孔结构与一、二维结构相比具有更大的孔体积。MnO_2 的形貌对其赝电容性能影响极大，采用不同制备方法可合成不同形貌的 MnO_2 纳米粉末。与普通结构的 MnO_2 相比，某些特殊形貌的 MnO_2 具有更高的电导率、比电容、循环寿命和能量密度及功率密度等优异的电化学特性。Zhao 等人采用简单易行的水热法合成出一种纳米花瓣状水钠锰矿型 MnO_2，在 1A/g 的电流密度下，比电容达到 197.3F/g，经过 1000 次循环后比电容只损失了 5.4%。这种多分支的纳米层状结构提供了大量的活性位点和电解质离子接触面积，有效地缩短了离子的运输路径，使得氧化还原反应能够快速、可逆地进行。MnO_2 在使用过程中的实际比容量远远小于理论值，产生该现象的原因与氧化锰材料本身的半导体特性，即该类材料导电性差有关。由于电解液中的离子直接参与电荷存储过程，因此电解液的本质特性对赝电容性能的发挥有重要影响，如电解液的种类、酸碱度、浓度、添加剂及温度等。目前研究结论表明，电荷在氧化锰中的储存包含两种机理：一种是电解液中的金属阳离子或质子在氧化锰材料表面发生吸附/脱附过程；另一种是电解液中的阳离子在氧化锰材料近表面及体相区域进行嵌入/脱嵌，发生快速可逆的氧化还原反应，锰氧化态在 Mn^{3+} 与 Mn^{4+} 之间变化。氧化锰电极材料在一价金属阳离子电解液中的电容存储为单一电子转移过程，而关于多价态金属离子电解液的使用几乎没有文献报道。研究者假定多价态金属离子在氧化锰体相中的嵌入/脱嵌会使电子并发地转移到活性物质中，如一个二价阳离子可以还原两个 Mn^{4+} 为两个 Mn^{3+}，产生一个高的电荷容量储存。

MnO_2 作为超级电容器电极材料表现出巨大的潜能，但是要真正实用化仍需从以下几方面展开研究：(1) 设计具有高比容量的 MnO_2 纳米材料，结合 MnO_2 晶型与电容性能之间的关系，结合电极过程动力学和储能机理，指导新材料设计；(2) 增强 MnO_2 纳米材料的导电性，MnO_2 与一些导电性好的碳材料复合，可以改善材料的电化学性能；在 MnO_2 晶格中掺入合适的其他过渡金属元素，以改善 MnO_2 的电导率和微观结构，提高电极材料的电化学特性；利用无机-有机杂合材料协同效应，以导电聚合物为导电衬底，在衬底表面原位形成一层 MnO_2 纳米结构，从而形成合适的微观形态，是提高电极材料电化学性能的有效途径。

8.3.3 钴系氧化物

钴的氧化物主要有 CoO、Co_2O_3 和 Co_3O_4，而用作超级电容器电极材料多为 Co_3O_4。Co_3O_4 具有丰富的氧化还原活性、大的比表面积、高的电导率、高的理论比电容（3560F/g）、高寿命及很强的稳定性，是一种很理想的超电容材料。Co_3O_4 属于尖晶石结构，是一种典型的 p 型半导体材料，禁带宽度为 1.5eV。Co_3O_4 的化学性能稳定、存储量丰富、价格较低、不易溶于弱酸和弱碱，露置于空气中易吸收水分。Co_3O_4 作为超级电容器电极材料的反应机理，主要是其与电解液中的氢氧根离子发生氧化还原反应，导致钴离子在二价、三价、四价之间发生转变，形成的电容以赝电容为主，其在KOH电解液中发挥出最优的电容性质。

通过调节反应温度、反应时间、基质溶液浓度、络合剂等参数，可以很容易地控制Co_3O_4电极材料的形貌、结构、尺寸等特性，得到各种如纳米片、纳米线、空心球、海胆状、纳米管等纳米结构，达到提高Co_3O_4电容性能的目的。Zheng等人在层状多孔碳中插入Co_3O_4纳米柱阵列，作为一种高性能超级电容器用免黏结剂的三维电极。三维分层碳纳米结构不仅提供了分层的多孔通道，还拥有更高的电导率及杰出的结构机械稳定性。根据蓝蝴蝶翅膀上的鳞片衍生出分层多孔氮掺杂碳和Co_3O_4纳米柱阵列，具有更高的比电容，电流密度为0.5A/g时，质量比电容量达到978.9F/g，循环稳定性佳，2000次循环后容量保持率为94.5%，碳化的鳞片状Co_3O_4复合物制成的超级电容器，其最大的能量密度达到99.11W·h/kg。Zou等人在氮掺杂石墨烯泡沫（NGF）上垂直生长了中孔Co_3O_4纳米片，孔径为3~8nm。由于Co_3O_4和NGF的协同增强作用及复合材料的3D分级结构，这种复合材料可以表现出优异的电化学性能。相较于Co_3O_4/Ni电极，比电容可以从320F/g提高到451F/g。Liang等人通过在MoS_2纳米片表面修饰超细Co_3O_4纳米颗粒合成了MoS_2/Co_3O_4复合材料，这种复合材料既保留了MoS_2纳米片的优点，同时MoS_2和Co_3O_4纳米颗粒的协同增强效应使其具有很好的电化学性能，0.5A/g下的比电容为69mA·h/g，500次循环后容量保持率为87%，相较于纯的MoS_2和Co_3O_4都有明显的提高。Naveen等人制备了一种Co_3O_4和石墨烯纳米片（GNS）的复合材料，以研究石墨烯在复合材料中的作用。结果表明石墨烯纳米片的引入可以减小Co_3O_4团聚物的粒径大小，改善复合材料的导电性，从而获得和纯Co_3O_4相比更佳的电化学性能。采用循环伏安法在5mV/s的扫速下，复合材料的容量可以达到650F/g，此外，组装的对称型Co_3O_4-GNS超级电容器也具有极佳的功率性能。Zhou等人合成了一种空心、蓬松的笼状结构Co_3O_4（HFC-Co_3O_4），由大量超薄的纳米片所构成，比表面积可以达到245.5m^2/g。这种分级的结构可以最小量化材料中的晶界，使得充放电时的离子迁移更加容易，2~3nm超薄的纳米片则提供了高活性的场所进行材料表面的氧化还原反应。在1A/g下的比电容可以达到948.9F/g，40A/g时也仍然高于500F/g。

8.4 超级电容器新材料

8.4.1 金属-有机骨架

金属-有机骨架（MOF），又称多孔配位聚合物，由于其结构多样、具有高度多孔的骨架和可在分子水平上设计的可调谐化学成分，在电化学储能领域受到越来越多的关注。MOF具有非常轻、非常高的比表面积（高达6000m^2/g）、大的孔隙体积和确定的孔径等特点，1995年由Yaghi定义。MOF的整个框架由配位键和其他弱键的协同作用（如氢键、p-p堆叠和范德华相互作用）。MOF可以从相对便宜的前体中获得，无机盐（硝酸盐、硫酸盐和氯化物）通常用作金属离子前驱体，有机连接物通常是多齿有机配体，如羧酸盐、唑或腈。MOF提供了定制单个原子活性金属中心的机会，可以降低质量消耗，增加电极/

电解质界面。在微孔范围内（0.6~2nm）的可控孔径和结合赝电容氧化还原金属中心的能力使 MOF 成为超级电容器的电极材料。

2011 年，在 1mol/L 的 LiOH 水电解质和 0.1mol/L 的 $TBAPF_6$（四丁基六氟磷酸铵）/乙腈非水电解质中使用了一些羰基 MOF，首次证明了利用 MOF 作为超级电容器的电极材料。Co8-MOF-5（$Zn_{3.68}Co_{0.32}O(BDC)_3(DEF)_{0.75}$）显示出非常低的比电容（低于 5F/g），但两者在 0.1mol/L TB APF_6/乙腈电解质中的 1000 次循环电容损失较低。然而，在水电解质中，羰基 MOF 具有相对较高的比电容（约 200F/g）。镍基 MOF 的比电容高达 634F/g。然后，用 23 种不同 MOF 制成的纳米晶体作为超级电容器的电极材料。锆基 MOF 具有最高的质量电容（726F/g）。一般来说，纯净 MOF 的电化学行为主要取决于颗粒尺寸、活性比表面积、孔径分布、结晶度和官能团的有效性。在 2mol/L 的 KOH 水电解质中测试了类似拓扑的镍基 MOF [$Ni(L)(DABCO)_{0.5}$]，在这种 MOF 中，DABCO 为 1,4-二氮杂环[2,2,2]-辛烷，L 是一种功能化配体，如 NDC（1,4-萘二甲酸）、ADC（9,10-蒽二甲酸）或 TM（2,3,5,6-四甲基-1,4-苯二甲酸）。一种基于 Ni-DMOF-ADC 的电极比其他两种电极具有更高的电容、更好的倍率性能。在 DMF 溶剂中加入 $NiCl_2 \cdot 6H_2O$ 与 H3BTC（1,3,5-苯三羧酸），得到了 $Ni_3(BTC)_2 \cdot 12H_2O$ MOF 材料。大多数 MOF 作为超级电容器的电极材料，导电性能差是其最大的缺点。因此，科学家们研究了结合 MOF 和碳基物种（CNT、RGO 和 C_3N_4）的复合材料。碳材料有望提高电子电导率，从而增强电荷转移特性。此外，具有高电子电导率（大于 5000S/m）的导电 MOF、Ni_3（2,3,6,7,10,11-六甲基三烯）$_2$（$Ni_3(HITP)_2$）作为 EDLC 中的独立电极材料，没有导电添加剂或其他黏结剂。$Ni_3(HITP)_2$ 由堆积的 p 共轭二维层组成，比表面积为 $630m^2/g$，由直径为 1.5nm 的一维圆柱形通道穿透。在高压下，$Ni_3(HITP)_2$ 粉末可压制成密度为（0.6 ± 0.2）g/cm^3 的自支撑球团。对称超级电容器 $Ni_3(HITP)_2/Ni_3(HITP)_2$ 的等效串联电阻（ESR）低至 0.47Ω（$0.61\Omega/cm^2$）。它显示电容损失 10%，在 10000 次循环后 ESR（等效串联电阻）没有增加。当组装 $Ni_3(HITP)_2$ 小球时，增加压力即可将电极密度提高到（1.1±0.2）g/cm^3。这些密度较大的颗粒使体积电容显著提高，高达 $118F/cm^3$，而且对质量电容和 ESR 几乎没有负面影响。在 $Ni_3(HITP)_2$ 中的大开放通道可以使电解质迅速移动，并减少重复充放电循环中的体积变化。TEA^+、$TEA^+ \cdot 7ACN$、$BF4^-$ 和 $BF4^- \cdot 9ACN$ 的离子直径分别为 0.68nm、1.3nm、0.46nm 和 1.16nm，可适应 $Ni_3(HITP)_2$ 的二维通道。一般来说，MOF 具有刚性和柔性结构，可以进一步调控以优化电导率。

8.4.2 共价有机骨架

2005 年，Yaghi 等人设计了通过共价键连接的多孔有机骨架，即共价有机骨架（COF）的第一个成功例子。COF 代表了一种有吸引力的新型共价多孔结晶聚合物，使大量有机物能够以原子精度精细地集成到有序结构中。通过单元之间的各种有机反应形成强共价键，使 COF 具有明确和可预测的二维或三维晶体结构。与 MOF 相似，COF 具有高比表面积、可控孔径和高度柔性的分子设计。这一领域的迅速发展引起了从有机合成到储能等各个领域的科研人员越来越多的兴趣。

普遍认为 COF 的形成反应应该是可逆反应，因为使用不可逆反应很难将连接的有机聚合物结晶成固体。在 COF 的制备方法中，溶剂热合成是最常见的方法之一。通常，单体和混合溶剂被放置在 Pyrex 玻璃管中并脱气。在此之后，将管密封并加热到指定的温度（80~120℃）以一定的反应时间（2~9 天）。最后，收集沉淀，用合适的溶剂洗涤，在真空下干燥，得到 COF 固体粉末。为了快速、高效地合成 COF，在溶剂热条件下应用了微波反应，使大规模合成 COF 成为可能。除溶剂热法外，还采用离子热法生产结晶多孔 COF。用 400℃熔融的 $ZnCl_2$ 盐作为可逆反应的溶剂和催化剂。离子热合成中最大的缺点之一是反应条件苛刻，结晶度控制差。单层 COF 可以生长在一些衬底，如清洁银、高度有序热解石墨（HOPG）和石墨烯的表面。

早期 COF 中硼酸酯链骨架水解和氧化稳定性差，阻碍了其在储能中的应用。直到 2013 年，将具氧化还原活性的 2,6-二氨基蒽醌（DAAQ）基团结合到由 b-酮胺连接的二维 COF 中时，在质子电解质中的双电子、双质子还原作用下，DAAQ 基团可还原为 9,10-二羟基亚蒽，且氧化还原反应过程中电子转移迅速。此外，在 1~1000mV/S 范围内，峰值电流与扫描速率成正比。基于 DAB-TFP COF 的电极显示电容为（48±10)F/g。经过 10 次充放电循环后，其电容稳定在（40±9)F/g，在 5000 次循环后没有进一步明显下降。含有 COF 的吡啶（TaPa-Py COF）在 1mol/L 的 H_2SO_4 电解质中也表现出可逆的电化学过程。TaPa-Py COF 的氧化还原行为来自氧化还原活性吡啶基团。在电化学过程中，TaPa-Py COF 的吡啶首先吸收 H^+ 并获得电子，形成吡啶自由基。在下一个连续步骤中，吡啶自由基获取另一个 H^+ 并获得一个电子，转变为二氢吡啶（DHP）。在 20mV/s 下，TaPa-Py COF 的电容为 180.5F/g。在电流密度为 0.5A/g 时，电容为 209F/g，基于 TaPa-Py COF 的对称超级电容器在 6000 次充放电循环后表现出良好的循环稳定性，电容保持率为 92%。为了提高二维 COF 的电导率，最近在 COF 薄膜（约 1μm）的孔隙中实现了 EDOT 的简单电聚合。PEDOT 修饰的 DAAQ-TFP COF 在还原和氧化蒽醌基方面表现出明显的氧化还原峰。它的电容比纯 DAAQ-TFP COF 高 197F/g，在 10C 和 100C 充电/放电时保留了 80%以上的电容。令人惊讶的是，它在极高的充电速率 1600C 下，甚至保留了 50%的最大电容对应的充电时间只有 2.25s。

8.4.3 MXenes

MXenes 是最近发现的二维过渡金属碳化物和碳氮化物家族（Nb_2C、Ti_3C_2、Ta_4C_3 等），自 2011 年以来受到越来越多的关注。它们由 $M_{n+1}X_n$ 层组成，其中 M 是前过渡金属，X 是碳或氮，n=1、2 或 3。它们表现出各种独特的性能，如高导电性、良好的力学性能和亲水性，使它们在储能应用中具有大的吸引力。例如，基于 Ti_3C_2 的 MXenes 具有高达 7000S/cm 的电子电导率。在 2013 年，对 $Ti_3C_2T_x$ 作为超级电容器电极材料的初步研究表明，在水电解质中嵌入 Li^+、Mg^{2+} 或 Al^{3+} 等阳离子的容量为 50~100F/g。由于碳的低密度（小于 0.5~1g/cm³），碳基电极的体积电容通常被限制在 300F/cm³ 以下。在水电解质中，$Ti_3C_2T_x$ 的体积电容高达 900F/cm³，与水合 RuO_2 相当。与其他二维材料相似，生产过程中 MXene 薄片的重新堆积限制了对电解质离子的可及性，阻碍了它们表面的充分利用。通过将多层叠层分离成少层薄片，提高了 MXene 的储能性能，增加了电化学活性表面积。另一种提高 MXene 电化学性能的有效策略是引入层间间隔。经过肼处理的 Ti_3C_2 基 MXene 在酸性电解质中的电容大大提高了 250F/g，即使 MXene 电极厚达 75mm，它也具有良好的循环稳定性。除了在 $Ti_3C_2T_x$ 层之间产生药丸效应，改善对活动位点的作用之外，肼插层到二维碳化钛中，能减少 F、OH 表面基团和插层水的数量，使其表面化学发生变化。

此外，聚合物（如聚吡咯和聚乙烯醇）的插层也促进了超级电容器电极中的电荷传输。例如，$Ti_3C_2T_x$ MXene 与带电荷的聚二烯丙基二甲基氯化铵（PDDA）或电中性聚乙烯醇（PVA）混合，以产生柔性独立的 $Ti_3C_2T_x$/聚合物薄膜。PDDA 是一种阳离子聚合物，而 $Ti_3C_2T_x$ 片带负电。PVA 在水中具有良好的溶解度，沿其骨架具有较高浓度的羟基。所制备的复合材料具有柔性和高的电子电导率。与纯的 $Ti_3C_2T_x$ 或 PVA 薄膜相比，$Ti_3C_2T_x$/PVA 复合材料的拉伸强度显著提高。聚合物在 MXene 薄片之间的插层和限制不仅提高了 MXene/PVA 复合膜的柔韧性，也增强了 MXene/PVA 复合膜的阳离子插层。此外，PPy/$Ti_3C_2T_x$ 复合材料具有较高的质量电容（416F/g），还具有极好的循环稳定性，可高达 25000 次。

虽然随着碳纳米管的加入，MXene 复合电极的密度略有下降，但对于夹层状 MXene/CNT 复合材料，仍可获得较高的体积电容。在 10A/g 下它产生的体积电容约为 $300F/cm^3$，由于循环过程中 MXene 薄片之间逐渐的电解质润湿，在 1000 次循环之后达到 $350F/cm^3$。有趣的是，在钾盐化学插层后，末端氟被成功地取代为含氧官能团。这种表面化学的变化导致材料在硫酸溶液中的电容增加了 4 倍。

在 1mol/L $LiClO_4$ 有机电解质中，Nb_2O_5/C/Nb_2CT_x 复合材料在充放电时间为 4min 时，具有 $660mF/cm^2$（275F/g）的高电容。这种电极的厚度为 50mm，质量负荷为 $2.4mg/cm^2$，与商业装置相当。良好的电化学性能归功于 Nb_2O_5 的快速电容响应、Nb_2CT_x 的高电子电导率和无序碳提供的快速电荷转移途径。除单电极和半电池研究外，最近还研究了基于 Nb_2CT_x 的三种锂离子电容器。该 Nb_2CT_x/CNT 薄膜电极可与电池型负极（石墨）或电池型正极（$LiFePO_4$）配对。所有这些锂离子电容器都能够在 3V 电压窗口内工作，具有类似于经典三角形电容形状的畸变充放电剖面。

8.4.4 金属氮化物

金属氮化物（MN，M=V、Ti、W、Mo、Nb 和 Ga）由于其高的电子电导率而成为高性能超级电容器的合适电极材料。VN 电极材料具有较大的理论容量（大于 1000F/g）、金属电子电导率、钒的各种氧化态可逆和快速氧化还原响应及较高的析氢过电位等优点。在 0.5mol/L 的 H_2SO_4、2.0mol/L 的 $NaNO_3$ 和 1.0mol/L 的 KOH 溶液中，VN 的比电容分别为 114F/g、45.7F/g 和 273F/g。因此，KOH 溶液被认为是 VN 电容性能的最佳水电解质。事实上，MN（M=V 或 Ti）是碱性电解质中杂化超级电容器负极材料的一种很有前途的候选材料。人们认识到，氧化层通常出现在 VN 表面，其中 VN_xO_y/OH^- 和 VN_xO_y-OH 相当于电双层和氧化还原赝电容。最近发现，由于在表面形成可溶性钒氧化物（VO_x）的不可逆电化学氧化反应，VN 在水溶液中不太稳定。用 LiCl/PVA 凝胶电解质显著提高了 VN 作为负极的稳定性。在 10000 次循环后，VN 纳米线电极在 LiCl/PVA 凝胶电解液中表现出明显的良好循环稳定性，电容保持率为 95.3%，远优于 5mol/L 的 LiCl 水电解质（仅 14.1%）。VN 的电荷存储机制取决于电解质的性质，在乙腈中使用 NEt_4BF_4 溶液作为电解质时只观察到双层电容。但 NEt_4BF_4/乙腈溶液的比电容比 KOH 水电解质低几个数量级。

WN 在 1mol/L 的 H_2SO_4、1mol/L 的 KOH、3mol/L 的 KCl、3mol/L 的 NaCl、1mol/L 的

LiCl 和 1mol/L 的 $CaCl_2$ 等多种水电解质中的电化学行为已有研究。在 1mol/L 的 KOH 电解质中观察到最高的比电容。同样，在 1mol/L 的 KOH 电解质中，NbN 和 γ-Mo_2N 微晶的最高电容分别为 73.5F/g 和 111F/g，扫描速率为 2mV/s。但它们的电化学稳定性窗口相当窄，NbN 从 1.0V 到 0.7V 和 γ-Mo_2N 从 1.1V 到 0.2V 相对于 Hg/HgO 参比电极。不同的是，在电位范围为 0.7~0V（相对于 Hg/$HgSO_4$ 电极）的 H_2SO_4 或 K_2SO_4 水电解质中，赝电容在酰亚胺衍生 Mo_2N 的扭曲岩盐结构中起着更加突出的作用，而双层电容对氯酰亚胺衍生 Mo_2N 的影响更为显著。当 GaN 介孔膜作为超级电容器电极时，电容在 0.5mA/cm^2 处为 23.11mF/cm^2，在 100mA/cm^2 处为 12.86mF/cm^2。结果表明，金属氮氧化物薄膜能增强 GaN 在酸性电解质中的赝电容。基于 GaN 纳米线/碳纸纳米复合材料的柔性超级电容器表现出 53.2mF/cm^2 的高比电容、高能量和高功率密度（0.30mW·h/cm^3 和 1000mW·h/cm^3）。GaN 纳米线（6.36×10^2S/m）和碳纸（7.5×10^4S/m）具有优异的电子电导率，具有协同增强的电化学性能。

8.4.5 黑磷

越来越多的单层/多层二维纳米材料（如六方氮化硼、过渡金属双卤代烷、二维 COF 和二维 MOF）在各种应用中得到了广泛的研究。在二维纳米材料的大家庭中，黑磷（BP）由于其独特的结构与磷原子的波纹平面同样引起了人们的极大关注，它们通过强层内 P—P 键和弱层间范德华力连接。通过分解弱的层间相互作用，大块黑磷可以被剥离成薄的黑磷片，有几层甚至单层结构。少层黑磷（也称为磷烯）有一个直接带隙，可以通过控制层数调节带隙在 0.30eV 到 2.2eV 之间。此外，BP 相邻的皱褶层之间的大间距为 0.53nm，大于石墨的 0.36nm，与 1T-MoS_2 相的 0.615nm 相当。与其他二维材料相似，黑磷纳米片被用作电极材料和可充电电池中的多硫化物固定器，如锂或钠离子电池和锂硫电池。在超级电容器中对黑磷的探索仍处于起步阶段。以液体剥落的黑磷纳米粒子为柔性电极，在 PVA/H_3PO_4 凝胶电解质中展示了一种柔性全固态超级电容器。扫描速率为 0.005V/s、0.01V/s 和 0.09V/s 时，其电容分别为 17.78F/cm^3（59.3F/g）、13.75F/cm^3（48.5F/g）和 4.25F/cm^3（14.2F/g）。经过 30000 次循环后，电容保持率为 71.8%。其能量密度从 0.123mW·h/cm^3 到 2.47mW·h/cm^3，最大功率密度为 8.83W/cm^3。通常，水向黑磷纳米片的扩散会导致水和磷之间的不可逆反应。有趣的是，这种反应在液体剥落的黑磷纳米片上能够产生复杂的氧官能团（如 PO_x），这些在黑磷纳米片表面产生的氧官能团可以作为 H^+ 的可逆吸附/解吸中心，这有利于显著增强比电容。

8.4.6 其他材料

尖晶石 $LiMn_2O_4$ 由于其成本低、环境友好、富含大量的锰，被认为是锂离子电池最有前途的正极材料之一。它的电荷储存动力学受 Li^+ 在 $LiMn_2O_4$ 结构中的扩散控制的，不适合超级电容器。通过与 LiOH 在 500℃空气中煅烧的固相反应，将纳米多孔 Mn_3O_4 薄膜转化为纳米多孔 $Li_xMn_2O_4$（$1<x<2$）。在 ITO 衬底上沉积的纳米多孔 $Li_xMn_2O_4$（$1<x<2$）薄膜的工作电极在扫描速率为 10mV/s（对应于 2min 的充电时间）下具有 55mA·h/g 的可逆容量。在 $LiMn_2O_4$ 中，其理论容量为 148mA·h/g。纳米多孔 $Li_xMn_2O_4$ 的低容量是由于纳

米多孔 $Li_xMn_2O_4$ 的表面只含有 $Mn^{3/4+}$，在四面体位置呈现出还原 Mn^{2+}（非活性）的尖晶石结构。但即使在 1000C 时，它仍然显示出 20mA·h/g 的可逆容量，对应于每摩尔 $Li_xMn_2O_4$ 中的 0.1mol 锂。根据电流与扫描速率的关系，纳米多孔 $Li_xMn_2O_4$ 中的电荷存储大多来自赝电容，而不是电双层电容。Wu 等人报道了以纳米多孔结构为电极的非化学计量 $Li_xMn_2O_4$（$0.5<x<1$）以 MnO_2 纳米管为前驱体，在 180℃下，采用水热法制备了纳米多孔 $LiMn_2O_4$ 尖晶石。推测由于反应温度低，Li^+ 不能完全渗透到 MnO_2 的内部形成 $LiMn_2O_4$，样品中存在一定数量的相杂质。在 0.3A/g 时其比电容为 189F/g（约 63mA·h/g）当电流速率提高到 12A/g 时，可以达到 166F/g（55mA·h/g）的稳定比电容。经过 1500 次循环后，没有明显的容量衰减。通常，单用纳米粒子或纳米线不能解决扩散问题，除非每个纳米粒子或纳米线都能暴露在液体电解质中。纳米多孔材料可以创造这种理想的结构，从而带来插层赝电容。此外，其他 M_xMnO_2（M=Na 和 K）材料也被用作超级电容器的电极材料。Na^+ 和 K^+ 的尺寸大于 Li^+，M_xMnO_2 的结构不是尖晶石，而是层状的。在 M_xMnO_2 的 CV 曲线中发现了小的氧化还原峰，表明了赝电容特性，这归因于 Na^+ 和 K^+ 在块体表面附近的固体晶格中的插层。

最近几年来，$LaMnO_3$ 纳米粒子作为超级电容器的电极材料。理想的 $LaMnO_3$ 显示了立方钙钛矿结构，其中镧原子位于体中心位置，锰原子位于立方角位置，氧原子位于中边位置。发现氧插层对作为超级电容器电极的 $LaMnO_3$ 钙钛矿纳米粒子有显著的影响。$LaMnO_{3.09}$ 和 $LaMnO_{2.91}$ 的比电容分别达到 586F/g 和 609F/g。有趣的是，氧插层是 $LaMnO_3$ 钙钛矿超级电容器电极的主要电荷储存机制。在 $LaMnO_{3.09}$ 中，O_2 的扩散速率近似为 $5.6\times10^{-12}cm^2/S$。随着氧空位的引入，$LaMnO_{2.91}$ 中的扩散速率增加一倍（$1.2\times10^{-11}cm^2/S$）。钙钛矿材料可以作为超级电容器电极材料为氧离子基电荷存储开辟一种新的方式。

复习思考题

8-1　超级电容器与二次电池相比，有哪些优点？

8-2　简述双电层电容与赝电容的不同之处。

8-3　双电层电容器材料有哪些？简述其特点。

8-4　常用作超级电容器材料的金属氧化物有哪些？简述其特点。

参考文献

[1] Cote A P, Benin A I, Ockwig N W, et al. Porous, crystalline, covalent organic frameworks [J]. Science, 2005, 310 (5751): 1166~1170.

[2] Chmiola J, Yushin G, Gogotsi Y, et al. Anomalous increase in carbon capacitance at pore sizes less than 1 nanometer [J]. Science, 2006, 313 (5794): 1760~1763.

[3] Wang Z L, Song J H. Piezoelectric nanogenerators based on zinc oxide nanowire arrays [J]. Science, 2006, 312 (5771): 242~246.

[4] Simon P, Gogotsi Y. Materials for electrochemical capacitors [J]. Nature Materials, 2008, 7 (11): 845~854.

[5] Brezesinski T, Wang J, Tolbert S H, et al. Ordered mesoporous alpha-MoO_3 with iso-oriented nanocrystal-

line walls for thin-film pseudocapacitors [J]. Nature Materials, 2010, 9 (2): 146~151.

[6] Chmiola J, Largeot C, Taberna P L, et al. Monolithic carbide - derived carbon films for micro - supercapacitors [J]. Science, 2010, 328 (5977): 480~483.

[7] Miller J R, Outlaw R A, Holloway B C. Graphene double-layer capacitor with ac line-filtering performance [J]. Science, 2010, 329 (5999): 1637~1639.

[8] Colson J W, Woll A R, Mukherjee A, et al. Oriented 2D covalent organic framework thin films on single-layer graphene [J]. Science, 2011, 332 (6026): 228~231.

[9] Wu P, Huang J S, Meunier V, et al. Complex capacitance scaling in ionic liquids-filled nanopores [J]. Acs Nano, 2011, 5 (11): 9044~9051.

[10] Yang X W, Zhu J W, Qiu L, et al. Bioinspired effective prevention of restacking in multilayered graphene films: towards the next generation of high-performance supercapacitors [J]. Advanced Materials, 2011, 23 (25): 2833.

[11] Zhao Y J, Zhang J L, Han B X, et al. Metal-organic framework nanospheres with well-ordered mesopores synthesized in an ionic liquid/CO_2/surfactant system [J]. Angewandte Chemie - International Edition, 2011, 50 (3): 636~639.

[12] Chen T, Qiu L B, Yang Z B, et al. An integrated "energy wire" for both photoelectric conversion and energy storage [J]. Angewandte Chemie-International Edition, 2012, 51 (48): 11977~11980.

[13] El-Kady M F, Strong V, Dubin S, et al. Laser scribing of high-performance and flexible graphene-based electrochemical capacitors [J]. Science, 2012, 335 (6074): 1326~1330.

[14] Feng X, Ding X S, Jiang D L. Covalent organic frameworks [J]. Chemical Society Reviews, 2012, 41 (18): 6010~6022.

[15] Fu Y P, Cai X, Wu H W, et al. Fiber supercapacitors utilizing pen ink for flexible/wearable energy storage [J]. Advanced Materials, 2012, 24 (42): 5713~5718.

[16] Merlet C, Rotenberg B, Madden P A, et al. On the molecular origin of supercapacitance in nanoporous carbon electrodes [J]. Nature Materials, 2012, 11 (4): 306~310.

[17] Morozan A, Jaouen F. Metal organic frameworks for electrochemical applications [J]. Energy & Environmental Science, 2012, 5 (11): 9269~9290.

[18] Wang G P, Zhang L, Zhang J J. A review of electrode materials for electrochemical supercapacitors [J]. Chemical Society Reviews, 2012, 41 (2): 797~828.

[19] Xuan W M, Zhu C F, Liu Y, et al. Mesoporous metal - organic framework materials [J]. Chemical Society Reviews, 2012, 41 (5): 1677~1695.

[20] Augustyn V, Come J, Lowe M A, et al. High-rate electrochemical energy storage through Li^+ intercalation pseudocapacitance [J]. Nature Materials, 2013, 12 (6): 518~522.

[21] Chen X L, Qiu L B, Ren J, et al. Novel electric double-layer capacitor with a coaxial fiber structure [J]. Advanced Materials, 2013, 25 (44): 6436~6441.

[22] DeBlase C R, Silberstein K E, Truong T T, et al. Beta-ketoenamine-linked covalent organic frameworks capable of pseudocapacitive energy storage [J]. Journal of the American Chemical Society, 2013, 135 (45): 16821~16824.

[23] Deschamps M, Gilbert E, Azais P, et al. Exploring electrolyte organization in supercapacitor electrodes with solid-state NMR [J]. Nature Materials, 2013, 12 (4): 351~358.

[24] Tang W, Zhu Y S, Hou Y Y, et al. Aqueous rechargeable Lithium batteries as an energy storage system of superfast charging [J]. Energy & Environmental Science, 2013, 6 (7): 2093~2104.

[25] Xiao X, Peng X, Jin H Y, et al. Freestanding mesoporous VN/CNT hybrid electrodes for flexible all-solid

-state supercapacitors [J]. Advanced Materials, 2013, 25 (36): 5091~5097.

[26] Aravindan V, Gnanaraj J, Lee Y S, et al. Insertion-type electrodes for nonaqueous li-ion capacitors [J]. Chemical Reviews, 2014, 114 (23): 11619~11635.

[27] Brozek C K, Dinca M. Cation exchange at the secondary building units of metal-organic frameworks [J]. Chemical Society Reviews, 2014, 43 (16): 5456~5467.

[28] Cai M Z, Outlaw R A, Quinlan R A, et al. Fast response, vertically oriented graphene nanosheet electric double layer capacitors synthesized from C_2H_2 [J]. Acs Nano, 2014, 8 (6): 5873~5882.

[29] Chen L B, Bai H, Huang Z F, et al. Mechanism investigation and suppression of self-discharge in active electrolyte enhanced supercapacitors [J]. Energy & Environmental Science, 2014, 7 (5): 1750~1759.

[30] Kim S K, Koo H J, Lee A, et al. Selective wetting-induced micro-electrode patterning for flexible micro-supercapacitors [J]. Advanced Materials, 2014, 26 (30): 5108~5112.

[31] Kondrat S, Wu P, Qiao R, et al. Accelerating charging dynamics in subnanometre pores [J]. Nature Materials, 2014, 13 (4): 387~393.

[32] Bonaccorso F, Colombo L, Yu G H, et al. Graphene, related two-dimensional crystals, and hybrid systems for energy conversion and storage [J]. Science, 2015, 347 (6217): 41.

[33] DeBlase C R, Hernandez-Burgos K, Silberstein K E, et al. Rapid and efficient redox processes within 2D covalent organic framework thin films [J]. Acs Nano, 2015, 9 (3): 3178~3183.

[34] Griffin J M, Forse A C, Tsai W Y, et al. In situ NMR and electrochemical quartz crystal microbalance techniques reveal the structure of the electrical double layer in supercapacitors [J]. Nature Materials, 2015, 14 (8): 812~819.

[35] Hu C G, Song L, Zhang Z P, et al. Tailored graphene systems for unconventional applications in energy conversion and storage devices [J]. Energy & Environmental Science, 2015, 8 (1): 31~54.

[36] Janoschka T, Martin N, Martin U, et al. An aqueous, polymer-based redox-flow battery using non-corrosive, safe, and low-cost materials [J]. Nature, 2015, 527 (7576): 78~81.

[37] Lin M C, Gong M, Lu B G, et al. An ultrafast rechargeable aluminium-ion battery [J]. Nature, 2015, 520 (7547): 325.

[38] Wang B J, Fang X, Sun H, et al. Fabricating continuous supercapacitor fibers with high performances by integrating all building materials and steps into one process [J]. Advanced Materials, 2015, 27 (47): 7854~7860.

[39] Wang F X, Wang X W, Chang Z, et al. A quasi-solid-state sodium-ion capacitor with high energy density [J]. Advanced Materials, 2015, 27 (43): 6962.

[40] Wen R T, Granqvist C G, Niklasson G A. Eliminating degradation and uncovering ion-trapping dynamics in electrochromic WO_3 thin films [J]. Nature Materials, 2015, 14 (10): 996.

[41] Chen C C, Fu L J, Maier J. Synergistic, ultrafast mass storage and removal in artificial mixed conductors [J]. Nature, 2016, 536 (7615): 159.

[42] Fu K, Wang Y B, Yan C Y, et al. Graphene oxide-based electrode inks for 3d-printed lithium-ion batteries [J]. Advanced Materials, 2016, 28 (13): 2587.

[43] Liu C F, Zhang C K, Song H Q, et al. Mesocrystal MnO cubes as anode for Li-ion capacitors [J]. Nano Energy, 2016, 22, 290~300.

[44] Salanne M, Rotenberg B, Naoi K, et al. Efficient storage mechanisms for building better supercapacitors [J]. Nature Energy, 2016, 1, 16070.

[45] Wang F X, Wu X W, Li C Y, et al. Nanostructured positive electrode materials for post-lithium ion batteries [J]. Energy & Environmental Science, 2016, 9 (12): 3570~3611.

[46] Mannix A J, Kiraly B, Hersam M C, et al. Synthesis and chemistry of elemental 2D materials [J]. Nature Reviews Chemistry, 2017, 1 (2): 14.

[47] Yang C W, Yu X J, Plessw P N, et al. Rendering photoreactivity to ceria: The role of defects [J]. Angewandte Chemie-International Edition, 2017, 56 (45): 14301~14305.

[48] Zhan C, Lian C, Zhang Y, et al. Computational insights into materials and interfaces for capacitive energy storage [J]. Advanced Science, 2017, 4 (7): 1700059.

[49] Zheng S H, Wu Z S, Wang S, et al. Graphene-based materials for high-voltage and high-energy asymmetric supercapacitors [J]. Energy Storage Materials, 2017, 6, 70~97.

9 其他新能源材料与器件

9.1 镍氢电池

镍氢电池是一种碱性电池，负极由金属氢化物储氢材料作活性物质，正极为氢氧化镍，电解质为6mol/L氢氧化钾溶液。镍氢电池（Ni/MH）具有能量密度高、功率大、环保、无污染等优点，逐渐取代镍镉电池。镍氢电池分为高压镍氢电池和低压镍氢电池。低压镍氢电池具有以下特点：电池电压为1.2~1.3V，与镍镉电池相当；能量密度高，是镍镉电池的1.5倍以上；可快速充放电，低温性能良好；可密封，耐过充放电能力强；无树枝状晶体生成，可防止电池内短路；安全可靠对环境无污染，无记忆效应等。高压镍氢电池具有如下特点：可靠性强，具有较好的过放电、过充电保护，可耐较高的充放电率并且无枝晶形成。具有良好的比特性。其质量比容量为60A·h/kg，是镍镉电池的5倍；循环寿命长，可达数千次；与镍镉电池相比，全密封、维护少；低温性能优良，在-10℃时，容量没有明显改变。

9.1.1 镍氢电池工作原理

镍氢电池的工作原理如图9-1所示。

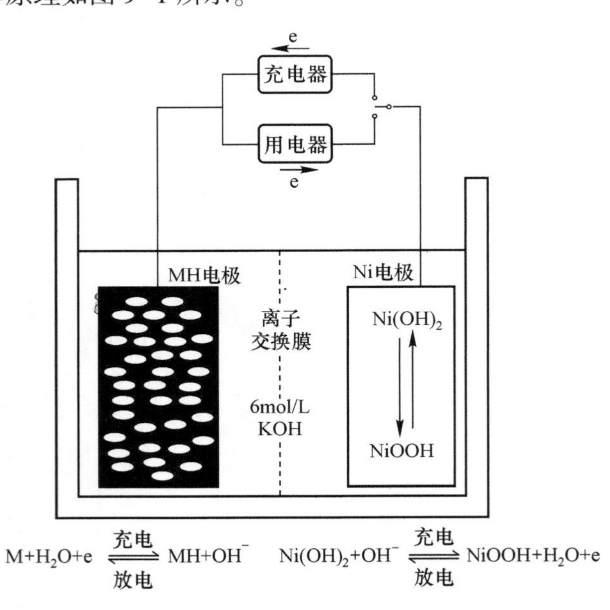

图9-1 镍氢电池工作原理示意图

充电过程中，$Ni(OH)_2$被氧化为羟基氧化镍（NiOOH），同时羟基脱去一个H^+，其在正极材料与电解液界面处电解液中的OH^-结合生成水。在负极材料表面，水分子被催化还原成为一个氢原子和一个OH^-。氢原子吸附在储氢合金表面成为吸附氢，随后通过扩散作用进入合金中形成金属氢固溶体，放电过程则是充电过程的逆反应，即正极NiOOH还原为$Ni(OH)_2$，负极储氢合金脱氢。

镍氢电池在正常的充电过程中，所发生的电极和电池反应如下：

正极反应： $$Ni(OH)_2 + OH^- \longrightarrow NiOOH + H_2O + e \quad (9\text{-}1)$$

负极反应： $$M + H_2O + e \longrightarrow MH + OH^- \quad (9\text{-}2)$$

总反应： $$M + Ni(OH)_2 \longrightarrow MH + NiOOH \quad (9\text{-}3)$$

镍氢电池在正常的放电过程中，所发生的电极和电池反应如下：

正极反应： $$NiOOH + H_2O + e \longrightarrow Ni(OH)_2 + OH^- \quad (9\text{-}4)$$

负极反应： $$MH + OH^- \longrightarrow M + H_2O + e \quad (9\text{-}5)$$

总反应： $$MH + NiOOH \longrightarrow M + Ni(OH)_2 \quad (9\text{-}6)$$

镍氢电池在充放电过程中，正、负极所发生的反应都属于固相转变机制，在反应过程中，没有金属离子进入溶液中。虽然碱性电解质中的水分子参与了充放电过程的电极反应，电解液为强碱性混合溶液，通过质子与氢氧根结合成水及水重新解离为质子和氢氧根，是质子在正负极之间来回移动发挥载体作用。体系中水分子的量是保持恒定的，并不存在电解质组成的改变。因此镍氢电池可以实现完全密封，充放电过程可以看成质子在电池内部从一个电极转移到另一个电极的往复过程。隔膜是正极与负极之间的物理隔段，同时对于抑制充放电过程中的副反应有重要作用。因此，在镍氢电池的充放电过程中，正极是质子源，负极是质子储存体，电解液是质子传递载体，其中正极材料和负极材料中容量较低的决定整个电池的容量。

镍氢电池实际充电过程中，不同的充电控制方法、不匹配的充电控制器及控制失灵等原因均可能造成不同程度的过充电。而电池放电过程中，由于放电截止电位过低，即深度放电，造成电池过放电，或由于电池组中单体电池一致性较差，低容量电池率先达到截止电位，此电池继续放电将发生过放电。在过充电和过放电时，由于活性物质已经完全反应，在正、负极上所发生的反应与正常情况下不同。镍氢电池在进行过充电时，正、负极发生的反应如下：

正极反应： $$4OH^- \longrightarrow 2H_2O + O_2 + 4e \quad (9\text{-}7)$$

负极反应： $$4H_2O + 4e \longrightarrow 2H_2 + 4OH^- \quad (9\text{-}8)$$

$$2H_2O + O_2 + 4e \longrightarrow 4OH^- \quad (9\text{-}9)$$

过充电时，正极上$Ni(OH)_2$已经完全氧化成NiOOH，这时OH^-被氧化为O_2。由于析出的氧气在电极内发生聚集，因此造成局部内压过高容易使正极发生结构破坏，因此即使是较轻微的析氧反应也会给电池容量带来不可逆的损失，严重影响镍氢电池的使用性能。负极析出的氢气不断吸附到负极储氢合金中，当储氢合金吸附氢达饱和之后，氢就会在电池内聚集从而造成内压增高，同时饱和吸附的储氢合金粉化可能性剧增。产生的O_2可以通过隔膜扩散到负极表面，在金属合金作用下得电子形成OH^-，也可以与负极产生的氢气反应生成水，放出热量，使得电池温度急剧升高。

由于储氢合金的催化作用，可以有效地消除过充电产生的氧气和氢气，因此镍氢电池具有一定的耐过充放电的能力。但是随着循环次数的增加，储氢合金的催化活性会逐渐下降，最后失去催化的能力，这样便会造成电池内压的升高。为了保证复合反应的顺利进行，在设计电池的时候，一般都采用正极限容的方法，使正极的容量小于负极的容量，正、负极的容量比在1：1.2~1：1.4之间。因此，在过充电时，正极上析出的氧气通过隔膜扩散到负极与氢复合还原为H_2O进入电解液，从而防止过充电时负极上产生大量的氢气，造成电池内部压力的上升。而在过放电时，正极上析出的氢气扩散到负极被储氢合金吸收，防止负极上析出氧气把合金氧化。

9.1.2 镍氢电池关键材料

镍氢电池主要组件包括正极板（氢氧化镍极板）、负极板（贮氢合金极板）、电解质、隔膜及外壳，还包括一些零部件，如极柱、密封垫等。

9.1.2.1 氢氧化镍正极

镍氢电池镍正极的化学组分主要包括球形$Ni(OH)_2$活性物质、导电剂、黏结剂、特殊添加剂。常用的导电剂包括乙炔黑、石墨粉和氧化亚钴等，但是石墨在充放电过程中会被氧化成二氧化碳，影响电极材料的性能。胶黏剂主要是羧甲基纤维素钠（CMC）和聚四氟乙烯等。正极特殊添加剂主要是抑制氧气产生的锌类氧化物和Y_2O_3、Er_2O_3等稀土氧化物。电池的容量设计是正极限容，所以镍氢电池的整体性能在很大程度上由正极材料性能决定。镍氢电池的正极活性物质是β-$Ni(OH)_2$，在氢氧化镍电极的充放电过程中，并不是简单的放电产物$Ni(OH)_2$和充电产物NiOOH之间的电子的得失。$Ni(OH)_2$有α型和β型两种晶型结构，NiOOH具有γ型和β型两种晶型结构。因此在氢氧化镍电极的充放电过程中，各晶型活性物质之间的转化很复杂。在充放电过程中，各晶型的$Ni(OH)_2$和NiOOH存在一定的对应转变关系：β-$Ni(OH)_2$在正常充放电条件下转变为β-NOOH，相变过程中产生质子的转移，正极材料层间距从0.46nm膨胀至0.484nm，Ni-Ni间距从0.31nm收缩至0.281nm。由于Ni-Ni间距收缩，导致β-$Ni(OH)_2$转变为β-NOOH后，体积缩小15%。但在过充电条件下，β-NiOOH转变为γ-NOOH，此时镍的价态从2.90升至3.67，正极材料层间距膨胀至0.69nm，Ni-Ni间距膨胀至0.282nm，从而导致β-NiOOH转变为γ-NOOH后，体积膨胀44%。体积膨胀会造成电极开裂、掉粉，影响电池容量循环寿命。由于γ-NiOOH在电极放电过程中不能逆变为β-$Ni(OH)_2$，使电极中活性物质不断减少，导致电极容量下降甚至失效。而且，由于$Ni(OH)_2$为p型半导体，其导电性较差，导致活性物质利用率下降，从而导致充电效率和放电容量的降低。

影响$Ni(OH)_2$电化学性能的因素主要有化学组成、粒径大小及分布、表面状态及组织结构等。在化学组成方面，$Ni(OH)_2$放电容量随镍含量升高而增加。较小晶粒的氢氧化镍的电化学活性、活性物质利用率和循环性能较好，因为对于较小的晶粒来说，其质子固相扩散较有利，可以减小充放电时晶体中的质子浓差极化，而且与电解质的接触面积增加，因此可以提高活性物质的利用率。但若晶粒太小，比表面积太大，则密度会降低。因此要求样品的粒度适中且粒径分布合理，使较小的晶粒能填充到大颗粒的间隙中，较佳的情况是氢氧化镍的粒度在3~25μm呈正态分布，中位值在8~11μm。在电极活性物质中添加添加剂对镍氢电池的正极进行改性，可提高镍氢电池正极的性能，对于改善镍氢电池的性能至关重要。但为了提高活性物质利用率、电池的放电平台、大电流放电性能及循环寿命，

通常在 $Ni(OH)_2$ 制备过程中需要加入一定量的钴、锌和镉等添加剂，不同种类及添加剂的添加量会对 $Ni(OH)_2$ 的微晶结构产生一定的影响。有学者研究了钴类添加剂对镍电极性能的影响，通过物理掺杂、化学包覆等方法在镍电极中添加钴类化合物。实验结果显示无论是化学包覆 CoOOH 还是物理掺杂 CoO，都增加了正极活性材料的导电性，提高了电极的活性物质利用率。有研究表明覆钴球型氢氧化镍是用于镍氢电池的一种新型正极材料，用它制作电池时加入黏结剂后，可直接投入泡沫镍中，简化了电池生产工序，不增加成本，而性能显著改善，可提高性能价格比。国内厂家发展的技术“覆钴球型氢氧化镍”在球型氢氧化镍表面通过覆钴或钴的化合物后，与直接添加同量钴粉相比材料利用率提高了5%~10%，循环寿命大于500次，达到国际先进水平。锌类添加剂的主要作用是增强电极稳定性，提高活性物质的利用率，提高析氧电位，细化微晶晶粒，抑制过充时 γ-NiOOH 的产生并可减少电极体积膨胀。

9.1.2.2 储氢合金负极

镍氢电池负极主要化学组分包括贮氢合金活性物质、导电剂、胶黏剂、特殊添加剂。储氢合金具有很强的吸氢能力，是由易生成稳定氢化物的元素 A（如镧、锆、镁、钒、钛等）与其他元素 B（如铬、锰、铁、钴、镍、铜、锌、铝等）组成的金属间化合物。在一定温度和压力条件下，与氢气反应生成金属负极氢化物，实现储氢。该氢化物在一定压力条件下，又会将储存在其中的氢释放出来。储氢合金单位体积储氢的密度，是相同温度、压力条件下气态氢的1000倍，也高于液态氢的密度。根据储氢特性和结构差异，储氢合金主要分为以下几种类型：具有 $CaCu_5$ 相结构的稀土系 AB_5 型储氢合金，具有 Laves 相结构的钛基、锆基 AB_2 型储氢合金，具有 CsCl 相结构的钛铁 AB 型储氢合金和具有 Mg_2Ni 相结构的镁基 A_2B 型储氢合金等。

AB_5 型储氢合金由于高的储氢容量和良好的电化学反应动力学特性，成为最早商业化的储氢合金。AB_5 型储氢合金为 $CaCu_5$ 型六方结构，典型代表为 $LaNi_5$ 合金。一个 $LaNi_5$ 最多可以吸收6个氢原子，形成 $LaNi_5H_6$，对应的理论容量是372mA·h/g。虽然 $LaNi_5$ 合金具有很高的电化学储氢容量和良好的吸放动力学特性，但因合金吸氢后晶胞体积膨胀较大，随着充放电循环的进行，晶格发生变形，导致合金严重分化和比表面积增大，其容量迅速衰减，因此不适合作镍氢电池的负极材料。通过对 AB_5 型合金的组分设计优化，以及采用表面处理等方法，可以改善合金的综合电化学特性。控制合金粉末的颗粒直径，改良其表面的光滑度，也能提高合金的耐久性。改善 AB_5 型储氢合金的循环稳定性、高倍率放电性能（high rate discharge，HRD）等电化学性能的主要措施包括：（1）元素替代，采用镧、铈、镨、钕等调节储氢合金的储氢量，镍元素改进合金的电催化性能，钴减小合金吸放氢前后的体积膨胀、提高合金的循环稳定性，锰调整合金的平衡氢压、减少吸放氢过程的滞后程度，硅、铝降低平衡氢压、提高合金的抗腐蚀性能，铁改善合金的循环稳定性，铜降低合金显微硬度和吸氢体积膨胀，钼、钨提高合金的表面电导性、提高 HRD。（2）改进热处理工艺，提高合金成分的均匀性，减少大块枝晶，提高合金的利用率和放电容量，改善循环稳定性。（3）非化学计量比，有利于合金中第二相的形成，增加晶界，提高合金内部氢原子的扩散速度，降低氢化物的稳定性，提高氢化物电极的电催化活性，提高 HRD。（4）将储氢合金与高电导或高电催化活性的添加剂（石墨、石墨烯、碳纳米管等）进行机械混合来提高电极的导电性能，加快电子和离子的传输速度，提高电极电化学反应动力学性能。(5) 将合金纳米化以减小氢在其内部的扩散距离，提高氢扩散动力学性能。(6) 采用表面改性处理（氟化处理，酸、碱处理，化学镀镍等涂层）溶解掉合金表面氧化物层，提高电极表面导电性，加快电子的传输速度，增大电极的比表面积，促进合金电极与电解液的接触，加快离子传输速度，提高氢化物电极的 HRD。

具有 Laves 相结构的钛基、锆基 AB_2 型储氢合金比 AB_5 型合金的储氢密度更高，可使镍氢电池的能量密度进一步提高。因此，在高容量储氢电极合金的研究开发中，AB_2 型合金放电容量已可达 380~420mA·h/g。锆基合金是一类正在研究开发的高容量储氢合金电极材料，与 AB_5 型混合稀土型合金相比具有以下优势：电化学比容量高（理论比容量为 482mA·h/g）；抗氧化腐蚀能力强，在碱液中合金表面形成一层致密的氧化膜，能有效地阻止电极的进一步氧化，因此合金具有更好的循环性能。但是 AB_2 型锆基合金存在活化困难、高倍率性能较差、自放电率大、成本较高等问题。

与 AB_2 型合金的单相 $CaCu_5$ 型结构相比，多相结构是 AB_2 型合金的重要特征。由于合金的相结构对电化学性能具有重要影响，研究并优化合金的相结构也是提高 AB_2 型合金电极性能的重要途径。在 AB_2 型合金中，C14 与 C15 型 Laves 相都是合金的主要吸氢相。合金中两种 Laves 相的含量及比例因合金成分不同而异，合金 A 侧含钛较高的合金通常以 C14 型 Laves 相为主相，而含锆量较高的合金则以 C15 型 Laves 相为主相。此外，合金 B 侧元素对两种 Laves 相的含量也有一定影响。研究表明，在不同的合金体系中，C15 型和 C14 型两种 Laves 相对合金的电极性能往往表现出不同的作用和影响。通常采用多元合金化及其表面处理来改善其性能。钛基 AB_2 型储氢合金主要有 Ti-Mn 和 Ti-Cr 系，通过掺入镁、钛、锆等可以提高合金的吸氢量；掺入锰、钒、锆等可以调整金属-氢键强度；掺入铝、锰、钴等可以提高合金的电催化活性。

AB 型钛系储氢合金的典型代表是 TiFe。TiFe 合金活化后在室温下能可逆地吸放大量的氢，理论值为 1.86%（质量分数），平衡氢压在室温下为 0.3MPa。TiFe 合金价格便宜，资源丰富，但是活化相对困难。TiFe 合金对气体杂质如 CO_2、CO、O_2 等比较敏感，活化的 TiFe 合金很容易被这些杂质毒化而失去活性。因此，在实际应用中，TiFe 合金的使用寿命受到氢源纯度的限制。为了克服 TiFe 合金的缺点，通常利用铝、锆、镍、钒等元素部分替代铁元素，制备易活化、储氢特性好的合金。

以 Mg_2Ni 为代表的 Mg-Ni 合金具有储氢量大（理论容量近 1000mA·h/g）、资源丰富及价格低廉等优点。常规冶金方法制备的非晶态 Mg_2Ni 吸氢生成的氢化物过于稳定（需在 250℃左右才能放氢），并存在反应动力学性能较差的问题，不能满足 Ni/MH 电池负极材料的工作要求，人们已对晶态和非晶态 Mg-Ni 系合金的制备方法及电化学吸放氢性能进行了大量的研究探索。国内采用置换扩散法及固相扩散法合成了晶态 Mg-Ni 系合金，可使合金的动力学及热力学性能得到显著改善，并具有一定的室温充放电能力。但上述合金的放电容量一般只有 100mA·h/g 左右，且循环寿命很短，不能满足 Ni/MH 电池负极材料的应用要求。通过添加第三种合金元素可以改善 Mg_2Ni 合金的性能，包括降低氢吸收温度和改善吸放氢动力学性能。目前常采用合金元素有锆、钒、锌、铬、锰、钴及多种铁系元素替代 Mg_2Ni 合金中的部分镍，从而降低反应的热效应和放氢温度。此外，通过使镁基合金非晶化，利用非晶合金表面的高催化活性改善镁基合金的吸放氢动力学和热力学性能，提高电化学吸放氢能力。对非晶态 Mg_2Ni-Ni（质量比为 2∶1）合金的研究表明，由于机械合金化使合金形成均一的非晶结构，合金的比表面积及缺陷增多，以及镍的催化作用，该合金的放电容量可进一步提高到 870mA·h/g，但合金的循环稳定性很差，经过 10 次充放电循环放电容量迅速降低为 480mA·h/g。

9.2 核能关键材料

核能是原子核通过核反应，改变了原有的核结构，由一种原子核变成了另外一种新的原子核，即由一种元素变成另外一种元素或者同位素，由此所释放出的能量。当一种元素发生核反应变成另外一种元素时，将原子核内蕴藏着的巨大核能释放出来。爱因斯坦关于能量和质量的相互转换公式为：

$$E = mc^2 \tag{9-10}$$

由于 c^2（c 为真空中的光速）的数值很大（9×10^{16}），因此即使质量很小的物质也可以转换产生巨大的能量。例如，物质质量为 1g 时，E 为 2.5×10^{11}kW·h 的电能，相当于 90MJ 的热能。迄今为止，人工获取核能的途径只有两种：核裂变和核聚变。核裂变和核聚变是两个相反的核反应过程。核裂变能是指某些元素（如铀、钚）的原子核在裂变为较轻原子核的过程中所释放的能量；核聚变能则是某些轻元素（如氢及其同位素氘、氚，以及氦、锂）的原子核聚变为较重原子核的过程中释放出的能量。在核裂变反应和核聚变反应中，都有净的质量减少，减少的质量转化为核能。核能利用过程中会产生高低阶放射性废料，这些核废料的体积并不大，但是却具有非常强的放射性，会对人体造成危害。科学家们一直在探讨核能源的洁净化问题，希望能有一种方法消除核废料。

9.2.1 裂变反应堆材料

发展核能的关键材料包括：先进核动力材料、先进的核燃料、高性能燃料元件、新型核反应堆材料、铀浓缩材料等。铀及其转化物（天然铀、低浓铀的氟化物、氧化物和金属）、核燃料原件及组件（装有铀、钚等裂变物质，放在核反应堆内进行裂变链式反应的核心部件）、其他核材料及相关特殊材料（制造和燃料元件包壳、反应堆控制棒、冷却剂等特殊材料）、超铀元素（周期表中原子序数大于 92 的元素）及其提取设备等关键核能材料的研究已经系统化。核动力是金属锆和铪主要的应用领域，由于核电站中铀燃料消耗及辐照影响，反应堆锆材每年需更换其中的 1/3，使金属锆成为一种消耗性材料，日益显现其战略地位。锆和铪由于提取方法复杂，产量较少，用途特殊，熔点高，属于稀有难熔金属一类。生产锆和铪的主要方法是金属热还原法，要先将锆英砂精矿经氯化，经镁还原制成海绵锆或海绵铪，再熔铸成锭以制造需要的型材。

裂变反应堆材料包括堆芯结构材料与堆芯外结构材料。一般来说，堆芯外结构材料基本上与其他结构材料相一致，而堆芯材料由于身处极强的核辐射中心，会产生强烈的辐照反应，因此必须满足特殊的、严格的核性能要求。

（1）燃料元件用材料。一般认为钍、镤和铀 3 种元素可以作为核燃料。现在的热堆中大多数的核燃料中的作用元素都是铀。在裂变反应中，燃料元件会通过热的形式把能量传递给冷却剂。在这一过程中，若核燃料意外暴露，直接与冷却剂产生了接触，那么裂变反应中产生的物质就会融入冷却剂，从而使系统受到极大的污染与损害。为了避免这种情况的发生，要在燃料的外部包上一层壳，这层壳就是包壳材料。在包壳里面的就是包含着裂变物质的燃料芯体，一般呈棒状、板状和粒状。将燃料芯体完全包裹起来就形成了燃料元件，燃料元件在动力堆中组合成燃料组件。

（2）减速剂材料。如果想实现较好的减速效果，就要使裂变反应中的快中子能量与热中子能量达成一致水平。其中质量数接近中子的轻原子核能够对中子的减速产生促进作用。此外，合格的减速剂要满足中子散射截面较大、吸收截面较小的条件，具有代表性的减速剂有轻水、重水、铍和石墨。

（3）控制材料。控制材料是指能够对反应堆产生控制作用的材料，一般会通过在堆芯中加入或取出易吸收中子的材料对裂变反应进行控制。中子吸收截面是热中子吸收特性的具体表现。而热中子吸收截面的面积大小主要由材料决定，不同的材料会有不同的热中子截面。镉、硼硅酸玻璃等都是比较常用的控制材料。铪通常以直接裸露的金属形态在反应堆中发挥控制作用，大多作为控制棒，它与冷却剂能够很好地相容。在压水堆中，常用的控制棒材料是 B_4C 或者含有 4%镉的银-铟合金。而在沸水堆中，则只使用 B_4C。而其他的控制材料则需要由能够抵抗冷却剂腐蚀的套管包裹起来才能投入使用。通常情况下，控制材料应尽量选择吸收截面较大的材料。

（4）冷却剂材料。从动力堆的角度来看，冷却剂主要起到输送传递堆芯热量的作用，它负责将堆芯中生成的热量送至用热处。这就要求冷却剂必须具备良好的载热性能，同时必须是流体形态。冷却剂会从堆芯中流过，以此带走热量，所以它要具备在大量中子照射下还不会发生分解变质能力。这就解释了为什么有机材料为冷却剂会非常容易发生辐照分解。目前热中子反应堆经常使用的冷却剂有轻水、重水、铍和 CO_2 等，而快中子堆中经常使用液态金属钠作为冷却剂。

9.2.2　聚变反应堆材料

核聚变能是解决人类未来能源需求和环境保护的终极能源。核聚变反应中每个核子放出的能量比核裂变反应中每个核子放出的能量大约要高 4 倍，因此核聚变能是比核裂变更为巨大的一种能量。太阳能就是氢发生核聚变反应所产生的。核聚变反应也称为热核反应，核聚变反应所用的燃料是氘和氚，既无毒性，又无放射性，不会产生环境污染和温室效应气体，是最具开发应用前景的清洁能源。

（1）氚增殖材料。氚增殖材料指的是锂的陶瓷或合金，且它们能够与中子发生反应，进而生成氚。这种材料不少，主要有铝锂合金、偏铝酸锂（$LiAlO_2$）等。通常来说，氚增殖材料需要具备一定的特性，主要集中在以下几点：氚增殖能力要强，化学稳定性要好，反应之后获得的氚也非常容易回收，残留量不能太高。

（2）中子倍增材料。锂的原子密度低，产氚反应的概率相对减小，必须在增殖层中放置中子倍增材料。中子倍增材料是一种核素材料，它能产生（n，2n）和（n，3n）核反应。中子倍增材料选用标准是中子性能好、发生（n，2n）反应截面高、中子吸收小、热导率高、热膨胀小、比热容高、辐照效应小、与结构材料相容。铍的中子倍增性能好、放射性低、热导率和比热容高、密度低，但有毒性、资源有限，还有辐照引起的肿胀问题。铅和铋的中子性能好，但熔点低，不适于与固体增殖材料一起使用，另外，与奥氏体不锈钢的相容性差。通常情况下，材料产生的核反应的截面大小并不相同，含有铍（Be）、铅

(Pb) 和锆 (Zr) 这些元素的化合物或者合金，例如 Zr_3Pb_2、PbO 和 Pb-Bi，一般产生的截面比较大。Zr_5Pb_3 比锆中子倍增截面大，熔点比铅高，有可能作为倍增材料，但缺乏它的性能数据。

(3) 第一壁材料。核聚变反应类似太阳燃烧会产生高温、强流等离子体及高能中子，而面向等离子体的第一壁材料直接包围高温等离子体，服役环境极端苛刻，可以说面向等离子体材料是聚变能开发面临的主要挑战之一。第一壁材料也可称之为面向等离子体部件，它与外部的氚增殖区结构总是紧密联系在一起，它主要的作用就是包容等离子体区和真空区。第一壁材料有三种：第一种是第一壁表面覆盖材料，如石墨、碳化硅等，在选择材料时需注意材料能否与等离子体相互作用；第二种是第一壁结构材料，如钒、钛、铌等合金，这种材料需在高温、高中子负荷下有较长的寿命；第三种是高热流材料和低活化材料等。

9.3　生物质能关键材料

生物质主要是指可再生或循环的有机物质，包括农作物、树木、垃圾、工农业废弃物和其他植物及其残体等。生物质能一般是绿色植物通过叶绿素将太阳能转化为化学能而储存在生物质内部的能量，其来源于 CO_2，燃烧后产生 CO_2，因此可以认为是一种零碳能源。目前世界上拥有生物质资源约相当于目前石油储量的 15~20 倍。生物质能已成为仅次于煤、石油和天然气的第四大能源，约占全球总能耗的 14%。生物质能材料有种类多、分布广、硫氮含量低、灰分少、污染少的优点，但其水分含量高、热值及热效率低，体积大且不易运输。传统生物质能主要包括农村生活用能，如薪柴、秸秆、稻草、稻壳及其他农业生产的废弃物和畜禽粪便等；现代生物质能是可以大规模应用的生物质能，包括现代林业生产的废弃物、甘蔗渣和城市固体废物等。

9.3.1　能源植物

植物油主要来自大豆、油菜籽等油料作物，此外，油棕、黄连木等油料林木果实，工程微藻等水生植物，餐饮废油等，也是重要的资源。在生物质能利用领域，植物油主要用于生产液体燃料——生物柴油，它是优质的石油柴油代用品。从 20 世纪中期开始，世界上许多国家和地区就开始了生物柴油原料选择利用的研究，选择了一些可利用的植物种类，并建立了一批生物柴油原料利用基地。全球液体燃料油 80%来自木本、草本栽培油料作物和藻类。目前，发达国家用于规模生产生物燃料油（生物柴油）的原料油有大豆油、油菜籽油、棕榈油。

我国幅员辽阔，地处温带和亚热带，植物资源丰富，含油植物有 400 多种，其中主要有油菜、花生、大豆、棉（籽）、向日葵、芝麻、蓖麻、油桐、油棕、光皮树、椰子、桉树、油茶等。但是，作为能源用途的植物油料资源非常有限。2020 年，我国油料产量达 3585 万吨，较 2019 年增加了 92 万吨，同比增长 2.6%。2019 年中国花生产量为 1752 万吨，较 2018 年增加了 19 万吨；油菜籽产量 1348 万吨，较 2018 年增加了 20 万吨；芝麻产量为 47 万吨，较 2018 年增加了 4 万吨。这些油料植物是我国食用油的主要来源，不可能用于能源用途。所以，发展我国的生物燃料油工业必须在不与食用资源争地的前提下大力发展油料植物资源。光皮树耐贫瘠、抗干旱，适于石灰岩山地生长，籽粒油量较高，是比较理想的生物燃料油生产原料。绿玉树、山桐子、黄连木等木本植物都具有较高的单位面积经济产量或生物量，以其作为生物柴油的原料，经济上也是可行的。

在自然界生长着从其机体中可直接取得像石油那样液体的植物。这样的液体，不需加工或只需简单加工即可作为内燃机的燃料作用。人们把这种植物称为“石油植物”和“能源植物”。桉树所含的可燃性油质比率较大，大洋洲生长的一种桉树，含油率高达4.1%，加上高沸点燃料，共占植物鲜重的7.8%，也就是说，从1t桉树中可以提炼87kg桉油。绿玉树、续随子、三角大戟等热带和亚热带半干旱地区生长的乔木，削破树干能流出牛奶状的液体，其主要成分是甾醇（可与其他物质混合成一种原油）。续随子在中国栽培已久，其种子含油达50%。生长在日本冲绳的绿玉树，每公顷6.25万株约产油7570L。霍霍巴是黄杨拉希蒙得木属的一种野生灌木，原产于美国、以色列、墨西哥等国的热带沙漠地区，抗碱抗旱能力很强。它的种子含一种清澈透明的浅色液体蜡，含蜡量为种子重的50%左右，人工栽培每公顷每年可产蜡1050kg。

芒属作物具有很强的光合作用能力，这种植物生长迅速，一季就能长3m高，所以当地人称它为象草。象草对生长环境要求不高，从亚热带到温带的广阔地区到处都能生长，而且无需施用化肥，仅凭根状茎上庞大的根系就能有效地吸取土壤中的养分。值得一提的是，种植成本很低，还不到种油菜成本的1/3，可是变成石油所产生的能量却相当于用菜籽油提炼的生物柴油的2倍。就产量而言，$1hm^2$ 平均每年可收获、提炼12t“生物石油”，比其他现有的任何能源植物都高产；同时，由于这种芒属作物收割时植株比较干燥，因此提炼石油的转化率也很高。

9.3.2 薪炭林

薪炭林是我国森林发展的一个战略，以生产燃料为主要的目的，是缓解我国薪材供求矛盾和农村能源短缺的重要措施。目前，我国薪炭林可以划分成五种类型：

（1）短轮期平茬采薪型（纯薪型）。此种类型是我国薪炭林基本的、主要的经营类型。其特点是造林后3~5年就可以采薪利用，有计划地轮伐，通常3~5年为一个轮伐周期。其经营的基本目标就是生产薪柴，以满足经营者和社会需要（作商品薪柴）。

（2）材薪型。该类型是以生产薪柴为主，兼生产少量用材的薪炭林。在一块林地上，种植用材树和薪柴树两种树，用材树仅作抚育性修枝采薪，促其成材，兼顾解决烧柴与用材的需要。这种经营类型，宜在条件较好的地方造林。

（3）薪草型。这种类型适于北方干旱或干旱地区营造薪炭林。由于水、热条件有限，树林早期生长较慢，当地又有发展畜牧业的习惯，可实行灌（木）草引带种植，增加草早期产量，有利于以畜牧业的发展来弥补树木早期生长缓慢的不足。

（4）薪林经济型。此种薪炭林以生产燃料为主要目的，在经营期内兼收果、核、种子、叶等食物或加工原料，以增加经济效益。所用树种有沙棘、山杏、桉树等。

（5）头木育新型。在路、河、沟、塘边栽植萌生力强的乔木，隔4~5年砍伐一次，获得较多的薪柴，萌发新枝，树干长成用材。所用树种有柳树、桉树、刺槐、铁刀木等。

9.4 风能关键材料

风能是由于地球上各纬度所接受的太阳辐射强度不同而形成的。在赤道和低纬度地区，太阳高度角大，日照时间长，太阳辐射强度大，地面和大气接受的热量多，温度较高；而在高纬度地区太阳高度角小，日照时间短，地面和大气接受的热量小，温度低。这种高纬度与低纬度之间的温度差异，就形成了南北之间的气压梯度，使空气做水平运动。风就是水平运动的空气。风能是一种取之不尽、用之不竭的新能源，它对环境的污染更小，不会加速全球变暖。假设叶轮机的横截面等于风螺旋桨的面积，并用 A 表示，可得到在这个风速下，叶轮机的理想功率 P 为：

$$P=\frac{1}{2}\rho_{a}AV^{3} \tag{9-11}$$

可见，决定着风能效率的主要因素有：空气的密度 ρ_{a}、叶轮机的截面积 A 和风速 V。

旋转系统是整个风轮机中最重要的部件，它负责从风中汲取动能并且转化为机械轴承的旋转能。转子又可细分为叶片、毂盘、转轴、轴承及其他一些零部件。其中，叶片部分作为转子中接受风力作用的主要单位，更是重中之重。

比较常见的风机叶片材料主要有增强材料、基体材料、表面材料、胶黏剂及芯材等几种。增强材料包括无机增强材料、有机增强材料、生物质增强材料、纳米增强材料。在树脂基体中，最主要的成分是乙烯基聚酯、环氧树脂及不饱和聚酯这三种。而表面材料的主要成分为涂料和胶衣两种。胶黏剂的类型比较多，常用的是聚酯类、聚氨酯类及环氧类三种。一般来说，比较大型的风电叶片多选取环氧类的胶黏剂，在工作温度比较低的情况下，聚氨酯类的胶黏剂也是比较常用的。芯材主要使用轻木、刚性泡沫（PVC 泡沫，PET/PBT 泡沫）。

玻璃纤维是一种最为常见的无机增强材料，类型多种多样，比较常用的有高碱玻璃（A-玻璃）、无碱玻璃（E-玻璃）及高强度玻璃（S-玻璃）等。其中，无碱玻璃属于铝硼硅酸盐玻璃，而高强度玻璃则是硅酸铝-镁玻璃纤维。同其他几种玻璃纤维相比，高强度玻璃具有非常高的抗拉强度。而无碱玻璃由于在轻度、刚度及延伸率方面都比较有优势，再加上成本比较低，所以适用性非常强，是当前风电叶片中最为常用的增强材料之一。芳纶材料无论是在比强度上还是在比模量上都比玻璃纤维高得多，此外，它还具有非常好的尺寸稳定、耐化学腐蚀性及耐高温性特点，所以它是一种在物理性能上与无机纤维材料不相上下的高强轻质纤维材料。通常情况下，在芳纶纤维中，被用作增强材料的主要是对位芳香族聚酰胺纤维。

在众多的基体材料中，不饱和聚酯树脂的优势是非常明显的，它不但可以使风电叶片的生产周期大大缩短，而且能够最大限度地降低能源的消耗量。除此以外，就风能行业的发展趋势来看，其要求叶片尺寸越来越大，结构强度越来越好，质量越来越低，而且要求具有良好的耐用性和发电性能，因此，对于材料的要求自然也就越来越高。不饱和聚酯树脂凭借自身的良好特性，完全可以满足风能行业的这些要求，因此，在未来的风电叶片生产中具有非常好的应用前景。乙烯基酯树脂作为一种常用的基体材料，既拥有环氧树脂那样良好的力学性能，也具备不饱和聚酯树脂那样良好的工艺性能，所以，在应用于叶片制作时，可以有效地降低生产成本，优势十分明显。在未来的叶片生产中，乙烯基酯树脂必将成为一种最为常用的基体材料。

9.5 地 热 能

地球内部的温度高达7000℃，地热能（geothermal energy，GE）是由地壳抽取的天然热能，这种能量来自地球内部的熔岩和放射性物质的衰变，并以热力形式存在。地下水的深处循环和来自极深处的岩浆侵入地壳后，把热量从地下深处带至近表层。通过钻井，这些热能可以从地下的储层引入水池和发电站。地热能是指储存在地球内部的热能。地热能不是一种可再生的资源，而是一种像石油一样，是可开采的能源，最终的可回采量将依赖于所采用的技术。

地热能一般分为以下几类：

（1）水热型电热能，通常存在于100~450m的地下浅层，多以热水或水蒸气的形式。

（2）地压地热能，以高压水的形式储存于地表以下2000~3000m深的沉积盆地中、并被不透水页岩所封闭的巨大热水体；其除热能之外往往还储存有甲烷之类的化学能及高压所致的机械能。

（3）热干岩地热能，存在于地下高温少水或无水的干热岩体中，其形成需要特殊的地质条件。其温度可达到数百摄氏度，但是由于地表缺乏大气降水，或者因为其本身的透水能力太差，不能形成水热型地热资源，而岩体所蕴藏的大量热能还难以直接利用。

（4）岩浆地热能，指蕴藏在熔融岩浆体中的地热资源。分布在现代火山区，巨大的热能量寓于侵入地壳浅部的岩浆体和正在冷却的火山物质等热源体中，温度可达数百至1000℃以上。其热能含量巨大，但是开采起来困难，主要难点是需研制开发能直接放入炽热的熔融岩浆体中的换热器及能抗高温、高压和耐腐蚀的材料。

高压的过热水或蒸汽的用途最大，但它们主要存在于干热岩层中，可以通过钻井将它们引出。对电热能利用较多的方式是地热发电、供暖和供热水。这种利用地热能的方式直接又方便。地源热泵是陆地浅层能源通过输入少量的高品位能源（如电能等）实现由低品位热能向高品位热能转移的装置，是利用了地球表面浅层地热资源（通常深度小于400m）作为冷热源，进行能量转换的供暖空调系统。通常地源热泵消耗1kW·h的能量，用户可以得到4kW·h以上的热量或冷量。地源热泵机组利用土壤或水体温度冬季为12~22℃，温度比环境空气温度高，热泵循环的蒸发温度提高，能效比也提高；土壤或水体温度夏季为18~32℃，温度比环境空气温度低，制冷系统冷凝温度降低，使得冷却效果好于风冷式和冷却塔式，机组效率大大提高，可以节约30%~40%的供热制冷空调的运行费用。与锅炉（电、燃料）供热系统相比，锅炉供热只能将90%以上的电能或70%~90%的燃料内能为热量供用户使用，因此地源热泵要比电锅炉加热节省2/3以上的电能，比燃料锅炉节省约1/2的能量。由于地源热泵的热源温度全年较为稳定，一般为10~25℃，其制冷、制热系数可达3.5~4.4，与传统的空气源热泵相比，要高出40%左右，其运行费用为普通中央空调的50%~60%。地源热泵系统分土壤源热泵系统、地下水热泵系统和地表水热泵系统3种形式。土壤源热泵系统的核心是土壤耦合地热交换器。地下水热泵系统分为开式、闭式两种：开式是将地下水直接供到热泵机组，再将井水回灌到地下；闭式是将地下水连接到板式换热器，需要二次换热。地表水热泵系统与土壤源热泵系统相似，用潜在水下并联的塑料管组成的地下水热交换器替代土壤热交换器。地源热泵系统中的一个重点材料是热交换器，一般来说，一旦将换热器埋入地下后，基本不可能进行维修或更换，这就要求保证埋入地下管材的化学性质稳定并且耐腐蚀。常规空调系统中使用的金属管材在这方面存在严重不足，且需要埋入地下的管道的数量较多，应该优先考虑使用价格较低的管材。所以，土壤源热泵系统中一般采用塑料管材。目前最常用的是聚乙烯（PE）和聚丁烯（PB）管材，它们可以弯曲或热熔形成更牢固的形状，可以保证使用50年以上；而PVC管材由于不易弯曲，接头处耐压能力差，容易导致泄漏，因此，不推荐用于地下埋管系统。

复习思考题

9-1 简述镍氢电池的工作原理。

9-2 镍氢电池负极材料有哪些结构？简述其特点。

9-3 通过直接燃烧法利用生物质能会造成过量碳排放吗，为什么？

9-4 地热能有哪些类型？

参 考 文 献

[1] 艾德生，高喆．新能源材料——基础与应用［M］．北京：化学工业出版社，2010.
[2] 雷永泉．新能源材料［M］．天津：天津大学出版社，2002.
[3] 翟秀静，刘奎仁，韩庆．新能源技术［M］．北京：化学工业出版社，2010.
[4] 李景虹．先进电池材料［M］．北京：化学工业出版社，2004.
[5] 李建保，李敬锋．新能源材料及其应用技术［M］．北京：清华大学出版社，2005.
[6] 吴其胜，戴振华，张霞．新能源材料［M］．上海：华东理工大学出版社，2012.
[7] 王新东，王萌．新能源材料与器件［M］．北京：化学工业出版社，2019.